"十三五"国家重点出版物出版规划项目

藏文信息处理技术

སློབ་ཆེན་རྩིས་འཁོར་གྱི་རྨང་གཞི།
—— རྒྱ་བོད་སྐད་གཉིས་དཔེས་བཀོལ་བསླབ་གཞི།

大学计算机基础

—— 汉藏双语案例式教程〔Windows 7+Office 2010〕

高定国　普布旦增　高红梅　仁青诺布　编著

西南交通大学出版社
·成都·

图书在版编目（CIP）数据

大学计算机基础：汉藏双语案例式教程：Windows 7 + Office 2010 / 高定国等编著. —成都：西南交通大学出版社，2017.9（2022.8 重印）

（藏文信息处理技术）

"十三五"国家重点出版物出版规划项目

ISBN 978-7-5643-5472-5

Ⅰ．①大… Ⅱ．①高… Ⅲ．①Windows 操作系统 – 高等学校 – 教材 – 汉、藏②办公自动化 – 应用软件 – 高等学校 – 教材 – 汉、藏 Ⅳ．①TP316.7②TP317.1

中国版本图书馆 CIP 数据核字（2017）第 120130 号

"十三五"国家重点出版物出版规划项目
（藏文信息处理技术）

Daxue Jisuanji Jichu
大学计算机基础
——汉藏双语案例式教程（Windows 7 + Office 2010）

高定国　普布旦增　高红梅　仁青诺布　编著

责任编辑	宋彦博
封面设计	墨创文化

出版发行	西南交通大学出版社 （四川省成都市二环路北一段 111 号 西南交通大学创新大厦 21 楼）
邮政编码	610031
发行部电话	028-87600564　028-87600533
官网	http://www.xnjdcbs.com
印刷	四川森林印务有限责任公司

成品尺寸	210 mm × 285 mm
印张	22.5
字数	645 千
版次	2017 年 9 月第 1 版
印次	2022 年 8 月第 5 次
定价	59.00 元
书号	ISBN 978-7-5643-5472-5

前 言
perfact

　　"大学计算机基础"是各高校开设的一门公共基础课，其目的是在现有技术背景和社会需要下，培养学生应用计算机知识解决问题的能力，使学生熟悉信息化社会中计算机的各项基本应用，并为适应未来的社会需要奠定良好的基础。本书的编写宗旨是使读者较为全面、系统地了解计算机基础知识，具备计算机的实际应用能力，并能在各自的专业领域自觉地应用计算机进行学习与研究。随着计算机科学与信息技术的飞速发展和计算机教育的普及，国内高校的计算机基础教育已踏上了一个新的台阶，步入了一个新的发展阶段，各专业对学生的计算机应用能力提出了更高的要求。为了适应这种新发展，许多学校修订了计算机基础课程的教学大纲，课程内容不断推陈出新。本书是根据藏族地区学生的实际情况和"大学计算机文化教学大纲"编写的。

　　本书共分为 7 章。第 1、2 章由仁青诺布编写，第 3 章由高定国编写，第 4 章和第 7 章由高红梅编写，第 5 章和第 6 章由普布旦增编写。高定国审定全书并添加了书中计算机术语的藏文。本书在编写过程中得到了西藏大学、西藏大学藏文信息技术研究中心各位领导、同仁的帮助，在此一并表示感谢！

　　本书第 1 章是"计算机基础知识"，主要包括计算机的概述、计算机系统的组成、计算机的简单工作原理、计算机的性能指标及信息在计算机中的表示等内容。第 2 章是"Windows 7 操作系统"，主要内容有认识 Windows 7、个性化桌面设置、文件和文件夹的管理操作、Windows 7 系统管理和输入法的设置与使用。第 3 至 5 章分别详细介绍了 Office 2010 中的文字处理软件 Word 2010、电子表格软件 Excel 2010、演示文稿软件 PowerPoint 2010 的操作方法。第 6 章是"计算机网络及 Internet 应用"，主要介绍计算机网络的基础知识及其应用。第 7 章是"常用工具软件"，主要介绍了软件安装与卸载、杀毒与安全防护软件、文件压缩软件和电子书阅读软件的相关知识。

　　参加本书编写的作者都是从事教学工作多年的一线教师，具有较为丰富的教学经验，在编写时注重了理论与实践紧密结合，强调了实用性和可操作性。本书在案例的选取方面注重了日常学习和工作中的实用性。以案例串联知识，既增强了学生的学习兴趣，也使得学习的计算机知识系统化、整体化，使学生既见树木，也见森林，既可以加快知识到能力的转换，也可以培养学生综合运用知识的能力。本书用案例分级来满足不同基础的学生的需求，解决教学中"吃不饱"和"吃不消"两个极端问题。同时，编者结合多年在藏族地区进行计算机教学的经验和藏族地区学生的实际基础水平、认知规律进行编写，从而使本书更加符合藏族地区高校的教学需求。

　　随着教育研究的深入，各学科都在进行相应的、适合本地的教学改革。西藏大学等藏族地区高校对计算机文化课的考核也进行了大胆的改革，由原来的试卷考试变为无纸化考试。这不仅符合培养应用型人才的需求，也减轻了教师的负担，同时也让学生能够适应"全国计算机信息高新技术考试"和"全国计算机等级考试"等认证考试。本教材迎合了这一教学改革。教材以汉藏双语案例为主线进行编写，增加了适合藏族地区信息处理的内容，能够让学生学以致用。这既能满足社会对人才的需求，也能提高毕业生的就业率，更能提高学生的学习兴趣，符合培养应用型人才的需求。

该书入选了"西藏大学 2015 年度立项教材"。同时，该书得到了西藏自治区 2017 年度高等教育教学改革研究项目"针对学生差异，探索"多元互动"高效教学模式"（JG2017-03）等项目的资助。

本书适合作为高等学校非计算机专业的计算机基础课教材，也适合作为计算机入门教育的参考书。

由于作者水平有限，加之时间仓促，书中难免有不当之处，恳请广大读者批评指正。

高定国

2017 年 9 月

目　录
contents

1 计算机基础知识

计算机（རྩིས་འཁོར།）(Computer）是一种能够快速、自动完成信息处理的电子设备。它是一个由硬件（སྲ་ཆས།）和软件（མཉེན་ཆས།）组成的复杂的自动化设备，是20世纪人类最伟大的科学技术发明之一。它的出现标志着人类社会文明进入了一个崭新的历史阶段，它给人类社会的工作、学习和生活带来了日新月异的变化。在信息化社会中，掌握计算机的基础知识及操作技能，是现代人应该具备的基本素质。

1.1 计算机概述

随着人类社会的发展和文明的普及，在人类认识自然和掌握自然规律的过程中，各种计算工作的重要性日渐凸显。到了20世纪30年代，艾伦·图灵（计算机科学之父）和克兰德·楚泽（现代计算机发明者之一）等科学家经过不懈努力，为现代计算机的诞生奠定了基础。图灵在计算机科学方面的贡献主要有两个：一是建立了图灵机（ཐུ་རིན་འཕྲུལ་འཁོར།）(Turing Machine，TM）模型，奠定了可计算理论的基础；二是提出了图灵测试（Turing Test），阐述了机器智能的概念。

1.1.1 计算机的诞生

第二次世界大战期间，应美国军方要求，为了解决计算大量军用数据的难题，美国成立了由宾夕法尼亚大学的约翰·莫奇莱（John Mauchly）教授和普莱斯佩·埃克特（Presper Eckert）领导的研究小组，开始研制世界上第一台电子计算机（གློག་རྡུལ་རྩིས་འཁོར།）。经过三年的努力，1946年2月15日，世界上第一台电子计算机——ENIAC（Electronic Numerical Integrator and Computer，电子数字积分计算机）诞生了，它是计算机发展史上的里程碑。

ENIAC使用了18 000只电子管及70 000个电阻和电容器，占地170 m^2，重达30 t，每秒可进行 5 000次加法运算。它的运算速度比机械式的继电器计算机快1 000倍，是人类手工计算速度的20万倍。ENIAC的外观如图1-1所示。

随后，被称为计算机之父的美籍匈牙利数学家冯·诺依曼（Von Neumann）在1946年提出了电子计算机的逻辑设计思想，即：

① 电子计算机应由控制器（ཚོད་འཛིན་ཆས།）、运算器（རྩིས་རྒྱག་ཆས།）、存储器（གསོག་ཆས།）、输入设备（ནང་འཇུག་སྒྲིག་ཆས།）和输出设备（ཕྱིར་འདོན་སྒྲིག་ཆས།）五个部分组成；

② 将程序（བྱ་རིམ།）和数据（གཞི་གྲངས།）存放在存储器中，计算机能自动执行程序（即存储程序和控制程序的思想）；

③ 计算机中的数据应以二进制（གཉིས་གོང་འཕྲིལ་ལུགས།）表示。

根据冯·诺依曼的设计思想，计算机技术得到了迅速的发展，他的研究成果指导电子计算机走上了正确的发展道路。至今，我们的计算机仍在使用他的理论体系，被称为“冯·诺依曼式计算机”或“冯氏计算机”。

图 1-1　世界上第一台电子计算机——ENIAC

1.1.2　计算机的发展历程

计算机在诞生后的短短几十年里，发展十分迅猛。计算机的体积在不断变小，但性能和速度在不断提高。根据计算机所采用的物理器件的不同，一般将计算机的发展分成四个阶段，如表 1-1 所示。

表 1-1　计算机发展的四个阶段

阶　段	所用电子元器件	数据处理方式	运算速度	应用领域
第一代	电子管（真空管）	汇编语言、代码程序	几千～几万次/秒	国防及高科技
第二代	晶体管	高级程序设计语言	几万～几十万次/秒	工程设计、数据处理
第三代	中、小规模集成电路	结构化、模块化程序设计，实时控制	几十万～几百万次/秒	工业控制、数据处理
第四代	大规模、超大规模集成电路	分时、实时数据处理，计算机网络	几百万～上亿条指令/秒	工业、生活等各方面

1．第一代：电子管计算机（སྒྲོག་ཧྲུལ་སྦུ་གུའི་རྩིས་འཁོར）（1946—1957 年）

自从世界上第一台电子管计算机 ENIAC 诞生以后，电子器件逐渐演变为计算机的主体。1948 年，英国研制出了第一台存储程序计算机 EDSAC，将电子管作为计算机的逻辑元件。由于当时电子技术的限制，其运算速度仅为每秒几千次，内存容量也小。它的突出特点是体积大、耗电多、速度慢、可靠性低并且使用不方便。第一代计算机发展期间形成了计算机的基本体系结构，确定了程序控制思想。

2．第二代：晶体管计算机（བངར་གཟུགས་སྦུག་གི་རྩིས་འཁོར）（约 1958—1964 年）

1948 年，晶体管的发明使得电子设备的体积开始缩小。1954 年，美国贝尔实验室研制出第一台晶体管计算机 TRADIC，使计算机的体积大大缩小。1957 年，美国制成了全部使用晶体管的计算机，标志着第二代计算机的诞生。与第一代计算机相比，晶体管计算机的体积小、耗电少、成本低、功能强，且可靠性大大提高。这一阶段开始出现了系统软件，提出了操作系统的概念，并出现了 FORTRAN、COBOL、ALGOL 等高级语言。

3．第三代：中小规模集成电路计算机（ འདུས་གྲུབ་ཆུང་འབྲིང་སྒྲིག་ལས་ཀྱི་ཞིབ་འབོར། ）（约 1965—1971 年）

1958 年，德州仪器工程师 Jack Kilby 发明了集成电路（IC）技术，该技术成功地将多个电子元件集成在一块小小的半导体材料上。后来，集成电路技术迅速应用于计算机的设计与制造，即计算机逻辑元件采用小规模集成电路（Small Scale Integration，SSI）和中规模集成电路（Middle Scale Integration，MSI），计算机内部原本数量众多的元件被分类集成到一个个半导体芯片上，这样一来计算机的体积变得更小、功耗更低、价格越来越低、速度越来越快且功能越来越完善。这一阶段，出现了操作系统，计算机也向标准化、多样化、通用化方向发展。

4．第四代：大规模和超大规模集成电路计算机（ འདུས་གྲུབ་ཆེན་པོ་དང་ཤིན་ཏུ་ཆེ་བའི་སྒྲིག་ལས་ཀྱི་ཞིབ་འབོར། ）（1971 年至今）

随着集成电路技术的发展，计算机内的集成电路从中小规模逐渐发展到大规模集成电路（Large Scale Integration，LSI）和超大规模集成电路（Very Large Scale Integration，VLSI），数以百万计的元件被集成到硬币大小的芯片上，使计算机的体积更小、功能更强、成本更低、速度更快。这一阶段，系统软件、高级语言、应用软件的研究和应用越来越深入并日趋完善。在系统结构方面，发展了并行处理技术、分布式计算机系统和计算机网络等，使计算机进入了一个全新的时代。

从第一代到第四代计算机，计算机的体系结构都是相同的，即冯·诺依曼式体系结构。

5．新一代智能计算机（ རབས་སར་རིག་ལྡན་ཞིབ་འབོར། ）

新一代计算机正朝着智能化的方向发展，它是把信息采集、存储、处理、通信同人工智能结合在一起的智能计算机系统，能够进行各种知识处理，具有形式化推理、联想、学习和解释的能力，能帮助人们做出判断、决策，开拓未知领域和获得新知识。人机之间可以直接通过自然语言（声音、文字）或图形图像交换信息。

从第一代到第四代，计算机按照人们事先设计好的程序运行，只能部分、有限地模仿人类的智能，而新一代智能计算机则被期望突破这个限制，即新一代智能计算机能够最大限度地模拟人脑的功能，具有人脑所特有的联想、推理及学习等能力。

1.1.3　微型计算机的发展历程

微型计算机（ རབ་ཆུང་ཞིབ་འབོར། ）（MicroComputer，MC），是指以微处理器为核心，配上由大规模集成电路制作的存储器、输入/输出接口电路及系统总线（ རྒྱུད་ཁོངས་མ་ལྨུད། ）所组成的计算机，简称微型机或微型电脑。人们平时所使用的个人计算机（Personal Computer，PC）就属于微型计算机。

20 世纪 70 年代初，美国 Intel 公司等采用先进的微电子技术将运算器和控制器集成到一块芯片中，称为微处理器（MPU），其发展大约经历了六个阶段，如表 1-2 所示。

表 1-2　微型计算机的六个发展阶段

代　次	起止年份	典型 CPU	数据位数	主频
第一代	1971—1973	Intel 4004/8008	4 位、8 位	1 MHz
第二代	1973—1975	Intel 8080	8 位	2 MHz
第三代	1975—1978	Intel 8085	8 位	2～5 MHz
第四代	1978—1981	Intel 8086	16 位	>5 MHz
第五代	1981—1993	Intel 80386/80486	32 位	>25 MHz
第六代	1993—	Pentium 系列	64 位	60 MHz～2 GHz

知识扩展：我国计算机的发展概况

我国的计算机事业始于 20 世纪 50 年代，其发展情况可概括如下：

1952 年，我国的第一个电子计算机科研小组在中科院数学所成立。

1960 年，我国第一台自行研制的通用电子计算机 107 机问世。

1964 年，我国研制了大型通用电子计算机 119 机，用于我国第一颗氢弹研制工作的计算任务。

20 世纪 70 年代以后，我国生产的计算机进入了集成电路计算机时期。

1974 年，我国设计的 DJS-130 机通过了鉴定并投入批量生产。

进入 20 世纪 80 年代，我国又成功研制了一系列巨型机：

1982 年，我国独立成功研制了银河 I 型巨型计算机，运算速度为每秒 1 亿次。

1997 年 6 月研制成功的银河 III 型巨型计算机，运算速度为每秒 130 亿次。这些机器的出现，标志着我国的计算机技术水平踏上了一个新的台阶。

1999 年，银河四代巨型机研制成功。

2000 年，我国自行研制了高性能计算机"神威 I"，其主要技术指标和性能达到了国际先进水平。我国成为继美国、日本之后世界上第三个具备研制高性能计算机能力的国家。

2005 年 4 月 18 日，完全由我国科学界自行研发、拥有自主知识产权的中国首款 64 位高性能通用 CPU 芯片——"龙芯二号"芯片正式发布。这款芯片的性能经检测已达到英特尔"奔腾 3"的水平，比 2002 年 9 月 28 日发布的"龙芯一号"提高了 10 倍。

2008 年推出的"龙芯三号"芯片，是我国自主研发的龙芯系列 CPU 芯片的第三代产品。2015 年 8 月，龙芯新一代高性能处理器架构 GS464E 发布。2017 年 4 月，推出了新一代代表着国产最高水平的芯片龙芯 3A3000 和 3B3000。

2016 年 6 月 20 日，在法兰克福世界超算大会上，国际 TOP500 组织发布的榜单显示，"神威·太湖之光"超级计算机系统荣登榜单之首，不仅速度比第二名"天河二号"快出近两倍，其效率也提高 3 倍。2016 年 11 月 14 日，在美国盐湖城公布的新一期 TOP500 榜单中，"神威·太湖之光"以较大的运算速度优势轻松蝉联冠军。2016 年 11 月 18 日，我国科研人员依托"神威·太湖之光"超级计算机的应用成果首次荣获"戈登·贝尔"奖，实现了我国高性能计算应用成果在该奖项上零的突破。

1.1.4 计算机的发展趋势及展望

1．计算机的发展趋势

（1）智能化

智能化指计算机能够模拟人类的智力活动，如学习、感知、理解、判断、推理等。智能计算机具备理解自然语言、声音、文字和图像的能力，具有说话的能力，使人机能够用自然语言直接对话。它可以利用已有的和不断学习到的知识，进行思维、联想、推理，并得出结论，能解决复杂问题，具有汇集记忆、检索有关知识的能力。

（2）巨型化

巨型化是计算机发展的一个重要方向，指计算机具有极高的运算速度、大容量的存储空间、更加强大和完善的功能，主要用于航空航天、军事、气象、人工智能、生物工程等学科领域。

（3）微型化

微型化是计算机发展的另一个重要方向，是大规模及超大规模集成电路发展的必然结果。微处理器芯片自问世以来，其发展速度与日俱增。计算机芯片的集成度每 18 个月翻一番，而价格则减一半，这就是信息技术发展中功能与价格比的摩尔定律。计算机芯片的集成度越来越高，功能越来越强，使计算机微型化的进程越来越快。

（4）网络化

网络化是计算机技术和通信技术紧密结合的产物。尤其是进入 20 世纪 90 年代以来，随着 Internet 的飞速发展，计算机网络（དྲ་རྒྱ།）已广泛应用于政府、学校、企业、科研、家庭等领域，越来越多的人接触并了解到计算机网络的概念。计算机网络将不同地理位置上具有独立功能的不同计算机通过通信设备和传输介质互连起来，在通信软件的支持下，实现网络中的计算机之间共享资源、交换信息、协同工作。计算机网络的发展水平已成为衡量国家现代化程度的重要指标，在社会经济发展中发挥着极其重要的作用。

（5）多媒体化

多媒体技术（སྣ་མང་གཟུགས་ཀྱི་ལག་རྩལ།）借助计算机技术和通信技术，融声音、文本、图像、动画、视频等多种媒体信息于一体，借助日益普及的高速信息网，可实现计算机的全球联网和信息资源共享，因此被广泛应用在咨询服务、图书、教育、通信、军事、金融、医疗等诸多行业，并正潜移默化地改变着我们生活的面貌。计算机多媒体技术是当今信息技术领域发展最快、最活跃的技术之一，是新一代电子技术发展和竞争的焦点。

随着计算机多媒体技术的突飞猛进，多媒体凭借着自身的优势受到越来越广泛的关注和应用，已经在不知不觉中影响到我们生活的很多方面。

2．计算机发展的展望

目前计算机技术的发展都是以电子技术的发展为基础的，集成电路芯片是计算机的核心部件。按照摩尔定律，每过 18 个月，微处理器硅芯片上晶体管的数量就会翻一番。随着大规模集成电路工艺的发展，芯片的集成度越来越接近其物理极限，因此，人类不得不加紧研究开发新型计算机。随着高新技术的研究和发展，我们有理由相信计算机技术也将拓展到其他新兴的技术领域，从计算机体系结构到器件与技术的发展都将产生大的飞跃。例如，新型的光子计算机、量子计算机、生物计算机、纳米计算机等研究领域取得了重大的突破，在不久的将来，这些新型计算机就会走进人们的生活。

（1）光子计算机（འོད་ཧྱུལ་ཅིས་འཁོར།）

光子计算机是一种利用光作为信息的传输媒体，用光信号进行数字运算、逻辑操作、信息存储和处理的新型计算机。光子计算机是用光学器件代替电子器件，用光子代替电子，用光运算代替电运算，具有超高的运算速度，超大规模的信息存储容量，超低的能量消耗。

（2）量子计算机（ཚད་ཧྱུལ་ཅིས་འཁོར།）

量子计算机（Quantum Computer）是一类遵循量子力学规律进行高速算术和逻辑运算，并存储及处理量子信息的物理装置。量子理论认为，非相互作用下，原子在任意时刻都处于两种状态，称之为量子超态。原子会旋转，即同时沿上、下两个方向自旋，这正好与电子计算机中的 0 与 1 完全吻合。量子计算机以处于量子状态的原子作为中央处理器和内存。由于量子计算机利用了量子力学违反直觉的法则，能够实行量子并行计算，它的潜在运算速度将大大超过电子计算机。2017 年 5 月 3 日，中国科学技术大学研究团队构建了世界首台超越早期经典计算机的单光子量子计算机。

（3）生物计算机（སྐྱེ་དངོས་ཅིས་འཁོར།）

生物计算机的主要原材料是生物工程技术产生的蛋白质分子，并以此作为生物芯片，利用有机化合物存储数据。在生物芯片中信息以波的形式传播，当波沿着蛋白质分子链传播时，会引起蛋白质分子链中单键、双键结构顺序的变化。其运算速度要比当今最新一代计算机快10万倍，它具有很强的抗电磁干扰能力，并能彻底消除电路间的干扰。其能量消耗仅相当于普通计算机的十亿分之一，且具有巨大的存储能力。生物计算机具有生物体的一些特点，如能发挥生物本身的调节机能，自动修复芯片上发生的故障，还能模仿人脑的机制等。

（4）纳米计算机（ནུ་སྐྲེ་ཆེས་འཁོར།）

纳米计算机是将纳米技术运用于计算机领域所研制出的一种新型计算机。"纳米"是一个微小的计量单位，一纳米（nm）等于10^{-9}米（m），大约是氢原子直径的10倍。采用纳米技术研制的计算机内存芯片，其尺寸相当于人的头发丝直径的千分之一，内存容量大大提升，性能大大增强，几乎不需要耗费能源，同时，采用纳米技术生产芯片的成本十分低廉。

展望未来，计算机将是微电子技术、光学技术、生物技术、超导技术和电子仿生技术相结合的产物。在不久的将来，将会出现打破"冯·诺依曼式体系结构"的全新计算机。未来的计算机将是电子、超导、分子、光学、生物与量子计算机相互融合、取长补短的"混合型计算机"。它将具有极快的运算速度和惊人的存储容量，并具有感知、思考、判断和学习，即一定的自然语言处理能力。未来的计算机将真正进入人工智能时代，推动新一轮计算机技术革命，对人类社会的发展产生深远的影响。

1.1.5　计算机的特点与分类

1. 计算机的特点

（1）运算速度快

计算机的运算速度是指其在单位时间内所能执行指令的条数，一般以每秒能执行多少条指令来描述。通常用MIPS（Million Instructions Per Second）来描述计算机的运行速度，即每秒处理的百万级机器语言指令数来衡量运行速度。早期的计算机由于技术的原因，工作频率较低，如1946年的第一台电子管计算机，体积相当庞大，但运算速度只有每秒几千次，而现代大型计算机的运算速度已达到每秒几十亿到数百亿次。假如要对一个航天遥感数据进行计算，如果用1000名工程师手工计算需要1000年，而用大型计算机计算则只需要1~2分钟。

（2）计算精度高

计算机的运算精度取决于采用机器码的字长（ཡི་གེའི་རིང་ཚད།）（二进制码），即我们常说的8位、16位、32位和64位等，字长越长，有效位数就越多，精度就越高。如果使用十位十进制数转换成机器码，欲取得几百亿分之一的精度轻而易举。我国的数学家祖冲之发现了圆周率，以往经过几代科学家长期艰苦的努力只能算到小数点后几百位，如果使用计算机计算，要取得一百万位的结果并不困难。可见，计算机的计算精度提高了数千倍。

（3）具有存储与记忆能力

计算机具有许多存储与记忆载体，可以将运行的数据、指令程序（བཀའ་བརྡའ་བྱ་རིམ།）和运算结果存储起来，供计算机本身或用户使用，还可即时输出。例如，一个大型图书馆，如果使用人工查找图书，则犹如大海捞针，而采用计算机管理，所有图书的目录及索引都存储在计算机中，加之计算机又具备自动查询功能，若需要查找一本图书只需要几秒钟。

（4）具有数据分析和逻辑判断能力

计算能力只是神通广大的计算机众多能力的冰山一角，除了计算能力外，它还具备数据分析和逻辑判断能力，高级计算机还具有推理、诊断、联想等模拟人类思维的能力，因而计算机俗称为"电脑"（གློག་ཀླད།）。

（5）高度自动化

计算机内具有运算单元、控制单元、存储单元和输入输出单元，计算机是完全按照预先编制的程序指令运行的，执行不同的程序指令即得到不同的处理结果，因而计算机可用于工农业生产、国防、文教、科研以及日常生活等诸多领域。

2．计算机的分类

计算机发展到今天，已是琳琅满目、种类繁多，并表现出各自不同的特点，可以从不同的角度进行分类。

（1）按信息的表示形式及其处理方式分

计算机按信息的表示形式和对信息的处理方式不同分为数字计算机（Digital Computer）、模拟计算机（Analogue Computer）和混合计算机。

① 数字计算机（ཨང་ཀིའི་རྩིས་འཁོར།）。

数字计算机所处理的数据都是以 0 和 1 表示的二进制数字，是不连续的离散数字，具有运算速度快、准确、存储量大等优点，因此适用于科学计算、信息处理、过程控制和人工智能等，具有最广泛的用途。

② 模拟计算机（འད་བྱོས་རྩིས་འཁོར།）。

模拟计算机所处理的数据是连续的，称为模拟量。模拟量以电信号的幅值来模拟数值或某物理量的大小，如电压、电流、温度等都是模拟量。模拟计算机特别适合于求解微分方程，在模拟计算和控制系统中应用较多。

③ 混合计算机（བསྲེས་མའི་རྩིས་འཁོར།）。

混合计算机是集数字计算机和模拟计算机的优点于一身的计算机。

（2）按用途分

计算机按用途的不同分为通用计算机（General Purpose Computer）和专用计算机（Special Purpose Computer）。

① 通用计算机（ཀུན་སྤྱོད་རྩིས་འཁོར།）。

通用计算机广泛适用于一般科学运算、学术研究、工程设计和数据处理等各种应用场合，具有功能多、配置全、用途广、通用性强的特点。市场上销售的计算机多属于通用计算机。

② 专用计算机（ཆེད་སྤྱོད་རྩིས་འཁོར།）。

专用计算机是为适应某种特殊需要而设计的计算机，通常增强了某些特定功能，忽略一些次要要求，所以能高效率地解决特定问题，具有功能单纯、使用面窄甚至专机专用的特点。模拟计算机通常都是专用计算机。常见的专用计算机有工业控制机、银行专用机、超市收银机（POS）、飞机的自动驾驶仪和坦克上的兵器控制计算机等。

（3）按计算机的综合性能指标分

按照计算机的运算速度、字长、存储容量等性能指标，可以把计算机分为巨型机、大型机、中型机、小型机、微型机。但是，随着技术的进步，各种型号的计算机的性能指标都在不断地提升，以至于过去一台大型机的性能可能还比不上今天一台微型机的性能。按照巨、大、中、小、微的标准来划分计算机的类型也有其时间的局限性，因此计算机的类别划分很难有一个精确的标准。可以根据计算机的综合性能指标，结合计算机应用领域的分布将其分为如下 5 大类：

① 高性能计算机。

高性能计算机也就是俗称的"超级计算机"，或者"巨型机"。目前国际上对高性能计算机最为权威的评测是世界计算机排名（即 TOP500），通过测评的计算机是目前世界上运算速度和处理能力均堪称一流的计算机。

② 微型计算机。

大规模集成电路及超大规模集成电路的发展是微型计算机得以产生的前提。微型计算机的核心部件——运算器和控制器集成在中央处理器（Central Processing Unit，CPU）上。中央处理器是微型计算机的核心部件，是微型计算机的心脏。目前微型计算机已广泛应用于办公、学习、娱乐等社会生活的方方面面，是发展最快、应用最为广泛的计算机。我们日常使用的台式计算机、笔记本计算机、掌上型计算机等都是微型计算机。

③ 工作站。

工作站是一种高档的微型计算机，通常配有高分辨率的大屏幕显示器及容量很大的内存储器和外部存储器，主要面向专业应用领域，具备强大的数据运算与图形、图像处理能力。工作站主要是为满足工程设计、动画制作、科学研究、软件开发、金融管理、信息服务、模拟仿真等专业领域需求而设计开发的高性能微型计算机，其概念不同于计算机网络系统中的工作站。

④ 服务器。

服务器是一种在网络环境下为网上多个用户提供共享信息资源和各种服务的高性能计算机。在服务器上需要安装网络操作系统、网络协议和各种网络服务软件。服务器主要为网络用户提供文件、数据库、应用及通信方面的服务。

⑤ 嵌入式计算机。

嵌入式计算机是指嵌入对象体系中，实现对象体系智能化控制的专用计算机系统。它一般由嵌入式微处理器、外围硬件设备、嵌入式操作系统以及用户的应用程序 4 个部分组成，用于实现对其他设备的控制、监视或管理等功能。例如，我们日常生活中使用的电冰箱、全自动洗衣机、空调、电饭煲、数码产品等都采用嵌入式计算机技术。

1.1.6 计算机的应用领域

计算机的应用已广泛而深入地渗透到了人类社会的各个领域。从科研、生产、国防、文化、教育、卫生到家庭生活，都离不开计算机提供的服务。计算机大幅度地提高了生产效率，使社会生产力达到了前所未有的水平。据估计，现在计算机已有 5000 多种用途，并且以每年 300～500 种的速度增加。为了讨论上的方便，将其应用领域归纳成为如下几类：

1．科学计算

科学计算也称数值计算，是指用计算机来解决科学研究和工程技术中所出现的复杂的计算问题。在诸如数学、物理、化学、天文、地理等自然科学领域以及航天、汽车、造船、建筑等工程技术领域中，计算工作量是很大的，进行这些计算正是计算机的特长。目前，世界上出现了许多用于各种领域的数值计算程序包，这大大方便了广大计算工作者。利用计算机进行数值计算，可以节省大量时间、人力和物力。例如，在预测天气情况时，如果采用人工计算的方式，仅仅预报一天的天气情况就需要计算几个星期。现在借助计算机，即使预报 10 天内的天气情况也只需要计算几分钟。

2．信息处理

信息处理也称数据处理，是指人们利用计算机对各种信息进行收集、存储、整理、分类、统计、加工、利用以及传播的过程，目的是获取有用的信息作为决策的依据。信息处理是目前计算机应用最广泛的一个领域，有资料显示，如今世界上 80% 以上的计算机主要用于信息处理。现代社会是信息化社会，随着生产力的高度发展，信息量急剧膨胀。目前，信息已经和物质、能量一起被列为人类社会活动的三大支柱。因此，在人类所进行的各项社会活动中，不仅要考虑物质条件，而且要认真研究信息。

计算机信息处理已广泛地应用于办公自动化（OA）、企事业计算机辅助管理与决策、文字处理、文档管理、情报检索、激光照排、电影电视动画设计、会计电算化、图书管理、医疗诊断等各行各业。

信息已经形成了独立的产业，多媒体技术更为信息产业的腾飞插上了翅膀。有了多媒体，展现在人们面前的再也不仅仅是那些枯燥的数字、文字，还可以是人们喜闻乐见的声情并茂的声音和图像信息。

3. 自动控制

工业生产过程自动控制能有效地提高劳动生产率。过去工业控制主要采用模拟电路，响应速度慢、精度低，现在已逐渐被计算机控制代替。计算机控制系统把工业现场的模拟量、开关量以及脉冲量经放大电路和模/数（A/D）、数/模（D/A）转换电路送给计算机，由计算机进行数据采集、显示以及现场控制。计算机控制系统除了应用于工业生产外，还广泛应用于交通、邮电、卫星通信等。基于计算机工业控制的特点，人们也常常将计算机的这种应用称为实时控制或过程控制。

4. 计算机辅助工程

计算机可用于辅助设计、辅助制造、辅助教学、辅助测试等方面，统称为计算机辅助工程。从20世纪60年代起，许多国家就开始了计算机辅助设计（CAD）与计算机辅助制造（CAM）的探索。

（1）计算机辅助设计（CAD）

计算机辅助设计指利用计算机及其图形设备帮助设计人员进行设计工作，简称CAD（Computer Aided Design）。在工程和产品设计中，计算机可以帮助设计人员完成计算、信息存储和制图等工作。在设计中通常要用计算机对不同方案进行大量的计算、分析和比较，以决定最优方案。各种设计信息，不论是数字的、文字的或图形的，都能存放在计算机的内存或外存里，并能快速地检索。设计人员通常用草图开始设计，将草图变为工作图的繁重工作可以交给计算机完成。计算机自动设计工作图，并快速显示出来，使设计人员及时对设计做出判断和修改。利用计算机可以进行与图形的编辑、放大、缩小、平移和旋转等相关图形数据加工工作。CAD能够减轻设计人员的劳动强度，缩短设计周期和提高设计质量。

目前，CAD技术已经广泛应用于纺织、服装、汽车、电子、机械、航船、航空、化工和建筑等行业，成为现代计算机应用中最为活跃的领域之一。

（2）计算机辅助制造（CAM）

用计算机进行生产设备的管理、控制和操作的过程，称为计算机辅助制造，简称CAM（Computer Aided Making）。应用计算机图形学，可以对产品结构、部件和零件等进行计算、分析、比较和制图，其方便之处是能够随时更改参数，反复迭代、优化直到满意为止。在此基础上，再进一步输出零部件表、材料表以及数控机床加工用的纸带或磁带，就可以把设计的产品加工出来，这就是计算机辅助制造。

（3）计算机集成制造系统（CIMS）

计算机集成制造系统是集设计、制造、管理三大功能于一体的现代化工厂生产系统，具有生产效率高、生产周期短等特点，是20世纪制造工业的主要生产模式。在现代化的企业管理中，计算机集成制造系统的目标是将企业内部所有环节和各个层次的人员全部都用计算机网络组织起来，形成一个能够协调、统一和高速运行的制造系统。

（4）计算机辅助教学（CAI）

计算机辅助教学是指利用计算机帮助学习的自动系统，它将教学内容、教学方法以及学习情况等存储在计算机中，使学生能够轻松自如地从中学到所需的知识。

（5）计算机辅助测试（CAT）

计算机辅助测试是指利用计算机进行大量复杂的测试工作。

5. 人工智能（AI）

人工智能（Artificial Intelligence，AI）指利用计算机模拟人的智能活动，如感知、推理、学习、理解等。人工智能是计算机应用的一个崭新领域，目前这方面的研究尚处于初级阶段。人工智能的研究领域主要包括自然语言理解、智能机器人、博弈、专家系统、自动定理证明等方面。

人工智能从诞生以来，理论和技术日益成熟，应用领域也不断扩大，可以设想，未来人工智能领域的科技产品，将会是人类智慧的"容器"。

6．计算机网络的应用

将计算机技术和通信技术相结合，可以将分布在不同地点的计算机连接在一起，从而形成计算机网络。人们在网络中可以实现软件、硬件和信息资源的共享。特别是 Internet 的出现，更是打破了地域的限制，缩短了人们传递信息的时间和距离，改变了人类的生活方式。利用通信技术以及互联网平台，让互联网与传统行业进行深度融合，创造新的发展生态，在金融、贸易、通信、娱乐、交通、民生、医疗、教育等领域的众多功能和服务项目已经可以借助计算机网络来实现。例如，在工业方面，传统制造业企业采用移动互联网、云计算、大数据、物联网等通信技术，改造原有产品及研发生产方式，迎接"工业 4.0"的到来。

1.1.7 计算机的新技术

随着计算机技术与网络技术的日新月异，计算机的功能越来越强大，应用范围也越来越广，相继出现了一系列新技术，这些新技术不仅对人类有着重要的影响，而且越来越深入人心。

1．嵌入式技术

嵌入式系统中融合了计算机硬件/软件、微电子等技术，也就是将软件固化集成到硬件系统中，使硬件系统和软件系统一体化。嵌入式系统一般具有软件代码少、响应速度快、自动化程度高等特点。该技术特别适合于实时性要求高的多任务系统，如全自动洗衣机、数字电视、数码相机等。嵌入式系统主要由嵌入式处理器、外围硬件设备、嵌入式操作系统以及相应的应用程序四部分构成。它是以应用为中心，以计算机技术为基础的集软件、硬件于一体的可独立工作的"器件"。

2．云计算

"云"是网络、互联网领域的一种比喻说法，是近年来最有代表性的网络计算技术与模式。云计算是一种基于互联网的计算方式，是分布式计算、网络计算、并行计算、网络存储及虚拟化计算机和网络技术发展融合的产物。美国国家标准与技术研究院（NIST）定义：云计算是对基于网络的、可配置的计算资源共享池（资源包括网络、服务器、存储、应用软件、服务）能够方便地按需访问的一种模式。其核心思想是对大量用网络连接到一起的计算资源进行统一管理和调度，构成一个计算机资源池，向用户提供按需服务。提供资源（硬件、软件和服务等）的网络被称为"云"。利用云计算时数据在云端，不会丢失，用户可以根据需要实时访问任意多的资源。

3．物联网

全球都将物联网视为信息技术的第三次浪潮，确立其为未来信息社会竞争优势的关键之一。物联网的核心和基础仍然是互联网，是在互联网的基础上延伸和扩展的网络，即任何物品与物品之间都可以进行信息交换和通信。因此，物联网的定义是通过射频识别（RFID）、红外感应器、全球定位系统、激光扫描器等信息传感设备，按约定的协议，把任何物品与互联网相连接，进行信息交换和通信，以实现对物品的智能化识别、定位、跟踪、监控和管理的一种网络技术。简而言之，物联网就是"物物相连的互联网"。

在物联网的应用中有三项关键技术：

① 传感器技术：这也是计算机应用中的关键技术，相当于物联网中的信息载体。到目前为止，绝大部分计算机处理的都是数字信号，这就需要传感器把模拟信号转换成数字信号。

② RFID 标签：这也是一种传感器技术。RFID 技术是融无线射频技术和嵌入式技术为一体的综合技术。RFID 在自动识别、物品物流管理方面有着广阔的应用前景。

③ 嵌入式系统技术：是综合了计算机软硬件、传感器技术、集成电路技术、电子应用技术为一体的复杂技术。经过几十年的演变，以嵌入式系统为特征的智能终端产品随处可见，小到人们身边的 MP3，大到航天航空的卫星系统。嵌入式系统正在改变着人们的生活，推动着工业生产以及国防工业的发展。

4．大数据技术

一般来说，大数据通常被认为是 PB（10^3TB）或 EB（10^6TB）或更高数量级的数据，包括结构化的、半结构化的和非结构化的数据。按照大数据的应用类型将大数据分为海量交易数据、海量交互数据和海量处理数据，大数据的主要特征是巨量（Volume）、多样（Variety）、快变（Velocity）、价值（Value）。

大数据技术是指从各种类型的海量数据中，快速获得有价值信息的能力，包括数据采集、存储、管理、分析挖掘、可视化等技术及其集成。适用于大数据的技术包括大规模并行处理(MPP)数据库、数据挖掘、分布式文件系统、分布式数据库、云计算平台、互联网和可扩展的存储系统。

1.2 计算机系统的组成

一个完整的计算机系统是由硬件系统和软件系统组成的，两者密不可分。硬件系统是软件系统赖以工作的物质基础，而软件系统的正常功能则必须通过硬件系统才能发挥。计算机硬件系统必须要配备完善的软件系统才能正常工作，才能发挥硬件的各种功能，没有软件的计算机称为"裸机"，什么工作也做不了。而如果离开了软件系统，则硬件系统将是"一堆废铁"。计算机系统的组成结构如图 1-2 所示。

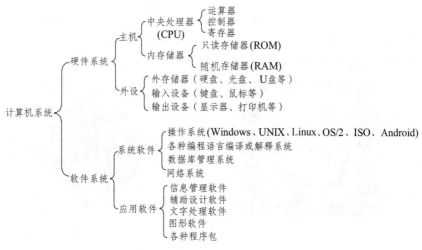

图 1-2 计算机系统组成

1.2.1 计算机硬件系统

硬件（ཧཱརྡ་ཆས།）（Hardware）是计算机中各种看得见、摸得着的实实在在的物理设备的总称，包括组成计算机的电子的、机械的、磁的或光的元器件或装置，是计算机系统的物质基础。

计算机硬件的基本功能是接受计算机程序的控制来实现数据输入、运算、数据输出等一系列根本性的操作。按照冯·诺伊曼体系，计算机硬件系统由运算器、控制器、存储器、输入设备、输出设备五大部件构成，如图 1-3 所示。图中实线代表数据流，虚线代表指令流。原始数据和程序通过输入设备送入存储器。在运算处理过程中，数据从存储器被读入运算器进行运算，运算的结果存入存储器，必要时再经输出设备输出。指令也以数据形式存于存储器中。运算时指令由存储器送入控制器，由控制器控制各部件的工作。

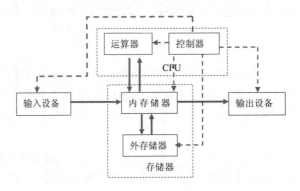

图 1-3　计算机硬件系统部件之间的关系

由此可见，输入设备负责把用户的信息（包括程序和数据等）输入计算机中。输出设备负责将计算机中的信息（包括程序和数据）传送到外部媒介，供用户查看或保存。存储器负责存储数据和程序，并根据控制命令提供这些数据和程序。存储器包括主存储器（内存储器，简称内存）和辅助存储器（外存储器，简称外存）。运算器负责对数据进行算术运算和逻辑运算（即对数据进行加工处理）。控制器负责对程序所规定的指令进行分析，控制并协调输入、输出操作或对内存的访问。

现对各部件介绍如下：

1．中央处理器（ཀྱེ་ཞིང་སྒྲིག་གཙོད་ཆས།）

中央处理器简称 CPU（Central Processing Unit），它是计算机系统的核心，是整个计算机的指挥中心，主要功能是执行系统命令，进行逻辑运算。CPU 包括控制器、运算器和寄存器等部件，它对计算机的运行速度起着决定性的作用。微型计算机的 CPU 产品外观如图 1-4 所示。

图 1-4　CPU

（1）控制器（ཚོད་འཛིན་ཆས།）

控制器是计算机的指挥中心，用来统一控制、协调计算机的各个部件，使计算机系统有条不紊地协调工作。控制器本身不具有运算功能，而是通过读取各种指令，并对其进行翻译、分析，而后对各部件做出相应的控制。它主要由指令寄存器、指令译码器、指令计数器、操作控制器等组成。

（2）运算器（རྩིས་རྒྱག་ཆས།）

运算器主要用来完成加、减、乘、除等算术运算和与、或、非、比较等逻辑运算，是对信息进行加工和处理的部件。它由进行运算的运算器件及用来暂时寄存数据的寄存器、累加器等组成。

（3）寄存器（བཅོལ་ཆས།）

寄存器是数字集成电路中一种非常重要的存储单元，它是中央处理器的组成部分。寄存器是存储容量有限的高速存储部件，可用来暂存指令、数据和地址。在中央处理器的控制部件中有指令寄存器(IR)和程序计数器(PC)，在中央处理器的算术及逻辑部件中有累加器(ACC)。

CPU 是计算机的心脏，其品质的高低直接决定了计算机系统的档次。能够处理的数据位数是 CPU 最重要的性能指标。人们通常所说的 8 位机、16 位机、32 位机即指 CPU 同时处理 8 位、16 位、32 位二进制数据。同时，CPU 在演变和发展中经历了如下过程：

① 计算机指令系统中的复杂指令系统 CISC 架构和精简指令系统 RISC 架构。

② 主频的不断提升。

③ 高速缓存 Cache 的不断变大和增多，从原来的 L1 Cache 到 L2 Cache、L3 Cache。

④ CPU 的核心从单核发展到双核、四核、六核和八核等。

CPU 的性能指标主要有：

① 主频（སྒྲོས་ཕྱུང་གཙོ་བོ།）：也叫时钟频率，是指 CPU 运行时的工作频率，以兆赫兹（MHz）为单位。一般主频越高，CPU 性能越好，运算速度越快。

② 缓存（བར་གསོག）：也叫缓冲存储器，它主要解决 CPU 与存储器之间的速率不匹配问题。随着缓存容量的增大，CPU 的运算速度加快。现在 CPU 的缓存分为一级缓存（L1）、二级缓存（L2）和三级缓存（L3）。

③ 字长（ཡི་གེའི་རིང་ཚད།）：反映的是 CPU 在同一时间内能一次处理的二进制数的位数。例如，32 位的 CPU 一次就能处理 4 个字节。现在 CPU 逐渐从 32 位过渡到 64 位，其处理速度也越来越快。

④ 多核（ཉིང་ཁུང་།）：由于发热量过大，主频不能无限提高，但可通过增加 CPU 的内核提升 CPU 的性能。即可将多个物理处理器核心整合到一个内核中，每个时钟周期内可执行的指令数将增加对应的倍数。

⑤ 制造工艺：目前 CPU 的制造工艺主要有 65 nm、45 nm、32 nm。Intel 的酷睿 i3/i5 采用 32 nm 制造工艺，i7 已经达到 10 nm；AMD 的 Zen3 使用 37 nm 制造工艺。CPU 的制造工艺越来越精细，更小的面积能集成更多的元器件，能耗更小，性能更好、更稳定。

2．内存储器（ནང་གསོག）

内存储器（Memory），又称主存，是 CPU 和其他设备交换数据的中转站，其作用是暂时存放 CPU 中的运算数据，以及与硬盘等外部存储器交换的数据。内存和 CPU 一起构成了计算机的主机部分。内存由半导体存储器组成，存取速度较快。

内存储器按其工作方式的不同，可以分为随机存储器（སྐབས་བབ་ཀུན་གསོག་ཆས།）（RAM）和只读存储器（ཀློག་ཆས་གསོག་ཆས།）（ROM）两种。通常我们所说的内存基本是指随机存储器（RAM）。随着计算机技术的飞速发展，CPU 和内存储器（主存）之间又设置了高速缓冲存储器，用以解决 CPU 处理速度过快和内存读写速度过慢的矛盾。存储器芯片又称为内存条，其外观如图 1-5 所示。

图 1-5　内存条

RAM 是一种可读写存储器，其内容可以随时根据需要读出，也可以随时重新写入新的信息。这种存储器又可以分为静态 RAM 和动态 RAM 两种。静态 RAM 的特点是：存取速度快，但价格也较高，一般用作高速缓存。动态 RAM 的特点是：存取速度相对于静态 RAM 较慢，但价格较低，一般用作计算机的主存。不论是静态 RAM 还是动态 RAM，当计算机电源断电时，RAM 中保存的信息都将全部丢失。RAM 在计算机中主要用来存放正在执行的程序和临时数据，所以 RAM 的容量大小对计算机性能的影响很大。

ROM 是一种内容只能读出而不能写入和修改的存储器，其存储的信息是在制作该存储器时就被写入的。在计算机运行过程中，ROM 中的信息只能被读出，而不能写入新的内容。计算机断电后，ROM 中的信息不会丢失，即在计算机重新加电后，其中保存的信息依然是断电前的信息，仍可被读出。ROM 常用来存放一些固定的程序、数据和系统软件等，如检测程序、BOOT ROM、BIOS 等。

存储器的性能指标对整个计算机的性能影响很大，其性能指标主要有：

（1）容量（ཤོང་ཚད།）

容量是指内存可以存放数据的空间大小，内存的容量越大，则计算机性能会越好，反应速度会越快。

内存中的每个字节各有一个固定的编号，这个编号称为地址。CPU 在对存储器进行存取操作时是按地址进行操作的。所谓存储器容量即指存储器中所包含的字节数，通常用千字节（KB）、兆字节（MB）、吉字节（GB）、太字节（TB）、拍字节（PB）、艾字节（EB）和泽字节（ZB）等作为存储器容量单位。

（2）时钟频率（ཆུ་ཚོད་བྲེལ་ཕྱུད།）

时钟频率代表内存所能达到的最高工作频率。内存的主频是以兆字节（MHz）为单位来计算的，目前较为主流的 DDR3 内存的频率在 1 GHz 以上。

（3）内存规格

内存的规格已从 SDRAM 发展到 DDR、DDR2、DDR3 和 DDR4。现在市面上主流的内存规格是 DDR3，其在性能和能耗上都控制得很好。

3．外存储器（ཕྱི་གསོག）

内存由于技术及价格方面的原因，容量有限，不可能容纳所有的系统软件及各种用户程序，因此，计算机系统都要配置外存储器。外存储器是相对于内存而言的，又称为辅助存储器，它的容量一般都比较大，而且大部分可以移动，以便于不同计算机之间进行信息交流。

在微型计算机中，常用的硬盘、光盘等属于外存储器。硬盘又可以分为硬磁盘和固态硬盘。

（1）硬磁盘（སྲ་གཟུགས་ཕྱུད་སྡེར།）（Hard Disk Drive，HDD）

硬磁盘是计算机中最重要的外存储器，它是永久存储海量数据的存储设备之一。它由一个或多个铝制或玻璃制的碟片组成，碟片外覆盖有磁性材料，并永久性地密封固定在硬盘驱动器中。硬磁盘的容量由单盘容量和盘片数决定。由于硬盘的盘片数有限，因此只能靠提升单盘片容量来满足不断增长的存储容量需求。目前的单盘片容量已达到 1 TB。硬磁盘的外观及内部结构如图 1-6 所示。

图 1-6　硬磁盘

（2）固态硬盘（ སྲ་རྣམ་སྱུད་སྟེར། ）（Solid State Drives）

固态硬盘简称固盘，是用固态电子存储芯片阵列制成的硬盘，由控制单元和存储单元（其存储介质主要采用 Flash 芯片、DRAM 芯片）组成。固态硬盘的外观及内部结构如图 1-7 所示。现在一些高端计算机上已经配备了固态硬盘。

图 1-7　固态硬盘

固态硬盘和传统的机械硬盘相比，有如下优缺点：

优点：

① 速度快。固态硬盘日常读写操作的速度比机械硬盘快几十上百倍。

② 防震抗摔能力强。由于固态硬盘内部不存在任何机械部件，所以固态硬盘数据丢失的可能性更小，防震抗摔能力更强。

③ 固态硬盘没有机械马达和风扇等机械部件，所以重量轻、噪声小。

④ 比机械硬盘节能省电。固态硬盘在工作状态下的能耗和发热量相对较低。

缺点：

① 单位容量的价格贵。

② 数据丢失后无法恢复。由于固态硬盘特殊的磨损平衡机制，其文件丢失后无法恢复。

③ 相对于机械硬盘容量也不大。

硬盘的主要性能指标如下：

① 容量：表示硬盘能存储多少数据的重要指标，现在基本以 GB 或 TB 为单位。目前，一般微型机上所配置的硬盘容量通常为几百 GB 到 1 TB。硬盘在第一次使用时，必须首先进行初始化。

② 传输速率：指硬盘读写的速度，单位为兆字节/秒（MB/s）。硬盘的传输速率取决于硬盘的接口，常用的接口有 IDE（Integrated Drive Electronics，电子集成驱动器）接口、SATA（Serial Advanced Technology Attachment，串行高级技术附件）接口和 SCSI（Small Computer System Interface，小型计算机系统接口）。IDE 接口的数据传输速率为 3.3 ~ 133 MB/s，此接口已逐渐被淘汰。SATA 接口是一种基于行业标准的串行硬件驱动器接口，传输速率普遍较高，SATA 1.0 标准可达到 150 MB/s，SATA 2.0/3.0 标准可提升到 300 ~ 600 MB/s。现在普通用户的个人计算机上都使用 SATA 接口。SCSI 接口的价格相对较贵，一般用在服务器上。

③ 缓存：由于缓存芯片的存取速度比硬盘快，因此，硬盘缓存越大，从硬盘中读进缓存中暂放的数据就越多，硬盘就可以以更快的速度与外部设备进行数据交换，从而提升计算机的整体性能。目前硬盘缓存的容量已经达到 64 MB 及以上。

市场上常见的硬盘品牌有希捷（Seagate）、西部数据（Western Digital）、三星（Samsung）和东芝（Toshiba）等。

（3）光盘（ འོད་སྟེར། ）（Compact Disc，CD）

光盘是以光信息作为存储的载体并用来存储数据的一种存储介质。光盘是利用激光原理进行读、写的一种辅助存储器，可以存放各种文字、声音、图形、图像和动画等多媒体数字信息。光盘的存储介质不同于磁盘，它属于另一类存储器。由于光盘有容量大、存取速度较快、不易受干扰等特点，它的应用越来越广泛。光盘根据其制造材料和记录信息方式的不同一般分为只读光盘（也叫不可擦写光盘）和可擦写光盘。只读光盘有 CD-ROM、DVD-ROM 等，可擦写光盘有 CD-RW、DVD-RAM 等。另外，还有最近兴起的一种光碟，俗称蓝光光盘（Blu-ray Disc，BD）。蓝光光盘的单层容量为 25 GB 或 27 GB，双层容量为 46 GB 或 54 GB。在速度上，蓝光光盘支持每秒 4.5～9 MB 的记录速度。

4．显卡（འཆར་ཁི།）

显卡的全称是显示接口卡（Video Card，Graphics Card），又称显示适配器，是计算机最基本的配件之一，是主机与显示器之间连接的"桥梁"，它承担输出显示图形的任务。显卡最核心的部件就是 GPU（Graphic Process Unit，图像处理单元）。显卡一般有集成显卡和独立显卡之分：如果是独立的显卡，GPU 一般就在显卡板上；如果是集成显卡，GPU 一般是和 CPU 整合在一起的。

集成显卡是直接在主板上集成显卡芯片。集成显卡一般不带有显存，而是从主机系统内存中划分出一部分内存作为显存，具体的数量一般是系统根据需要自动动态调整的。使用集成显卡需要占用内存空间，对整个系统的影响会比较明显。此外，系统内存的频率通常比独立显卡的显存低很多，因此，集成显卡的性能要比独立显卡逊色一些。

独立显卡简称独显，是指独立的显示适配器板卡，需要插在主板的相应接口上。独立显卡分为内置独立显卡和外置独立显卡。独立显卡有独立的显存芯片，不需要占用系统内存，独立运作，所以能够提供更好的显示效果和运行性能。独立显卡的外观如图 1-8 所示。

图 1-8　独立显卡

集成显卡的缺点如下：

① 它占用系统内存，使 CPU 可用的物理内存减少。

② 在与系统内存的交互过程中它会占用总线周期。

③ 与系统内存的交互过程需要 CPU 来协调，占用 CPU 周期。

以上三个缺点会使系统性能大大下降。集成显卡的缺点正好可由独立显卡弥补，因此可以说，独立显卡与集成显卡的选择实际上是性能和价格间的选择。

目前市面上主流的图形处理器（GPU）品牌有 NVIDIA 和 AMD 两家公司。

5．显示器（འཆར་ཆས།）

显示器是微型计算机不可缺少的输出设备，是计算机向用户显示信息的外部设备。显示器的好坏对于计算机显示性能的发挥和用户视觉效果的呈现有重要的影响。显示器可以分为阴极射线管（Cathode Ray Tube，CRT）显示器、液晶显示器（LCD）、等离子显示器（PDP）、真空荧光显示器（VFD）等多种。目前，一般计算机都选择液晶显示器。

液晶显示器（Liquid Crystal Display，LCD），是一种采用液晶作为材料的显示器。液晶是介于固态和液态间的有机化合物。与传统的 CRT 显示器相比，LCD 不但体积小、质量轻，而且耗能少、工作电压低（1.5 ~ 6 V）、辐射低。CRT 显示器和 LCD 的外观如图 1-9 所示。

图 1-9　CRT 显示器和 LCD

显示器的主要性能指标有：

① 分辨率：是指显示器所能显示的像素的多少。分辨率通常用水平像素点与垂直像素点的乘积来表示，像素数越多，其分辨率就越高。例如：1024×768 的分辨率，其像素数为 786 432。

② 点距：液晶显示器的点距是指两颗液晶颗粒之间的距离。点距的计算是以面板尺寸除以分辨率。点距影响着画面的细腻度，点距越小，画面越细腻。

③ 亮度和对比度：显示器的亮度越高，显示的色彩就越鲜艳。对比度的定义是最大亮度值（全白）除以最小亮度值（全黑）的比值。人眼可以接受的对比度约为 250∶1。

④ 屏幕尺寸：屏幕尺寸的单位为英寸（1 英寸≈25.4 mm）。

6. 主板（ མ་པང་། ）

主板又叫主机板（Mainboard）、系统板（Systemboard）或母板（Motherboard），如图 1-10 所示。主板由芯片组、BIOS 芯片、CMOS 芯片、CPU 插座、内存插槽、总线扩展槽、风扇固定架、外设接口、二级缓存、CMOS 电池、前面板接口插针、电源插座等组成。芯片组基本决定了主板的性能和品质，提供了对 CPU 的支持、内存管理、显卡管理、Cache 管理、外围总线扩展槽、I/O 芯片等功能。BIOS 芯片中主要有中断服务程序、系统设置程序、加电自检程序、系统启动自举程序等。CMOS 芯片中保存了日期、时间、硬盘参数、软驱类型等参数。CPU 插座或插槽用于安装 CPU。内存插槽分为单列直插（SIMM）和双列直插（DIMM）两种，用于传送数据。总线扩展槽常见的有 ISA、PCI、AGP 几种，用于安装显示卡。外设接口主要用于连接硬盘、光驱、打印机、鼠标、键盘等外部设备。

图 1-10　主板

7. 鼠标、键盘（ ཙིག་འདུ། མཐེབ་གཞོང་། ）

（1）鼠标

鼠标是一种常见的计算机输入设备，也是计算机显示系统纵横坐标定位的指示器，因形似老鼠而得名"鼠标"。它是 Douglas Engelbart 于 1964 年发明的。鼠标的使用是为了使计算机的操作更加简便快捷，用来代替键盘烦琐的指令。

鼠标根据其工作原理可以分为机械鼠标（mechanical mouse）和光电鼠标两种。机械鼠标又名滚轮鼠标，主要由滚球、辊柱和光栅信号传感器组成。光电鼠标是通过红外线或激光检测鼠标器的位移，将位移信号转换为电脉冲信号，再通过程序的处理和转换来控制屏幕上光标的移动。光电鼠标的光电传感器取代了传统的滚球。

鼠标根据连接方式分有有线鼠标和无线鼠标两种。有线鼠标的接口有串口、PS/2、USB 三种类型。串口已基本被淘汰，现在最常用的是 USB 接口。鼠标的外观如图 1-11 所示。

图 1-11　不同接口的鼠标

鼠标的操作方法很简单，正确握法是：右手食指放于左键，中指放于右键，拇指和无名指、小指分别握住鼠标两侧。鼠标的操作分为以下五种：

①指向：移动鼠标并将鼠标指针指向某一对象。

②单击：将鼠标定位到某一对象处，按下并松开鼠标左键一次。

③双击：将鼠标定位到某一对象处，快速按下再松开鼠标左键两次。

④右击：将鼠标定位到某一对象处，按下并松开鼠标右键一次，出现快捷方式菜单。

⑤拖曳：按住鼠标左键，拖动所选择的对象至目标位置，然后松开鼠标左键。

（2）键盘

键盘是最常用也是最主要的输入设备，是一种用于操作设备运行的指令和数据输入装置。键盘的种类很多，一般可分为触点式、无触点式和镭射式（激光键盘）三大类。键盘的接口曾使用 PS/2，现在基本使用 USB 接口。

键盘是由一组按矩阵方式排布的按键开关组成的。根据按键工作原理的不同，键盘可分为触点式键盘和电容式键盘；根据按键数量的不同，键盘可分为 83、101、102、104 键键盘。我们通常把普遍使用的 101 键键盘称为标准键盘。现在常用的键盘在 101 键的基础上增加了 3 个用于 Windows 系统的操作键。有的键盘还增加了唤醒键"Wake"、转入睡眠键"Sleep"、电源管理键"Power"。

① 键盘的布局：

键盘主要分为主键盘区、功能键区、编辑键区和数字键区 4 个分区，如图 1-12 所示。

主键盘区（མཐེབ་གཙོ་བོའི་ཁུལ།）——位于键盘的左部，各键上标有英文字母、数字或其他符号，共计 62 个键，其中包括 3 个 Windows 操作键。主键盘区的按键包括字母键、数字键、符号键和控制键。该区是我们操作计算机时使用最频繁的键盘区域。

功能键区（བྱེད་ལས་མཐེབ་ཁུལ།）——主要分布在键盘最上面一排，包括 ESC、F1~F12、Print Screen、Scroll Lock、Pause/Break 等按键。在不同的软件中，可以对功能键进行定义，或者是配合其他键进行定义，起到不同的作用。

编辑键区（རྩོམ་སྒྲིག་མཐེབ་ཁུལ།）——位于主键盘区的右边，由 10 个键组成。这些键在文字的编辑中有着特殊的控制功能。

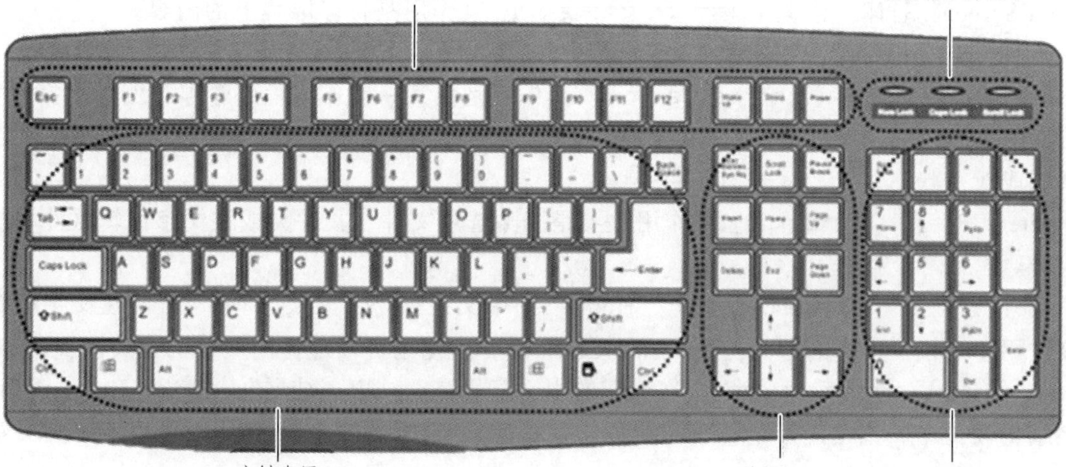

图 1-12 标准键盘键位示意图

数字键区（གྲངས་ཀའི་མཐེབ་ཁུལ།）——位于键盘的最右边，又称小键盘区。该键区兼有数字键和编辑键的功能。

② 单键功能简介：

Esc：退出键（ཕྱིར་འདོན་མཐེབ།）。"Esc"是英文单词"Escape"的缩写，中文意思是"逃脱、出口"等。该键的主要作用是退出某个程序。例如，我们在玩游戏的时候想退出来，就可以按一下这个键。

Tab：制表键（རེའུ་མིག་བཟོ་མཐེབ།）。Tab 是英文"Table"的缩写，中文意思是"表格"。该键的主要作用是在文字处理软件里（如 Word）实现等距离移动。例如，我们在处理表格时，不需要用空格键来一格一格地移动，只要按一下 Tab 键就可以等距离地移动了。

Caps Lock：大写锁定键（ཆེ་བྲིས་སྒྲོག་མཐེབ།）。"Caps Lock"是英文"Capitals Lock"的缩写。该键用于输入较多的大写英文字符。它是一个循环键，再按一下就又恢复为小写。当启动到大写状态时，键盘上的 Caps lock 指示灯会亮着。注意，当处于大写状态时，中文输入法无效。

Shift：转换键，也叫上档键或转换键（རྗེ་མཐེབ།）。该键用于字母大小写转换或与其他键组合输入键位上排字符，即按住"Shift"键再按字母键可输入对应的大写字母；按住"Shift"键再按含两个字符的键(如数字键)，就能输入该键上方所标的符号。例如，要输入电子邮件符号"@"，在英文状态下按"Shift + 2"就可以了。

Ctrl：控制键（འཛིན་མཐེབ།）。Ctrl 是英文单词"Control"的缩写，中文意思是"控制"。该键需要配合其他键或鼠标使用。例如，我们在 Windows 系统中用"Ctrl"键 + 鼠标可以选定多个不连续的对象。

Alt：可选（切换）键（འདེམས་མཐེབ།）。"Alt"是英文单词"Alternative"的缩写，意思是"可以选择的"。它需要和其他键配合使用来达到某一操作目的。例如，要将计算机热启动，可以同时按住"Ctrl + Alt + Del"完成。

Enter：回车键（འབེབས་མཐེབ།），"Enter"是"输入"的意思。该键是用得最多的键，因而在键盘上设计成面积较大的键，以便于用小指击键。其主要作用是执行某一命令，在文字处理软件中起换行的作用。

F1～F12：功能键（བྱེད་ལས་མཐེབ།）。"F"是英文单词"Function"的缩写，中文意思为"功能"。功能键在不同的软件中起不同的作用，也可以配合其他键起作用。例如，在常用软件中按一下"F1"，将出现帮助信息。

Print Screen：打印屏幕键（འཆར་ངོས་པར་བཞག）。其作用是打印屏幕上的内容。

Scroll Lock：滚动锁定键（འགྱེལ་མ་སྐྱོག་བཞག）。其作用是将滚动条锁定。

Pause break：暂停键（སྐབས་འཇོག་བཞག）。其作用是使某一动作或程序暂停，例如将打印暂停。

Insert：插入键（བར་འཇུག་བཞག）。在文字编辑中主要用于插入字符。该键是一个循环键，再按一下就变成改写状态。

Delete：删除键（སུབ་བཞག）。其作用主要是删除选定文件、文件夹或在文字编辑软件中删除选定的内容。

Home：原位键（མགོ་རུ་སྐྱོག་བཞག）。"Home"的中文意思是"家"，即原位置。在文字编辑软件中，该键用于定位于本行的起始位置，和"Ctrl"键一起使用可以定位到文章的开头位置。

End：结尾键（མཇུག་སྐྱོག་བཞག）。"End"的中文意思是"结束、结尾"。该键与 Home 键相呼应。在文字编辑软件中，该键用于定位于本行的末尾位置，和"Ctrl"键一起使用可以定位到文章的结尾位置。

PageUp：向上翻页键（ཤེབ་ངོས་སྟ་སྐྱོག་བཞག）。Page，"页"的意思；Up，"向上"的意思。该键的作用是将内容向上翻页。

PageDown：向下翻页键（ཤེབ་ངོས་ཕྱི་སྐྱོག་བཞག）。Page，"页"的意思，Down，"向下"的意思。该键和 PageUp 键相呼应，作用是将内容向下翻页。

8．打印机（པར་འབོར）（Printer）

打印机是计算机的另一种常用输出设备。常用的打印机有针式打印机（ཁབ་ཅན་པར་འབོར）、喷墨打印机（སྣག་གཏོར་པར་འབོར）和激光打印机（ལུ་ཟེར་པར་འབོར），如图 1-13 所示。针式打印机通过打印机和纸张的物理接触来打印字符及图形，而后两种是通过喷射墨粉来打印字符及图形。衡量打印机好坏的重要指标有三项：打印分辨率、打印速度和噪声。

图 1-13　打印机

现在普遍使用的是激光打印机，它是用激光扫描主机送来的信息，在硒鼓上通过静电形成磁信号，进而吸附墨粉在纸上显现文字和图形。激光打印机的分辨率高，打印速度快，噪声较低，打印效果也好。

随着科技的发展，19 世纪末出现了 3D 打印机（3D Printers，3DP）。这是一种利用了累积制造技术，即快速成形技术的机器。它以数字模型文件为基础，运用特殊蜡材、粉末状金属或塑料等可黏合材料，通过打印一层层的黏合材料来制造三维的物体。现阶段三维打印机被用来制造产品。3D 打印机的外观如图 1-14 所示。

计算机除了上述鼠标、键盘等输入设备外还有其他一些输入设备，例如光笔、数字化仪、条形码输入器、扫描仪等，另外，输出设备还有绘图仪、影像输出系统、语音输出系统、磁记录设备等。

图 1-14　3D 打印机外观

1.2.2 计算机软件系统

计算机的硬件系统是计算机系统的重要组成部分，只有硬件的计算机被称为"裸机"，每个硬件都是"独立"的设备，不能统一、协调地工作。要充分调动计算机的各个设备，完成一些具体的工作，计算机系统还需要软件系统。

计算机软件系统（ཙིས་འབོར་གྱི་མཐེན་ཆས་རྒྱུད་ཁོངས།）（Software Systems）也是计算机系统的重要组成部分。如果把计算机硬件看成计算机系统的躯体，那么计算机软件就是计算机系统的灵魂。只有硬件系统和软件系统相互配合，才能构成一个完整的计算机系统，才能充分发挥计算机系统的功能。

计算机软件（ཙིས་འབོར་གྱི་མཐེན་ཆས།）（Software）是在硬件系统上运行的各类程序、数据及有关资料的总称。所谓程序，实际上是用户用于指挥计算机执行各种动作以便完成指定任务的指令的集合。为了便于阅读和修改，必须对程序做必要的说明或整理出有关的资料，这些说明或资料（称之为文档）在计算机执行过程中可能是不需要的，但对于用户阅读、修改、维护、交流这些程序却是必不可少的。因此，也有人用一个简单的公式来说明软件包括的基本内容：软件 = 程序 + 文档。

计算机软件从功能和应用角度，可以分为系统软件和应用软件两大类。

1．系统软件（རྒྱུད་ཁོངས་མཐེན་ཆས།）

系统软件是指控制和协调计算机及外部设备，支持应用软件开发和运行的系统，是无须用户干预的各种程序的集合，并具有通用性。它的主要功能是调度、监控和维护计算机系统，负责管理计算机系统中各种硬件，使得它们可以协调工作。系统软件使得计算机使用者和其他软件将计算机当作一个整体而不需要顾及底层每个硬件是如何工作的。系统软件可分为：操作系统（Windows、Mac、Unix、Linux 等）、程序设计语言系统（C、C++、Java 语言等）、数据库管理系统（SQL Server、Access、Oracle 等）和服务程序等。

（1）操作系统（བཀོལ་སྤྱོད་རྒྱུད་ཁོངས།）（Operations System，OS）

操作系统是控制和管理计算机软硬件资源、合理安排计算机的工作流程以及方便用户使用的一组软件集合，是用户和计算机的接口。它具有进程管理、存储管理、设备管理、文件管理和作业管理等五大管理功能。它是计算机中最重要、最基本的系统软件，为用户提供友好、便捷的操作界面，方便用户使用计算机。对计算机的所有操作都要在操作系统的支持下才能进行。操作系统的主要作用有两个：一是直接管理与控制计算机的所有硬件和软件，使计算机各部件协调一致地工作；二是向用户提供正确地利用软件资源的方法和环境，使得用户能够充分而有效地使用计算机。通常，没有操作系统的计算机被称为"裸机"。

计算机操作系统根据功能和使用环境的不同，可分为分时操作系统、实时操作系统、批处理操作系统、嵌入式操作系统、网络操作系统和分布式操作系统等。

（2）程序设计语言（བྱ་རིམ་ཇུས་འགོད་སྐད་བརྡ།）（Programming Language）

程序设计语言是供程序员编制软件、实现数据处理的特殊语言。程序设计语言根据对计算机的依赖程度可分为机器语言、汇编语言和高级语言。

（3）数据库管理系统（གནས་མཛོད་དོ་དམ་རྒྱུད་ཁོངས།）（Dada Base Management System，DBMS）

数据库管理系统是对数据库中的资源进行统一管理和控制的软件，是数据库系统的核心。

2．应用软件（ཉེར་སྤྱོད་མཐེན་ཆས།）（Application Software）

应用软件泛指那些专门用于为最终用户解决各种具体应用问题的软件。应用软件是为满足用户不同领域、不同问题的应用需求而提供的软件。常用的计算机应用软件有：办公软件、计算机辅助设计软件、各种图形图像处理软件、防病毒软件和多媒体制作软件等。

1.3 计算机的简单工作原理

根据冯·诺依曼计算机体系结构的设计，计算机的工作可简单概括为输入、处理、存储和输出4 个过程。计算机的工作过程便是执行程序的过程。执行程序其实就是逐条执行各个指令。指令执行过程有如下步骤：

① 取指令：从存储器某个地址中取出将要执行的指令送到 CPU 内部指令寄存器。
② 分析指令：将保存在指令寄存器中的指令送到指令译码器，译出该指令对应的操作。
③ 执行指令：根据指令译码器向各个部件发出控制信号，完成指令规定的各种操作。
④ 为执行下一条指令做准备：形成下一条指令地址。

综上，根据冯·诺依曼提出的以"存储程序"和"控制程序"为基础的设计思想，计算机的工作过程就是执行指令序列的过程，也就是反复取指令、分析指令和执行指令的过程，如图 1-15所示。

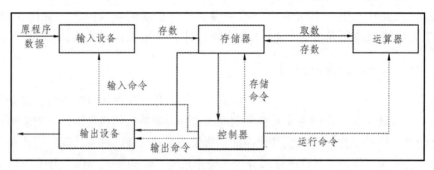

图 1-15　计算机工作原理示意图

1.4 计算机的性能指标

计算机的主要性能指标有主频、字长、内存容量、存取周期、运算速度及其他指标。

1．主频（时钟频率）

主频是指计算机 CPU 在单位时间内输出的脉冲数。它在很大程度上决定了计算机的运行速度。其单位是兆赫兹（MHz），1 MHz = 1 024 kHz。

2．字长

字长是指计算机的运算部件在单位时间内能一次处理的二进制数据的位数。它标志着计算机处理数据的精度，字长越长，精度越高。目前，一般大型主机的字长为 128 ~ 256 位，小型机的字长为 32 ~ 128 位，微型机的字长为 32 ~ 64 位。

3．内存容量

内存容量是指内存储器中能存储的信息总字节数。内存容量的大小反映了计算机存储程序和数据的能力。通常以 8 个二进制位（bit）作为一个字节（Byte）。

4．存取周期

存取周期是指存储器连续两次独立的"读"或"写"操作所需的最短时间，单位是纳秒（ns，1 ns = 10^{-9} s）。存储器完成一次"读"或"写"操作所需的时间称为存储器的访问时间（或读写时间）。

5．运算速度

运算速度是一个综合性的指标，单位为"每秒百万条指令"（MIPS）。影响运算速度的因素，主要是主频和存取周期,字长和存储容量对其也有影响。

6．其他指标

除了以上主要指标,计算机的性能指标还有机器的兼容性(包括数据和文件的兼容性、程序兼容性、系统兼容性和设备兼容性)、系统的可靠性(平均无故障工作时间 MTBF)、系统的可维护性(平均修复时间 MTTR)、机器允许配置的外部设备的最大数目、计算机系统的字符处理能力、数据库管理系统及网络功能、性能价格比等等。

1.5 信息在计算机中的表示

1.5.1 计算机中的信息表示

计算机要处理的信息是多种多样的,如日常的十进制数、文字、符号、图形、图像和语言等。计算机无法直接"理解"文字、图像、声音和视频等信息,所以需要采用数字化编码(ᠬᡳ᠌ᠨᡳᡳ᠋᠌᠌)的形式对这些信息进行存储、加工和传送。

编码过程就是将信息转化为二进制代码串的过程。在计算机中,所有的信息都是用二进制编码表示的,都必须经过 0 和 1 的数字化编码才能被传送、存储和处理。

1．二进制能够表示出各种信息的原因

前面我们讲到,在计算机内部,所有的数据都是以二进制形式表示的。二进制数据应该是最简单的数字系统了,其中只有两个数字符号——0 和 1。用"bit"(binary digit,二进制数,常称作"比特")来表示二进制的每一位,即 1 bit 就是一个二进制位。

为什么如此简单的二进制系统能够表示出客观世界中丰富多彩的信息呢?这就需要对信息进行各种方式的编码。

让我们先从一个例子讲起。1775 年 4 月 18 日,美国独立战争前夕,麻省的民兵正计划抵抗英军的进攻,派出的侦察员需要将英军的进攻路线传回。作为信号,侦察员会在教堂的塔上点一个或两个灯笼。一个灯笼意味着英军从陆地进攻,两个灯笼意味着英军从海上进攻。但如果一部分英军从陆地进攻,而另一部分英军从海上进攻的话,是否要使用第三只灯笼呢?

聪明的侦察员很快就找到了更好的办法。每一个灯笼都代表一个比特,点亮的灯笼表示比特值为 1,未亮的灯笼表示比特值为 0,因此一个灯笼就能表示出两种不同的状态,两个灯笼就可以表示出如下 4 种状态:

$\qquad$ 00 = 英军不进攻;

$\qquad$ 01 = 英军从海上进攻;

$\qquad$ 10 = 英军从陆地进攻;

$\qquad$ 11 = 英军一部分从海上进攻,另一部分从陆地进攻。

这里最本质的概念是信息可能代表两种或多种可能性中的一种。例如,当你和别人谈话时,说的每个字都是字典中所有字中的一个。如果给字典中所有的字从 1 开始编号,我们就可能精确地使用数字进行交谈,而不使用单词。(当然,对话的两个人都需要一本已经给每个字编过号的字典以及足够的耐心。)换句话说,任何可以转换成两种或多种可能的信息都可以用比特来表示。

使用比特来表示信息的一个额外好处是我们清楚地知道我们解释了所有的可能性。只要谈到比特,通常是指特定数目的比特位。拥有的比特位数越多,可以传递的不同可能性就越多。只要比特的位数足够多,就可以代表单词、图片、声音、数字等多种信息形式。最基本的原则是:比特是数字,当用比特表示信息时只要将可能情况的数目数清楚就可以了,这样就决定了需要多少个比特位,从而使得各种可能的情况都能分配到一个编号。

在计算机科学中,信息表示(编码)的原则就是用到的数据尽量少,如果信息能有效地进行表示，就能把它们存储在一个较小的空间内，并实现快速传输。

2．计算机中使用二进制的原因

在日常生活中人们并不经常使用二进制，因为它不符合人们的固有习惯。但在计算机内部的数是用二进制来表示的，这主要有以下几个方面的原因。

（1）电路简单，易于实现

计算机是由逻辑电路组成的，逻辑电路通常只有两个状态，例如开关的接通和断开，晶体管的饱和和截止，电压的高与低等。这两种状态正好可以用二进制的两个数码 0 和 1 表示。若是采用十进制，则需要有十种状态来表示十个数码，实现起来比较困难。

（2）可靠性高

用两种状态表示两个数码时，数码在传输和处理过程中不容易出错，因而电路更加可靠。

（3）运算简单

二进制数的运算规则简单，无论是算术运算还是逻辑运算都容易进行。现在我们已经证明，R 进制数的算术求和、求积运算规则各有 $R(R+1)/2$ 种。如采用二进制，求和与求积运算规则只有 3 个，即 0 与 0、0 与 1（或 1 与 0）、1 与 1，因而简化了运算器等物理器件的设计。

（4）逻辑性强

计算机不仅能进行数值运算而且能进行逻辑运算。逻辑运算的基础是逻辑代数，而逻辑代数是二值逻辑。二进制的两个数码 1 和 0，恰好代表逻辑代数中的"真"（true）和"假"（false）。

1.5.2 计算机科学中的常用数制

在计算机科学中，常用的数制是十进制、二进制、八进制、十六进制四种。

人们习惯于采用十进制，但是由于技术上的原因，计算机内部一律采用二进制表示数据，而在编程中又经常使用十进制，有时为了表述上的方便还会使用八进制或十六进制。因此，了解不同计数制及其相互转换是十分重要的。

1．十进制数及其特点

十进制数（Decimal notation）的基本特点是基数为 10，计数规则为：

① 有十个不同的数码，分别是 0、1、2、3、4、5、6、7、8、9。

② 基数是"10"，每位逢 10 进 1。

③ 各位的位权是以 10 为底的幂。例如，我们可以将十进制数 $(2836.52)_{10}$ 表示为：

$$(2836.52)_{10} = 2 \times 10^3 + 8 \times 10^2 + 3 \times 10^1 + 6 \times 10^0 + 5 \times 10^{-1} + 2 \times 10^{-2}$$

我们称这个式子为十进制数 2836.52 的按位权展开式。

十进制数在右下角标"D"或"10"来表示，有时省略。

2．二进制数及其特点

二进制数（Binary notation）的基本特点是基数为 2，计数规则为：

① 有两个不同的数码，分别是 0、1。

② 基数是"2"，每位逢 2 进 1。

③ 各位的位权是以 2 为底的幂。例如，二进制数 $(110.101)_2$ 可以表示为：

$$(110.101)_2 = 1 \times 2^2 + 1 \times 2^1 + 0 \times 2^0 + 1 \times 2^{-1} + 0 \times 2^{-2} + 1 \times 2^{-3}$$

我们称这个式子为二进制数 110.101 的按位权展开式。

二进制数在右下角标"B"或"2"来表示。

3．八进制数及其特点

八进制数（Octal notation）的基本特点是基数为 8，计数规则为：

① 有八个不同的数码，分别是 0、1、2、3、4、5、6、7。

② 基数是"8"，每位逢 8 进 1。

③ 各位的位权是以 8 为底的幂。例如，八进制数（16.24）$_8$可以表示为：

$$(16.24)_8 = 1\times8^1 + 6\times8^0 + 2\times8^{-1} + 4\times8^{-2}$$

我们称这个式子为八进制数 16.24 的按位权展开式。

八进制数在右下角标"O"或"8"来表示。

4．十六进制数及其特点

十六进制数（Hexadecimal notation）的基本特点是基数为 16，计数规则为：

① 有十六个不同的数码，分别是 0、1、2、3、4、5、6、7、8、9、A、B、C、D、E、F。其中，数码 A、B、C、D、E、F 代表的数值分别对应十进制数的 10、11、12、13、14 和 15。

② 基数是"16"，每位逢 16 进 1。

③ 各位的位权是以 16 为底的幂。例如，十六进制数（5E.A7）$_{16}$可以表示为：

$$(5E.A7)_{16} = 5\times16^1 + E\times16^0 + A\times16^{-1} + 7\times16^{-2}$$

我们称这个式子为十六进制数 5E.A7 的按位权展开式。

十六进制数在右下角标"H"或"16"来表示。

5．不同进制数之间的转换

（1）二进制转换成八进制

转换原则：以小数点为界，整数部分从右向左，小数部分从左向右，"三位一组，不足补零。"例如：

$$(10101010.1111)_B = (\underline{010}\ \underline{101}\ \underline{010}.\underline{111}\ \underline{100})_O = (252.74)_O$$

（2）二进制转换成十进制

转换原则：将二进制各位上的系数乘以对应的权，然后求其和。例如：

$$(111.11)_B = (1\times2^2 + 1\times2^1 + 1\times2^0 + 1\times2^{-1} + 1\times2^{-2})_D = (7.75)_D$$

（3）二进制转换成十六进制

转换原则：以小数点为界，整数部分从右向左，小数部分从左向右，"四位一组，不足补零"。例如：

$$(101010101.111)_B = (\underline{0001}\ \underline{0101}\ \underline{0101}.\underline{1110})_H = (155.E)_H$$

（4）八进制转换成二进制

转换原则：将八进制中每一位数码"一分为三"，即可得二进制。例如：

$$(765.43)_O = (\underline{111}\ \underline{110}\ \underline{101}.\underline{100}\ \underline{011})_B$$

（5）八进制转换成十进制

转换原则：将八进制各位上的系数乘以对应的权，然后求其和。例如：

$$(123.13)_O = (1\times8^2 + 2\times8^1 + 3\times8^0 + 1\times8^{-1} + 3\times8^{-2})_D = (83.172)_D$$

（6）八进制转换成十六进制

转换原则一：先将八进制转换成十进制，再由十进制转换成十六进制。例如：

$$(77.77)_O = (63.984)_D = (3F.FC)_H$$

转换原则二：先将八进制转换成二进制，再由二进制转换成十六进制。例如：

$$(77.77)_O = (\underline{111}\ \underline{111}.\underline{111}\ \underline{111})_B = (\underline{0011}\ \underline{1111}.\underline{1111}\ \underline{1100})_B = (3F.FC)_H$$

（7）十进制转换成 n（n = 2，8，16）进制

转换原则：整数部分，"除 n 取余倒着写"；小数部分，"乘 n 取整顺着写"。小数部分一般保留 3 位，末位"四舍五入"。例如：

$$(18.55)_D = (12.8CD)_H$$

$$(21.55)_D = (25.431)_O$$
$$(18.75)_D = (10010.11)_B$$

（8）十六进制转换成二进制

转换原则：将十六进制中每一位数码"一分为四"，即可得二进制。例如：

$$(FEC.BA)_H = (\underline{1111}\ \underline{1110}\ \underline{1100}.\underline{1010}\ \underline{1001})_B$$

（9）十六进制转换成八进制

转换原则一：先将十六进制转换成十进制，再由十进制转换成八进制。例如：

$$(3F.FC)_H = (63.984)_D = (77.77)_O$$

转换原则二：先将十六进制转换成二进制，再由二进制转换成八进制。例如：

$$(3F.FC)_H = (\underline{0011}\ \underline{1111}\ .\ \underline{1111}\ \underline{1100})_B = (\underline{111}\ \underline{111}\ .\ \underline{111}\ \underline{111})_B = (77.77)_O$$

（10）十六进制转换成十进制

转换原则：将十六进制各位上的系数乘以对应的权，然后求其和。例如：

$$(12F.C)_H = (1 \times 16^2 + 2 \times 16^1 + 15 \times 16^0 + 12 \times 16^{-1})_D = (303.75)_D$$

1.5.3　信息的计量单位

人们要处理的信息在计算机中常常被称为数据。所谓数据，是可以由人工或自动化手段加以处理的那些事实、概念、场景和指示的表示形式，包括字符、符号、声音和图形等。数据可在物理介质上记录或传输，并通过外围设备被计算机接收。计算机对数据进行解释并赋予一定意义后，便成为人们所能接受的信息。

计算机中常用的数据单位有位、字节和字。

1．位（གནས།）（bit）

计算机中最小的数据单位是二进制的一个数位，简称为位。正如我们前面所讲的那样，一个二进制位可以表示两种状态（0 或 1），两个二进制位可以表示四种状态（00、01、10、11）。显然，位越多，所能表示的状态就越多。

2．字节（ཡིག་ཚིགས།）（Byte）

字节是计算机中用来表示存储空间大小的最基本单位。一个字节由 8 个二进制位组成。例如，计算机内存的存储容量、磁盘的存储容量等都是以字节为单位进行表示的。

除了以字节为单位表示存储容量外，还可以用千字节（KB）、兆字节（MB）以及吉字节（GB）等表示存储容量。它们之间存在下列换算关系：

1B = 8 bit	1 KB = 2^{10} B = 1 024 B
1 MB = 2^{10} KB = 1 024 KB	1 GB = 2^{10} MB = 1 024 MB
1 TB = 2^{10} GB = 1 024 GB	1 PB = 2^{10} TB = 1 024 TB
1 EB = 2^{10} PB = 1 024 PB	1 ZB = 2^{10} ME = 1 024 EB

3．字（ཡིག）（Word）

字和计算机中字长的概念有关。字长是指计算机的运算部件在单位时间内能一次处理的二进制数的位数，具有这一长度的二进制数则被称为该计算机中的一个字。字通常取字节的整数倍，是计算机进行数据存储和处理的运算单位。

计算机按照字长进行分类，可以分为 8 位机、16 位机、32 位机和 64 位机等。字长越长，那么计算机所能表示数的范围就越大，处理能力也越强，运算精度也就越高。在不同字长的计算机中，字的长度也不相同。例如，在 8 位机中，一个字含有 8 个二进制位，而在 64 位机中，一个字则含有 64 个二进制位。

1.5.4　计算机中字符的表示

在计算机中，对非数值的文字和其他符号进行处理时，要对文字和符号进行数字化，即用二进制编码来表示文字和符号。其中西文字符最常用到的编码方案有 ASCII 编码和 EBCDIC 编码。对于汉字和藏文等少数民族字符，我国也制定了相应的编码方案。

1．标准 ASCII 编码（ཚད་ལྡན་གྱི་ ASCII བྱིག་ཡང་།）

ASCII 码，即美国标准信息交换码（American Standard Code for Information Interchange），使用 7 个二进位对字符进行编码。该编码被 ISO（国际标准组织）采纳，作为国际上通用的西文信息交换代码。

ASCII 码由 7 位二进制数组成，由于 $2^7 = 128$，所以能够表示 128 个字符，在机内占一个字节（最高位为 0）。表 1-3 所示为 ASCII 码表。可以看出，ASCII 码具有以下特点：

① 表中前 32 个字符和最后一个字符为控制字符，在通信中起控制作用。

② 10 个数字字符和 26 个英文字母由小到大排列，且数字在前，大写字母次之，小写字母在最后。这一特点可用于字符数据的大小比较。

③ 数字 0～9 由小到大排列，ASCII 码分别为 $(48)_{10}$～$(57)_{10}$ 或 $(00110000)_2$～$(00111001)_2$，ASCII 码值与数值恰好相差 48。

④ 在英文字母中，A 的 ASCII 码值为 $(65)_{10}$ 或 $(01000001)_2$，a 的 ASCII 码值为 $(97)_{10}$ 或 $(01100001)_2$，且由小到大依次排列。因此，只要知道了 A 和 a 的 ASCII 码，也就知道了其他字母的 ASCII 码。

2．ANSI 编码和扩展 ASCII 编码（ANSI བྱིག་ཡང་དང་རྒྱ་སྐྱེད་ ASCII བྱིག་ཡང་།）

ANSI（美国国家标准协会）编码是一种扩展的 ASCII 码，使用 8 个比特来表示每个符号。8 个比特能表示出 256 个信息单元，因此它可以对 256 个字符进行编码。这种编码也叫作扩展 ASCII 编码。ANSI 码开始的 128 个字符的编码和 ASCII 码定义的一样，只是在最左边加了一个 0。例如：在 ASCII 编码中，字符"a"用 1100001 表示，而在 ANSI 编码中，则用 01100001 表示。除了 ASCII 码表示的 128 个字符外，ANSI 码还可以表示另外的 128 个符号，如版权符号、英镑符号、希腊字符等。

除了 ANSI 编码外，世界上还存在着另外一些对 ASCII 码进行扩展的编码方案，ASCII 码通过扩展甚至可以编码中文、日文、韩文和藏文字符。

3．汉字编码（རྒྱ་ཡིག་གི་བྱིག་ཡང་།）

从计算机处理信息的角度来说，汉字的处理与其他字符的处理基本类似，汉字在计算机系统中也要使用二进制符号系统来表示。汉字编码相对 ASCII 较复杂，通过键盘输入汉字时，采用外部码，计算机为了存储、处理汉字，将外部码转换成汉字的内部码。为了将汉字以点阵形式输出，还要将汉字的内部码转换为汉字的字形码。此外，在计算机与其他系统或设备进行信息、数据交流时，还要用到交换码。

（1）外部码（ཕྱི་ཡི་བྱིག་ཡང་།）

外部码是在输入汉字时计算机对汉字进行的编码，代表某一个汉字的一组键盘符号，即一组字母或数字符号。外部码也叫汉字输入码。为便于用户使用，输入码的规则必须简单清晰、直观易学、容易记忆、输入速度快、便于盲打。人们根据汉字的属性（汉字字量、字形、字音、使用频度）提出了数百种汉字外部码的编码方案，例如拼音码和五笔字型，这些编码方案又被称为输入法。不同用户偏爱不同的输入法。

表 1-3 ASCII 字符代码表

低四位 \ 高四位	0000 (0) 十进制	字符	ctrl	代码	字符解释	0001 (1) 字符	ctrl	代码	字符解释	十进制	0010 (2) 十进制	字符	0011 (3) 十进制	字符	0100 (4) 十进制	字符	0101 (5) 十进制	字符	0110 (6) 十进制	字符	0111 (7) 十进制	字符	ctrl
0000	0	BLANK NULL	^@	NUL	空	▲	^P	DLE	数据链路转意	16	32		48	0	64	@	80	P	96	`	112	p	
0001	1	☺	^A	SOH	头标开始	▼	^Q	DC1	设备控制1	17	33	!	49	1	65	A	81	Q	97	a	113	q	
0010	2	☻	^B	STX	正文开始	↕	^R	DC2	设备控制2	18	34	”	50	2	66	B	82	R	98	b	114	r	
0011	3	♥	^C	ETX	正文结束	‼	^S	DC3	设备控制3	19	35	#	51	3	67	C	83	S	99	c	115	s	
0100	4	♦	^D	EOT	传输结束	¶	^T	DC4	设备控制4	20	36	$	52	4	68	D	84	T	100	d	116	t	
0101	5	♣	^E	ENQ	查询	§	^U	HAK	反确认	21	37	%	53	5	69	E	85	U	101	e	117	u	
0110	6	♠	^F	ACK	确认	▬	^V	SYN	同步空闲	22	38	&	54	6	70	F	86	V	102	f	118	v	
0111	7	●	^G	BEL	震铃	↨	^W	ETB	传输块结束	23	39	’	55	7	71	G	87	W	103	g	119	w	
1000	8	◘	^H	BS	退格	↑	^X	CAN	取消	24	40	(	56	8	72	H	88	X	104	h	120	x	
1001	9	○	^I	TAB	水平制表符	↓	^Y	EH	媒体结束	25	41	)	57	9	73	I	89	Y	105	i	121	y	
1010	A(10)	◙	^J	LF	换行/新行	→	^Z	SUB	替换	26	42	*	58	:	74	J	90	Z	106	j	122	z	
1011	B(11)	♂	^K	VT	竖直制表符	←	^[	ESC	转意	27	43	+	59	;	75	K	91	[	107	k	123	{	
1100	C(12)	♀	^L	FF	换页/新页	∟	^\	FS	文件分隔符	28	44	,	60	<	76	L	92	\	108	l	124	|	
1101	D(13)	♪	^M	CR	回车	↔	^]	GS	组分隔符	29	45	-	61	=	77	M	93	]	109	m	125	}	
1110	E(14)	♫	^N	SO	移出	◄	^6	RS	记录分隔符	30	46	.	62	>	78	N	94	^	110	n	126	~	
1111	I(15)	☼	^O	SI	移入	►	^-	US	单元分隔符	31	47	/	63	?	79	O	95	_	111	o	127	△	^back space

ASCII 非打印控制字符 ——（0000、0001 列）　ASCII 打印字符 ——（0010～0111 列）

注：表中的 ASCII 字符可以用"Alt+小键盘上的数字键"输入。

（2）内部码（ནང་གི་སྒྲིག་ཨང་།）

汉字内部码也被称为汉字内码或汉字机内码。计算机处理汉字，实际上是处理汉字的机器内部代码。向计算机输入外部码时，计算机通常要将其转成内部码，才能进行存储、运算、传送。现在一般用两个字节表示一个汉字的内码。为了避免汉字的内部码与西文字符编码（ACSII 码、EBCDIC 码等）发生冲突，每个字节的最高位为 1。

（3）交换码（བརྗེ་བྱེད་སྒྲིག་ཨང་།）

汉字信息处理系统之间或通信系统之间传输信息时，对每一个汉字所规定的统一编码即汉字交换码。国家规定了信息交换用的标准汉字交换码《信息交换用汉字编码字符集 基本集》（GB 2312—80），即国标码。GB 2312—80 共收录了 7445 个字符，包括 6763 个汉字和 682 个其他符号。一个国标码用两个字节来表示一个汉字，每个字节的最高位为 0。

GB 2312—80 将汉字分成 94 个区（行），每个区又包含 94 个位（列），每位存放一个汉字，这样一来，每个汉字就有一个区号和一个位号，所以我们也经常将国标码称为区位码。例如：汉字"青"在 39 区 64 位，其区位码是 3964；汉字"岛"在 21 区 26 位，其区位码是 2126。值得注意的是，国标码不同于 ASCII 码，它并非汉字在计算机内的真正表示代码，它仅仅是一种编码方案。

汉字的内码是一个汉字的国标码的每一个字节加上十六进制数 80（即二进制数 10000000），因此，汉字内码两字节的最高位都是 1。汉字的国标码与其内码存在这样的关系：

$$汉字的内码 = 汉字的国标码 + 8080H$$

1985 年，根据汉字信息处理的需要，对 GB 2312—80 进行了扩充，发布了 GBK，全称为《汉字内码扩展规范》，共收录了 21 003 个汉字和 883 个图形符号。2001 颁布的 GB 18030—2000 编码标准在 GBK 编码规范的基础上进行了扩充，采用单字节、双字节和四字节三种方式对字符编码。该标准收录了 27 484 个汉字，同时还收录了藏文、蒙文、维吾尔文等我国主要的少数民族文字。现在的 PC 平台要求必须支持 GB 18030—2000，而对嵌入式产品暂不作要求，所以手机、MP3 一般只支持 GB 2312—80。

4．BIG5 码（BIG5སྒྲིག་ཨང་།）

BIG5 码（或称大五码）是专门针对汉字繁体字进行编码的标准，主要在中国港、澳、台等地区使用。它用双字节进行编码，共收录了 13 461 个汉字和符号。

5．Unicode 编码（Unicode སྒྲིག་ཨང་།）

在假定会有一个特定的字符编码系统能适用于世界上所有语言的前提下，1988 年，几个主要的计算机公司一起开始研究一种替换 ASCII 码的编码，称为 Unicode 编码。鉴于 ASCII 码是 7 位编码，Unicode 编码采用 16 位编码，每一个字符需要 2 个字节。这意味着 Unicode 编码的字符编码范围为 0000H～FFFFH，可以表示 65 536 个不同字符。

Unicode 编码不是从零开始构造的，开始的 128 个字符编码 0000H～007FH 就与 ASCII 码字符一致，这样就能够兼顾已存在的编码方案，并有足够的扩展空间。从原理上来说，Unicode 编码可以表示现在正在使用的或者已经没有使用的任何语言中的字符。对于国际商业和通信来说，这种编码方式是非常有用的，因为在一个文件中可能需要包含汉语、英语和日语等不同的文字。并且 Unicode 编码还适合于软件的本地化，也就是针对特定的国家便于修改软件。使用 Unicode 编码，软件开发人员可以修改屏幕的提示、菜单和错误信息来适应不同的语言和地区。目前，Unicode 编码在 Internet 中有着较为广泛的应用，Microsoft 和 Apple 公司也已经在其操作系统中支持 Unicode 编码。

6．藏文编码（བོད་ཡིག་གི་སྒྲིག་ཨང་།）

1997 年，藏文编码字符集基本集编码方案正式成为国家标准，即《信息交换用 藏文编码字符集 基本集》（GB 16959—1997），并在同年通过了藏文字符集国际标准，即 ISO/IEC 10646。该标准收录了藏文及梵文字母、标点符号、天文历算符号和特殊符号等共 193 个藏文字符，如表 1-4 所示。

表 1-4　《信息交换用 藏文编码字符集 基本集》（GB 16959—1997）

0F00　　　　　　　　　　　　　　Tibetan　　　　　　　　　　　　　　**0FFF**

	0F0	0F1	0F2	0F3	0F4	0F5	0F6	0F7	0F8	0F9	0FA	0FB	0FC	0FD	0FE	0FF
0	0F00	0F10	0F20	0F30	0F40	0F50	0F60		0F80	0F90	0FA0	0FB0	0FC0	0FD0		
1	0F01	0F11	0F21	0F31	0F41	0F51	0F61	0F71	0F81	0F91	0FA1	0FB1	0FC1	0FD1		
2	0F02	0F12	0F22	0F32	0F42	0F52	0F62	0F72	0F82	0F92	0FA2	0FB2	0FC2	0FD2		
3	0F03	0F13	0F23	0F33	0F43	0F53	0F63	0F73	0F83	0F93	0FA3	0FB3	0FC3	0FD3		
4	0F04	0F14	0F24	0F34	0F44	0F54	0F64	0F74	0F84	0F94	0FA4	0FB4	0FC4	0FD4		
5	0F05	0F15	0F25	0F35	0F45	0F55	0F65	0F75	0F85	0F95	0FA5	0FB5	0FC5	0FD5		
6	0F06	0F16	0F26	0F36	0F46	0F56	0F66	0F76	0F86	0F96	0FA6	0FB6	0FC6	0FD6		
7	0F07	0F17	0F27	0F37	0F47	0F57	0F67	0F77	0F87	0F97	0FA7	0FB7	0FC7	0FD7		
8	0F08	0F18	0F28	0F38		0F58	0F68	0F78	0F88		0FA8	0FB8	0FC8	0FD8		
9	0F09	0F19	0F29	0F39	0F49	0F59	0F69	0F79	0F89	0F99	0FA9	0FB9	0FC9	0FD9		
A	0F0A	0F1A	0F2A	0F3A	0F4A	0F5A	0F6A	0F7A	0F8A	0F9A	0FAA	0FBA	0FCA	0FDA		
B	0F0B	0F1B	0F2B	0F3B	0F4B	0F5B	0F6B	0F7B	0F8B	0F9B	0FAB	0FBB	0FCB			
C	0F0C	0F1C	0F2C	0F3C	0F4C	0F5C	0F6C	0F7C	0F8C	0F9C	0FAC	0FBC	0FCC			
D	0F0D	0F1D	0F2D	0F3D	0F4D	0F5D		0F7D	0F8D	0F9D	0FAD					
E	0F0E	0F1E	0F2E	0F3E	0F4E	0F5E		0F7E	0F8E	0F9E	0FAE	0FBE	0FCE			
F	0F0F	0F1F	0F2F	0F3F	0F4F	0F5F		0F7F	0F8F	0F9F	0FAF	0FBF	0FCF			

《信息交换用　藏文编码字符集　基本集》(GB 16959—1997)的特点是用尽可能少的码位,通过动态叠加组合方式得到成千上万的藏文字符,基本满足了藏文信息处理的需要。Windows Vista及之后的版本都从操作系统一级支持该标准。由此,基本结束了藏文编码混乱的局面。

习　题

一、填空

1. 世界上公认的第一台计算机是(　　　),诞生于(　　　)年(　　　),所使用的逻辑元件是(　　　)。

2. 一般微型计算机有几十条到几百条不同的指令,这些指令按其功能不同可以分为(　　　)、(　　　)、(　　　)、(　　　);计算机内所有的指令构成了(　　　)。

3. 用户用计算机高级语言编写的程序,通常称为(　　　),能将高级语言源程序转换成目标程序的是(　　　)。

4. 计算机系统可分为(　　　)和软件系统,而软件系统又分为系统软件和(　　　)。操作系统是一种最重要的(　　　)软件,它的主要作用是(　　　)。

5. 计算机存储器分为(　　　)和(　　　),其中(　　　)存取速度更快。

6. 内存主要分为(　　　)和(　　　),内存容量的大小取决于(　　　);计算机的基本输入输出系统(BIOS)是存储在(　　　),(　　　)一旦断电存储在其上的信息将全部消失且无法恢复。

7. 计算机中所有信息的存储都采用(　　　)进制数,最主要的理由是(　　　)。

8. 计算机程序设计语言的发展经历了四代,计算机能直接识别并执行的语言是(　　　),它是第(　　　)代语言,用助记符号表示二进制代码形式的机器语言的程序设计语言是(　　　);Java语言是第(　　　)代语言。

9. 计算机能处理的最小数据单位是(　　　),计算机最主要的工作特点是(　　　)。

10. 计算机硬件系统中最核心的部件是(　　　),它可以分为(　　　)和(　　　)。

11. CPU不能直接访问的存储器是(　　　)。

12. 操作系统的五大功能模块为(　　　)、(　　　)、(　　　)、(　　　)和(　　　)。

13. 在微型计算机中,把数据传送到软盘/硬盘上,称为(　　　)。硬盘在读/写等工作时,应特别注意避免(　　　)。

14. 在微型计算机中,应用最为普遍的字符编码是(　　　),现在一般采用(　　　)字节表示汉字的机内码。

15. 字长是计算机(　　　)次能处理的(　　　)进制位数。

16. 完整的磁盘文件名由(　　　)和(　　　)组成。每张磁盘只有一个(　　　)目录,可有多个(　　　)目录。

17. ANSI编码是一种扩展的(　　　)码,使用(　　　)个比特来表示每个符号。

18. 1997年制定完成的藏文编码字符集国家标准称为(　　　),它是通过(　　　)组合方式处理藏文,其编码码位在(　　　)的(　　　)区域。

19. 为解决CPU与存储器之间的速率不匹配问题,采用了(　　　)存储器。

20. 计算机的发展趋势是(　　　)、(　　　)、(　　　)、(　　　)和(　　　)。

21. ASCⅡ码用于微型机和小型机,是美国国家信息交换标准字符码的缩写,现已被国际标准化组织(ISO)接收为国际标准。微机中,西文字符所采用的编码为ASCII码,标准ASCII码用(　　　)位二进制位表示一个字符的编码,那么ASCII码字符集共有(　　　)个不同的字符编码。

22. 十进制数73转换成二进制数为(　　　),八进制数为(　　　),十六进制数为(　　　)。二进制数 101010 转换为十进制数（　　　），八进制数为（　　　），十六进制数为（　　　）。

23. 二进制数 1000101 和 101 进行算术加运算，结果为（　　　），算术减运算，结果为（　　　）。

二、选择题

1. 在计算机应用中，"计算机辅助设计"的英文缩写为（　　　）。

    A. CAD   B. CAM   C. CAE   D. CAT

2. 下列等式中，正确的是（　　　）。

    A. 1 KB = 1024 × 1024 B   B. 1 MB = 1024 B

    C. 1 KB = 1024 MB   D. 1 MB = 1024 × 1024 B

3. 下面有关计算机操作系统的叙述中，不正确的是（　　　）。

    A. 操作系统属于系统软件

    B. 操作系统只负责管理内存储器，而不管理外存储器

    C. UNIX 是一种操作系统

    D. 计算机的处理器、内存等硬件资源也由操作系统管理

4. 下面有关计算机的叙述中，正确的是（　　　）。

    A. 计算机的主机只包括 CPU   B. 计算机程序只能装载到内存中才能执行

    C. 计算机必须具有硬盘才能工作   D. 计算机键盘上字母键的排列方式是随机的

5. 视频卡的功能是（　　　）。

    A. 将视频信号数字化   B. 将视频信号模拟化

    C. 将视频信号图像化   D. 将视频信号声音化

6. 目前普遍使用的微型计算机，所采用的逻辑元件是（　　　）。

    A. 电子管   B. 大规模和超大规模集成电路

    C. 晶体管   D. 小规模集成电路

7. 冯·诺依曼对现代计算机的主要贡献是（　　　）。

    A. 设计了差分机   B. 设计了分析机

    C. 建立了理论模型   D. 确立了计算机的基本结构

8. 下面是关于操作系统的四条简单叙述，其中正确的一条为（　　　）。

    A. 操作系统是软件和硬件的接口

    B. 操作系统是源程序和目标程序的接口

    C. 操作系统是用户和计算机之间的接口

    D. 操作系统是外设与主机之间的接口

9. MIPS 是度量计算机（　　　）的指标。

    A. 主频   B. 字长   C. 存储容量   D. 运算速度

10. 下列存储器中存取速度最快的是（　　　）。

    A. 内存   B. 硬盘   C. 光盘   D. 软盘

11. 下列设备中，不能作为微型计算机的输出设备的是（　　　）。

    A. 打印机   B. 绘图仪   C. 键盘   D. 显示器

12. 640 KB 的含义是（　　　）。

    A. 640 000 字节   B. 640 × 1024 个汉字

    C. 640 × 1 024 字节   D. 640 × 1024 位

13. 汉字字库中存储汉字字型的数字化信息代码是（　　　）。

    A. 机内码   B. 字形码   C. 输入码   D. BCD 码

14. 用机器语言编写的程序在机器内是以（　　　）形式存放的。

    A. BCD 码　　　　　　　B. 二进制编码　　C. ASCII 码　　　　　D. 汉字编码

15. 在下列软件中，不属于系统软件的是（　　　）。

    A. 编译软件　　　　　　B. 操作系统　　　C. 数据库管理系统　D. C 语言源程序

16. 中央处理器（CPU）可以直接访问的计算机部件是（　　　）。

    A. 内存储器　　　　B. 硬盘　　　　　　C. 软盘　　　　　　D. 光盘

17. CPU 处理的数据基本单位为字，一个字的字长（　　　）。

    A. 为 8 个二进制位　　　　　　　　　B. 为 16 个二进制位

    C. 为 32 个二进制位　　　　　　　　D. 与 CPU 芯片的型号有关

18. 显示器分辨率一般用（　　　）表示。

    A. 能显示多少个字符　　　　　　　B. 能显示的信息量

    C. 横向点×纵向点　　　　　　　　D. 能显示的颜色数

19. 运算器和控制器的总称是（　　　）。

    A. CPU　　　　B. ALU　　　　C. 主机　　　　　　D. 逻辑器

20. 一台微型计算机必须具备的输入设备是（　　　）。

    A. 鼠标器　　　B. 扫描仪　　　C. 键盘　　　　　　D. 数字化仪

21. 计算机硬件的组成部分主要包括：运算器、存储器、输入设备、输出设备和（　　　）。

    A. 控制器　　　B. 显示器　　　C. 磁盘驱动器　　　D. 鼠标器

22. 以下哪个英文单词代表字节？（　　　）

    A. byte　　　　B. WAIS　　　C. USENET　　　D. FTP

23. GB 2312—80 中规定了信息交换用的汉字中，按其使用频度及其用途大小分成一级汉字和二级汉字，一级汉字按（　　　）顺序排列。

    A. 笔型　　　　B. 笔画　　　　C. 拼音　　　　D. 字母

24. 下列关于存储器的叙述中正确的是（　　　）。

    A. CPU 能直接访问存储在内存中的数据，也能直接访问存储在外存中的数据。

    B. CPU 不能直接访问存储在内存中的数据，能直接访问存储在外存中的数据。

    C. CPU 只能直接访问存储在内存中的数据，不能直接访问存储在外存中的数据。

    D. CPU 既不能直接访问存储在内存中的数据，也不能直接访问存储在外存中的数据。

25. 内存储器是计算机系统中的记忆设备，它主要用于（　　　）。

    A. 存放数据　　B. 存放程序　　C. 存放数据和程序　D. 存放微机数据

26. 鼠标器是计算机的（　　　）设备。

    A. 运算　　　　B. 输入　　　　C. 输出　　　　D. 控制

27. 在微型计算机中与 VGA 密切相关的设备是（　　　）。

    A. 鼠标　　　　B. 显示器　　　C. 键盘　　　　　D. 针式打印机

28. 世界上公认的第一台计算机是（　　　），诞生于（　　　），所使用的逻辑元件是（　　　）。

    A. IBM-PC 机，1946 年、美国，晶体管

    B. 数值积分计算机，1946 年、美国，电子管

    C. 电子离散变量计算机，1942 年、英国，集成电路

    D. IBM-PC 机，1942 年、英国，晶体管

29. BASIC 语言属于一种（　　　）。

    A. 机器语言　　B. 低级语言　　C. 高级语言　　　D. 汇编语言

30. 个人计算机属于（　　　）。

A. 小巨型机　　　B. 小型计算机　　C. 微型计算机　　　　D. 中型计算机

31. 显示器的分辨率的高、低表示（　　　）。

    A. 在同一字符面积下，所需的像素点越多，其分辨率越低

    B. 在同一字符面积下，所需的像素点越多，其显示的字符越不清楚

    C. 在同一字符面积下，所需的像素点越多，其分辨率越高

    D. 在同一字符面积下，所需的像素点越少，其字符的分辨效果越好

32. 汉字字库中存储着汉字的（　　　）。

    A. 拼音　　　　　　B. 内码　　　　　C. 国标码　　　　　　D. 字模

33. 为了将汉字通过键盘输入计算机而设计的代码是（　　　）。

    A. ASCII 码　　　B. 外码　　　　　C. 机内码　　　　　　D. BCD 码

34. 微型计算机能处理的最小数据单位是（　　　）。

    A. 比特（二进制位）　　　　　　B. 字节

    C. 字符串　　　　　　　　　　　D. ASCII 码字符

35. 自 1946 年第一台计算机问世以来，计算机的发展经历了 4 个时代，它们是（　　　）。

    A. 微型计算机、小型计算机、中型计算机、大型计算机

    B. 电子管计算机、晶体管计算机、小规模集成电路计算机、大规模及超大规模集成电路计算机

    C. 组装机、兼容机、品牌机、原装机

36. 计算机存储和处理数据的基本单位是（　　　）。

    A. bit　　　　　　B. Byte　　　　　C. GB　　　　　　D. KB

37. 一个字节表示（　　　）个二进制位。

    A. 1　　　　　　　B. 4　　　　　　C. 8　　　　　　D. 10

38. 若一台计算机的字长为 4 个字节，这意味着它（　　　）。

    A. 能处理的数值最大为 4 位十进制数 9999

    B. 能处理的字符串最多由 4 个英文字母组成

    C. 在 CPU 中作为一个整体加以传送、处理的代码为 32 位

    D. 在 CPU 中运行的结果最大为是 2^{32}

39. "32 位微型计算机"中的 32 是指（　　　）。

    A. 微机型号　　　B. 内存容量　　　　C. 存储单位　　　D. 机器字长

40. "冯·诺依曼计算机"的体系结构主要分为（　　　）五大部分。

    A. 外部存储器、内部存储器、CPU、显示、打印

    B. 输入、输出、运算器、控制器、存储器

    C. 输入、输出、控制、存储、外设

    D. 都不是

41. 标准的 ASCII 码由 7 位二进制位表示，可有 128 个代码。其中有（　　　）个是可见的图形字符。

    A. 32　　　　　　B. 95　　　　　　C. 94　　　　　D. 96

42. 在标准 ASCII 编码表中，数字码、小写英文字母和大写英文字母的前后次序是（　　　）。

    A. 数字、小写英文字母、大写英文字母　　　B. 小写英文字母、大写英文字母、数字

    C. 数字、大写英文字母、小写英文字母　　　D. 大写英文字母、小写英文字母、数字

43. 已知英文字母 m 的 ASCII 码值为 109，那么英文字母 p 的 ASCII 码值是（　　　）。

    A. 112　　　　　　B. 113　　　　　C. 111　　　　　D. 114

44. 液晶显示器（LCD）的主要技术指标不包括（　　　）。

    A. 显示分辨率　　　B. 显示速度　　　C. 亮度和对比度　　　D. 存储容量

三、综合操作题

下表中列出了两种型号的计算机的具体参数，请根据本章所学的知识分析、比较两种机型的配置。

机 型		联想扬天 M4000e	惠普光影精灵 580-072cn
基本参数	产品类型	商用电脑	家用电脑，游戏电脑
	操作系统	预装 Windows 10 64bit（64位简体中文版）	预装 Windows 10 64bit（64位简体中文版）
处理器	CPU 型号	Intel 酷睿 i7 6700	Intel 酷睿 i7 7700
	CPU 频率	3.4 GHz	3.6 GHz
	最高睿频	4 GHz	4.2 GHz
	总线规格	DMI 8 GT/s	DMI3 8 GT/s
	缓 存	L3 8 MB	L3 8 MB
	核心架构	Skylake	Kaby Lake
处理器	核心/线程数	四核心/八线程	四核心/八线程
	制程工艺	14 nm	14 nm
	商用技术	Intel 博锐技术	Intel 博锐技术
内存	内存容量	8 GB	8 GB
	内存类型	DDR4	DDR4
	内存插槽	2 个 DiMM 插槽	2 个 DiMM 插槽,最大内存容量为 16 GB
显卡（显示适配器）	显卡类型	入门级独立显卡	性能级独立显卡
	显卡芯片	NVIDIA GeForce GT 720	NVIDIA GeForce GTX 1060
	显存容量	2 GB	6 GB
	DirectX	DirectX 12	DirectX 12
显示器	显示器尺寸	19.5 英寸	18.5 英寸
	显示器描述	LED 宽屏	显示器分辨率为 1366×768
硬盘	硬盘容量	1 TB	128 GB+1 TB
	硬盘描述	7 200 r/min	混合硬盘（SSD+HDD）
网络通信	网络通信	有线网卡，1 000 Mb/s 以太网卡	有线网卡，1 000 Mb/s 以太网卡
	蓝牙	不支持蓝牙功能	支持蓝牙功能
I/O 接口	数据接口	4×USB3.0，2×USB2.0	3×USB2.0，2×USB3.0，1×USB3.1 Type-C
	音频接口	耳机输出接口，麦克风输入接口	耳机输出接口，麦克风输入接口
	视频接口	VGA，DisplayPort，HDMI	DVI，HDMI，DisplayPort
	网络接口	RJ45（网络接口）	RJ45（网络接口）
	其他接口	电源接口	电源接口，PS/2，COM 串口
其他参数	电源	180W 电源适配器	300W 电源适配器
	机箱类型	立式	立式
光 驱		DVD-ROM	无内置光驱

✚ 2 Windows 7 操作系统

Windows 是 Microsoft（微软）公司在 20 世纪 80 年代末推出的基于图形的、多用户多任务图形化操作系统（བཀོལ་སྤྱོད་རྒྱུད་ཁོངས།）。Windows 的功能已日渐丰富，发展势头迅猛，目前已经成为桌面用户操作系统的主流。

2.1 认识 Windows 7

2009 年 10 月 22 日，微软公司于美国正式发布 Windows 7。Windows 7 操作系统是目前支持硬件最多的操作系统，也是目前最流行的基于图形界面的操作系统，它具有功能强大、操作便捷、界面清新等特点。其主要的版本有：Windows 7 Home Basic（家庭普通版）、Windows 7 Professional（专业版）、Windows 7 Enterprise（企业版）、Windows 7 Ultimate（旗舰版）。本章将以旗舰版为例介绍 Windows 7 的使用。

案例一 认识 Windows 7

 案例描述

Windows 7 是微软公司继 Vista 之后推出的操作系统，它比 Vista 性能更高、启动更快、兼容性更强，具有很多新特性和优点。为了更好地使用计算机，首先需要掌握管理计算机的软件——操作系统。

 任务分析

Windows 7 和以前各种版本的 Windows 系统相比，仍由桌面、窗口、对话框和菜单等基本元素组成。本任务的具体操作包括：认识 Windows 7 的基本元素，Windows 7 的启动和关闭，Windows 7 操作系统的基本操作。

 教学目标

① 掌握 Windows 7 的启动和关闭操作。
② 熟悉 Windows 7 的基本操作界面。
③ 理解桌面图标、背景以及主题。
④ 学会 Windows 7 的基本操作。
⑤ 了解 Windows 7 强大的功能，培养学习兴趣。

装有 Windows 7 操作系统的计算机的启动，就是在计算机尚未进入 Windows 正式操作界面之前加载系统文件的过程。

2.1.1 Windows 7 的启动

启动（ འགོ་སློང་། ）计算机的操作步骤如下：

第 1 步：打开显示器电源。

第 2 步：打开主机电源，系统会自动进行自检，初始化各种即插即用设备，然后启动 Windows 7。如有登录密码，则在登录界面输入密码后，即可看到如图 2-1 所示的"桌面"（ ཅོག་ངོས། ）。如果没有登录密码，则启动完成后直接显示"桌面"。

图 2-1　Windows 7 的桌面

案例操作 1：

启动 Windows 7，进入 Windows 7 桌面。

知识扩展：

　　如果 Windows 系统在启动过程中遇到问题，可以尝试进入 Windows 高级启动选项，即在计算机加电自检时按住键盘上的 F8 键（取决于操作系统版本），此时会出现 Windows 高级启动选项，如图 2-2 所示。用户可根据需要选择一种启动方式，以修复系统启动过程中出现的问题。

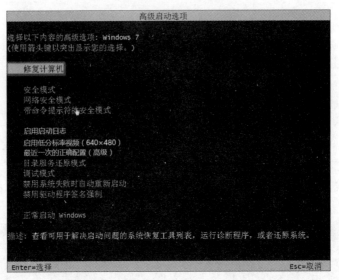

图 2-2 Windows 7 高级启动选项

2.1.2 Windows 7 的关闭

用户使用完计算机后如果需要关闭计算机，不能直接关闭计算机电源开关，而只能通过 Windows "开始"菜单上的"关机"（ཁ་རྒྱག）按钮来关闭计算机。关闭 Windows 7 的步骤如下：

第 1 步：鼠标左键点击"开始"菜单。

第 2 步：点击"关机"按钮。

如果需要重新启动计算机或进行注销等操作，可将鼠标指针移到"关机"按钮右侧的三角按钮上，此时会弹出"关机"的级联菜单"切换用户"（སྤྱོད་མཁན་བརྗེ་བ）、"注销"（འདོར་བ）、"锁定"（སྒོག་པ）、"重新启动"（འགོ་བསྐྱར་སློང）和"睡眠"（སྒོལ་བ）选项，如图 2-3 所示。

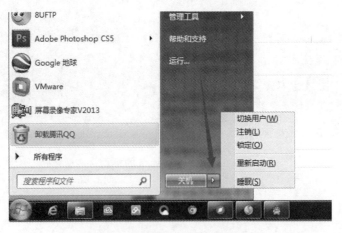

图 2-3 Windows 7 关机选项

案例操作 2：

关闭 Windows 7。

知识扩展：

① 使用"Alt + F4"组合键进行关机。

操作步骤如下：

第 1 步：在桌面上点一下鼠标。

第 2 步：按 "Alt + F4" 组合键，就会弹出如图 2-4 所示界面，然后选择 "关机"，再单击 "确定"。

图 2-4　按 "ALT + F4" 组合键弹出界面

② 使用 "Ctrl + Alt + Del" 组合键进行关机。

此方法在系统使用过程中没有响应时使用。操作步骤如下：

第 1 步：按下 "Ctrl + Alt + Del" 组合键后，弹出如图 2-5 所示界面。

图 2-5　按 "Ctrl + Alt + Del" 组合键弹出界面

第 2 步：鼠标点击右下角的 "关机" 图标。

③ 使用主机箱上的电源按钮进行关机。

此方法的使用前提是设置好了关机按钮的动作。依次进入 "控制面板"（ཚོད་འཛིན་པང་།）→ "电源选项"（གློག་ཁུངས་བདམ་ཆ།）→ "更改计划设置"（འཆར་གཞི་སྒྱུར་འགོད།），然后找到 "电源按钮和盖子"，展开后查看 "电源按钮操作" 的设置是否为 "关机"，如不是则改成 "关机" 后点击 "确定"（གཏན་འཁེལ།）。

④ 使用命令 "shutdown　－s　－t　0" 进行关机。

操作步骤如下：

第 1 步：点击 "开始"（འགོ་འཛིན།）→ "运行"（འཁོར་སྐྱོད།）（或按 "Windows 徽标键 + R"）。

第 2 步：在运行窗口中输入 "shutdown　－s　－t　0" 后，点击 "确定"。

2.1.3　Windows 7 的基本元素和基本操作

Windows 7 的基本元素包括桌面、窗口、对话框和菜单等。与以前的版本相比，Windows 7 除了在可靠性和响应速度方面的进步外，对某些基本元素的组合也做了精细、完美与人性化的调整，使得界面更加友好、安全和易用，使用户操作起来更加方便和快捷。

1. 桌面（ཅོག་ངོས།）

启动计算机进入 Windows 7 系统以后，呈现在用户面前的整个屏幕画面区域就是桌面。Windows 7 的桌面主要由桌面图标、桌面背景和任务栏等几部分组成，如图 2-6 所示。

图 2-6　Windwos 7 桌面基本元素

对 Windows 7 进行操作时，经常需要对图标进行各种操作。

（1）桌面图标（ཅོག་ངོས་རིས་རྟགས།）

桌面主要由图标区（རིས་རྟགས་ཁུལ།）和任务栏（འགན་རྟེ།）组成。图标是具有明确指代含义的计算机图形，用来表示计算机内的各种资源（文件、文件夹、磁盘驱动器、打印机等）。桌面图标实质上是指向应用程序、文件夹或文件的快捷方式，双击图标可以快速启动对应的程序，或打开文件夹或文件。桌面图标大致可以分为系统图标和应用程序快捷图标。

① 系统图标（རྒྱུད་ཁོངས་རིས་རྟགས།）：安装 Windows 7 后系统自带的一些有特殊用途的图标，包括"计算机"、"网络"、"回收站"和"控制面板"等。

➤ 计算机（ཅིས་འཁོར།）：用来管理计算机中的所有资源。

➤ 网络（དྲ་རྒྱ།）：用来显示网络上其他计算机及其资源，实现资源共享。

➤ 回收站（སྙིགས་སྣོད།）：用来暂时存放已经删除的文件。

② 应用程序快捷图标：用于快速启动相应的应用程序，它与某个对象（如程序、文档）相链接。应用程序快捷图标通常是在安装某些应用程序时自动产生的，也可由用户根据需要自行创建，其特征是图标左下角有一个箭头标志。

案例操作 3：

对"计算机"图标进行选定操作：

第 1 步：将鼠标箭头移到"计算机"图标上。

第 2 步：单击鼠标左键，完成选定。

案例操作 4：

对"计算机"图标进行打开操作：

第 1 步：将鼠标箭头移到"计算机"图标上。

第 2 步：双击鼠标左键（注意：双击时鼠标必须固定，且双击的间隔时间要短），便可打开。

案例操作 5：

查看"回收站"属性的操作：

第 1 步：将鼠标箭头移到"回收站"图标上，点击鼠标右键。

第 2 步：从快捷菜单中选择"属性"

 提示

在桌面上也可以存放用户文件或文件夹，但为了系统管理及个人文件的安全，桌面不宜存放太多文件。

（2）桌面背景（ཅོག་ངོས་རྒྱབ་ལྗོངས།）

桌面背景又称墙纸，即显示在屏幕上的背景画面，它没有实际功能，只起到丰富桌面内容、美化工作环境的作用。刚安装好的系统采用的是默认的桌面背景，用户可根据需要选择系统提供的其他图片或保存在计算机中的其他图片作为桌面背景。

（3）任务栏（འགན་སྡེ།）

默认状态下任务栏位于桌面的最下方，主要包括"开始"按钮、快速启动区、任务按钮区、语言栏、系统提示区和"显示桌面"按钮等，如图 2-7 所示。

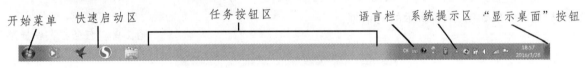

开始菜单　快速启动区　　　　　任务按钮区　　　　　语言栏　系统提示区　"显示桌面"按钮

图 2-7　任务栏

各部分的功能如下：

① "开始"菜单按钮（"འགོ་འཛིན" འདེམས་བྱང་མཐེབ་གནོན།）：位于任务栏最左侧，单击该按钮会弹出"开始"菜单选项，其中包含了 Windows 7 中的各种程序选项，如图 2-8 所示。选择其中的任意选项可打开相应的程序或窗口。

② 快速启动区（འགོ་སྒུར་སྐྱོད་ཁུལ།）：存放最常用程序的快捷方式，默认包含"IE 浏览器"、"库"和"Windows Media Player"的图标，单击其中的某个图标，可快速启动相应的程序。用户可以将自己经常需要访问的应用程序的快捷图标用鼠标拖动到这个区域。如果用户需要删除快速启动区中的这些图标，可用鼠标右击对应的图标，在弹出的菜单中选择"将此程序从任务栏解锁"命令。

③ 任务按钮区（ལས་འགན་མཐེབ་གནོན་ཁུལ།）：用于显示当前运行中的应用程序窗口对应图标和所有打开的文件夹窗口所对应的图标。使用该图标可以进行还原、切换和关闭窗口等操作。用鼠标拖动图标可以改变图标的排列顺序。

④ 语言栏（སྐད་བརྗོད་སྡེ།）：输入文本内容时，在语言栏中可进行选择和设置输入法等操作。

⑤ 系统提示区（རྒྱུད་ཁོངས་འབྲ་སྟོན་ཁུལ།）：用于显示"系统音量"、"网络"和"时钟"等一些正在运行的应用程序的

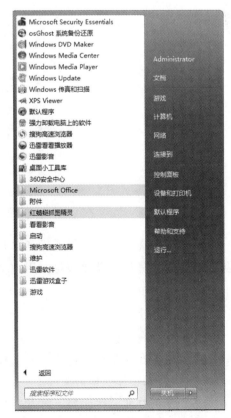

图 2-8　"开始"菜单

图标，单击其中的向上按钮可以查看被隐藏的其他通知图标。

⑥"显示桌面"按钮（"ཙག་རོས་འཆར་བ" མཐེབ་གནོན།）：单击该按钮可以在当前打开的窗口和桌面之间进行切换。该按钮的作用相当于按"Windows 徽标键 + D"。

案例操作 6：

对任务栏的各组成部分进行熟悉操作。

第 1 步：点击"开始"按钮，查看菜单选项。将鼠标箭头指向（或单击）"所有程序"，观察变化。

第 2 步：单击快速启动区的"Windows Media Player"快捷图标，启动媒体播放器。

第 3 步：单击任务栏上的语言栏⌨，观察显示情况。

第 4 步：将鼠标箭头移动到任务栏最右边的"显示桌面"按钮上，或在其上单击鼠标左键，观察操作结果。

2．任务栏设置（ལས་འགན་སྒྲིག་འགོད།）

在进入 Windows 7 后系统会自动显示任务栏，而此时的任务栏将使用系统默认设置。有的时候这个默认设置并不一定会适合每一位用户，因此用户可根据需要对任务栏进行一些设置。设置步骤如下：

第一步：将鼠标移动至任务栏空白处，然后单击鼠标右键，弹出如图 2-9 所示的菜单。

第二步：在弹出的"任务栏"快捷菜单中选择"属性"（གཏོགས་གཤིས།）菜单选项，出现如图 2-10 所示的对话框。

图 2-9　"任务栏"快捷菜单

图 2-10　"任务栏"设置对话框

第三步：在打开的"任务栏和'开始'菜单属性"对话框中单击"任务栏"选项卡，就可以看到许多关于任务栏的设置项目。用户可以根据需要进行锁定任务栏、隐藏任务栏、改变任务栏的大小和位置等设置操作。

案例操作 7：

更改任务栏的设置。

第 1 步：在任务栏空白处单击鼠标右键，然后在弹出的快捷菜单中去掉"锁定任务栏（L）"前面的"√"，观察任务栏的变化。

第 2 步：打开"任务栏"设置对话框，在"任务栏"选项卡中选中"自动隐藏任务栏"并观察任务栏的外观效果。

3．窗口和对话框（སྒེའུ་ཁུང་དང་གྲེང་སློག）

窗口是指 Windows 在运行程序时屏幕上显示信息的一块矩形区域。Windows 7 窗口的类型有两种：一种是文件夹窗口，也就是资源管理器窗口，如图 2-11 所示；另一种是程序（或文件）窗口，如图 2-12 所示。

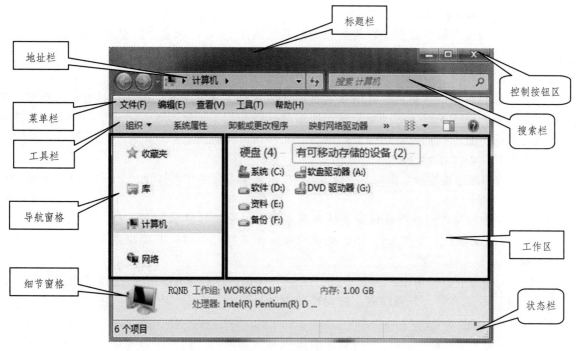

图 2-11　文件夹窗口

如图 2-11 所示，文件夹窗口由标题栏、窗口控制按钮、地址栏、搜索栏、菜单栏、工具栏、导航窗格、详细信息面板、窗口工作区、滚动条和状态栏组成。

如图 2-12 所示，文件窗口由标题栏、控制菜单图标、快速访问工具栏、窗口控制按钮、功能选项卡、功能区、工作区、滚动条、标尺和显示比例缩放区组成。

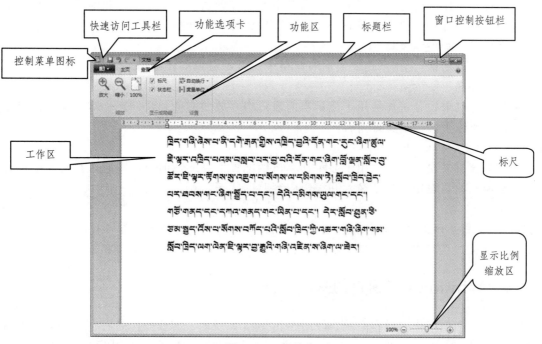

图 2-12　文件窗口

（1）标题栏（ཁ་བྱང་སྟེ།）

标题栏显示所打开程序的窗口名称及其控制按钮。文件夹窗口实质上并无标题。

标题栏还显示了窗口的控制按钮，包括"最小化"按钮、"最大化/还原"按钮和"关闭"按钮。通过单击这些按钮，可以实现相应的操作功能。

（2）地址栏（ས་གནས་སྟེ།）

地址栏显示当前操作的位置（以箭头分割的系列链接），可以单击"后退"按钮、"前进"按钮导航至已经访问过的位置。文件窗口没有此栏。

（3）搜索栏（བཤེར་འཚོལ་སྟེ།）

搜索栏用来在地址栏所指定位置中搜索含用户输入关键字的内容。搜索栏具有动态搜索功能，也就是说，当我们输入关键字的一部分时，搜索就已经开始了。随着输入关键字的增多，搜索的结果会被反复筛选，直到我们搜索出需要的内容。文件窗口无此栏。

（4）菜单栏（འདེམས་བྱང་སྟེ།）

菜单栏是按照程序功能分组排列的按钮集合。单击某个主菜单名可打开一个下拉菜单，从中可以选择需要的命令。

Windows 7 中，菜单栏在默认情况下处于隐藏状态。设置其显示的方法有：

① 临时显示菜单栏：按"Alt"键，菜单栏显示在工具栏上方。若要隐藏菜单栏，可单击任何菜单项或者再次按"Alt"键。

② 永久显示菜单栏：单击工具栏中的"组织"按钮，从打开的列表中选择"布局"→"菜单栏"选项，可显示菜单栏。若要隐藏，按同样的方法操作。

（5）工具栏（ལག་ཆའི་སྟེ།）

工具栏提供了一组功能按钮，单击这些按钮可以快速执行一些常用的操作。

（6）窗口工作区（སྒེའུ་ཁུང་ལས་ཁུལ།）

窗口工作区是显示和编辑窗口内容的地方。

如果窗口工作区的内容比较多，将在其右侧和下方出现滚动条，通过拖动滚动条可查看其他未显示的内容。

（7）导航窗格（ཕྱོགས་ཁྲིད་ཁ་ཤོག）

导航窗格位于工作区的左边，用于显示系统中的文件列表，当处于全部收缩状态时只显示"收藏夹"和"桌面"两部分。单击其前面的"扩展"按钮可以打开相应的列表。

（8）细节窗格（ཞིབ་ཕྲའི་ཁ་ཤོག）

也叫"详细信息面板"，用来提供当前右窗格中所显示对象的详细信息。

（9）窗口工作区（སྒེའུ་ཁུང་ལས་ཁུལ།）

对于文件夹窗口来说，工作区用于显示当前窗口中存放的文件和文件夹；对于文件窗口来说，窗口工作区则用于输入和编辑文件内容。

（10）状态栏（རྣམ་པའི་སྟེ།）

对于文件夹窗口来说，状态栏用于显示计算机的配置信息或当前窗口中所选择对象的信息；对于文件窗口来说，状态栏用于显示输入和编辑内容时的状态。

案例操作 8：

第 1 步：双击桌面上的"计算机"图标，再按"Alt"键，观察窗口外观的变化。

第 2 步：单击工具栏中的"组织"按钮，显示菜单栏，了解菜单栏中的相关内容。

2.1.4 Windows 7 窗口的基本操作

Windows 是一个视窗化的操作系统，使用 Windows 系统时，需要操作各种窗口、菜单和对话框等。在 Windows 中窗口操作主要包括打开、缩放、移动、排列、切换和关闭等。

1．打开窗口（སྐྱེན་ཁང་ཁ་འབྱེད།）

打开窗口有 2 种方法：

① 双击文件或文件夹图标（或双击其快捷图标）来打开窗口。

② 用鼠标右击图标，从弹出的快捷菜单中选择"打开"命令。

案例操作 9：

第 1 步：用以上任意一种方法打开桌面上的"计算机"窗口。

第 2 步：用以上任意一种方法打开桌面上的"回收站"窗口。

2．窗口最大化（སྐྱེན་ཁང་ཆེ་ཤོས་སུ་སྒྱུར་བ།）

窗口的最大化操作有以下方法：

方法一：单击窗口标题栏上的"最大化"按钮。

方法二：双击窗口的标题栏。

方法三：将窗口的标题栏拖动到屏幕的顶部。

方法四：在窗口打开状态下，按"Windows 徽标键❂+↑"组合键。

方法五：将鼠标移动到标题栏，单击鼠标右键，在弹出的快捷菜单中选择"最大化"命令。

案例操作 10：

用以上任意一种方法将"计算机"窗口最大化。

3．还原窗口（སྐྱེན་ཁང་སོར་སློག）

最大化窗口的还原操作方法有以下 4 种：

方法一：可以单击窗口标题栏上的"向下还原"按钮。

方法二：可在窗口的标题栏上按住鼠标左键向下拖动，即将标题栏拖离屏幕的顶部。

方法三：在窗口的标题栏上双击鼠标。

方法四：按"Windows 徽标键❂+↓"组合键，依次进行窗口还原、最小化。

案例操作 11：

用以上任意一种方法还原"计算机"窗口。

4．最小化窗口（སྐྱེན་ཁང་ཆུང་ཤོས་སུ་སྒྱུར་བ།）

最小化窗口的方法有以下 3 种：

方法一：单击窗口标题栏上的"最小化"按钮。

方法二：将鼠标移动到标题栏上，单击鼠标右键，在弹出的快捷菜单中选择"最小化"命令。

方法三：按"Windows 徽标键❂+↓"组合键，依次进行窗口还原、最小化。

案例操作 12：

单击"回收站"窗口标题栏上的"最小化"按钮。

5．移动窗口（སྐྱེན་ཁང་སྤོ་བ།）

移动窗口的方法有以下 2 种：

方法一：将鼠标指向窗口标题栏，按住鼠标左键，拖动窗口到指定位置后释放鼠标。

方法二：在窗口的标题栏上单击鼠标右键，在弹出的快捷菜单中选择"移动"命令，拖动窗口到希望的位置或使用键盘方向键（上、下、左、右移动键）来移动窗口。

案例操作 13：

第 1 步：在任务栏上单击"回收站"图标，再点击窗口"还原"按钮。

第 2 步：将鼠标指向"回收站"标题栏，按住左键拖动窗口。

6．窗口大小的调整（སྒེའུ་ཁུང་ཆེ་ཆུང་ལེགས་སྒྲིག）

窗口大小的调整方法有以下 2 种：

方法一：将鼠标放到窗口的任意边或角，当鼠标指针变成双箭头时，拖动边框或角来缩放窗口。

方法二：在窗口标题栏上单击鼠标右键，在弹出的快捷菜单中选择"大小"命令，再使用键盘方向键（上、下、左、右移动键）来调整窗口。

案例操作 14：

将鼠标放到"回收站"窗口的任意边或角，当鼠标指针变成双向箭头时，拖动边框或角，观察窗口的变化情况。

7．切换窗口（སྒེའུ་ཁུང་བརྗེ་བ།）

如果已经打开了多个程序或文档，Windows 7 提供了以下切换窗口的方法：

方法一：单击任务栏上窗口对应的按钮。

方法二：使用"Alt + Tab"组合键，切换所有已打开的窗口。

方法三：按住"Windows 徽标键● + Tab"组合键打开三维窗口切换，并可进行循环切换。

方法四：按住"Alt + Esc"组合键，在所有打开的窗口之间进行切换（不含最小化的窗口）。

案例操作 15：

分别使用以上四种方法，在"计算机"和"回收站"窗口之间切换。

2.2 个性化桌面设置

Windows 7 给用户提供了更多设置的自由度和灵活性，桌面的个性化设置就是其中之一。Windows 7 系统个性化设置主要包括：主题设置、桌面图标设置、鼠标指针设置、账户图片设置等。

Windows 7 系统设置可通过"个性化"（རང་གཤིས་སུ་སྒྱུར་བ།）和"控制面板"窗口来实现，具体步骤如下：

第 1 步：在桌面的空白处点击鼠标右键，会弹出如图 2-13 所示的快捷菜单。

第 2 步：在弹出的快捷菜单中选择"个性化"命令后会弹出如图 2-14 所示的个性化设置窗口。

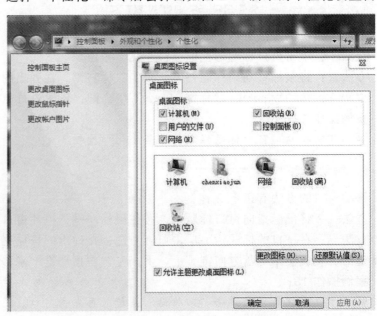

图 2-13　桌面快捷菜单　　　　　　　　　　图 2-14　"个性化"设置窗口

2.2.1　更改桌面图标

在"个性化"设置窗口中，单击"更改桌面图标"选项，出现如图 2-14 所示的窗口。选中"计算机"等图标，再单击"更改图标"，出现如图 2-15 所示窗口，选择其中一个图标，点击"确定"。

案例操作 16：

用上述方法更改"网络"默认图标。

图 2-15　"更改图标"窗口

2.2.2　更改桌面背景

桌面背景就是用户进入 Windows 系统之后所看到的桌面背景图案（颜色和图片）。用户可以根据自己的爱好设置自己喜欢的桌面背景。其设置窗口如图 2-16 所示。打开桌面背景设置界面的方法如下：

图 2-16　"个性化"设置界面

方法一：在桌面空白位置点击鼠标右键，在弹出的快捷菜单中选择"个性化"，然后在如图 2-16 所示界面中选择"桌面背景"。

方法二：用鼠标左键点击"开始"→"控制面板"→"外观和个性化"。

方法三：双击桌面上的"计算机"→"控制面板"（工具栏上）→"外观和个性化"。

1．更换背景图片

选择"桌面背景"选项，链接到"选择桌面背景"窗口。在"图片位置"下拉列表中选择存放图片的位置，然后在不同分组中选择调用背景图片。

案例操作 17：

用上述方法，进入"个性化"设置界面，更改桌面背景。

2．桌面背景的幻灯片放映效果

进入"个性化"设置界面，点击"更改计算机上的视觉效果和声音"框下的"桌面背景"图标，显示如图 2-17 所示界面。通过"浏览"按钮选择保存图片的文件夹，图片全部显示在下面的预览框中。用户可以全选图片，也可按下"Ctrl"键，同时点击选择多个桌面背景，并指定"更换图片时间间隔"。最后点击右下角的"保存修改"完成设置。

案例操作 18：

用上述方法，进入更改桌面背景界面，将桌面背景设置成幻灯片放映效果。

图 2-17 "桌面背景"设置对话框

2.2.3 更改主题

Windows 桌面主题简称桌面主题（ཚིག་རོས་མཆན་བྱེད་གཙོ་བོ）。通俗地说，桌面主题就是不同风格的系统外观（桌面背景、操作窗口、系统按钮，以及活动窗口和自定义颜色、字体等）和系统声音的组合体。

1．设置桌面主题

设置桌面主题的步骤如下：

第1步：右击桌面，在弹出菜单中选择"个性化"，进入个性化设置窗口。

第2步：此时可以看到已安装的主题，如图2-18所示，选中其中任一主题应用即可。

图 2-18　"个性化"设置对话框

案例操作19：

利用上述方法，打开个性化设置界面，从"Aero主题"中选择一个主题，设置为自己的主题。

> **知识扩展：**
>
> 　　Windows Aero 是从 Windows Vista 开始使用的新型用户界面，透明玻璃感让用户有"看穿"的感觉。"Aero"为四个英文单词的首字母缩略字：Authentic（真实）、Energetic（动感）、Reflective（反射）及 Open（开阔），意为 Aero 界面具有真实、立体、令人震撼的透视和宽大的用户界面。除了透明的接口外，Windows Aero 也有实时缩略图、实时动画等窗口特效，能吸引用户的目光。

2．设置屏幕保护程序

若打开计算机后长时间不使用，对于 CRT 显示器而言，屏幕长时间显示不变的画面，会使屏幕发光器件疲劳变色，最终使屏幕某个区域偏色或变暗，所以需利用"屏幕保护程序"对屏幕进行保护。对液晶显示屏幕而言，当计算机不用时最好关闭显示器。

设置屏幕保护程序的步骤如下：

第1步：单击"个性化"窗口右下角的"屏幕保护程序"（བརྙན་ཡོལ་སྲུང་བྱེད་བྱ་རིམ）选项，如图2-19所示。

第2步：进入"屏幕保护程序设置"的对话框，如图2-20所示。

图 2-19 "屏幕保护程序"设置界面

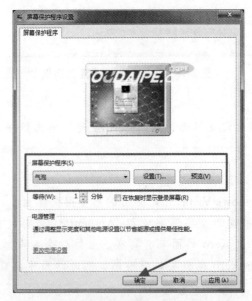

图 2-20 "屏幕保护程序"设置对话框

第3步：点击"屏幕保护程序"选项右边的向下箭头" "，选择其中的屏幕保护程序名称。

案例操作 20：

打开"个性化"设置窗口，再进入"屏幕保护程序"设置界面，选择屏幕保护程序"气泡"。

2.2.4　更改显示器分辨率

用户在使用 Windows 时根据显示屏幕及内容的需要，可以更改显示分辨率，以此达到最佳显示效果。分辨率的设置步骤如下：

第 1 步：在桌面空白处右击鼠标，在弹出的快捷菜单中选择"屏幕分辨率"（བརྙན་ཡོལ་གནས་འབྱེད་ཚད།）命令，图 2-21 所示。

图 2-21　"屏幕分辨率"命令

第 2 步：进入"屏幕分辨率"设置对话框后，在"分辨率"选项处点击鼠标选择不同的分辨率，如图 2-22 所示。

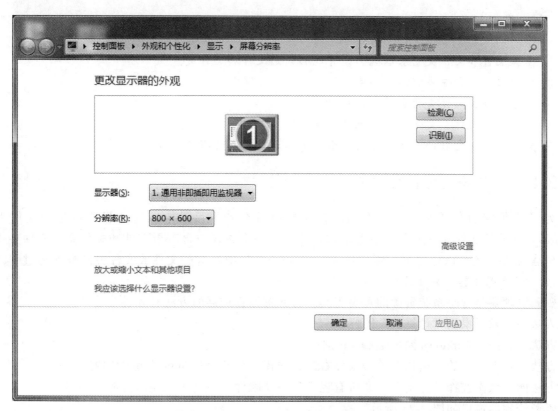

图 2-22　"屏幕分辨率"设置窗口

第 3 步：点击"确定"按钮。

案例操作 21：

第 1 步：打开"屏幕分辨率"对话框，观察计算机屏幕目前的分辨率是多少。

第 2 步：更改计算机屏幕的分辨率，观察计算机桌面图标显示的变化情况。

2.3 文件和文件夹的管理操作

案例二 文件和文件夹的管理操作

 案例描述

文件（ཡིག་ཆ）和文件夹（ཡིག་ཁུག）是 Windows 中两个比较重要的概念，是计算机操作过程中经常要接触的对象。因此，随着计算机中的文件和文件夹日渐增多，管理这些文件和文件夹就显得尤为重要。

 任务分析

Windows 7 通过"文件"和"文件夹"来管理计算机中的资源，因而学会"文件"和"文件夹"的操作对于用好计算机、管理好自己的资源很重要。本任务的具体操作包括：新建文件和文件夹，文件和文件夹的重命名，设置文件和文件夹的属性及共享方法。

 教学目标

① 掌握文件和文件夹的基本概念，并能够识别文件和文件夹。

② 掌握文件、文件夹的建立方法。

③ 掌握文件、文件夹的重命名方式。

④ 学会设置文件、文件夹的属性及共享方法。

⑤ 让学生养成良好的管理资源的习惯，培养学生认真做事的态度。

2.3.1 认识文件和文件夹

为了按照类别存放文件，操作系统把文件放置在若干目录中，这些目录也称为文件夹。Windows 系统的文件夹一般采用树形结构，这样每一个磁盘包含若干文件和文件夹。文件夹不但可以包含文件，还可以包含下一级文件夹。Windows 7 中对这些文件或文件夹的操作通过"计算机"或"资源管理器"来实现。

资源管理器是管理系统资源的重要工具。打开资源管理器的方法有 4 种：

方法一：双击桌面"计算机"图标。

方法二：按"Windows 徽标键 + E 键"。

方法三：在"开始"按钮上单击鼠标右键，选择"打开 Windows 资源管理器"。

方法四：依次选择"开始"→"所有程序"→"附件"→"Windows 资源管理器"。

资源管理器窗口如图 2-23 所示。

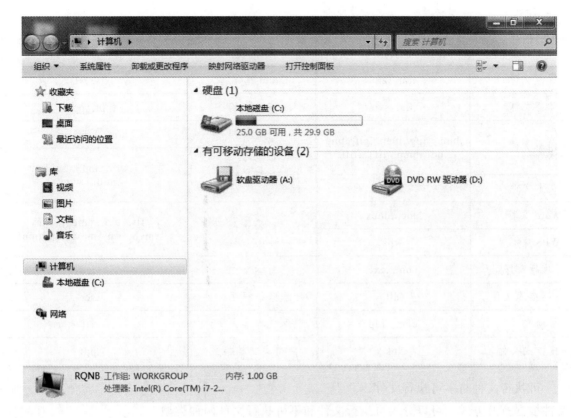

图 2-23　Windows 7 "资源管理器"

案例操作 1：

第 1 步：使用第一种方法打开"计算机"窗口。

第 2 步：双击"C:"盘后查看里面的内容，其中图标为 🗀 的都是文件夹，其余的是文件。

1．认识文件夹

文件夹是存放文件的场所，即目录名称，是用来协助人们管理计算机文件的。每一个文件夹对应一块磁盘空间。为便于管理文件，用户可以创建不同的文件夹，将文件分门别类地存放到文件夹内。文件夹内除了文件还可以再建立文件夹。

2．认识文件

文件是数据在计算机中的组织形式。计算机中的任何程序和数据都是以文件的形式保存在计算机的外存储器（硬盘、U 盘和光盘等）中。

（1）文件名

Windows 中文件都是用图标和文件名来标识的，其中文件名由主文件名和扩展名两部分组成，并用"."分割。

① 主文件名（ཡིག་ཆའི་མིང་གཙོ་བོ།）：长度不能超过 255 个英文字母或 127 个汉字，且文件名中不能出现"/"、"\"、":"、"<"、">"、"？"、"*"、"|"字符。

② 扩展名（རྒྱ་སྐྱེད་མིང་།）：一般为 3 ~ 4 个英文字符。扩展名决定了文件的类型，从而也决定了用什么程序来打开文件。一般情况下不会随便修改文件的扩展名。系统为了保护文件，默认情况下不会显示文件的扩展名。常见的文件扩展名如表 2-1 所示。

表 2-1　常见文件扩展名

文件类型	扩展名	文件类型	扩展名
压缩文件	.rar, .zip	Excel 工作簿	.xls, .xlsx
动画文件	.fla, .swf	演示文稿	.ppt, .pptx
图像文件	.bmp, .jpg/.jpeg, .gif, .png .pdf .bmp, .tif1, .tiff	网页文档	.htm, .html, .asp
文本文件	.txt	音频文件	.wav, .mp3, .mid .midi, .wma
Word 文档	.doc, .docx	视频文件	.flv, .avi, .mpeg, .wmv .rmvb, .rm, .mov, .mp4/mp5
WPS 文档	.wps		
可执行程序	.com, .exe	图标文件	.ico
动态链接库文件	.dll	屏幕保护程序文件	.scr
帮助文件	.chm, .hlp	通用文本格式文件	.rtf
快捷方式文件	.lnk	便携式文档格式	.pdf

（2）可执行文件与不可执行文件

文件根据打开方式，可以分为可执行文件和不可执行文件两种类型。

① 可执行文件（ལག་བསྟར་བྱུབ་པའི་ཡིག་ཆ།）：可以自己运行的文件，扩展名一般为.exe、.com 和.bat 等。这些文件在用鼠标双击后便会自己运行。

② 不可执行文件（ལག་བསྟར་མི་བྱུབ་པའི་ཡིག་ཆ།）：指不能独立运行，而需要借助其他特定程序打开或使用的文件。例如：双击.txt 文件，系统自动调用"记事本"程序打开该文件。不可执行文件有很多，比如文本文件、声音文件、图像文件、视频文件等，因此，必须借助特定的程序来新建、编辑、修改不可执行文件。

案例操作 2：

第 1 步：在 C 盘中打开一个文件夹。

第 2 步：观察该文件夹中有多少个文件夹和几种不同的文件类型。

2.3.2　文件夹的创建和重命名

1. 文件夹的创建（ཡིག་ཁུག་གསར་བཟོ།）

为了分类存放文件，需要创建文件夹并命名，有时还需要对已创建的文件夹或文件进行重命名。具体操作步骤如下：

第 1 步：打开用来存放文件夹或文件的驱动器或已经建立的文件夹。

第 2 步：创建文件夹。

创建文件夹的方法有以下几种：

方法一：在工具栏中单击"新建文件夹"按钮，即可创建一个文件夹，而且文件夹的名称处于编辑状态，用户可以直接输入文件夹名称，如图 2-24 所示。

方法二：在桌面或窗口空白位置点击鼠标右键，在弹出的快捷菜单中选择"新建"→"文件夹"，即可创建一个文件夹，并可以重新输入名称，如图 2-25 所示。

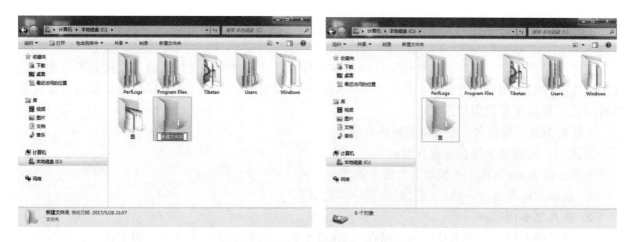

图 2-24 新建文件夹

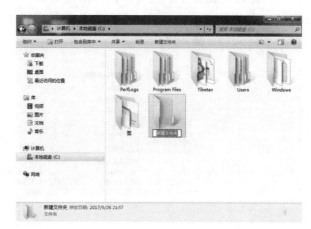

图 2-25 文件夹重命名

方法三：在需要创建文件夹的位置按"Ctrl + Shift + N"组合键，也可以新建文件夹。

案例操作 3：

第 1 步：利用方法一在 D 盘上建立一个文件夹，并命名为"珠穆朗玛"。

第 2 步：利用方法二在 D 盘上建立一个文件夹，并命名为"雪域"。

第 3 步：利用方法二在 D 盘上建立一个文件夹，并命名为"圣地"。

2．文件夹的重命名（ཡིག་ཁུག་མིང་བསྐྱར་འདོགས།）

如果要对已经建立的文件夹进行重命名，可以采用以下方法：

方法一：在文件夹图标上点击鼠标右键，在弹出的快捷菜单中选择"重命名"，便可进行重命名。

方法二：选择需重命名的文件夹（单击鼠标左键），按 F2 键，便可进行重命名。

方法三：在需要重命名的文件上慢慢双击鼠标（双击间隔时间长一点，否则会打开该文件夹），便可进行重命名。

在命名文件夹时需要注意的是，在同一个目录下不能有两个名称完全相同的文件或文件夹。此外，对系统自带的文件或文件夹，以及安装程序自动创建的文件或文件夹不能随意重命名，以免系统或应用程序运行出错。

案例操作 4：

将"珠穆朗玛"文件夹重命名为"喜马拉雅"。

2.3.3 文件的创建和重命名

文件是操作系统用来存储和管理信息的基本单位。在计算机中，文件是通过文件名来识别的。其中，主文件名由用户自行命名，而扩展名一般是由用以创建文件的应用程序决定，即通过文件名的后缀或扩展名来标识类型。

文件的创建、重命名一般有以下两种方法：

方法一：先创建文件，在保存时命名。

例如，对于 txt 文件，可按如下方法来创建和命名。

① 鼠标左键单击"开始"→"附件"→"记事本"。

② 输入文本内容。

③ 用鼠标左键点击"文件"→"保存"，在弹出的对话框中输入文件名，再点击"保存"。

方法二：通过快捷菜单创建文件，再修改名称。

在窗口空白处单击鼠标右键，在弹出的快捷菜单中选择"新建"，再从弹出菜单中选择相应的文件类型来创建文档，如图 2-26 所示。

图 2-26 鼠标右键快捷菜单建立文件

案例操作 5：

第 1 步：用上述任一方法创建一个名为"望果节"的纯文本文件，并保存在 D 盘的"雪域"文件夹中。

第 2 步：将"望果节.txt"改名为"雪顿节.txt"。

2.3.4 选中文件或文件夹

要对文件或文件夹进行操作时，必须先选中文件或文件夹，才能进行相应的操作。选中文件或文件夹的方法有：

1. 选中单个文件或文件夹

第 1 步：进入目标文件或文件夹所在窗口。

首先打开要选中的文件或文件夹所在目录，此时的文件或文件夹为未选取状态，如图 2-27 所示。

第 2 步：单击要选中的文件或文件夹。

在文件或文件夹上单击鼠标左键就可以选中该文件或文件夹，如图 2-28 所示。被选中的文件夹或文件呈蓝底显示，这时便可对其进行各种操作。当需要取消选中文件或文件夹时，只需在窗口空白处单击鼠标左键即可。

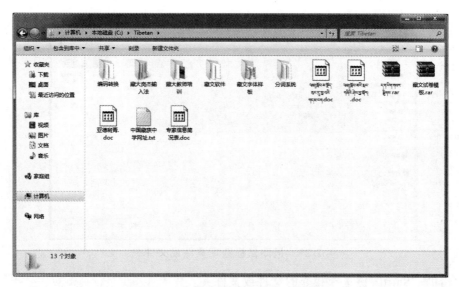

图 2-27　未选中文件或文件夹的状态

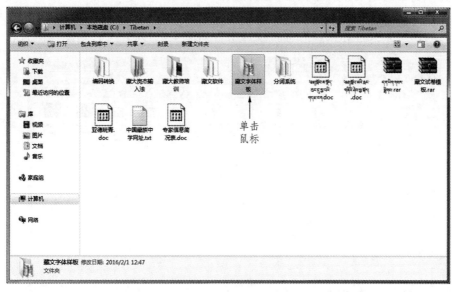

图 2-28　单击鼠标选定文件或文件夹

案例操作 6:

如果需要选择 D 盘中的"雪域"文件夹,则:

第 1 步:双击桌面上的"计算机"图标,再双击 D 盘。

第 2 步:用鼠标左键单击"雪域"文件夹,完成选择。

2.选中多个文件或文件夹

有时会对多个文件或文件夹进行相同的操作,这时需要先选中多个文件或文件夹。选中多个文件或文件夹又分为选中相邻和不相邻的多个文件或文件夹两种情况,操作方法也不相同。

(1)选中多个相邻文件或文件夹

方法一:拖动鼠标选择相邻的文件或文件夹。

第 1 步:移动鼠标到需要选中的第一个文件或文件夹图标左上方外侧。

第 2 步:按住鼠标左键并拖动到最后一个文件或文件夹右下角外侧,即把所需选中的文件或文件夹框在一个矩形框内,此时放开鼠标左键便可以选中框内的所有文件,如图 2-29 所示。

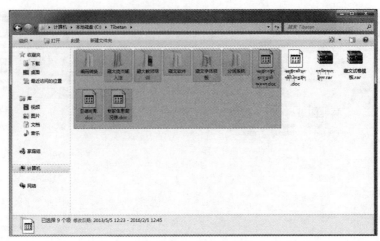

图 2-29　拖动鼠标选定文件或文件夹

方法二：借助"Shift"键选择相邻的文件或文件夹。

第 1 步：先单击要选定的第一个文件或文件夹。

第 2 步：按住"Shift"键不松手，再用鼠标单击要选定的最后一个文件或文件夹后松开"Shift"键，这样它们之间的所有文件和文件夹都将被选中，如图 2-30 所示。

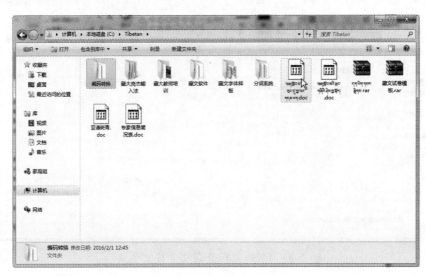

图 2-30　借助"Shift"键选定连续相邻文件（或文件夹）

案例操作 7：

如果需要在 D 盘上选择连续相邻的 4 个文件或文件夹，则：

第 1 步：打开"计算机"或"资源管理器"。

第 2 步：打开 D 盘。

第 3 部：用拖动鼠标的方法选择连续 4 个文件或文件夹。

第 4 步：取消第 3 步的选定（即在窗口空白处点击鼠标）。

第 5 步：先用鼠标点击要选中的第 1 个文件。

第 6 步：按住"Shift"键并用鼠标点击第 4 个文件或文件夹。

（2）选取多个不相邻的文件或文件夹

第 1 步：单击鼠标左键选中其中一个文件或文件夹。

第 2 步：按住键盘上的"Ctrl"键，用鼠标左键依次单击剩余需要选中的文件或文件夹，如图 2-31 所示。

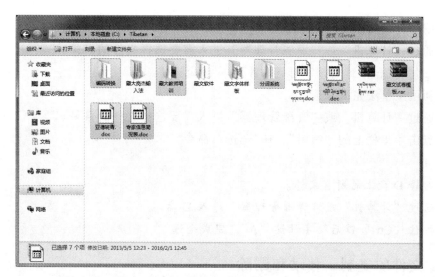

图 2-31　借助"Ctrl"键选择多个不相邻文件（或文件）

这种选取方法很简单，需要注意的是，在选取过程中要一直按住"Ctrl"键。

案例操作 8：

如需选中 D 盘上第 1、3、5 个文件，则：

第 1 步：打开"计算机"或"资源管理器"。

第 2 步：打开 D 盘。

第 3 步：按住"Ctrl"键，用鼠标点击第 1、3、5 个文件。

3．选中全部文件和文件夹

当需要选中全部文件和文件夹时，有以下三种方法可以实现。

方法一：利用工具栏进行选择。

第 1 步：通过"计算机"或"资源管理器"进入需要选择文件的目录。

第 2 步：点击工具栏"组织"→"全选"命令，该窗口中的所有文件和文件夹全部被选中，如图 2-32 所示。

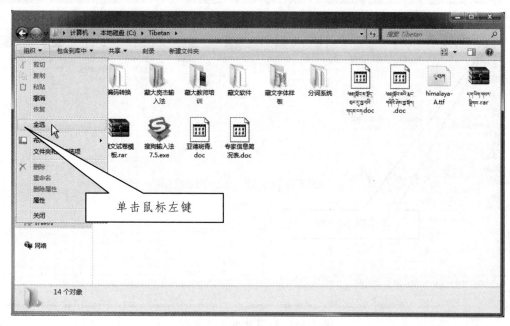

图 2-32　未选定文件或文件夹

方法二：用快捷键"Ctrl + A"完成全选。

第1步：通过"计算机"或"资源管理器"进入需要选择文件的目录。

第2步：按住"Ctrl"键后按字母键"A"，完成全选。

方法三：利用菜单法完成全选。

第1步：通过"计算机"或"资源管理器"进入需要选择文件的目录。

第2步：点击菜单栏上的"编辑"→"全选"命令。

案例操作9：

用方法二选择D盘上的所有文件。

第1步：通过"计算机"或"资源管理器"进入D盘。

第2步：按住"Ctrl"键后按字母键"A"，完成全选。

2.3.5 文件的复制、移动和删除

1. 复制或移动文件（夹）（ཡིག་ཆ（ཁུག）མཁོ་ཕབ་དང་སྤོ་བ།）

方法一：利用快捷键来实现。操作方法如下：

第1步：选中要复制或移动的文件（夹）。

第2步：分别用下述组合键对文件（夹）进行操作："Ctrl + C"表示复制（第4步操作后原文件存在）文件或文件夹，"Ctrl + X"表示移动（第4步操作后原文件不存在）文件或文件夹。

第3步：转到复制或移动的目的位置，即打开目的目录。

第4步：使用组合键"Ctrl + V"（粘贴）完成操作。

方法二：通过窗口菜单来进行复制或移动。

① 复制的操作步骤。

第1步：选中文件（夹）后，用鼠标单击菜单栏上的"组织"（སྒྲིག་གཞི）→"复制"，如图2-33所示。

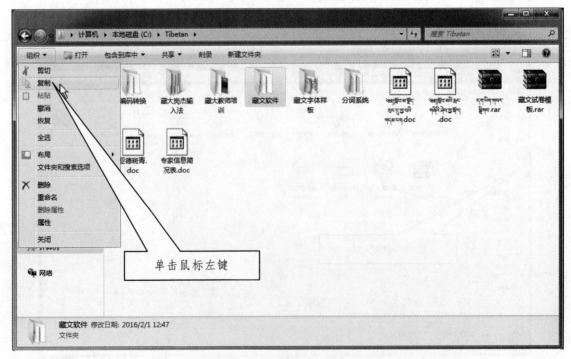

图 2-33 利用菜单进行复制

第 2 步：转到目的目录后，用鼠标单击菜单栏上的"组织"→"粘贴"（ སྦྱར་བ། ），如图 2-34 所示。

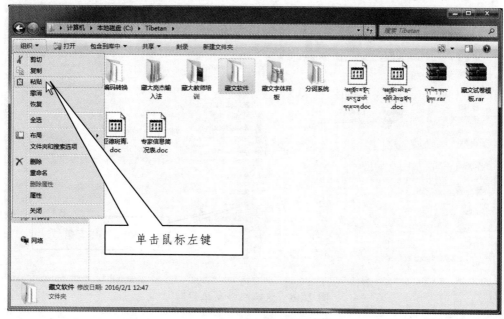

图 2-34　利用菜单进行粘贴

② 移动的操作步骤。

第 1 步：选中文件（夹）后，用鼠标单击菜单栏上的"组织"→"剪切"（ གཅུན་པ། ），如图 2-35 所示。

第 2 步：与复制的第 2 步相同。

方法三：通过鼠标快捷菜单进行复制或移动。

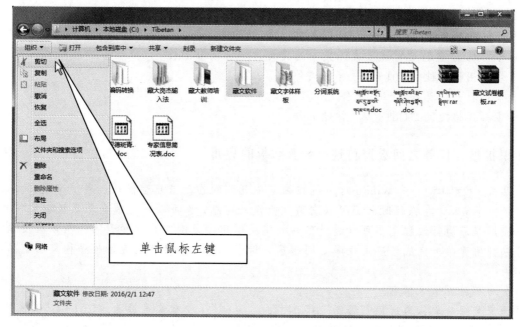

图 2-35　通过工具栏进行剪切操作

　　在需要复制或者移动（剪切）的文件（夹）上单击鼠标右键，在弹出的快捷菜单中选择"复制"或"剪切"，如图 2-36 所示。

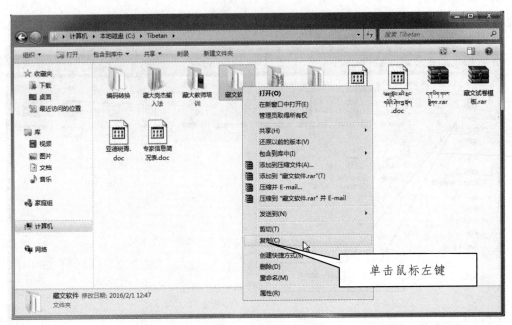

图 2-36 鼠标快捷菜单复制

案例操作 10：

如果需要从 D 盘上将"雪域"文件夹中的"雪顿节.txt"文件复制到"圣地"文件夹中，再从"雪域"文件夹中移动"雪顿节.txt"文件到"喜马拉雅"文件夹中，则：

第 1 步：通过"计算机"或"资源管理器"进入 D 盘的"雪域"文件夹。

第 2 步：选择文件"雪顿节.txt"。

第 3 步：用快捷键"Ctrl + C"复制文件。

第 4 步：打开"圣地"文件夹。

第 5 步：用快捷键"Ctrl + V"粘贴文件。

第 6 步：从 D 盘的"雪域"文件夹中选择文件"雪顿节.txt"。

第 7 步：用快捷键"Ctrl + X"剪切文件。

第 8 步：打开"喜马拉雅"文件夹。

第 9 步：用快捷键"Ctrl + V"粘贴文件。

知识扩展：任务之间数据传递——剪贴板的应用

剪贴板（ སྦྱར་པང་། ）是 Windows 系统在内存中开辟的临时信息存储区，用于存放文本、图形、图像、声音等信息。在任何时刻都可以向剪贴板送入信息，也可以将存放在剪贴板中的信息读出。在单一应用程序运行过程中，可以通过剪贴板完成信息的复制、移动和删除；在多应用程序运行时，可以利用剪贴板完成各应用程序之间信息的传递。剪贴板具有在应用程序和文档之间传递信息的作用。

（1）向剪贴板送入信息：

先选定数据对象，再选用"编辑"菜单中的"复制"（快捷组合键为"Ctrl + C"）或"剪切"（快捷组合键为"Ctrl + X"）命令将数据送入剪贴板。

（2）向剪贴板录入桌面和窗口的界面信息：

① 按快捷组合键"Alt + Print Screen"可以将当前活动窗口的界面送入剪贴板。

② 按快捷键"Print Screen"可以把整个桌面或屏幕画面送入剪贴板。

（3）从剪贴板取信息：执行"编辑"菜单中的"粘贴"命令（快捷组合键为"Ctrl + V"）。

2．删除文件（夹）（ཡིག་ཆ（ཁྱུག）སུབ་པ།）

删除文件（夹）的方法有如下三种：

方法一：利用"Delete"键进行删除。选中需要删除的文件（夹），然后敲"Delete"键，便可删除选中的对象。

方法二：通过鼠标快捷菜单删除。在选中的文件（夹）上单击鼠标右键，在弹出的快捷菜单中选择"删除"，如图 2-37 所示。

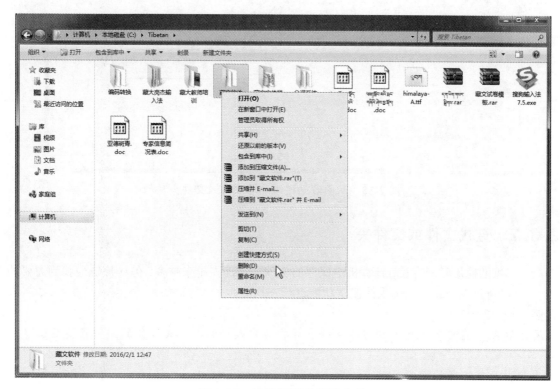

图 2-37　用快捷菜单删除文件

方法三：通过窗口菜单进行删除。

选择文件（夹）后，点击"组织"中的"删除"命令，就可以删除已选中的文件（夹）。

案例操作 11：

用上述三种删除方法中的任意一种方法删除 D 盘上的"雪域"文件夹。

2.3.6　恢复删除的文件或文件夹

通过上述方法删除的文件或文件夹将被放入"回收站"里，如果需要恢复，还可以打开"回收站"，通过以下两种方法进行恢复。

方法一：在选中的对象上点击鼠标右键，在快捷菜单中选择"还原"。

方法二：选择需要恢复的文件或文件夹，点击菜单栏上的"还原选定的项目"。

如果用户需要彻底删除文件，可以到"回收站"中清空回收站。另外，若选中文件或文件夹以后按住"Shift"键进行删除，将不经过回收站完成彻底删除。

案例操作 12：

打开"回收站"，选定"雪域"文件夹，将其还原，如图 2-38 所示。

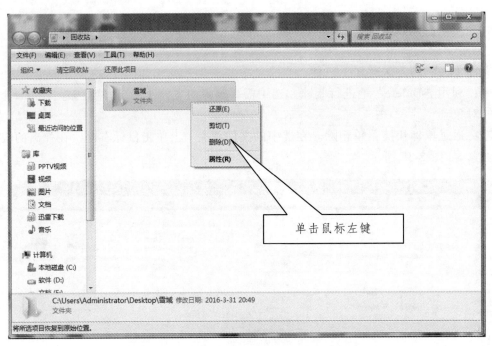

图 2-38 从回收站还原删除文件或文件夹

2.3.7 查找文件或文件夹

随着计算机的使用时间变长，计算机中保存的文件或文件夹越来越多，怎样快捷地找到需要的文件（夹）呢？可以通过 Windows 7 提供的搜索功能进行查找。

案例操作 13：

如果需要在 C 盘中查找所有纯文本文件，并将其中最小的三个文件复制到"喜马拉雅"文件夹中，则：

第 1 步：打开资源管理器。

第 2 步：在窗口右上角的搜索编辑框中输入"*.txt"。

第 3 步：单击"更改视图"按钮右侧的"▼"，再点击"详细信息"。

第 4 步：点击"大小"关键字，可以将查找到的内容进行排序（按大小升序或降序排列）。

第 5 步：选择其中最小的三个纯文本文件，复制到"喜马拉雅"文件夹中。

注意：在窗口右上角的搜索编辑框中输入要查找的文件或文件夹名称（如果记不清文件或文件夹名称，可以输入部分名称）时，也可以借助通配符来进行搜索。

① 通配符"*"，代表一个或多个任意字符。例如："*.txt"表示所有纯文本文件。

② 通配符"?"，只代表一个字符。例如："?????a.doc"表示文件名为 6 位字符，且以 a 结尾的所有 Word 文件。

例如：搜索名称中含有"藏文"的所有文件或文件夹，如图 2-39 所示。

搜索时，设置合适的搜索范围非常重要。现在计算机的硬盘等外存容量越来越大，若在整个大容量硬盘上进行搜索需要花费的时间较长，所以搜索文件或文件夹时大致确定存放的磁盘（逻辑区域）或文件夹，可以节约时间。

Windows 7 每次完成搜索任务后，搜索编辑框会自动记忆已输入的文件（文件夹）名称，以便用户以后使用。如果需要清除记忆清单中的内容，用鼠标左键点击搜索编辑框，会自动弹出记忆清单，此时将鼠标指向需要清除的对象，然后按"Delete"键便可清除对应的名称。例如：要清除"信息技术"这一名称，操作方法如图 2-40 所示。

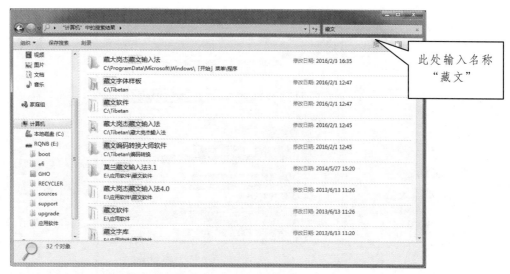

图 2-39　搜索文件或文件夹

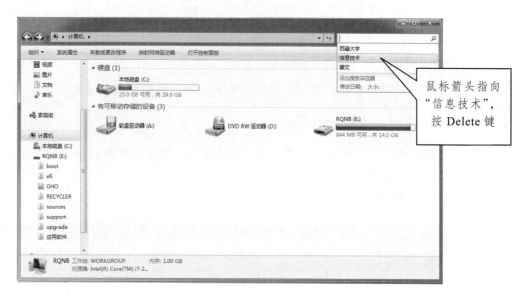

图 2-40　清除搜索编辑框自动记忆的"信息技术"

2.3.8　文件或文件夹的属性

文件属性是为了便于存放和传输而定义的文件的性质，它提供了有关文件的信息。常见的文件属性有系统属性、隐藏属性、只读属性和存档属性。

1．系统属性（རྒྱུད་ལྡོངས་གཏོགས་གཞི།）

具有系统属性的文件属于系统文件。在一般情况下，系统文件不能被查看，也不能被删除，这是操作系统对重要文件的一种保护。在"属性"对话框中是不显示"系统"属性的，需要用 DOS 命令 attrib 来查看或修改。如：添加只读属性命令为 attrib + r；去掉只读属性命令为 attrib – r。

2．隐藏属性（སྦས་པའི་གཏོགས་གཞི།）

隐藏属性表示该文件在系统中是隐藏的，在默认情况下用户不能看见这些文件。如果要显示隐藏的文件，可在资源管理器中单击"组织"→"文件夹和搜索选项"→"查看"，然后在"高级设置"区的"隐藏文件和文件夹"项中选中"显示隐藏的文件、文件夹和驱动器"，最后点击"确定"，如图 2-41 所示。

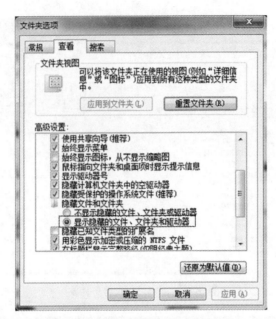

图 2-41 "显示隐藏文件"对话框

3．只读属性（ཀློག་ཚམ་གཏོགས་གཤིས།）

具有只读属性的文件，可以被查看，也能被复制，但不能被修改和删除。

4．存档属性（ཡིག་ཉར་གཏོགས་གཤིས།）

存档属性表示该文件或文件夹应该被存档。这个属性常用于文件的备份。一个文件被创建之后，系统会自动将其设置成存档属性。

如图 2-42 所示为利用右键快捷菜单查看文件属性的方法。

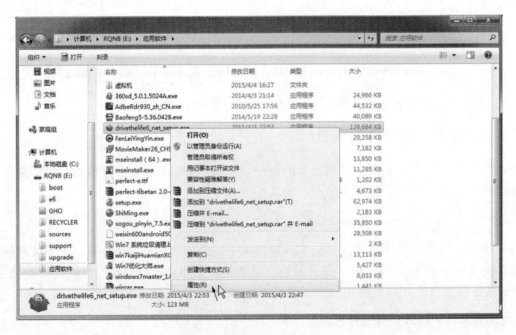

图 2-42 设置或查看文件属性

案例操作 14：

在 Windows 中，可以查看或设置一个文件的只读、隐藏和存档属性。如果需要对"雪顿节.txt"

设置"只读"属性，则：

第 1 步：打开 D 盘上的"喜马拉雅"文件夹。

第 2 步：在"雪顿节.txt"文件上点击鼠标右键，从快捷菜单中选择"属性"。

第 3 步：在"属性"对话框中选择"只读"，点击"确定"。

2.3.9　文件的目录及路径

在一个文件夹中可以再建一个文件夹，层层嵌套，所以一个文件或文件夹可以存放在几层嵌套的文件夹中。如果要打开一个文件（夹），从外到内依次进入，进入过程中所经过的文件夹组成了文件（块）存放的位置，叫文件（夹）的路径，也叫目录。

文件目录中，树形文件目录结构是最常用的一种文件组织和管理形式。在树形结构中，第一级目录称为根目录（ རྩ་བའི་དཀར་ཆག），目录树中的非树叶结点（及文件夹）称为子目录（བུ་དཀར་ཆག），树叶结点称为文件，如图 2-43 所示。

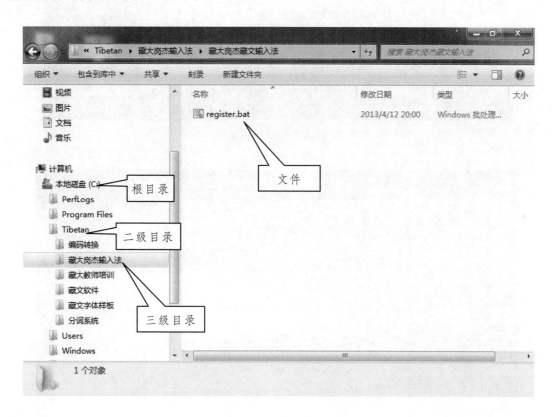

图 2-43　树形文件目录结构

目录可以用路径来描述。用户在磁盘上寻找文件时，所经历的文件夹线路叫作路径（ རྒྱུ་ལམ），用"\"来隔开的一系列文件夹名来表示。例如：图 2-43 中访问"register.bat"文件的路径是"C:\Tibetan\藏大岗杰输入法"。如果用户经常需要层层打开一系列目录来访问某一个文件，为方便起见，可以创建快捷方式。例如，为"C:\Tibetan\搜狗输入法 7.5.exe"文件创建快捷方式的步骤如下：

第 1 步：在桌面上单击鼠标右键，在弹出的快捷菜单中选择"新建"→"快捷方式"（ བྱུར་ཐབས），如图 2-44 所示。

第 2 步：弹出如图 2-45 所示的对话框，可以在对象位置的编辑框内直接输入路径及目标文件名（C:\Tibetan\搜狗输入法 7.5.exe），也可以通过点击右边的"浏览"（ མིག་བཤར）按钮去浏览查找，然后点击"下一步"。

图 2-44 创建快捷方式

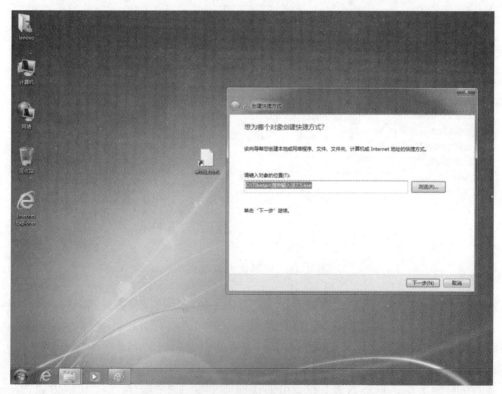

图 2-45 在编辑框内输入路径及文件名

第 3 步：在图 2-46 所示对话框中输入快捷方式名称（由用户确定名称）后点击"完成"按钮。

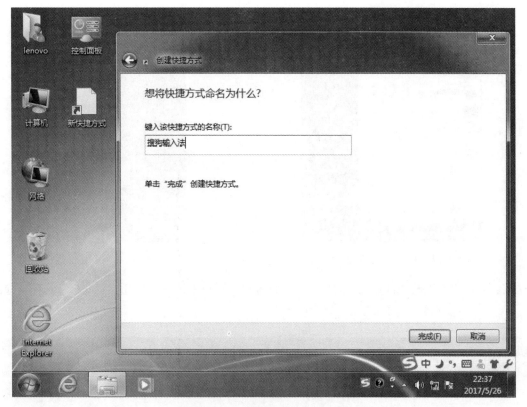

图 2-46　创建快捷方式名称

案例操作 15：

如果需要在桌面上为 D 盘"喜马拉雅"文件夹中的"雪顿节.txt"创建名为"文本"的快捷方式，则：

第 1 步：在桌面空白位置点击鼠标右键，依次选择"新建"→"快捷方式"。

第 2 步：通过点击右边的"浏览"按钮去浏览查找 D 盘"喜马拉雅"文件夹中的"雪顿节.txt"，然后点击"下一步"。

第 3 步：在"输入快捷方式名称"位置输入"文本"以后点击"完成"按钮。

2.4　Windows 7 系统管理

在使用计算机的过程中，用户经常要按照自己的意愿设置系统、安装软件等。对系统的一些设置可以通过"控制面板"等来完成。

2.4.1　控制面板

控制面板（ཚོད་འཛིན་པང་།）（Control panel）是 Windows 系统管理计算机软、硬件资源的一个重要工具集。通过它用户可以查看、设置系统，比如添加/删除软件、控制用户账户、配置网络功能等。打开控制面板的方法如下：

方法一：鼠标左键单击"开始"→"控制面板"，如图 2-47 所示。

方法二：在桌面空白处单击鼠标右键，在弹出的快捷菜单中选择"个性化"，然后在"个性化"设置窗口中点击"更改桌面图标"，勾选"控制面板"复选框，即可在桌面显示"控制面板"图标。以后直接在桌面上双击"控制面板"图标，即可打开"控制面板"，如图 2-48 所示。

图 2-47　打开"控制面板"

图 2-48　桌面的"控制面板"图标

　　方法三：双击桌面上的"计算机"图标，在"计算机"窗口中选择"打开控制面板"选项，如图 2-49 所示。

图 2-49　在"计算机"窗口中打开"控制面板"

　　打开"控制面板"以后可以看到"调整计算机的设置"的内容。Windows 7 系统的控制面板默认以"类别"的形式来显示功能菜单，分为系统和安全、用户账户和家庭安全、网络和 Internet、外观和个性化、硬件和声音、时钟语言和区域、程序、轻松访问等类别，每个类别下会显示该类别的具体功能选项。

　　除了"类别"查看方式外，Windows 7 的控制面板还可以以"大图标"和"小图标"的方式查看，只需点击控制面板右上角"查看方式"旁边的小箭头，从中选择自己需要的形式即可，如图 2-50 所示。

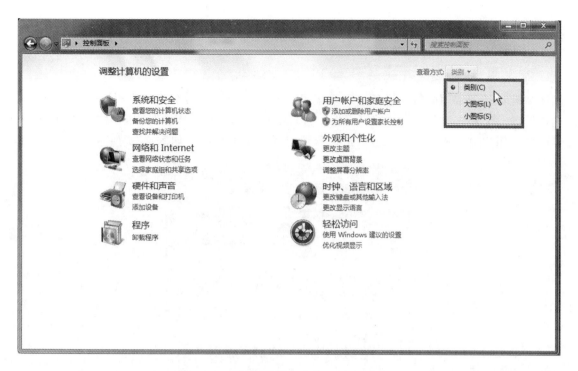

图 2-50　"控制面板"内容"查看方式"

　　用户单击"类别"中的一个菜单，就可以显示该类下面的各功能选项。还可以充分利用 Windows 7 控制面板中的地址栏导航，快速切换到相应的分类选项或者指定需要打开的程序。点击地址栏每类选项右侧向右的箭头，即可显示该类别下所有程序列表，如图 2-51 所示，从中点击需要的程序即可快速打开相应程序。

图 2-51　用"地址栏"导航查找功能

2.4.2 常用设置

1．鼠标和键盘的设置

鼠标和键盘是最常用的输入设备，系统本身对其有一个默认的设置，但用户仍可以按照自己的偏好进行设置。设置方法是：在"控制面板"窗口中点击"硬件和声音"功能图标，打开"硬件和声音"窗口，用户可以通过该窗口更改鼠标设置以适应个人喜好，如图 2-52 所示。

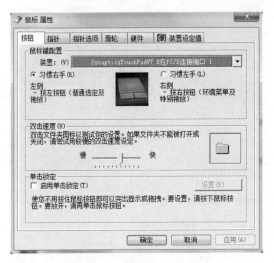

图 2-52 "鼠标属性"设置窗口

2．安装和删除应用程序

少数软件无须安装便可以直接运行，但大多数 Windows 应用程序都需要安装之后才能使用。安装和删除程序的方法是：进入"控制面板"，选择"安装和删除应用程序"，操作界面如图 2-53 所示。该窗口内可以完成以下操作：

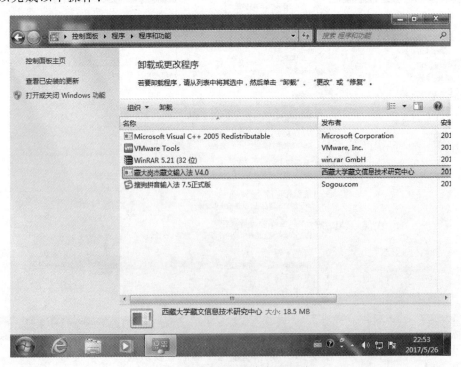

图 2-53 安装和删除应用程序

① 安装 Windows 系统组件。

② 安装应用程序。

③ 更改或删除应用程序。

案例操作 16：

通过控制面板，更改 Windows 7 默认声音方案。

第 1 步：进入"控制面板"，选择"硬件和声音"。

第 2 步：鼠标点击"更改系统声音"。

第 3 步：声音方案选项中选择其他方案。

3．字体的安装及删除

在 Windows 系统中，字体必须被预先安装到系统所指定的位置（例如"C:\WINDOWS\FONTS"）才能使用。安装字体的方法有两种：

方法一：选定将要安装的字体，在其上点击鼠标右键，在弹出的菜单中选择"安装"命令，如图 2-54 所示，便可自动安装。

图 2-54 利用右键快捷菜单安装字体

方法二：如图 2-55 所示，打开"控制面板"，点击"字体"，将打开"字体"文件夹，如图 2-56 所示。将需要安装的字体复制到该文件夹中，就完成了字体的安装。

要删除字体时，打开如图 2-56 所示文件夹，选定要删除的字体，按键盘上的"Delete"键，或者点击鼠标右键，从快捷菜单中选择"删除"，即可将该字体从系统中删除。

案例操作 17：

从网上下载一种字体，并把它安装到 Windows 系统里。

图 2-55 "控制面板"中的"字体"

图 2-56 "字体"文件夹

4．投影仪的设置

计算机默认的显示输出对象是一个"显示器"，但有时在教学、讲座等时需要把显示的内容扩展到多个"显示器"或投影仪上。其设置方法如下：

方法一：单击"控制面板"中"硬件和声音"下的"连接到投影仪"。

方法二：通过键盘上的"Windows 徽标键🪟+P"快速打开投影管理窗口，如图 2-57 所示，选择"复制"后回车。

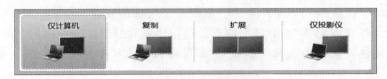

图 2-57 投影仪连接操作界面

设置完成后，计算机分辨率一般会自动适配投影仪，以便输出的画面可以达到最佳效果。

知识扩展：

计算机与投影仪连接时，计算机屏幕上显示4个选项，分别如下：

➤ "仅计算机"选项：表示关闭投影仪显示。

➤ "复制"选项：表示投影仪上的画面和计算机上的画面是同步的。实际应用中，这一选项用得最多。

➤ "扩展"选项：表示投影仪作为计算机的扩展屏幕，屏幕的右半部分会显示在投影仪上。选择此选项后，在投影的同时可在计算机上进行其他操作而不影响投影的内容，比如在演讲时可记录笔记。

➤ "仅投影仪"选项：表示关闭计算机显示，影像只显示在投影仪上。

2.5　输入法的设置与使用

案例三　输入法的使用

 案例描述

文字输入是计算机最基本的操作，也是计算机处理文字的前提条件。本案例介绍英、汉、藏三种文字的输入方法。

 最终效果

> Sky road in Tibet
>
> A highway transportation network has been completed to connect southwest China's Tibet Autonomous Region with its surrounding areas, which has largely promoted the local traffic conditions.
>
> The transportation network, with Lhasa, capital city of Tibet Autonomous Region as the center, connects southwest China's Sichuan Province, Yunnan Province, northwest China's Xinjiang Uyghur Autonomous Region, west China's Qinghai Province, as well as neighboring countries of India and Nepal to its south.
>
> By the end of 2014, the total highway mileage in Tibet had reached 75,000 kilometers, with 5,408 villages, or 99.2 percent of the local villages, accessible to highway transportations.

20世纪80年代初期，西藏大学就开始了藏文信息处理的基础理论和应用技术的研究，先后在藏文字符集标准、计算机键盘标准、输入法、Open Type字库、藏文操作系统平台、汉藏互译电子词典、藏文自动分词、藏文字词频自动统计、藏文语料库研究、藏汉平行语料库建设、汉藏词语对齐技术、汉藏机器翻译以及信息处理中藏文规范研究等方面取得了一系列极有价值的研究成果。其研发的藏文之星、岗杰藏文输入法、岗杰藏文自动分词系统、藏文自动标注系统、岗杰藏文OpenType字库等成果深得用户的信赖。

ཉེས་འཕེར་གྱི་ད་བ་ཞེས་པ་དེ་ནི་རང་ཉིད་ལ་བྱེད་རྒྱུས་ཡོད་པའི་ཉེས་འཕེར་རྒྱུན་ཁོངས་ནས་མ་པོ་འཕྲིན་གཏོང་སྒྲིག་ཆས་དང་སྒྲོག་སྐྱེད་ཀྱི་ཐིལ་ནས་ལ་ཆོར་འའི་དུ་བའི་མཐེན་ཆས་ཀྱི་ཐོན་ཁུངས་མ་ནམ་སྒྱུང་དང་འཕྲིན་གཏོང་བའི་ཆེད་དུ་བརྐྱངས་པའི་རྒྱུན་ཁུངས་ལ་ཟེར་བའི་འཕུར་ལག་ཆལ་འཕེལ་རྒྱུས་ཀྱི་དེ་ནས་སྐུས་ཀྱི་འཚོ་བ་ལ་ཕྱགས་རྒྱུན་ཆེན་ཕོ་ཐེབས་ཡོད་།

 案例分析

文字输入是计算机处理文字的最基本工作之一。目前，在计算机上除了标准键盘的英文输入外，常见的符合相关标准规范的汉文和藏文输入法很多，例如微软拼音输入法、搜狗输入法、微软藏文输入法、藏大岗杰藏文输入法等。要想顺利地将英、汉、藏文字输入计算机内，必须学习英、汉、藏文输入法的使用方法。

本案例具体的操作包括：输入法的切换，熟悉不同文种的键盘，练习英、汉、藏三种文字的输入。

 学习目标

① 掌握在 Windows 7 中添加和调用微软藏文输入法的方法。
② 了解搜狗拼音输入法的功能及输入技巧。
③ 掌握在记事本、写字板中输入藏文和汉文的方法。
④ 初步了解纯文本文件和 RTF 文档保存方式及其差异。
⑤ 通过输入不同文字，使学生感受计算机功能的强大，激发其学习兴趣。

2.5.1 英文字符的输入

1. 键盘指法

利用键盘可以将字母、数字和汉字等输入计算机中，从而实现人机交流。因此，学会操作键盘是学习打字的第一步。操作键盘时，双手的十个手指需按照正确的分工进行操作，才能提高录入速度和正确率。此外，用户在操作计算机时，必须保持正确的坐姿，如图 2-58 所示。

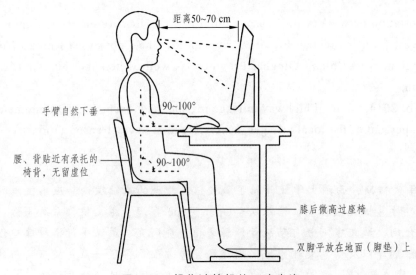

图 2-58 操作计算机的正确坐姿

上半身应保持颈部直立，使头部获得支撑，两臂自然下垂，上臂贴近身体，手肘弯曲呈90°。操作键盘时尽量使手腕保持水平姿势，手掌中线与前臂中线保持在一条直线上。下半身腰部挺直，膝盖自然弯曲呈90°，并维持双脚着地的坐姿，不要交叉双脚。坐在计算机前需保持"三个直角"：计算机桌下膝盖处形成第一个直角，大腿和后背形成第二个直角，手臂肘关节形成第三个直角。

（1）基准键位的指法

主键盘区（又称"打字键区"）是最常用的键区，通过它可以实现各种文字和控制信息的录入。在打字键区的正中央有9个基准键位，即"A""S""D""F"键、"J""K""L"";"键和"空格键"，其中"F"和"J"两个键位上都有一个凸出的小横杠，以便于盲打时手指能通过触觉定位。

打字时，左手食指、中指、无名指和小指分别轻放在"F""D""S""A"键上，右手食指、中指、无名指和小指分别轻放在"J""K""L"";"键上，双手大拇指则轻放在空格键上，如图 2-59所示。

图 2-59 正确的基准键位指法

（2）所有键位的指法

打字时，应按照手指的分工上下移动并弹击对应键，如图 2-60 所示。

图 2-60　所有键位的指法

打字时应注意：

① 键盘左半部分由左手负责，右半部分由右手负责。

② 每一根手指都有其负责的按键：

左小指："`"、"1"、"Q"、"A"、"Z"

左无名指："2"、"W"、"S"、"X"

左中指："3"、"E"、"D"、"C"

左食指："4"、"5"、"R"、"T"、"F"、"G"、"V"、"B"

左、右拇指：空白键

右食指："6"、"7"、"Y"、"U"、"H"、"J"、"N"、"M"

右中指："8"、"I"、"K"、","

右无名指："9"、"O"、"L"、"."

右小指："0"、"-"、"="、"P"、"["、"]"、";"、"'"、"/"、"\"

③ "Enter" 键在键盘的右边时，使用右手小指按键。

2．英文字符的输入

在 Windows 操作系统中可以直接输入英文。所有文字编辑器都支持输入英文。

案例操作 1：

第 1 步：单击"开始"→"所有程序"→"附件"→"记事本"，打开记事本文件。

第 2 步：输入下列英文。

> ### Sky road in Tibet
>
> A highway transportation network has been completed to connect southwest China's Tibet Autonomous Region with its surrounding areas, which has largely promoted the local traffic conditions.
>
> The transportation network, with Lhasa, capital city of Tibet Autonomous Region as the center, connects southwest China's Sichuan Province, Yunnan Province, northwest China's Xinjiang Uyghur Autonomous Region, west China's Qinghai Province, as well as neighboring countries of India and Nepal to its south.
>
> By the end of 2014, the total highway mileage in Tibet had reached 75,000 kilometers, with 5,408 villages, or 99.2 percent of the local villages, accessible to highway transportations.

第 3 步：单击"文件"→"保存"，在弹出的对话框中选择"桌面"，在"文件名（N）:"后的输入框中输入文件名"英文字符的输入"后单击"保存"按钮保存文件。

2.5.2　汉字输入

汉字输入法是为了将汉字输入计算机或手机等电子设备而采用的编码（外码）方法，是中文信息处理的重要技术之一。

1．汉字键盘输入法分类

汉字键盘输入法的编码可分为几类：音码、形码和音形码。

（1）音码（སྒྲ་ཡང་།）

音码即根据汉字的拼音进行编码。目前广泛使用的拼音输入法有微软拼音输入法、搜狗拼音输入法以及百度拼音输入法等。拼音输入法的发展经过了字的输入、词的输入，现在已进入了短语和句子输入阶段，大大提高了输入效率。

（2）形码（གཟུགས་ཡང་།）

形码即根据汉字的字形（笔画、部首）来进行编码，常见的有五笔字型输入法、表形码等。

（3）音形码（ སྒྲ་གཟུགས་ཨང་། ）

音形码即将音码和形码结合起来进行编码。常见的有郑码、丁码等输入法。

2．汉字输入法的下载与安装

一般用户都使用拼音输入法。Windows 7 系统自带的汉字输入法有微软拼音输入法、智能 ABC 等。另外，用户可以从网上下载搜狗拼音输入法、百度拼音输入法等其他输入法，并安装到计算机中后使用。

不同汉字输入法都有各自的输入方式，但拼音输入法的基本输入方法都一致。下面以搜狗拼音输入法为例学习拼音输入法的使用。

搜狗输入法是搜狐公司推出的一款中文拼音输入法。该输入法的词汇非常丰富，在此基础上通过网络分析大量的网页和用户，把不同地方、不同民族的词组以及最流行的词组收录进词库，并具有智能性。

（1）输入法的下载和安装

用户可以从搜狗官网（http：//pinyin.sogou.com）下载搜狗拼音输入法，然后直接安装到计算机中。安装完成后在输入法列表中出现"搜狗拼音输入法"，如图 2-61 所示。

（2）搜狗拼音输入法的调用

需要使用搜狗拼音输入法时，在键盘上按组合键"Ctrl + ，"就可以轻松调用该输入法。

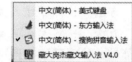

图 2-61　输入法列表

（3）输入一个字

输入汉字的拼音。如"藏"字，输入拼音"zang"。

（4）输入一个词

可以输入词的全拼，如"西藏"一词，输入"xizang"；也可以输入两个字的声母，即"xz"；还可以输入前一个字的全拼加后一个字的声母，即"xiz"。

（5）运用简拼输入长词条

简拼是输入声母或声母的首字母来进行输入的一种方式。有效地利用简拼，可以大大提高输入的效率。搜狗输入法现在支持的是声母简拼和声母的首字母简拼。例如：想输入"自治区"，只要输入"zzq"或者"zzhq"即可。同时，该输入法也支持简拼全拼的混合输入，例如：输入"srf"、"sruf"、"shrfa"都可以得到"输入法"。

有效使用声母的首字母简拼可以提高输入效率，减少误打。例如，输入"指示精神"这几个字，如果输入传统的声母简拼，只能输入"zhshjsh"，需要输入的字母多而且多个"h"也容易造成混乱，而输入声母的首字母简拼"zsjs"即可得到想要的词。

（6）拆字辅助码

利用拆字辅助码可以快速地定位到一个单字。其使用方法如下：

想输入一个汉字"娴"，但是该字非常靠后，需要翻页，那么输入"xian"，然后按下"Tab"键，再输入"娴"的两部分"女""闲"的首字母"nx"，就可以看到"娴"字了。输入的顺序为"xian + tab + nx"。

另外，也可以借助字母 u 来输入可拆字的汉字，即先输入 u，然后输入拆字的后构件拼音。例如："娴"字可输入"u + nvxian"。独体字由于不能被拆成两部分，所以独体字是没有拆字辅助码的。

（7）笔画筛选

笔画筛选用于输入单字时，用笔顺来快速定位该字。其使用方法是：输入一个字或多个字后，按下"Tab"键，然后用 h（横）、s（竖）、p（撇）、n（捺）、z（折）依次输入第一个字的笔画，一直到找到该字为止。例如，快速定位"珍"字，输入了"zhen"后，按下"Tab"，然后输入珍的前两笔"hh"，就可定位该字。又如"硗"字，通常输入拼音后至少要翻 3 页才能找到该字，但输完"qiao"的拼音后，按一下"Tab"，然后先后输入该字的笔画辅助码"hp"，这个字立刻跳到了第一位。要退出笔画筛选模式，只需删掉已经输入的笔画辅助码即可。

（8）U 模式笔画输入

U 模式是专门为输入不会读的字所设计的。在按"u"键后，依次输入一个字的笔画，即 h（横）、s（竖）、p（撇）、n（捺）、z（折），就可以得到该字。同时，小键盘上的 1、2、3、4、5 也分别代表 h、s、p、n、z。这种笔顺规则与手机上的五笔画输入法是一致的。其中点也可以用 d 来输入。例如，输入"你"字时应输入"upspzs"。值得一提的是，"忄"的笔顺是点、点、竖（nns），而不是竖、点、点。

（9）搜狗输入法状态下英文的输入

输入法默认是按下"Shift"键就切换到英文输入状态，再按一下"Shift"键就会返回中文状态。用鼠标点击状态栏上面的"中"字图标也可以切换。

除了用"Shift"键切换以外，搜狗输入法也支持回车输入英文和 V 模式输入英文，在输入较短的英文时使用，能省去切换到英文状态下的麻烦。具体使用方法是：

方法一：回车输入英文。输入英文，直接敲回车即可。

方法二：V 模式输入英文。先输入"V"，然后再输入要输入的英文，可以包含@、+、*、/、- 等符号，然后敲空格即可。

（10）数字/算式/日期/函数输入

① 输入数字：输入"V"+数字，如"V123"，输入法将把这些数字转换成中文大小写数字。

② 输入算式：输入"V"+算式，如"V1971 + 287"，输入法将把将算式的结果或者 1971 + 287 = 2258 算式显示到候选框。

③ 输入日期：输入"V"+日期，如"V2016/01/09"，输入法将把日期以中文形式提供给用户选择。

④ 输入函数：输入"V"+日期，如"Vsqrt（9）"，输入法将把 9 开平方根的结果或其算式提供给用户选择。

不同的拼音输入法有各自的输入技巧，如果在输入过程中熟练应用这些技巧，能有效提高输入效率。

案例操作 2：

如果需要利用搜狗拼音输入法输入下列文字，则：

第 1 步：单击"开始"→"所有程序"→"附件"→"写字板"，打开写字板。

第 2 步：按快捷键"Ctrl +，"后输入法切换成搜狗拼音输入法。

第 3 步：输入下述内容。

20 世纪 80 年代初期，西藏大学就开始了藏文信息处理的基础理论和应用技术的研究，先后在藏文字符集标准、计算机键盘标准、输入法、Open Type 字库、藏文操作系统平台、汉藏互译电子词典、藏文自动分词、藏文字词频自动统计、藏文语料库研究、藏汉平行语料库建设、汉藏词语对齐技术、汉藏机器翻译以及信息处理中藏文规范研究等方面取得了一系列极有价值的研究成果。其研发的藏文之星、岗杰藏文输入法、岗杰藏文自动分词系统、藏文自动标注系统、岗杰藏文 OpenType 字库等成果深得用户的信赖。

第 4 步：保存文件。

*2.5.3 藏文输入

在 Windows 7 中输入藏文时，应该考虑基于藏文编码字符集国际标准的藏文输入法，例如微软藏文输入法、藏大岗杰藏文输入法和彭措藏文输入法等。其中，微软藏文输入法是 Windows 7 自带的，是完全基于藏文编码字符集国际标准（ISO 10646）的藏文输入法。它是基于最基本的"一字一键"的键盘设计原则，通过微软用户自定义键盘布局工具 MSKLC 设计出来的。用户也可以轻松地通过 MSKLC 工具软件将微软藏文输入法键盘布局修改为自己喜爱的布局来使用。

在 Windows 7 环境下，用户可以通过语言设置，添加微软藏文输入法，进而利用该输入法轻松地输入藏文。本例要求利用微软藏文输入法学习藏文输入。

1. 设置 Windows 7 下的微软藏文输入法

要使用微软藏文输入法，需要在输入法列表中添加和调用，具体步骤如下：

第 1 步：用鼠标右键单击任务栏的输入法托盘，弹出如图 2-62 所示菜单。

第 2 步：用鼠标左键单击"设置"，出现如图 2-63 所示对话框。

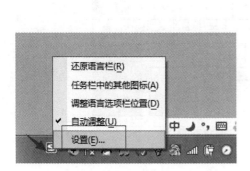

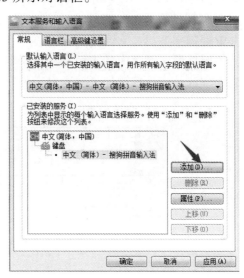

图 2-62　输入法设置　　　　　　　　　　　　　图 2-63　"输入法"添加

第 3 步：点击"添加"按钮，弹出如图 2-64 所示窗口，通过拖动滚动条，查找"藏语（中国）"的语言选项并展开，在"键盘"选项中选择"藏语（中国）"。

第 4 步：返回上一界面，点击"确定"按钮，如图 2-65 所示。

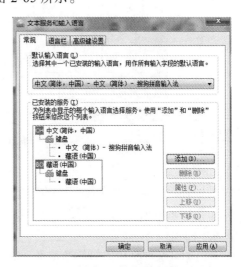

图 2-64　微软"藏文输入法"添加　　　　　　　图 2-65　微软"藏文输入法"添加

第 5 步：添加完藏文输入法后，用鼠标左键单击任务栏上的"语言栏"便可看见"藏语（中国）"输入法图标，如图 2-66 所示。

图 2-66 微软"藏文输入法"切换界面

2．微软藏文输入法的键盘布局

微软藏文输入法的键盘布局基于国家标准藏文键盘布局，按照不同字符的输入设置了 5 个键盘布局。其中，常规键盘分配了国标中的第一键盘，也就是主键盘，其他四个键盘布局（虚拟键盘）分配了国标中的四个辅助键盘。这四个辅助键盘分别是由 Shift 键、Alt + Ctrl + Shift 与基本键组合，或者小写字母 m 和大写字母 M 引导而得到，故将这四个键盘分别称为"Shift 键盘"、"Alt + Ctrl + Shift 键盘"、"m 键盘"和"M 键盘"。因此，在 Windows 7 藏文键盘中，"m 键盘"、"Shift 键盘"、"Alt + Ctrl + Shift 键盘"和"M 键盘"四个键盘对应国家标准藏文键盘布局中的四个辅助键盘。

（1）主键盘

对应于国标藏文键盘中的主键盘，用于输入藏文最基本的辅音字符、元音、数字等。其键位上字符的输入方法是直接按键即可输入对应的字符。其布局如图 2-67 所示。

图 2-67 微软藏文输入法主键盘布局

（2）m 键盘

对应于国标藏文键盘中的第二个键盘，用于输入藏文的"叠加字符"。为了便于记忆，"叠加字符"的布局对应"主键盘"中该字符的非叠加字符。其键位上字符的输入方法是，先按"m"键引导，再按对应的键位。其布局如图 2-68 所示。

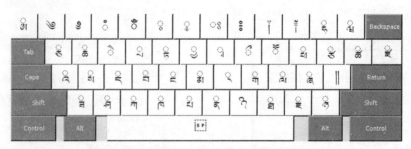

图 2-68 微软藏文输入法第二键盘布局

（3）Shift 键盘

对应于国标藏文键盘中的第三个键盘，用于输入一些特殊的字符。其键位上字符的输入方式是按住"Shift"键的同时按键即可输入对应的字符。其布局如图 2-69 所示。

（4）Alt + Ctrl + Shift 键盘

对应于国标藏文键盘中的第四个键盘，用于输入一些组合元音和特殊的字符。其键位上字符的输入方式是按住组合键"Alt + Ctrl + Shift"的同时按键即可输入对应的字符。其布局如图 2-70 所示。

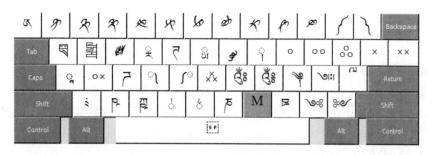

图 2-69 微软藏文输入法第三键盘布局

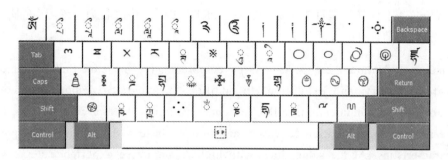

图 2-70 微软藏文输入法第四键盘布局

（5）M 键盘

对应于国标藏文键盘中的第五个键盘，用于输入几个"厚字符"的叠加字符。其键位上字符的输入方式是按住"Shift"键的同时按"m"键来引导，再按有字符的几个键位即可输入对应的字符。其布局如图 2-71 所示。

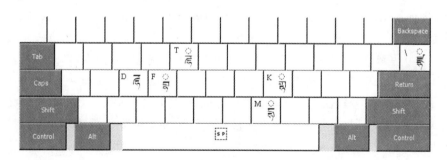

图 2-71 微软藏文输入法第五键盘布局

案例操作 3：如果需要输入以下藏文，则：

第 1 步：单击"开始"→"所有程序"→"附件"→"写字板"，打开写字板。

第 2 步：输入下列藏文内容。

ཚེ་འབོར་གྱི་དུ་བ་ཞེས་པ་དེ་ནི་རང་ཞིང་ལ་བྱུང་རུང་ཡོད་པའི་ཚེ་འབོར་ཁྱད་ཁོངས་ནང་པོ་འཕྲིད་དང་སྒྲིག་ཆས་དང་སྒྲོག་རྐུད་ཀྱིས་སྒྲིལ་ནས། ནུས་པ་ཚོང་འདི་དེ་མཐེན་ཆས་ཀྱིས་རྩོ་ཁྱུང་ནང་མཐམ་དུ་དང་འཕྲིན་གཏོང་བའི་ཆེད་དུ་བསྒྲབས་པའི་རྐུད་ཁས་ལ་ཟེར། ཚེ་འབོར་ལག་ཁལ་འཕེལ་རྐུན་གྱི་དིང་རུས་ཀྱི་ཆོ་བ་ལ་ཁུག་ཉེན་ཆེན་པོ་ཐེབ་ཡོད།

第 3 步：保存文件。

习 题

一、专项练习

1. 文件与文件夹的新建操作

（1）在 D 盘根目录下（即 D:\）下新建名为"Win7 基本操作"文件夹。

（2）在"Win7 基本操作"文件夹中，新建一个纯文本文档，并命名为"个人简历"（即"个人简历.txt"）。

2. 文本录入

（1）在"个人简历.txt"内输入自己的个人简历，要求 100 个汉字左右。

（2）在"Win7 基本操作"文件夹下，新建一个 RTF 文档，并命名为"练习"（即"练习.RTF"）。

（3）在"练习.RTF"内输入下列文字。

Tibet Museum of Natural Science is a large comprehensive museum that combines science and technology, natural history, and exhibition. In addition, it integrates demonstration and education, scientific research and communication, collection and production, leisure and tourism. Besides, it is a comprehensive science popularization education and tourism base with technological, participatory and enjoyment characteristics. At the same time, with highly interactive experience devices and the most advanced acousto-optic technology, Tibet's unique natural resources and geological scenery are showed to visitors vividly.

ཨོ་ལིན་པེ་ཡི་རི་གནན་པོའི་རྩེ་རིག་གི་ཨོ་ལིན་པེ་ཡ（Olympia）ཞེས་པའི་ཡུལ་གྱི་མིང་ལས་བྱུང་བར་མཛོན་ཏེ་དེ་ནི་གནན་པོའི་ཡ་ཞེན་སིའི་མཁར་སྲོང་གི་ལྷོ་ཆུབ་ཕྱོགས་ཀྱི་སྐྱི་ཞི་༡༤༠ལྷག་གི་སར་ཡོད་པའི་ཨར་ཏྲེ་སིའི（Aefreis）གྲོག་རོང་དུ་ཆགས་ཡོད་གནས་དེ་ནི་གནམ་གཤིས་ཀྱི་རོ་བྱང་སྙོམས་ཞིང་ཡུལ་ལྗོངས་ལྟ་ན་སྡུག་པ་ལྟའི་དགའ་ཚལ་དང་འདུ་བའི་ཡུལ་ཉམས་དཀའ་བ་ཞིག་ཡིན་པས་མི་རྣམས་ཀྱིས་གནས་དེ་ དུ་ལྟ་ཁང་ལ་སོགས་མང་དུ་བཞེངས་ནས་ལྷག་དགས་ཞིང་དུ་ཐོག་འཛིན་གནང་གིན་ཡོད་པར་མ་ཟད། ཞི་བདེའི་དཔལ་དང་མཛོད་མཐུན་གྱི་གཡང་གིས་ཕྱུག་པའི་ཁག་ཟླ་བའི་ཞིང་དུ་མཚོད་ཀྱི་ཡོད།

青藏铁路起于青海省西宁市，途经格尔木市、昆仑山口、沱沱河，翻越唐古拉山口，进入西藏自治区安多、那曲、当雄、羊八井、拉萨。全长 1956 千米，是重要的进藏路线，被誉为天路，是世界上海拔最高、在冻土上路程最长的高原铁路，是中国新世纪四大工程之一，2013 年 9 月入选"全球百年工程"，是世界铁路建设史上的一座丰碑。青藏铁路推动西藏进入铁路时代，密切了西藏与祖国内地的时空联系，拉动了青藏带的经济发展，被人们称为发展路、团结路、幸福路。这条神奇的天路犹如吉祥哈达，载着雪域儿女驶向发展和幸福之园。

3. 文件与文件夹的移动

（1）将"个人简历.txt"文件复制到桌面上。

（2）将"Win 7 基本操作"文件夹复制到 C 盘根目录。

（3）将桌面上的"个人简历.TXT"文件移动到 D 盘根目录下。

4. 文件与文件夹的重命名

将"C:\Win7 基本操作"文件夹下的"练习.RTF"重命名为"练习.docx"。

5. 文件与文件夹的属性设置

将"C:\Win7 基本操作"文件夹下的"练习.docx"的文件属性设置为"只读"。

6. 文件与文件夹的删除与恢复

（1）删除"C:\Win7 基本操作"文件夹下的"练习.docx"文档。

（2）从回收站中，恢复刚删除的"C：\Win7 基本操作"文件夹下的"练习.docx"文档。

7. 文件与文件夹的搜索、排序

（1）在"C:\WINDOWS\system32"文件夹中搜索第二、三个字符为 a、s，第五个字符为 t 的文件和文件夹，最后关闭搜索面板。

（2）请在"C:\WINDOWS"文件夹中查找大于 1 MB 的所有文件和文件夹。

（3）在 C 盘上搜索文件"Notepad.exe"，并在桌面上创建它的快捷方式。

（4）在 C 盘上搜索所有纯文本文件（即 *.txt）。

8．"Windows 附件"的应用

（1）利用"画图"软件打开一张图片，在图片下方添加文本"精美图片"，并以 BMP 格式另存到 D 盘中（即"D:\美丽.BMP"）。

（2）查看图像文件"美丽.BMP"的大小为多少字节。利用压缩解压软件，将该文件压缩为"美丽.RAR"。

（3）将"D:\美丽.BMP"发送到"我的文档"。

9．Windows 桌面主题设置

（1）设置屏幕保护为"三维文字"，显示的文字为"欢迎来到西藏大学"，旋转类型为"滚动"，等待时间为"2 分钟"，"在恢复时显示登录界面"。

（2）设置桌面背景为"自然"系列 6 张图片，图片位置为"居中"，更改图片时间间隔为"15 分钟"。

（3）设置窗口颜色（窗口边框、开始菜单和任务栏的颜色）为"黄昏"，启用半透明效果。

（4）设置 Windows 声音方案为"书法"。

二、综合操作题

1．综合操作一

（1）不限制操作方式，在 D 盘中新建一个"考生"文件夹。

（2）在"考生"文件夹下新建一个"MUNLO"文件夹，其中再新建一个"KUB.DOCX"文件。

（3）在"考生"文件夹下新建一个"MICRO"文件夹，把"MUNLO"文件夹中的"KUB.DOCX"文件移动到"考生"文件夹的"MICRO"中。

（4）把"MICRO"文件夹中的"KUB.DOCX"文件属性设置为"只读"。

（5）在 C 盘中查找 txt 文件，把三个最小的文件拷贝到"MUNLO"文件夹中。

2．综合操作二

（1）不限制操作方式，在 D 盘中新建一个名为"Windows 基本操作"的文件夹。

（2）在"Windows 基本操作"文件夹下创建文件"EAT.txt"，并设置其属性为隐藏。

（3）在"Windows 基本操作"文件夹下创建"BUS"文件夹，其中再创建"TAXI.pptx"文件。

（4）在"Windows 基本操作"文件夹中新建一个"JEEP"文件夹，把"TAXI.pptx"复制到"JEEP"文件夹中。

（5）为"JEEP"文件夹中的"TAXI.pptx"建立快捷方式，并将其移动到桌面上，用快捷方式打开文件，观察界面后关闭文件。

3．综合操作三

利用本章学习的知识，在自己的 U 盘中建立不同的文件夹，把文件归档到正确的文件夹中，养成良好的管理文件的习惯。

❖ 3 文字处理软件 Word 2010

Word 2010 是 Microsoft Office 2010 程序组中的一员。Office 2010 是微软公司推出的一款广受欢迎的计算机办公组合套件，主要包括文字处理软件（ཡི་གེ་སྒྲིག་གཅོད་མཉེན་ཆས།）Word 2010、电子表格制作软件（གྲིག་རྩལ་རེའུ་མིག་བཟོ་བྱེད་མཉེན་ཆས།）Excel 2010 以及演示文稿（PPT）制作软件（སྟོན་བཤན་བཟོ་བྱེད་མཉེན་ཆས།）PowerPoint 2010 等。

3.1 认识 Word 2010

Word 是 Microsoft 公司推出的 Office 套件中的一款功能强大的文字处理软件，也是目前全球最流行的文字处理软件之一。它以友好的图形窗口界面、完善的文字处理性能，为人们提供了一个良好的文字编辑工作环境。

案例一 认识 Word 2010

案例描述

我们在日常的生活、学习、工作中经常会运用到 Word 软件。为了更好地使用 Word 软件，必须了解 Word 的功能，熟悉 Word 的窗口及界面。本案例将借助一个 Word 文档，认识 Word 2010 的功能和窗口。

任务分析

Word 处理文字的功能非常强大，不仅能处理文字，还能处理图片、表格等。本任务借助一个 Word 文档认识 Word 的功能，熟悉 Word 的窗口及界面。本任务包括对 Office 2010 的了解，Office 功能区的认识，Word 的启动和退出，Word 窗口的结构、功能，文档的查看方式，几种视图之间的切换以及 Word 文档的打开方法等知识。

教学目标

① 认识 Office 2010，了解 Office 的功能区以及功能区的选项卡、组和命令。
② 了解 Word 的相关基本概念。
③ 熟悉 Word 的启动和退出。
④ 了解 Word 窗口的结构及其主要功能。
⑤ 掌握文档的查看方式，学会几种视图之间的切换。
⑥ 学会 Word 文档的打开方法。
⑦ 对 Word 软件感兴趣，愿意用 Word 处理文档。

3.1.1 Word 2010 的启动

启动 Word 2010 的常用方法有 3 种：

方法一：单击"开始"→"所有程序"→"Microsoft Office"→"Microsoft Word 2010"命令，即可启动 Word 2010。

方法二：双击建立在 Windows 桌面上的"Microsoft Word 2010"快捷方式图标或快速启动栏中的图标，即可快速启动 Word 2010。

方法三：双击某一个已经创建好的 Word 文档，在打开该文档的同时，启动 Word 2010 应用程序。

案例操作 1：

用上述第 1 种方法启动 Word 2010 软件。

3.1.2 Word 2010 的退出

常用的退出 Word 2010 的方法有 3 种：

方法一：单击 Word 2010 窗口右上角的"关闭"按钮。

方法二：单击"文件"列表中的"退出"命令。

方法三：双击 Word 窗口左上角的"Ⅶ"图标，或单击该图标，选择"关闭"命令。

案例操作 2：

第 1 步：单击 Word 2010 窗口右上角的"关闭"按钮，退出 Word 2010 软件。

第 2 步：双击桌面上的"Microsoft Word 2010"快捷方式图标或快速启动栏中的图标启动 Word 2010 软件。

第 3 步：双击 Word 窗口左上角的"Ⅶ"图标，或单击该图标，选择"关闭"命令，退出 Word 2010 软件。

3.1.3 打开已有文档

当用户需要对已经存在的文档进行操作（如编辑、修改）时，必须先打开该文档。在 Word 2010 中打开已有文档的方法有很多，常用的有两种：

方法一：打开存放 Word 文档的文件夹，直接双击该 Word 文档，启动 Word 软件的同时即可打开文档。

方法二：如果 Word 软件已经打开，则单击"文件"列表中的"打开"命令，在弹出的"打开"对话框中选中需要打开的文档，单击"打开"，即可打开已有文档，如图 3-1 所示。

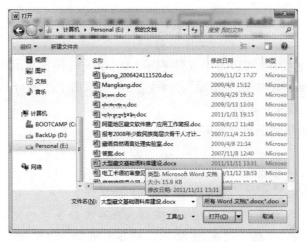

图 3-1 "打开"对话框

案例操作 3：

打开计算机中已有的一个 Word 文档。

3.1.4 Word 2010 的工作界面

Word 2010 的工作界面由标题栏、"文件"选项卡、快速访问工具栏、功能区、"文档编辑区"窗口、视图按钮、滚动条、缩放滑块和状态栏等组成，如图 3-2 所示。

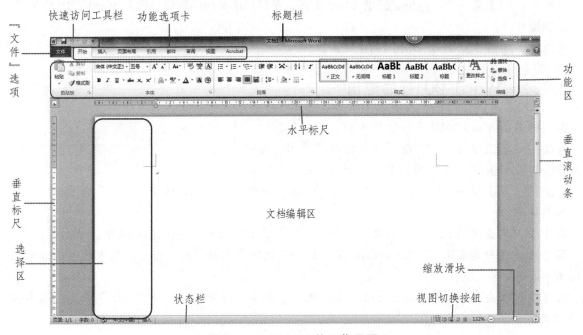

图 3-2 Word 2010 的工作界面

1．快速访问工具栏（མྱུར་སྤྱོད་ལག་ཆའི་སྒེ།）

快速访问工具栏位于文档窗口的顶部左侧，该工具栏中集中了多个常用的按钮，是一组独立于当前所显示的选项卡的命令，例如"保存"（ཉར་ཚགས།）、"撤销"（ཕྱིར་འཐེན།）和"重复"（བསྐྱར་སློས།）等按钮，也可以添加个人常用命令。

2．标题栏（ཁ་བྱང་སྒེ།）

标题栏位于 Word 2010 的窗口最上方，显示正在编辑的文档的文件名、所使用的软件名称以及"最小化"、"最大化"（或"还原"）和"关闭"按钮。

"最小化"（ཆུང་ཤོས་སུ་སྒྱུར་བ།）按钮用于将程序窗口缩小为一个图标显示在屏幕最底端的任务栏中。

"最大化"（ཆེ་ཤོས་སུ་སྒྱུར་བ།）（或"还原"）（སོར་སློག）按钮用于使 Word 程序窗口还原为上次调整后的大小或者最大化以充满整个屏幕。

"关闭"（ཁ་རྒྱག）按钮用于退出 Word。

案例操作 4：

第 1 步：观察标题栏中显示的文档名称。

第 2 步：点击"最小化"按钮，观察文档窗口的变化。

第 3 步：点击 Windows 任务栏中"Word"图标，观察文档窗口的恢复情况。

第 4 步：点击"最大化"（或"还原"）按钮，观察文档窗口的变化。

第 5 步：再次点击"最大化"（或"还原"）按钮，观察文档窗口的变化。

3．"文件"选项卡（ཡིག་ཆ་བདམ་ཚན་བྱང་བུ།）

"文件"选项卡位于 Word 2010 程序窗口的左上角，单击该按钮将弹出一个下拉菜单，其中包括一些常用的命令及选项按钮，并列出最近打开过的文档，以便用户快速打开这些文档。

案例操作 5：
点击"文件"选项卡，观察弹出的下拉菜单中包括哪些常用的命令和选项。

4．功能区（ལས་བྱེད་ཁུལ།）

Word 2010 的功能区位于快速访问工具栏和标题栏的下方，代替了传统的菜单栏和工具栏，工作时需要用到的命令均位于此处。

打开 Microsoft Office Word 2010 时，将看到许多与早期版本类似的东西，如 Word 文档。但是，用户也会注意到窗口顶部外观上的变化。旧的菜单栏和工具栏已被窗口顶部的功能区所取代，功能区包含了一些选项卡，单击这些选项卡可找到相关的命令。

功能区由选项卡、组和命令三部分组成。

（1）选项卡（བདམ་ཚན་བྱང་བུ།）

选项卡横跨在功能区的顶部，每个选项卡都代表特定的任务中执行的一组核心操作。

（2）组（ཚོ།）

组显示在选项卡上，是相关命令的集合。用户可能需要使用一些命令来执行某种类型的任务，而组将需要的所有命令汇集在一起，并保持显示状态且易于使用，为用户提供了丰富、直观的帮助。

（3）命令（བཀའ།）

按组来排列。命令可以是按钮、菜单或者供用户输入信息的框。

为了叙述的方便，后文以"××|××|××"形式表示"××"选项卡"××"组中的"××"命令。例如，"插入"|"页"|"空白页"表示"插入"选项卡"页"组中的"空白页"命令。

功能区的选项卡包括"开始"、"插入"、"页面布局"、"引用"、"邮件"、"审阅"、"视图"和"加载项"等。

（1）"开始"选项卡（འགོ་འཛིན་བདམ་ཚན་བྱང་བུ།）

"开始"选项卡包括"剪贴板"（སྦྱར་པང་།）、"字体"（ཡིག་གཟུགས།）、"段落"（དུམ་བུ།）、"样式"（བཟོ་བྱ།）和"编辑"（ཞུ་སྒྲིག）五个组，对应 Word 2003 的"编辑"和"段落"菜单部分命令。该功能区主要用于对文档进行文字编辑和格式设置，是用户最常用的功能区，如图 3-3 所示。

图 3-3 "开始"选项卡

案例操作 6：
点击"开始"选项卡，观察该选项卡中有哪些组。将鼠标停在每个组的各个命令上，通过弹出的提示信息了解该命令的作用。

（2）"插入"选项卡（བར་འཇུག་བདམ་ཚན་བྱང་བུ།）

"插入"选项卡包括"页"、"表格"、"插图"、"链接"、"页眉和页脚"、"文本"、"符号"和"特殊符号"几个组，对应 Word 2003 中"插入"菜单的部分命令，主要用于在 Word 2010 文档中插入各种元素，如图 3-4 所示。

图 3-4 "插入"选项卡

案例操作 7：

点击"插入"选项卡，观察该选项卡中有哪些组。将鼠标停在每个组的各个命令上，通过弹出的提示信息了解该命令的作用。

（3）"页面布局"选项卡（ཤོག་ངོས་བཀོད་པའི་འདེམས་ཚན་བྱང་བུ།）

"页面布局"选项卡包括"主题"、"页面设置"、"稿纸"、"页面背景"、"段落"、"排列"几个组，对应 Word 2003 的"页面设置"菜单和"段落"菜单中的部分命令，用于设置 Word 2010 文档的页面样式，如图 3-5 所示。

图 3-5 "页面布局"选项卡

案例操作 8：

点击"页面布局"选项卡，观察该选项卡中有哪些组。将鼠标停在每个组的各个命令上，通过弹出的提示信息了解该命令的作用。

（4）"引用"选项卡（འདྲེན་སྤྱོད་འདེམས་ཚན་བྱང་བུ།）

"引用"选项卡包括"目录"、"脚注"、"引文与书目"、"题注"、"索引"和"引文目录"几个组，用于实现在 Word 2010 文档中插入目录等比较高级的功能，如图 3-6 所示。

图 3-6 "引用"选项卡

案例操作 9：

点击"引用"选项卡，观察该选项卡中有哪些组。将鼠标停在每个组的各个命令上，通过弹出的提示信息了解该命令的作用。

（5）"邮件"选项卡（སྦྲག་ཡིག་འདེམས་ཚན་བྱང་བུ།）

"邮件"选项卡包括"创建"、"开始邮件合并"、"编写和插入域"、"预览结果"和"完成"几个组。该功能区专门用于在 Word 2010 文档中进行邮件合并方面的操作，如图 3-7 所示。

图 3-7 "邮件"选项卡

案例操作 10：

点击"邮件"选项卡，观察该选项卡中有哪些组。将鼠标停在每个组的各个命令上，通过弹出的提示信息了解该命令的作用。

（6）"审阅"选项卡（ལྟ་བཤེར་བདམ་ཚན་བྱང་བུ།）

"审阅"选项卡包括"校对"、"语言"、"中文简繁转换"、"批注"、"修订"、"更改"、"比较和保护"几个组，主要用于对 Word 2010 文档进行校对和修订等操作，适用于多人协作处理 Word 2010 长文档，如图 3-8 所示。

图 3-8 "审阅"选项卡

案例操作 11：

点击"审阅"选项卡，观察该选项卡中有哪些组。将鼠标停在每个组的各个命令上，通过弹出的提示信息了解该命令的作用。

（7）"视图"选项卡（མཐོང་རིས་བདམ་ཚན་བྱང་བུ།）

"视图"选项卡包括"文档视图"、"显示"、"显示比例"、"窗口"和"宏"几个组，主要用于设置 Word 2010 操作窗口的视图类型，以便于操作，如图 3-9 所示。

图 3-9 "视图"选项卡

案例操作 12：

点击"视图"选项卡，观察该选项卡中有哪些组。将鼠标停在每个组的各个命令上，通过弹出的提示信息了解该命令的作用。

（8）"加载项"（ཁ་སྐོན་ཚན་པ།）

"加载项"包括菜单命令一个组。加载项是可以向 Word 2010 安装的附加属性，如自定义的工具栏或其他命令扩展。"加载项"功能区可以在 Word 2010 中添加或删除加载项。例如，用户安装了 PDF 编辑软件后，在"加载项"就出现"Acrobat"选项卡，如图 3-10 所示。

图 3-10 "Acrobat"选项卡

知识扩展：

（1）更多的工具，仅在需要时才出现

在插入图片后，"图片工具"将出现在 Word 2010 的功能区顶部。

最常用的命令位于功能区上，并在任何时候都易于使用。至于其他一些命令，只有在需要时，为了响应执行的操作才出现。例如：如果 Word 2010 文档中没有图片，则并不需要用于处理图片的命令。但是，在 Word 2010 中插入图片后，"图片工具"将会出现，同时还会出现"格式"选项卡，它包含了处理图片所需的命令，如图 3-11 所示。完成对图片的处理后，"图片工具"将会消失。

图 3-11　图片工具的"格式"选项卡

如果想再次处理图片，只需单击它，对应的选项卡就会再次出现。Word 2010 知道用户正在做什么，并提供所需的工具，即功能区会响应用户执行的操作。因此，如果不能在任何时候都看到所需的所有命令，不要担心，只需执行几个步骤，即可得到需要的命令。

（2）需要时有更多选项

如果某个组的右下角有一个小箭头，则表示该组提供了更多选项。该箭头称为"对话框启动器"，单击它，将会弹出一个带有更多命令的对话框或任务窗格。例如，在 Word 2010 的"开始"选项卡中，"字体"组右下角有一个小箭头，点击它就可以弹出含更多命令的对话框，如图 3-12 所示。

图 3-12　"字体"对话框

（3）选择前预览

在 Office 2000/2003 中，反复地试做、撤销、再试做、再撤销是每个用户经常要做的事情。例如，用户选择了一种字体、字体颜色或样式，或者对图片进行了修改，但发现所得到的效果不是想要的，因此，只好撤销并重试，而且可能要反复多次，直到最终得到理想的效果。

在 Office 2010 中，在做出选择之前，可以看到所做选择的实时预览效果，因此通过一次选择就可以得到想要的效果，而不必反复撤销和重试。

要使用实时预览，只需将鼠标指针停留在某个选项上，在实际做出选择之前，文档会发生改变，以显示该选项将产生的效果。看到理想的预览结果后，即可单击选项以做出选择。例如：选择了文档中的"不同字体预览效果"文字后，在"字体"栏中选择不同的字体，在文档中就可以看到选择该字体后的效果，如图 3-13 所示。

图 3-13 "字体"选择的预览效果

（4）浮动工具栏（འགྱུ་བའི་ལག་ཆའི་སྟེ།）

有些格式命令非常有用，用户可能希望无论在执行哪些操作时都可以访问这些命令。

如果用户想要快速设置一些文本的格式，而此时正在使用"页面布局"选项卡，可以单击"开始"选项卡来查看格式选项。除以上常规方法之外，还有如下更为便捷的方法：通过拖曳鼠标选择文本，然后指向所选的文本，浮动工具栏将以淡色形式出现，如果指向浮动工具栏，它的颜色会加深，可以单击其中一个格式选项，如图 3-14 所示。

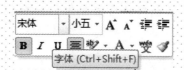

图 3-14 浮动工具栏

案例操作 13：

按住鼠标左键，选择文档中部分字符，然后松开鼠标左键，观察弹出的浮动工具栏。

（5）快捷工具栏（མྱུར་བབས་ལག་ཆའི་སྟེ།）

当选择了一段文字、图片或者表格后，点击鼠标右键，将弹出一个工具栏，称为快捷工具栏，如图 3-15 所示。

案例操作 14：

按住鼠标左键，选择文档中部分字符，然后松开鼠标左键，点击鼠标右键，观察弹出的快捷工具栏。

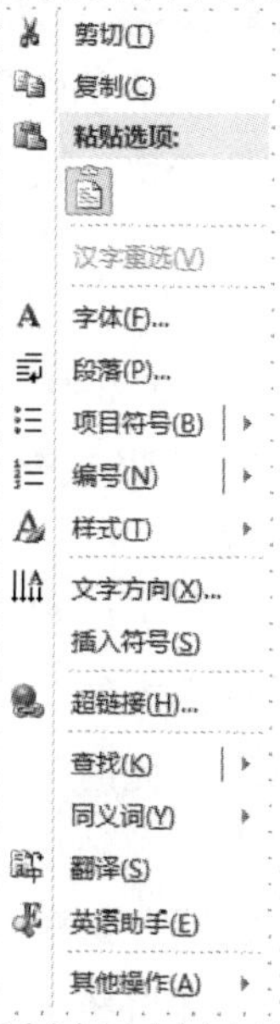

图 3-15 快捷工具栏

5. 文档编辑区（ཡིག་ཆ་རྩོམ་སྒྲིག་ཁུལ།）

文档编辑区是 Word 2010 主窗口中的主要组成部分。用户在该区域可对文档进行输入、编辑、修改和排版等工作。

在编辑区中闪烁的垂直竖线"I"称为插入点，表示键入字符的位置。每输入一个字符，插入点自动向右移动一格。在编辑文档时，可以在文档中拟键入字符的位置上单击来达到移动"I"光标的目的。

案例操作 15：

观察编辑区中闪烁的光标所处的位置，并在文本的其他位置点击鼠标左键，观察光标的移动。

6．滚动条（འགྲུལ་མ།）

当文档内容一屏显示不完时将自动出现滚动条，用于调整正在编辑的文档的显示位置。滚动条分为水平滚动条和垂直滚动条。可以拖动滚动条中的滑块或单击滚动箭头来查看一屏中未显示出来的内容。

案例操作 16：

第 1 步：将鼠标移到水平滚动条或垂直滚动条中的滑块上，按住鼠标左键，拖动滑块，观察编辑区的变化情况。

第 2 步：用鼠标左键点击滚动条两端的箭头，观察编辑区的变化情况。

7．状态栏（རྣམ་པའི་སྟེ།）

状态栏位于 Word 2010 的窗口最下方，用来显示该文档的基本数据。例如："页面：1/1"表示该文档共有 1 页，当前显示的是第 1 页；"字数"显示文档的字数，单击可打开"字数统计"对话框。

案例操作 17：

第 1 步：观察状态栏，看看该文档总共有几页，以及现在光标所在的位置在第几页。

第 2 步：利用"滚动条"改变编辑页面，并在新的页面中点击鼠标左键，观察状态栏中"页面"后面的数字。

第 3 步：观察状态栏中显示的"字数"，看看该文档总共有多少个字符。

第 4 步：鼠标左键点击状态栏中的"字数"，观察打开的"字数统计"窗口中的信息。

8．视图切换按钮（མཐོང་རིས་རྗེ་བྱེད་མཐེབ་གནོན།）

Word 2010 提供了 5 种文档显示的版式，称为五种视图，分别是：页面视图、阅读版式视图、Web 版式视图、大纲视图和草稿。可以根据需要切换不同的视图，以适应操作和查看文档的需要。

（1）页面视图（ཤུབ་ཏོས་མཐོང་རིས།）

页面视图是 Word 中默认的且平时使用得最多的一种视图方式。它直接按照设置的页面大小进行显示，此时显示的效果与打印效果完全一致，具有所见即所得的效果。

在该视图中，所有的图形对象都可以完整地显示出来，如页眉、页脚、水印和图形等。通过选择"视图"选项卡，单击"文档视图"组中的"页面视图"按钮，或单击状态栏中的"页面视图"按钮，即可将文档以页面视图方式显示。

（2）阅读版式视图（ཀློག་པའི་མཐོང་རིས།）

阅读版式视图以图书的分栏样式显示文档，把功能区等窗口隐藏起来，模拟书的阅读方式。这样可以利用最大的空间来阅读或者批注文档，提高了文档阅读的方便性。另外，还可以通过该视图，选择以文档在打印页上的显示效果进行查看。

通过单击"文档视图"组中的"阅读版式视图"按钮，或单击状态栏中的"阅读版式视图"按钮，即可切换至阅读版式视图，如图 3-16 所示。

在阅读版式视图中，文档上方会自动出现一排工具栏，以便于用户进行阅读。

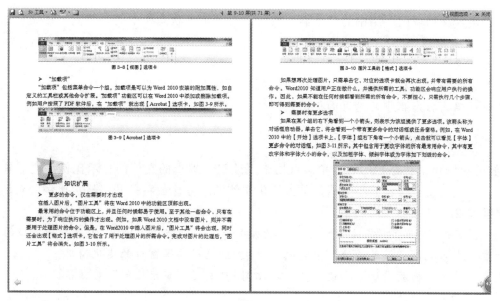

图 3-16 "阅读版式视图"

案例操作 18：

第 1 步：单击状态栏中的"阅读版式视图"按钮，观察视图发生的变化。

第 2 步：把鼠标依次放在"阅读版式视图"中的各个工具上，观察每个工具的功能。

第 3 步：点击最右上角的"关闭"按钮，关闭"阅读版式视图"。

（3）Web 版式视图（Webཡི་མ་ཐོང་རིས།）

Web 版式视图通过模仿 Web 浏览器来显示文档，提供了查看网页形式的文档外观的功能。该视图中可以显示页面背景，每行文本的宽度会自动适应文档窗口的大小。该视图与将文档保存为 Web 页面并在浏览器中打开时看到的效果一致，是最适合在屏幕上查看文档的视图。

通过选择"视图"选项卡，单击"文档视图"组中的"Web 版式视图"按钮，或单击状态栏中的"Web 版式视图"按钮，即可将文档切换至 Web 版式视图。

案例操作 19：

单击状态栏中的"Web 版式视图"按钮，观察视图发生的变化。

（4）大纲视图（རྩ་གནད་མཐོང་རིས།）

大纲视图中，除了显示文本、表格和嵌入文本的图片外，还可显示文档的结构。在该视图中，可以通过拖动标题来重新组织文本，还可以通过折叠文档来查看主要标题，或者通过展开文档来查看所有标题以及正文内容，从而使用户能够轻松地查看整个文档的结构，方便地对文档大纲进行修改。

通过单击"文档视图"组中的"大纲视图"按钮，或单击状态栏中的"大纲视图"按钮，即可切换至大纲视图。

切换至大纲视图后，系统会自动添加一个"大纲"选项卡。在该选项卡下，分别有"大纲工具"、"主控文档"以及"关闭"3 个组，可以通过各组中不同的命令按钮，来完成不同的操作。

案例操作 20：

第 1 步：单击状态栏中的"大纲视图"按钮，观察视图发生的变化。

第 2 步：把鼠标依次放在"大纲视图"中的各个工具上，观察每个工具的功能。

第 3 步：点击最右上角的"关闭"按钮，关闭"大纲视图"。

（5）草稿（མ་ཟིན།）

草稿与 Web 版式视图一样，都可以显示页面背景，所不同的是它仅能以文本宽度固定在窗口左侧。

通过单击"文档视图"组中的"草稿"按钮，或者单击状态栏中的"草稿"按钮，即可切换到草稿视图。

案例操作 21：

第 1 步：单击状态栏中的"草稿"按钮，观察视图发生的变化。

第 2 步：单击状态栏中的"页面视图"按钮。

9．缩放滑块（ སྐྱེད་སྦྱང་འདེད་ཆོག ）

"缩放滑块"位于状态栏的右下角，可用于更改正在编辑的文档的显示比例。向右拖动滑块将放大文档，向左拖动滑块将缩小文档，单击滑块左侧的百分比数将打开"显示比例"对话框。

案例操作 22：

第 1 步：点击"缩放滑块"左右的"＋"（放大）和"－"（缩小）按钮，观察编辑窗口的变化情况。

第 2 步：左右拖动"缩放滑块"中间的"滑块"，观察编辑窗口的变化情况。

第 3 步：单击"缩放滑块"左边的"显示比例"，观察"显示比例"对话框。

3.2　Word 2010 文档的建立与编辑

案例二　Word 2010 文档的建立

 案例描述

西藏大学藏文信息技术研究中心拟举办一个关于"藏文信息处理技术的研究现状与未来"的讲座，现需要制作宣传海报。本案例将新建一个 Word 文档，录入宣传海报的文字。

最终效果

"藏文信息处理技术的研究现状与未来"讲座
讲座题目：藏文信息处理技术的研究现状与未来
讲座日期：2016 年 8 月 18 日（星期四）
讲座地点：藏文信息技术研究中心二楼学术讲座厅 2
讲座内容简介：
藏文有着悠久的历史，信息时代，对藏文的处理提出了新的研究课题——用计算机来处理藏文信息。
八十年代中后期开始了藏文信息处理的研究工作，并且已取得了很好的成绩，让我们一起回顾藏文的字处理、藏语自然语言处理、藏文软件本地化以及藏文信息处理在应用领域中的研究，让我们一起了解藏文信息处理的研究现状。
目前，"深度计算"广泛应用于 NLP（自然语言处理），藏文信息处理又要开展哪些研究工作？怎么开展？
讲座时间：15:30-17:30
讲座人：扎西
欢迎大家踊跃参加！
※主办单位：西藏大学藏文信息技术研究中心

图 3-17　宣传海报文字录入的效果

 任务分析

要用 Word 制作宣传海报，首先必须录入海报中的文字。本任务的具体操作包括：创建空白文档和利用模板创建文档，文字的录入、删除，文本的选定、移动与复制、插入、删除、查找与替换，操作的撤销与恢复，项目符号和编号、日期和符号、特殊符号的输入，以及文件的保存等。

 教学目标

① 掌握创建空白文档和利用模板创建文档的方法。

② 学会 Word 文档中文字的录入、删除方法。

③ 熟悉文件的保存方法。

④ 学会文本的选定、移动与复制、插入与删除、查找与替换等基本操作。

⑤ 学会操作的撤销与恢复。

⑥ 学会项目符号和编号的输入方法。

⑦ 学会日期和符号的输入方法。

⑧ 初步学会一些特殊符号的输入方法。

⑨ 认识到高校中的讲座也是一个主要的知识来源，培养学生对藏文信息处理的兴趣。

3.2.1 新建 Word 空白文档

启动 Word 2010 时，系统将自动建立一个名为"文档 1"的新文档，用户即可在新的空白文档中输入相关的内容。如果在使用 Word 的过程中，还需重新创建另外一个或多个新文档，则可以使用下列 3 种方法：

方法一：单击"文件"列表中的"新建"命令，弹出"可用模板"对话框，如图 3-18 所示，选择"空白文档"，单击"创建"按钮，即可新建一个空白文档。

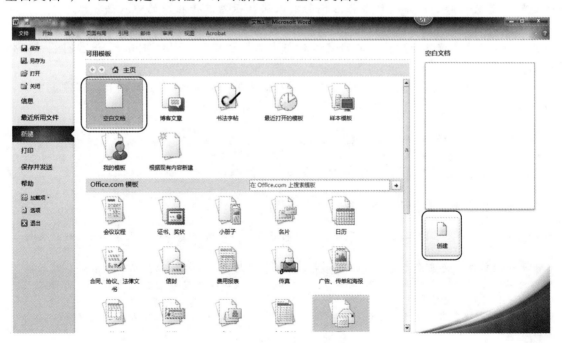

图 3-18 "新建"对话框

方法二：按"Ctrl + N"快捷组合键即可创建新的空白文档。

方法三：在模板中新建文档。单击"文件"列表中的"新建"命令，在"可用模板"对话框中选择"样本模板"，如图 3-19 所示，从中选择所需的模板，单击"创建"按钮，即可创建新的空白文档。

图 3-19 "可用模板"对话框

3.2.2 输入文本

在新建文档窗口工作区内，用户可以输入需要的文本内容。

案例操作 1：

第 1 步：选定输入法。输入英文字符时，直接从键盘输入；输入中文时，可以按"Ctrl + 空格"组合键进行中英文切换，或单击任务栏右侧的输入法指示器选择相应的输入法。

第 2 步：参照图 3-20 所示输入文档中的全部内容。

首先输入"'藏文信息处理技术的研究现状与未来'讲座"，再按"Enter"键换行，然后依次输入其他内容。

输入文本时，插入点的光标会自动后移，同时输入的文本会显示在屏幕上。当输入文本占满一行后，Word 会自动换行；当输入文本占满一屏时，光标会自动下移。

"藏文信息处理技术的研究现状与未来"报告
西藏大学藏文信息技术研究中心
报告题目：藏文信息处理技术的研究现状与未来
报告人：扎西
报告日期：2016 年 8 月 18 日（星期四）
报告内容简介：
藏文有着悠久的历史，信息时代，对藏文的处理提出了新的研究课题——用计算机来处理藏文信息。
八十年代中后期开始了藏文信息处理的研究工作，并且已取得了很好的成绩，让我们一起回顾藏文的字处理、藏语自然语言处理、藏文软件本地化以及藏文信息处理在应用领域中的研究，让我们一起了解藏文信息处理的研究现状。
目前，"深度计算"广泛应用于 NLP（自然语言处理），藏文信息处理又要开展哪些研究工作？怎么开展？
报告时间：15:30-17:30
报告地点：藏文信息技术研究中心二楼学术报告厅 2
欢迎大家踊跃参加！
主办单位：

图 3-20 宣传海报的内容

段落以段落标记作为结束符。在录入时，每按一次"Enter"键就形成一个段落，并产生一个段落标记。段落标记表示一个段落的结束和下一个段落的开始。为了便于排版，在一个段落内各行结尾处不要按"Enter"键，只有开始输入一个新的段落时才可以使用"Enter"键换行。另外，扩大字符间距或对齐文本时也不要用"空格"键，而应用后面介绍的"字符间距"、"制表符"、"缩进"等排版方式进行处理。

鼠标在文字区域移动时，指针变成"I"形，其作用是可以快速定位插入点，使输入的文字出现在指定的插入位置。如果出现输入错误，将插入点光标定位到错误字符处，按"Delete"键可以删除光标右侧的字符，按"Backspace"键可以删除光标左侧的字符。

3.2.3 插入符号

在输入文本的过程中，有时需要插入一些特殊符号，如希腊字母、商标符号、图形符号和数字符号等，而这些特殊符号通过键盘是无法输入的。这时，可以通过 Word 2010 提供的插入符号功能来实现符号的输入。

案例操作 2：

插入特殊的标点符号或其他各种符号的具体操作步骤如下：

第 1 步：将光标定位到文档待插入符号处，即最后一行前。

第 2 步：单击"插入"|"符号"|"符号"按钮，弹出如图 3-21 所示的常用符号列表（如果其中已含有需要插入的符号，直接单击即可将其插入文档中）。

第 3 步：单击常用符号列表下方的"其他符号"命令，将会出现如图 3-22 所示"符号"对话框。

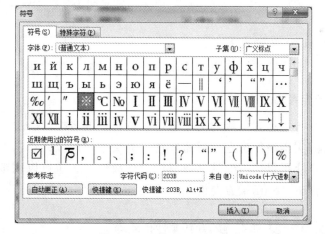

图 3-21 常用符号列表　　　　　　　　　　图 3-22 "符号"对话框

第 4 步：在"字体"栏中选择"普通文本"，在"子集"栏中选择"广义标点"，从对应的符号集中选定要插入的符号"※"。

第 5 步：单击"插入"按钮，便可将选定的符号插入最后一行前。

3.2.4 文本的选定

在对文字或段落进行编辑排版等操作时，首先必须将其选定，按照"先选定，后操作"的原则进行操作。选定是为了对一些特定的文字或段落进行操作而又不影响文档的其他部分时用的。最常用的方法是：把光标定位在所需选定的文本或段落的起始位置，按住鼠标左键拖拽到结束位置，然后释放鼠标，这时选定的文本会以蓝底黑字显示。另外还有以下几种选定文本的方法：

1．选定一行文本

在工作区左边有一个文本选定区，将鼠标移到本区时，指针会变为"↗"。将鼠标移到文本选定区待选行的位置，单击鼠标左键即可选定一行文本。

2．选定多行文本

将鼠标移到首行或末行的文本选定区，按住鼠标左键向上或向下拖动鼠标即可选定多行文本。

3．选定垂直的文本块

将鼠标指针移到要选定文本块的左上角，按住"Alt"键并拖动鼠标，鼠标拖曳的文本块将被选定。

4．选定词或词组

将鼠标指针移到词或词组的任何地方，双击鼠标就可以选定词或词组。

5．选定一个句子

按住"Ctrl"键，在一个句子的任何位置单击鼠标左键，即可选定该句子。

6．选定一个段落

将鼠标移到该段落左侧的文本选定区双击，或者在该段落的任何位置三击，即可选定该段落。

7．选定多段连续的文本

在所选内容的开始处单击，然后按住"Shift"键，在所选内容的结尾处单击，即可选定多段连续的文本。

8．选定不连续文本

要选定不连续文本，应先选取一个文本区域，然后按住"Ctrl"键，再选取其他文本区域。

9．选定整篇文档

将鼠标指针移到左侧的文本选定区三击，或者按"Ctrl + A"组合键，即可选定整篇文档。

要取消文本块的选定，只需在选定的文本块内或外单击即可。

当用户使用鼠标不熟练，或鼠标出现故障时，也可以用键盘来选定文本。用键盘选定文本时可以使用组合键"Shift + 方向键"。

3.2.5 复制、移动和删除文本

在编辑文档的过程中，经常需要将一些重复的文本进行复制、粘贴，以节省输入时间，或将一些文本从一个位置移动到另一个位置，或将多余的文本删除。

1．复制选定的文本

复制文本有以下几种方法：

方法一：选择需要复制的文本，按"Ctrl + C"组合键。

方法二：选择需要复制的文本，在"开始"选项卡的"剪切板"组中，点击"复制"按钮。

方法三：选择需要复制的文本，按住鼠标右键拖动到目标位置，松开鼠标后弹出一个快捷菜单，在其中选择"复制到此位置"命令。

方法四：选择需要复制的文本，右击，在弹出的快捷菜单中选择"复制"命令。

2．粘贴文本

粘贴文本的方法有以下几种：

方法一：在目标位置按"Ctrl + V"组合键。

方法二：在目标位置，单击"开始"|"剪贴板"|"粘贴"按钮。

方法三：在目标位置右击，在弹出的"粘贴选项"中选择要粘贴的方式。

方法四：如果粘贴文本时不需要原文本的格式，则要用到"选择性粘贴"。其方法是在目标位置单击"粘贴"下拉按钮，将会出现如图 3-23 所示的列表，单击其中的"选择性粘贴"命令，会出现如图 3-24 所示的"选择性粘贴"对话框，选择所要粘贴的形式，单击"确定"按钮即可。

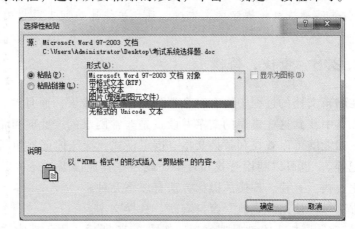

图 3-23 "粘贴"下拉列表　　　　　图 3-24 "选择性粘贴"对话框

案例操作 3：

用以上任意一种方法将第二行中的"西藏大学藏文信息技术研究中心"复制到最后一行"※主办单位："后。

3．移动选定的文本

移动选定的文本有以下几种方法：

方法一：选择需要移动的文本，按"Ctrl + X"组合键剪切文本，然后在目标位置粘贴。

方法二：选择需要移动的文本，单击"开始"|"剪切板"|"剪切"按钮剪切文本，然后在目标位置粘贴。

方法三：选择需要移动的文本，按右键拖动到目标位置，松开鼠标后弹出一个快捷菜单，在其中选择"移动到此位置"命令。

方法四：选择需要移动的文本，右击，在弹出的快捷菜单中选择"剪切"命令，在目标位置粘贴。

方法五：选择需要移动的文本，按住左键不放，此时出现一条虚线，移动鼠标光标，当虚线移动到目标位置时，释放鼠标，即可将文本移动到目标位置。

方法六：选择需要移动的文本，按"F2"键，然后在目标位置按"Enter"键即可移动文本。

案例操作 4：

用以上任意一种方法将第四行中的内容（"报告人：扎西"）移动到"报告地点："的下一行，再将"报告地点："行移动到"报告日期："的下一行。

4．删除选定的文本块

在编辑文档的过程中，经常要删除一些不需要的文本，其操作方法如下：

方法一：按"Delete"键删除光标右侧的文本，按"Backspace"键删除光标左侧的文本。

方法二：选择要删除的文本，单击"开始"|"剪贴板"|"剪切"按钮。

案例操作 5：

用以上任意一种方法删除文档中的第二行"西藏大学藏文信息技术研究中心"。

知识扩展：

"剪切"操作将把选定的文本块写入剪贴板。可以通过"粘贴"命令将剪切掉的文本显示到光标位置。要恢复被删除的文本块，可点击快速访问工具栏中的"撤销"按钮。

3.2.6 查找、替换

在编辑文档的过程中，有时会遇到一些输入错误，而且这种错误不止一处。如果文章很长，那么要在其中找到这些错误的文字并改正是非常困难的。此时可借助 Word 提供的查找和替换功能。利用该功能既可以查找和替换文本、指定格式、特殊标记（如制表符、段落标记等），也可以利用查找和替换完成一些其他操纵，还可以使用通配符简化查找。查找、替换的操作方法有以下几种：

方法一：使用"导航"窗口查找、替换文本。

"导航"窗格上方就是搜索框，如图 3-25 所示，用于搜索文档中的内容，在下方的列表中可以浏览文档的标题、页面和搜索结果。

方法二：使用"高级查找"查找、替换文本。

案例操作 6：

用"高级查找"将文档中的"报告"替换为"讲座"。其步骤如下：

第 1 步：单击"开始"|"编辑"|"查找"下拉按钮，从弹出的下拉菜单中选择"高级查找"命令，打开"查找和替换"对话框中的"查找"选项卡。

第 2 步：在"查找内容"对话框中输入需要查找的内容"报告"，每单击一次"查找下一处"按钮，在文档中就反色显示找到的内容。

第 3 步：在"查找和替换"对话框中选择"替换"选项卡，如图 3-26 所示。

图 3-25 "导航"窗格

图 3-26 "查找和替换"对话框

第 4 步：在"替换为"文本框中输入要替换的内容"讲座"。

第 5 步：单击"全部替换"按钮，将文中所有的"报告"替换为"讲座"。

第 6 步：单击"确定"按钮，关闭"查找和替换"对话框。

知识扩展：

若要替换找到的内容，则单击"替换"按钮，此时只替换当前一处，并继续往下查找可替换的下一处内容；若单击"查找下一处"按钮，将不替换当前查找到的内容，而是直接查找下一处要查找的内容。

3.2.7　文档的保存

对输入的文档内容进行编辑和排版后，要将其保存在磁盘上，以便于以后查阅文档或对文档进行编辑等操作。

案例操作 7：

第 1 步：单击"快速访问工具栏"中的"保存"按钮或"文件"选项卡中的"保存"命令，打开"另存为"对话框，如图 3-27 所示。

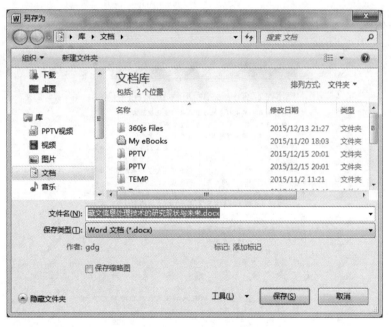

图 3-27　"另存为"对话框

第 2 步：系统默认的保存位置为"我的文档"，如果要改变保存位置，可以在"保存位置"下拉列表中，选择合适的位置。在"文件名"栏输入能表明文件主题的文件名"宣传海报"。默认的 Word 文档的扩展名为 .docx。

第 3 步：单击"保存"按钮。

知识扩展：

① 如果在退出前没有保存文档，系统会提醒是否进行保存。

② 对于已有文档，如果要以另一个不同的名称重新保存，可选择"文件"选项卡中的"另存为"命令，在"文件名"栏输入新的文件名，单击"保存"按钮即可。

③ 如果文档要以其他不同类型保存，在"另存为"对话框的"保存类型"中选择"Word 97-2003文档"等适合的类型保存即可。以"Word 97-2003文档"保存的文档与早期版本的 Word 文档兼容，但依赖于 Office Word 2010 新增功能的格式和布局在早期版本的 Word 中将不可用。

④ 在编辑文档的过程中，为了避免丢失所编辑的内容，编辑一段时间或编辑一些内容后，就要及时保存。

3.3　Word 2010 文档的格式化

案例三　Word 2010 文档的排版

 案例描述

本章案例二仅录入了宣传海报的文字，为了增强海报的美观性，还需要对文档中的字符和段落进行格式设置。

 最终效果

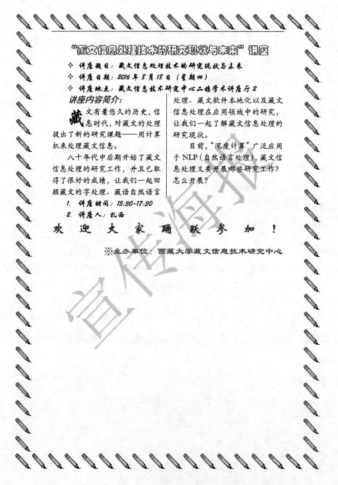

图 3-28　对宣传海报进行格式设置后的效果

任务分析

为了美化宣传海报，需对其字符和段落的格式进行设置。本任务的具体操作包括：字符的格式设置、段落的格式设置、分栏、首字下沉、项目符号的设置、页面的设置、背景及水印的设置等。

 教学目标

① 学会字符格式的设置方法。
② 学会段落格式的设置方法。
③ 掌握分栏的方法。
④ 理解首字下沉的用法。
⑤ 掌握项目符号的设置方法。
⑥ 熟悉页面的设置方法。
⑦ 学会背景及水印的设置方法。
⑧ 通过字符和段落的格式设置，使学生认识美、创造美、接受美。

案例操作 1：
单击"文件"选项卡下的"打开"命令，在"打开"对话框中打开上一节建立的 Word 文档"宣传海报"。

3.3.1 设置文字的格式

设置文字格式的基本方法有两种：一种是利用"开始"选项卡中的"字体"组进行设置，另一种是利用"字体"对话框进行设置。

方法一：利用"字体"组设置文字的格式。

Word 2010 的"开始"选项卡中"字体"组的命令按钮及其功能如图 3-29 所示。

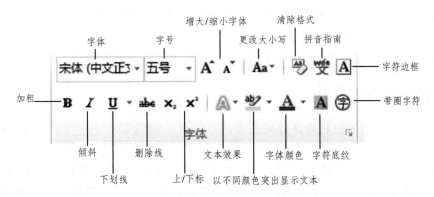

图 3-29 "字体"格式化工具

案例操作 2：
选定了文本后，利用"字体"组就能实现简单的字体格式设置。具体步骤如下：

第 1 步：选中标题"'藏文信息处理技术的研究现状与未来'讲座"。

第 2 步：在"开始"选项卡的"字体"组中，单击"字体"右侧的下拉箭头，在下拉菜单中选择"华文彩云"字体；单击"字号"右侧的下拉箭头，在下拉菜单中选择"小二"号；单击"加粗"按钮，将标题文字加粗；单击"字体颜色"按钮右侧的下拉箭头，在下拉菜单中选择红色。

第 3 步：选中最后一行文本"※主办单位：西藏大学藏文信息技术研究中心"。

第 4 步：采用与第 2 步相同的方法设置字体为"隶书"，字号为"三号"，字体颜色为"蓝色"。

第 5 步：选中正文的前三行和"讲座时间"、"讲座人"两行。

第 6 步：采用与第 2 步相同的方法设置字体为"华文行楷"，字号为"四号"。

方法二：利用"字体"对话框设置文字的格式。

案例操作 3：

第 1 步：选中正文中"讲座内容简介"下面的三段。

第 2 步：在"开始"选项卡中，单击"字体"组右下角的"对话框启动器"（小箭头），打开"字体"对话框，如图 3-30 所示。

图 3-30　"字体"对话框

第 3 步：在"字体"选项卡中，从"中文字体"下拉菜单中选择"华文楷体"，从"字号"下拉菜单中选择"四号"，点击"确定"按钮。

第 4 步：用同样的方法将"讲座内容简介"设为"黑体"、"小三号"、"倾斜"。

第 5 步：单击"确定"按钮返回。

第 6 步：用同样的方法将"欢迎大家踊跃参加"设置为"华文新魏"、"二号"、"红色"、"加粗"。

3.3.2　设置段落的格式

设置段落的格式就是通过控制段落的对齐方式、缩进、段落编号、框线、底纹、段落间距等方法以改善段落的外貌。

用户可以在输入文档前设置段落格式，也可以在输入文档后，通过选择文档中已存在的段落来改变它的格式。在 Word 中设置段落格式时，并不需要每开始输入一个新段落都重新进行格式设置，而是当设定一个段落的格式后，用户开始输入新的一段时，新段落的格式完全和上一段相同，除非重新设置，否则这种设置会保持到文档结束。

1. 段落的对齐方式（དུམ་ཚན་གྱི་སྒྲིག་ཐབས།）

Word 2010 提供了五种对齐方式，它们分别是：左对齐、居中对齐、右对齐、两端对齐、分散对齐。一般默认为两端对齐方式。

（1）两端对齐（སྙེ་གཉིས་སྒྲིག་པ།）

两段对齐即使段落每行的首尾对齐，如果行中字符的字体和大小不一致，将自动调整字符间距，以维持段落的两端对齐，但对于未输入满的行则保持左对齐。

（2）左对齐（གཡོན་སྒྲིག）

左对齐即使文本向左对齐，而不考虑右侧是否对齐。

（3）右对齐（གཡས་སྒྲིག）

右对齐即使文本向右对齐，而不考虑左侧是否对齐。这在信函和表格处理中很有用，如日期经常需要右对齐。

（4）居中对齐（དཀྱིལ་སྒྲིག）

居中对齐即使段落的每一行距页面左右边距的距离相同，如标题。

（5）分散对齐（གཏོར་སྒྲིག）

分散对齐即使段落中的各行文本等宽，对于未输入满的行平均分配字符间距。分散对齐方式多用于一些特殊场合，如当姓名字数不相同时就常使用分散对齐方式。

如果只对一个段落进行对齐方式设置，则不需要选中全部段落，只需将光标置于段落中，然后执行对齐命令即可。

对齐方式的设置有以下三种方法：

方法一：使用如图 3-31 所示的"段落"组中的相关命令按钮进行设置。

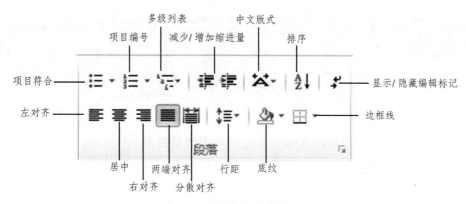

图 3-31 "段落"格式化工具

案例操作 4：

第 1 步：选定标题"'藏文信息处理技术的研究现状与未来'讲座"，单击"开始"|"段落"|"居中"按钮，设置居中效果。

第 2 步：选中倒数第二行文本"欢迎大家踊跃参加！"，单击"开始"|"段落"|"分散对齐"按钮，设置分散对齐效果。

方法二：使用"段落"对话框进行设置。

案例操作 5：

第 1 步：选中最后一行文本"※主办单位：西藏大学藏文信息技术研究中心"。

第 2 步：选择"开始"选项卡，单击"段落"组右下角的对话框启动器，打开"段落"对话框，如图 3-32 所示。

第 3 步：在"缩进和间距"选项卡的"常规"选区中，选择"对齐方式"下拉菜单中的"右对齐"方式，点击"确定"。完成后的效果与使用"段落"组中相应命令按钮设置段落格式的效果相同。

方法三：使用快捷键进行设置。

对齐方式的对应快捷键如下：

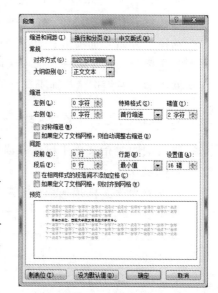

图 3-32 "段落"对话框

"Ctrl + L"——左对齐；

"Ctrl + R"——右对齐；

"Ctrl + E"——居中对齐；

"Ctrl + J"——两端对齐；

"Ctrl + Shift + J"——分散对齐。

2．段落缩进方式（དུམ་ཚན་གྱི་སྐྱུམ་ཐབས།）

段落的缩进是指段落的左右边界与页边距的距离。页边距是指页面之外的空白区域。Word 2010 为用户提供了四种段落缩进方式，分别是左缩进、右缩进、首行缩进和悬挂缩进。设置方法如下：

方法一：在标尺上拖动缩进标记。

在 Word 2010 窗口中，单击功能区中的"视图"选项卡，在"显示"组中勾选"标尺"复选框，或者单击位于垂直滚动条上方的"标尺"按钮，即可在窗口中显示标尺。在水平标尺上有几个小滑块就是用来调整段落的缩进量的，如图 3-33 所示。

图 3-33　标尺

各滑块的功能如下：

① 左缩进（གཡོན་སྐྱུམ།）：控制段落相对于左页边距的缩进量。

② 首行缩进（ཐྱིང་མགོ་སྐྱུམ་པ།）：控制段落的第一行相对于左页边距的缩进量，如一般的文档都规定段落首行缩进两个字符。

③ 悬挂缩进（ཕྱུང་སྐྱུམ།）：控制段落的首行以外其余各行相对于左页边距的缩进量。悬挂缩进常用于参考文献、词汇表项目、简历和项目符号及编号列表中。

④ 右缩进（གཡས་སྐྱུམ།）：控制段落相对于右页边距的缩进量。

方法二：使用"段落"对话框的"缩进和间距"选项卡精确设置缩进量。

选择"开始"选项卡，单击"段落"组中的"对话框启动器"，打开"段落"对话框的"缩进和间距"选项卡。在"缩进"选项区域的"左"文本框中输入左缩进值，则所有行从左缩进；在"右"文本框中输入右缩进值，则所有行从右缩进；在"特殊格式"下拉列表框中可以选择段落缩进的方式。

3．段落间距的设置（དུམ་ཚན་གྱི་བར་ཐག་སྒྲིག་འགོད།）

段落间距是指文档中段落与段落之间的距离。

案例操作 6：

本案例中设置段落间距的步骤如下：

第 1 步：选定最后一行"※主办单位：西藏大学藏文信息技术研究中心"。

第 2 步：单击"开始"选项卡"段落"组中的对话框启动器，打开"段落"对话框，如图 3-32 所示。

第 3 步：在"缩进和间距"选项卡的"间距"选区中，在"段前"和"段后"栏选择"0.5 行"，在"特殊格式"栏选择"首行缩进"，"缩进值"设置为"2 字符"后，点击"确定"。

4. 设置行距（ སྱང་ཐག་སྱག་འགོད། ）

行距是指文档内部行与行之间的垂直距离。

案例操作 7：

本案例中设置行距的具体步骤如下：

第 1 步：选中正文的第一段至倒数第三段末尾。

第 2 步：打开如图 3-32 所示的"段落"对话框。

第 3 步：在"缩进和间距"选项卡的"缩进"选区中，在"特殊格式"下拉列表框中选择"首行缩进"，磅值为"2 字符"，在"间距"选区的"行距"下拉列表框中选择"固定值"，设置值为"20 磅"，点击"确定"。

3.3.3 首字下沉

首字下沉（ མགོ་ཡིག་ཐུར་དཔྱང་། ）是报刊中较为常用的一种文本修饰方式，使用该方式可以很好地改善文档的外观。在 Word 2010 中，首字下沉有两种方式：普通下沉和悬挂下沉。

案例操作 8：

本案例中设置"首字下沉"的具体操作步骤如下：

第 1 步：将光标放在正文第一段，单击"插入"|"文本"|"首字下沉"按钮，在弹出的菜单中选择"首字下沉选项"命令，将打开"首字下沉"对话框，如图 3-34 所示。

第 2 步：在"位置"选区中选择"下沉"，在"选项"选区中的"字体"下拉列表框中选择需要的字体，将"下沉"行数调为"2"。

第 3 步：单击"确定"按钮返回。

3.3.4 分栏排版

图 3-34 "首字下沉"对话框

报刊的页面经常被分成多个栏目。这些栏目有等宽的，也有不等宽的，从而使整个页面布局显得错落有致，更易于阅读。Word 2010 具有很好的分栏功能，使得用户可以把每一栏作为一节对待，这样就可以对每一栏单独进行格式设置和版面设计。

案例操作 9：

本案例中设置分栏排版的具体操作步骤如下：

第 1 步：选中"讲座内容简介"及其下的三段正文。

第 2 步：单击"页面布局"|"页面设置"|"分栏"按钮，在弹出的菜单中选择"更多分栏"命令，打开"分栏"对话框，如图 3-35 所示。

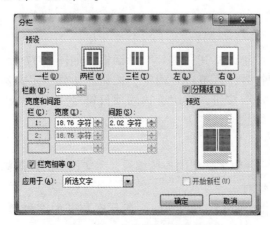

图 3-35 "分栏"对话框

第 3 步：在"预设"选项区域中选择"两栏"选项，然后选中"分隔线"复选框。

第 4 步：单击"确定"按钮即可看见分栏的效果。

3.3.5 项目符号

在文档中使用项目符号（ཚན་ཏགས།）和编号来组织文档，可以使文档层次分明、条理清晰、内容醒目。项目符号一般用于使文档中的某些段落突出显示。添加项目符号一般有三种方法。

方法一：快速添加项目符号。

案例操作 10：

选中正文前三行文本，单击"开始"|"段落"|"项目符号"下拉按钮，然后在展开的项目符号库中选择指定符号"◇"即可。

方法二：自动创建项目符号。

项目符号在输入时可以自动创建，具体步骤如下：

在当前先输入一种项目符号，然后再输入一个空格，就自动创建了项目符号。输入任何所需的文字，按下"Enter"键，这时 Word 会自动在下一段的段首也插入相同的项目符号，并且以后每次按下"Enter"键创建新的段落时，都会自动在下一段的段首添加一个项目符号。要结束项目符号自动添加时，按下"BackSpace"键删除列表中的最后一个项目符号即可。

方法三：使用对话框设置项目符号。

若当前的项目符号库中不存在所需的项目符号，则可以按下列步骤操作：

第 1 步：单击"开始"|"段落"|"项目符号"下拉按钮，从下拉列表中选择"定义新项目符号"命令，打开"定义新项目符号"对话框，如图 3-36 所示。

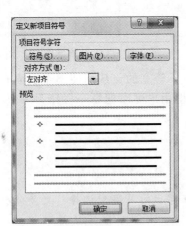

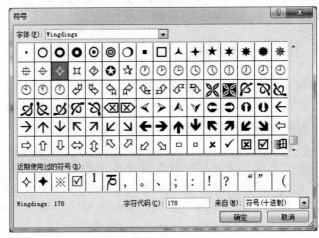

图 3-36 "定义新项目符号"对话框　　　　　　图 3-37 "符号"对话框

第 2 步：单击"符号"按钮，打开"符号"对话框，如图 3-37 所示。

第 3 步：单击选中一种符号，再单击"确定"按钮返回到"定义新项目符号"对话框。

第 4 步：再次单击"确定"按钮，应用所选的项目符号。

3.3.6 项目编号

项目编号（ཚན་ཡངས།）是一种数字类型的连续编号。为文档中的段落添加项目编号的方法也有三种。

方法一：快速添加项目编号。

单击"开始"|"段落"|"编号"下拉按钮，然后在展开的编号样式库中选择"1."这种编号形式即可。

方法二：自动创建项目编号。

项目编号的自动创建与项目符号的自动创建方法相同。

方法三：使用"定义新编号格式"对话框设置编号。

若编号样式库中不存在所需的项目编号，则可选择"定义新编号格式"选项，打开"定义新编号格式"对话框，如图 3-38 所示，在"编号格式"文本框中输入想要的编号方式即可。

案例操作 11：

选中"讲座时间："和"讲座人："两行文本，用任意一种方法创建项目编号。

图 3-38 "定义新编号格式"对话框

3.3.7 页面设置

字符和段落文本只能影响到某个页面的局部外观，影响文档外观的另一个重要因素是页面设置，包括页边距、纸张大小、页眉版式、页面边框和背景灯。页面设置（ཤོག་ངོས་སྒྲིག་འགོད།）的方法有：

方法一：利用"页面布局"选项卡中的"页面设置"组设置。

单击"页面布局"|"页面设置"|"页边距"按钮，可在展开的下拉菜单中看到可供选择的页边距类型。对于一般性文档，页边距通常选择"普通"即可。单击所需的页边距类型时，整个文档会自动更改为已选定的页边距类型。如果对页边距的大小有特殊的要求，还可以单击"页边距"列表底端的"自定义边距"项进行精细设置，如图 3-39 所示。

与此类似，单击该组内的"纸张方向"按钮可选择"横向"或"纵向"，单击"纸张大小"按钮可选择纸张的类型。

方法二：在"页面设置"对话框中设置页面布局。

单击"页面布局"选项卡"页面设置"组中的"对话框启动器"，打开"页面设置"对话框。该对话框共包括如下四个选项卡：

① "页边距"选项卡：可以设置"页边距"、"纸张方向"、"应用范围"等，如图 3-40 所示。

② "纸张"选项卡：可以设置"纸张大小"、"纸张来源"等，如图 3-41 所示。

图 3-39 "自定义边距"选项

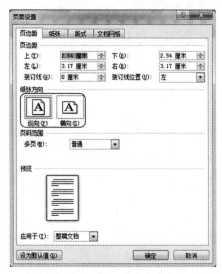

图 3-40 "页边距"选项卡

图 3-41 "纸张"选项卡

③"版式"选项卡：可以设置"节"、"页眉和页脚"、"页面"等，如图 3-42 所示。

④"文档网络"选项卡：可以设置"文字排列"、"网格"、每页的行数和每行的字数等，如图 3-43 所示。

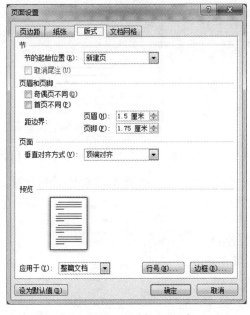 

图 3-42 "版式"选项卡　　　　　　　　　　图 3-43 "文档网络"选项卡

3.3.8 设置底纹和页面边框

单击"页面布局"|"页面背景"|"页面边框"按钮，弹出如图 3-44 所示的"边框和底纹"（མཐའ་འཁོར་ ཐིག་དང་གནི་རིས།）对话框，在该对话框中可以为文档设置各种底纹和页面边框。

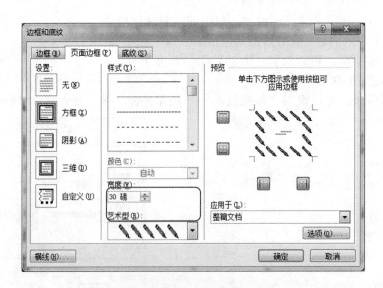

图 3-44 "边框和底纹"对话框

案例操作 12：

本案例选择"艺术型"中的"铅笔"图案作为页面边框，"宽度"设置为"30 磅"，点击"确定"按钮。

3.3.9 设置水印效果

水印（ཆུ་རིས།）是指印在页面上的一种半透明的图片。水印可以是一幅画、一个图表或一种艺术字体。当用户在页面上创建水印后，它在页面上以灰色或半透明色显示，成为正文的背景，从而起到美化文档的作用。在 Word 2010 中，用户不仅可以从水印文本库中插入预先设计好的水印，也可以插入一个自定义的水印。自定义的水印通常用于显示固定的文字或图形。

案例操作 13：

插入水印的步骤如下：

第 1 步：单击"页面布局"|"页面背景"|"水印"按钮，打开水印样式列表，如图 3-45 所示。

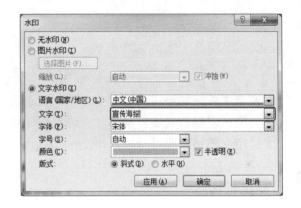

图 3-45　水印样式列表　　　　　　　图 3-46　"水印"对话框

第 2 步：选择水印样式列表下方的"自定义水印"命令，打开"水印"对话框，如图 3-46 所示。

第 3 步：选中"文字水印"单选按钮，在"文字"下拉列表框中输入"宣传海报"，在"版式"中选中"斜式"单选按钮。

第 4 步：单击"应用"按钮，将水印添加到文档中，然后单击"确定"按钮返回。

知识扩展：

添加水印时，在图 3-46 所示的"水印"对话框中也可以选择"图片水印"，即添加图片作为水印。如果对水印效果不满意，可以单击"页面布局"|"页面背景"|"水印"按钮，在弹出菜单中选择"删除水印"命令，删除水印效果。

3.3.10 打印及打印预览

若要快速查看当前文档实际打印时的版面布局效果，可使用 Word 2010 提供的打印预览（པར་འབི་ཞོན་ལྟ།）功能。单击"文件"选项卡，在展开的下级菜单中选择"打印"（པར་བ）命令，在右侧即可看到预览的效果，如图 3-47 所示。

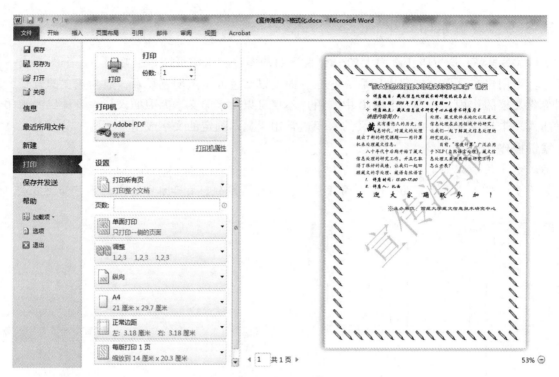

图 3-47　打印预览

在预览之后，如果还需要修改文档，则点击"开始"选项卡返回到编辑状态进行修改；如果需要打印，则在左侧指定要打印的"页码范围"和"份数"，选定"打印机"，设置好"打印机属性"，单击"打印"按钮后即可开始打印。

知识扩展：

使用"开始"|"剪贴板"|"格式刷"（ 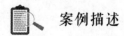 ）命令按钮，可将一组文本的格式复制到另一组文本上。用这种方法设置文本格式时，格式越复杂，效率越高。

其具体操作是：先选中需要复制格式的文本，单击"开始"|"剪贴板"|"格式刷"按钮，此时该按钮处于被选中状态。移动鼠标，使鼠标指针指向目标文本的起始处，此时鼠标指针变成一个小刷子，按住鼠标拖曳到文本尾，此时欲排版的文本被加亮，释放鼠标，即可完成复制格式的工作。

若要复制格式到多组文本上，则双击"格式刷"按钮，完成全部格式复制后，再次单击"格式刷"按钮，复制格式结束。

---

*3.4　Word 2010 中藏文文档的编辑与排版

案例四　Word 2010 中藏文文档的编辑与排版

案例描述

随着藏文信息技术的发展，藏文信息技术研究人员研制了三十多种藏文字库，丰富了计算机显示和书报印刷的藏文字体。"珠穆朗玛系列藏文计算机字体"藏文字帖即将出版，需要录入该书的前言。本案例将用藏文录入该书前言的文字，并对文字进行格式设置。

最终效果

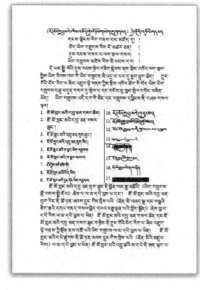

图 3-48 藏文文档的录入和格式化的效果

 任务分析

在 Word 中处理不同文种时很多操作方法是一致的，但也有针对不同文种的特殊处理。本任务的具体操作包括：藏文文本的录入，藏文文本字符的格式化，藏文文本段落的格式化，文字方向的设置，文本框的初步应用以及藏文文本的"断字"等。

 教学目标

① 掌握藏文文本的录入与编辑方法。
② 学会藏文文本字符、段落的格式设置方法。
③ 了解文字方向的设置方法。
④ 初步学会文本框的应用。
⑤ 学会藏文文本"断字"的设置方法。
⑥ 培养学生用 Word 处理不同文种文档的兴趣。

在 Word 中编辑藏文文本，很多操作与编辑汉文文本是一致的，故在此以讲解不一致的地方为主，其余内容不再赘述。

3.4.1 藏文文本的录入

案例操作 1：
第 1 步：新建一个 Word 空白文档。
第 2 步：录入以下藏文内容：

《ཇོ་མོ་སྒྲང་མའི་ཊིས་འབོར་ཀྱི་བོད་ཡིག་ཡིག་གཟུགས་》ཀྱི་སྟོན་འགྲོའི་གཏམ།

གངས་སྟོངས་རིག་གནས་བང་མཛོད་དུ། །

བོད་ཡིག་གཟུགས་རིས་དོ་མཚར་ཅན། །

དུས་རབས་གསར་པ་ལག་རྩལ་གསར། །

ཡིག་གཟུགས་མཛེས་རིས་ཕྱི་རབས་དར། །

དེ་ཡང་སྐྱེ་ལྡོའི་དུས་རབས་ཉེར་གཅིག་སྐྲིབས་ནས་ཚེས་འབོར་ལག་རྩལ་ཀྱིས་ཡིག་རིགས་ཁག་གི་ཡིག་གཟུགས་མི་འདྲ་བ་པར་དུ་རྒྱལ་ཕྱུག་ཆེད་ཀྱུང་གོའི་བོད་རིག་པ་ཞིག་འཛུག་སྟེ་གནས་ཀྱིས་ཚེས་འབོར་ཕྱོག་གི་བོད་ཡིག་ཡིག་གཟུགས་བཅུ་བདུན་གསར་དུ་སྒྲིལ་པ་དང་དངོས་སུ་ཁྱབ་སྒྱིལ་གཏོང་བཞིན་ཡོད་ཡིག་གཟུགས་འདི་དག་གི་མིང་དང་གཟུགས་དབྱིབས་ནི་གཤམ་གསལ་ལྟར།

ཇོ་མོ་སྒྲང་མའི་དབུ་ཅན་གསར་ཆེན།

ཇོ་མོ་སྒྲང་མའི་དབུ་ཅན་གསར་ཆུང་།

ཇོ་མོ་སྒྲང་མའི་དབུ་ཅན་ཤུག་ཆུང་།

ཇོ་མོ་སྒྲང་མའི་འབྲུ་ཚ།

ཇོ་མོ་སྒྲང་མའི་དཔེ་ཚུགས།

ཇོ་མོ་སྒྲང་མའི་ཚུགས་མ་འཁྱུག

ཇོ་མོ་སྒྲང་མའི་འཁྱུག་ཡིག

ཇོ་མོ་སྒྲང་མའི་དབུ་ཅན་ཤུག་རིང་།

ཇོ་མོ་སྒྲང་མའི་ཚུགས་རིང་།

ཇོ་མོ་སྒྲང་མའི་ཚུགས་ཐུང་།

ཇོ་མོ་སྒྲང་མའི་ཁ་བྱང་ཡིག་གཟུགས།

ཇོ་མོ་སྒྲང་མའི་ཁ་བྱང་ཕལ་པ།

ཇོ་མོ་སྒྲང་མའི་ཞབས་སྟོང་།

ཇོ་མོ་སྒྲང་མའི་མཛེས་ཡིག

ཇོ་མོ་སྒྲང་མའི་བོད་ཡིག

ཇོ་མོ་སྒྲང་མའི་ཏུན་ཧོང་ཡིག་གཟུགས།

ཇོ་མོ་སྒྲང་མའི་འབོར་ཡིག

ཇོ་མོ་སྒྲང་མའི་དབུ་ཅན་ཤུག་ཐུང་ནི་སྟོན་ལས་རྒྱ་མཚོའི་《ཡིག་གཟུགས་སྒྲོ་གསལ་སྐྱི་ནོར་》ཞེས་པ་ལ་མ་དཔེ་བྱས་པ་དང་། ཇོ་མོ་སྒྲང་མའི་དབུ་ཅན་ཤུག་རིང་ནི་ཆེ་ཏུན་ཞབས་དྲུང་གིས་བྲིས་པའི་《བོད་མི་བཞད་སྐུ་དང་ལའུའི་ཐེག་ཆེའི་དཀར་གནན་གསལ་བྱེད་དབའ་བཀྱ་ལྷུན་པའི་སྒྲིག་སྐྲོལ་》ཞེས་བྱ་བ་དཔེ་རིས་ལ་མ་དཔེ་བྱས་པ་ཡིན། ཇོ་མོ་སྒྲང་མའི་དབུ་ཅན་གསར་ཆེན་དང་ཇོ་མོ་སྒྲང་མའི་དབུ་ཅན་གསར་ཆུང་གཉིས་ནི་ཀྱུང་གོའི་བོད་རིག་པ་ཞིག་འཛུག་སྟེ་གནས་ཀྱི་སྟོན་ནས་བཟོ་བའི་ཡིག་གཟུགས་ལ་མ་དཔེ་བྱས་པ་ཡིན། ཇོ་མོ་སྒྲང་མའི་དཔེ་ཚུགས་ནི་ཆེ་ཏུན་ཞབས་དྲུང་གིས་བྲིས་པའི་《བོད་མིའི་མཛོབ་རིས་》ལ་མ་དཔེ་བྱས་པ་ཡིན། ཇོ་མོ་སྒྲང་མའི་འབྲུ་ཚའི་མ་དཔེ་ནི་རྒྱན་སྤྲུག་པ་ཆོ་རིང་གི་ཤུག་བྱེད་གཞིར་བཟུང་པ་དང་། ཇོ་མོ་སྒྲང་མའི་ཚུགས་རིང་གི་མ་དཔེ་ནི་ལྷ་ས་ཕལ་སྐྲངས་སྐྲ་སྟེ་ཁྱལ་སྐྲད་གསུམ་སྟོན་འགྲོའི་སྐྲོལ་གྱིའི་དགེ་རྒན་བསྟན་འཛིན་ཀྱི་ཕྱག་བྲིས་ཡིན། ཇོ་མོ་སྒྲང་མའི་ཚུགས་མ་འཁྱུག་གི་མ་དཔེ་ནི་ལྷ་ས་ནོར་བུ་སྒྱིང་ཁའི་སྐུ་ཞབས་འགྱུར་མེད་ཚུལ་བྱིམས་ཀྱི་ཕྱག་བྱིས་དང་། ཇོ་མོ་སྒྲང་མའི་ཚུགས་མ་འཁྱུག་གི་མ་དཔེའི་ནི་ལྷ་ས་རྒྱན་བསྐུན་པ་ཐེག་མཆོག་གི་ཕྱག་བྱིས་ཡིན། ཇོ་མོ་སྒྲང་མའི་འཁྱུག་ཡིག་ནི་དུང་ཡིག་རྒྱལ་ཀྱུལ་ཀྱིས་བྱས་གནན་བའི་ཡིག་གཟུགས་ལ་མ་དཔེ་བྱས་པ་ཡིན། ཇོ་མོ་སྒྲང་མའི་ཁ་བྱང་ཡིག་གཟུགས་དང་ཇོ་མོ་སྒྲང་མའི་ཁ་བྱང་ཕལ་པའི་ཡིག་གཟུགས་ནི་དབང་གྲགས་སྐྲབས་ཀྱི་ཡིག་གཟུགས་ཀྱི་དཔེ་འཁན་ལ་མ་དཔེའི་བྱ་ནས་བཅོས་པ་ཡིན། ཇོ་མོ་སྒྲང་མའི་ཞབས་སྟོང་གི་མ་དཔེ་ནི་ཀྱུན་གོའི་བོད་རིག་པའི་བོད་སྟོངས་རིག་གནས་ཇེན་ཁྲས་བཀམས་མཛོད་ཁང་གིས་ཉར་བའི་ཞབས་སྟོང་ཞིག་ལ་མ་དཔེའི་བྱས་པ་ཡིན། ཇོ་མོ་སྒྲང་མའི་མཛེས་ཡིག་ནི་བཟོད་ནམས་ཚེ་རིང་གིས་བསྒྲབས་པའི་《བོད་ཡིག་གཟུགས་རིགས་ཀྱི་མཛེས་རྩལ་》ཞེས་པར་མ་དཔེའི་བྱས་པ་ཡིན། ཇོ་མོ་སྒྲང་མའི་བོད་ཡིག་གི་མ་དཔེ་ནི་ལྷ་སའི་ཞོལ་དཔར་ཁང་གི་དགའ་ལྡན་ཡིག་གསར་སྤྱུར་བྱས་པའི་ཞིན་དཔར་《བདེ་བར་གཤེགས་པའི་བསྟན་པའི་གསལ་བྱེད་ཚོས་ཀྱི་འབྱུང་གནས་གཟུང་རབ་རིན་པོ་ཆེའི་བཛོད་ཅེས་བྱ་བ་བཞུགས་སོ། །》ཞེས་པར་མ་དཔེའི་བྱས་པ་ཡིན། ཇོ་མོ་སྒྲང་མའི་ཏུན་ཧོང་ཡིག་གཟུགས་ཀྱི་མ་དཔེ་ནི་ལྟ་རར་སྐྱ་རྒྱལ་བཉེ་ན་མཛོད་ཁང་། །ཤར་བའི་ཏུན་ཧོང་བོད་ཡིག་ཡིག་ཆགས་(《法国国家图书馆藏敦煌藏文文献》)ནང་གི

《འཕགས་པ་ཤེས་རབ་ཀྱི་ཕ་རོལ་ཏུ་ཕྱིན་པའི་རྡོ་རྗེ་གཅོད་པ།》ཞེས་པར་མ་དཔེ་བྱས་པ་ཡིན།　རྫོ་མོ་སྒྲང་མའི་འབྲོར་ཡིག（ངོར་ཡིག་གསར་བྱེས།）ཀྱི་ད་དཔེ་འབྲི་མཁན་ནི་ཨཱཙ་ཙན་ཡིན།

ཡིག་གཟུགས་འདི་དག་ཀུན་གི་རྒྱལ་ཁབ་ཀྱི་ཚད་གཞི་ GB18030 དང་རྒྱལ་སྤྱིའི་ཚད་གཞི་ Unicode བཅས་དང་མཐུན་ཡོད།　ཡིག་གཟུགས་བཟོ་མཁན་ནི་ཀུན་གོའི་བོད་རིག་པ་ཞིབ་འཇུག་ལྟེ་གནས་ཀྱི་བཀའ་ཤེས་རིག་དང་བོད་སྐྱོངས་སྐྱོབ་གྲུ་ཆེན་མོའི་ཚེས་འབྱོར་དགེ་རྒྱན་དང་གསགས་སྐྲབས་ཕྱིར་བུ་བསགས་འཛིན་སོགས་རེད་ཡིག་གཟུགས་ཀྱི་རིག་པའི་ཐོག་མཐུན་སྟོན་གནས་མཁན་ནི་ཀུན་གོའི་བོད་རིག་པ་ཞིབ་འཇུག་ལྟེ་གནས་ཀྱི་སྒྲི་ཚ་ལས་ཁུངས་འཛིན་སྐྱ་པ་ཕུན་ཚོགས་ལགས་རེད།ཡིག་གཟུགས་བཟའི་ལས་འཆར་གྱི་འགན་འཁུར་ནི་ཀུན་གོའི་བོད་རིག་པ་ཞིབ་འཇུག་ལྟེ་གནས་ཀྱི་ཨལ་ཚ་ཏན་ལགས་རེད་ཕོད་སྐྱོངས་མི་རིགས་དང་སྐུན་གི་རྒྱ་ཆ་དང་ཚོ་གྱགས་དང་བོད་སྐྱོངས་སྐྱོབ་གྲུ་ཆེན་མོའི་དགེ་རྒྱན་ཉེ་འབྱོར་ལགས་ཀྱི་རོགས་སྐྱོར་གནང་བས་ཕྱགས་རྗེ་ཆེ་ཞུ།

ཕོད་ཡིག་ཡིག་གཟུགས་འདི་དག་ཀུང་བོའི་བོད་རིག་པ་ཞིབ་འཇུག་ལྟེ་གནས་ཀྱི་ད་ངོས་ www.Tibetology.ac.cn ཐོག་དང་ད་ངོས་གཞན་ཐོག་ཡང་རིན་ཡོན་མི་དགོས་ལས་ཕབ་ལེན་བྱེད་ཆོག་པ།

ཡིག་གཟུགས་འདི་དག་ནི་Windows དང་Macintosh，Android，Linuxསོགས་ཀྱི་ཅིས་འབོར་དང་འཁྲི་འབྱེར་ཁ་པར་ནང་བེད་སྤྱོད་བྱ་ཐུབ་པ།

ཡིག་གཟུགས་འདི་དག་ཅིས་འབོར་ནང་ལ་སྒྲིག་འཇུག་དང་བེད་སྤྱོད་བྱེད་སྟངས་ནི་ཡིག་རིགས་གཞན་ཀྱི་ཡིག་གཟུགས་དང་འད་བ་འདོ།།

སྒྲིག་པོ་པོ་ཚོ།

༢༠༡༥ ལོའི་ཟླ་༥ ཚེས་༢༥ ཉིན།

该文本中既有中文、英文，也有藏文及特殊符号，因此在输入不同的文种时，应先进行相应的输入法转换，再输入文本。

3.4.2　藏文文本的字符格式化

Windows 系统和 Word 系统中默认的藏文字体是 Microsoft Himalaya，该字体与中、英文混排时偏小、偏低，因此这里我们使用"珠穆拉玛"系列藏文字体。

案例操作 2：

第 1 步：全选录入的文字。

第 2 步：将字体设置为"珠穆朗玛—乌金萨琼体"，字号设置为"四号"。

第 3 步：将标题的字体设置为"珠穆朗玛—珠擦体"，字号为"小四"。

第 4 步：文中 17 种字体的名称用该字体设置，比如："རྫོ་མོ་སྒྲང་མའི་དབུ་ཅན་གསར་ཆེན།"设置为"珠穆朗玛—乌金萨钦体"。

第 5 步：移动 17 种字体的位置，先排"乌金体"，再排"乌梅体"，如图 3-48 所示。

3.4.3　藏文文本的段落格式化

案例操作 3：

第 1 步：标题设为"居中"对齐。

第 2 步：前四句设为"居中"对齐，增减句末"||"两个符号之间的空格，使其句首也对齐。

第 3 步：选择剩余的文本，设为"两端对齐"和"首行缩进 2 字符"。

第 4 步：最后两行采用"右对齐"。

第 5 步：藏文文本采用"单倍行距"时会显得松散，因此这里全选文本，把"行距"设为"最小值"，"设置值"为"0 磅"，如图 3-49 所示。

图 3-49 "段落"对话框

第 6 步：选择中间 17 种字体的名称，应用"开始"|"段落"|"编号"按钮，增加数字项目编号。由于该编号采用了对应藏文字符的字体，大小不一，因此从最后一个编号往前选，选中所有编号，设置其字体为"Times New Roman"，字号为"四号"。

知识扩展：

设置项目编号的字体时，也可以使用"定义新编号格式"对话框中的"字体"按钮来设置。

案例操作 4：

第 1 步：选择中间 17 种字体的名称，运用"分栏"对话框把文本分为"两栏"，把"栏"的"间距"改为"1 字符"，选中"分割线"，如图 3-50 所示。

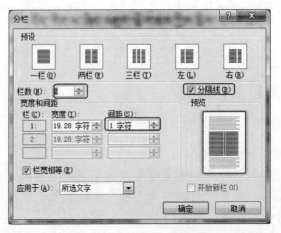

图 3-50 "分栏"对话框

第 2 步：向左拖动"悬挂缩进"，使"左缩进"向左移动"2 个字符"。

3.4.4 藏文文本的特殊格式

1．竖排文本

一般的藏文字符都是横向排布的，但"珠穆朗玛—藏文篆体"字体就需要纵向排布。如果全文都使用该字体，可以单击"页面布局"|"页面设置"|"文字方向"按钮，在下拉列表中选择"文字方向选项"，打开"文字方向"对话框，如图 3-51 所示，选择对应的文字方向即可。

案例操作 5：

如果只需要对部分文字设置竖排，则需要用"文本框"。本例结合在"编者"后制作一个藏文图章来讲解。

第 1 步：复制倒数第二行的" རྒྱག་པོ་པོ་བ།"，粘贴在该行的后面，并选定它。

图 3-51 "文字方向"对话框

第 2 步：单击"插入"|"文本"|"文本框"，选择"绘制竖排文本框"。

第 3 步：选择文本框，将"段落"中的"特殊格式"由"首行缩进"改为"无"。

第 4 步：选择文本框中的藏文字符，把字体改为"珠穆朗玛—藏文篆体"，字体颜色设置为"红色"。

第 5 步：右击文本框，在弹出菜单中选择"设置形状格式"，打开文本框的"设置形状格式"对话框，在"线条颜色"中选择"红色"，"线型"的"宽度"设为"3 磅"，如图 3-52 所示。

第 6 步：调整文本框的长、宽，使文本正好为两列且文本四周宽度相等。

第 7 步：拖动文本框，使文本框处在倒数第二排的后面。

图 3-52 "设置形状格式"对话框

2．藏文的"断字"

藏文文本由藏文音节组成，每个音节由音节符或断句符隔开。一个音节是一个整体，必须在一起。有时由于排版的原因，一个音节分落在两行中，则需要"使用换行规则"。

案例操作 6：

第 1 步：选择"文件"选项卡中的"选项"命令，打开"Word 选项"对话框，如图 3-53 所示。

第 2 步：选择"高级"中的"版式选项"。

第 3 步：勾选"使用换行规则"复选框，点击"确定"按钮。

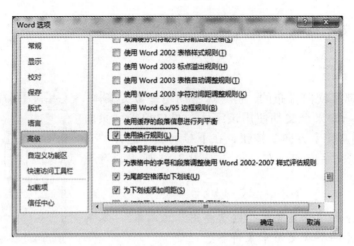

图 3-53　"Word 选项"对话框

3.5　Word 2010 表格的建立与编辑

案例五　制作"个人简历"表

　案例描述

"个人简历"是大学生在求职过程中经常用到的材料，一般是一个 Word 的表格。本案例要求每个学生制作一份自己的"个人简历"。

　最终效果

个人简历					
个人概论	求职意向：计算机相关工作				
	姓名	卓玛	出生日期	1993.03	照片
	性别	女	籍贯	西藏拉萨市	
	民族	藏族	专业和学历	计算机本科	
	联系电话	13989912345；0891-6794234			
	通讯地址	西藏拉萨市江苏路 36 号 3 栋 1 单元 2301			
	电子邮件	12345678@qq.com			
工作经验	2015.07—2015.12	拉萨新视野科技有限公司		拉萨	
	计算机网络管理；计算程序设计；计算机软件维护。				
	2016.01—2016.07	西藏四方科技有限公司		拉萨	
	计算机程序设计。				
教育背景	2011.09—2015.06	西藏大学		计算机应用	
奖励	连续三年获得校级三好学生；2013 年获得"阴法唐"奖；2014 年获得"2014 年度宝钢优秀学生"。				
外语水平	CET-4 425 分				
藏语水平	藏语二级				
性格特点	性格活泼，喜欢唱歌、跳舞；喜欢阅读、写作。				
业余爱好	旅游				

图 3-54　"个人简历"的效果图

任务分析

"个人简历"通常用表格工具制作。本任务的具体操作包括：创建表格，选定表格，插入或删除单元格、行、列或表格，拆分及合并单元格，设置行高、列宽，设置表格中文字的对齐方式，设置边框和底纹，设置表格中文字的格式等。

 教学目标

① 掌握创建表格的方法。
② 熟悉选定表格对象，插入或删除单元格、行、列或表格，拆分及合并单元格的操作方法。
③ 学会设置行高、列宽、对齐方式、边框和底纹的操作方法。
④ 学会表格中文字的编排和格式设置。
⑤ 培养学生规划大学生涯的能力，使学生对学校中的各种经历和考级感兴趣。

表格是由水平的行和垂直的列组成的，行与列交叉形成的方框称为单元格。我们可以根据需要在单元格中添加文字和图像等对象。在日常的学习与工作中，我们常常需要制作各式各样的表格，如日程表、课程表、报名表和个人简历等。因此，表格在文档处理中占有十分重要的地位。

案例操作 1：
新建一个文件名为"个人简历"的 Word 文件，用于在其中创建和编辑表格。

3.5.1 创建表格

在 Word 中创建表格有三种方法：鼠标拖曳、菜单命令或手工绘制。

方法一：鼠标拖曳法。

第 1 步：将插入点定位到要创建表格的位置。

第 2 步：单击"插入"|"表格"|"表格"按钮，在弹出的"插入表格"方格中按住鼠标左键向右下方拖曳，当行和列达到我们的要求时，释放鼠标左键，形成一个空白表格。利用该方法不能建立行和列较多的表格。

方法二：使用"插入表格"命令创建表格。

第 1 步：将插入点定位到要创建表格的位置。

第 2 步：单击"插入"|"表格"|"表格"按钮，在下拉菜单中点击"插入表格"命令，打开如图 3-55 所示的"插入表格"对话框。

图 3-55 "插入表格"对话框

第 3 步：在对话框中输入"列数"和"行数"，单击"确定"按钮。

> **知识扩展：**
>
> 在"插入表格"对话框中，"自动调整操作"栏提供了 3 个选项，分别为"固定列宽"、"根据内容调整表格"和"根据窗口调整表格"，用来确定表格的列宽。

方法三：手工绘制表格。

对于一些较复杂的表格可以采用手工绘制方法，具体步骤如下：

第 1 步：将插入点定位到要创建表格的位置。

第 2 步：单击"插入"|"表格"|"表格"按钮，在下拉菜单中点击"绘制表格"命令，鼠标指针变为笔形。

第 3 步：先通过拖曳鼠标画出表格外框，然后再绘制各行和各列。

如果要删掉某条框线，单击"表格工具"下的"设计"|"绘图边框"|"擦除"按钮，鼠标指针变为橡皮擦形，将其移到要擦除的框线上单击即可。如果要使鼠标指针变回指针的原型再点击"绘制表格"，取消"绘制表格"状态即可。

知识扩展：

可以使用表格模板插入一个预先设定好格式的表格。表格模板包含示例数据，可以帮助我们想象添加数据后表格的外观。使用表格模板的步骤如下：

第 1 步：在要插入表格的位置单击。

第 2 步：单击"插入"|"表格"|"表格"按钮，在下拉菜单中单击"快速表格"命令，展开如图 3-56 所示的内置样式列表。

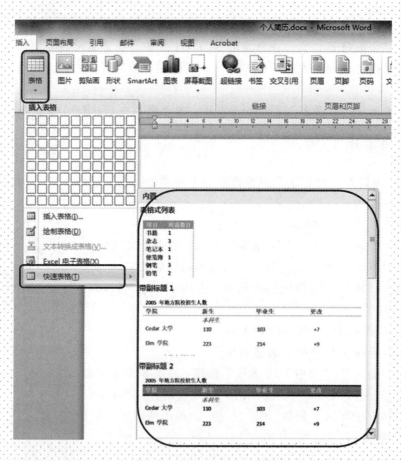

图 3-56　表格样式列表

第 3 步：单击需要的表格样式。

第 4 步：使用所需的数据替代模板中的数据。

案例操作 2：

制作一个 6 列 18 行（以最多的行和列为准）的"个人简历"表格。

3.5.2 选定表格编辑对象

通常，直接绘制的表格还不是我们想要的表格，还需要对该表格进行编辑。如前所述，在对一个对象进行操作之前必须先将它选定，表格也是如此。所谓表格编辑对象，是指将要编辑的表格的单元格、行、列，乃至整个表格。选择表格编辑对象的方法有使用命令和使用鼠标两种。

方法一：使用“选择”命令选定单元格、行、列或整个表格。

第 1 步：单击表格内的任意位置。

第 2 步：在“表格工具”下，单击“布局”|“表”|“选择”按钮。

第 3 步：在下拉菜单中根据需要单击“单元格”、“行”、“列”或“表格”命令即可。

方法二：使用鼠标选择表格编辑对象。

使用鼠标选择表格编辑对象的方法如表 3-1 所示。

表 3-1 鼠标选择表格编辑对象的方法

选择对象	操作方法
选择整个表格	将鼠标移动到表格左上角，当鼠标指针变成“十”字形时，点击鼠标左键即可选定整个表格
选择整行	将鼠标移动到行首选择区，当鼠标指针变成向右上的箭头时，点击鼠标左键即可选定该行。如果要连续选择几行，在选择了一行后，按住鼠标左键向上下拖动即可
选择整列	将鼠标移动到列的顶端边框，当鼠标指针变成一个向下的箭头时，点击鼠标左键即可选定该列。如果要连续选择几列，在选择了一列后，按住鼠标左键向左右拖动即可
选择单元格	将鼠标移动到单元格的左边框，当鼠标指针变成一个向右上的实心箭头时，点击鼠标左键即可选定该单元格
选择多个相邻的单元格	按住“Shift”键，点击要选择的第一个和最后一个单元格，或者按住鼠标左键拖过单元格，即可选定多个单元格
选择多个不相邻的单元格	按住“Ctrl”键，点击所需选择的单元格即可

知识扩展：

在 Word 中选择单元格中的内容和选择单元格是有区别的。如果选择的不是单元格而是单元格中的内容，那么所实施的操作将只对单元格中的内容有效。要选择单元格中的内容，只需要用鼠标拖过整个正文即可；要选择单元格，应该同时选择单元格结束标记。

3.5.3 编辑表格

为满足用户在实际工作中的需要，Word 提供了多种方法来修改已创建的表格，例如：插入行、列或单元格，删除多余的行、列或单元格，合并或拆分单元格，复制或移动行、列，以及调整单元格的行高和列宽等。

1. 合并单元格（སྡེ་ཚན་དྲ་མིག་སྒྲིལ་བ།）

合并单元格是将多个相邻的单元格合并为一个单元格。使用“表格工具”中的“合并单元格”命令进行合并的操作步骤如下：

第 1 步：选中需要合并的单元格。

第 2 步：在"表格工具"下，单击"布局"|"合并"|"合并单元格"按钮，或者单击鼠标右键，在弹出的快捷菜单中选择"合并单元格"命令，这时选中的多个单元格即可合并为一个单元格。

此外，还可以通过擦除不需要的框线来实现单元格的合并。

案例操作 3：

本例中需要合并以下单元格：

第 1 步：选中第 1 行，合并为一个单元格。

第 2 步：选中第 1 列的 2 至 8 行共 7 个单元格，合并为一个单元格。

第 3 步：选中第 2 行的 2 至 6 列共 5 个单元格，合并为一个单元格。

第 4 步：选中第 6 列的 3 至 5 行共 3 个单元格，合并为一个单元格。

第 5 步：分别选中第 6、7、8 行的 3 至 6 列，分别合并为一个单元格。

第 6 步：选中第 1 列的 9 至 12 行共 4 个单元格，合并为一个单元格。

第 7 步：选中第 9 行的 3 至 5 列共 3 个单元格，合并为一个单元格。

第 8 步：选中第 10 行的 2 至 6 列共 5 个单元格，合并为一个单元格。

第 9 步：选中第 11 行的 3 至 5 列共 3 个单元格，合并为一个单元格。

第 10 步：选中第 12 行的 2 至 6 列共 5 个单元格，合并为一个单元格。

第 11 步：选中第 13 行的 3 至 5 列共 3 个单元格，合并为一个单元格。

第 12 步：分别选中第 14、15、16、17、18 行的 2 至 6 列，分别合并为一个单元格。

2. 拆分单元格（ཁ་ཚན་དུ་མིག་ཕྲལ་བ།）

拆分单元格是将表格中的一个单元格拆分成多个单元格。使用"表格工具"中的命令进行拆分的操作步骤如下：

第 1 步：选定要拆分的单元格。

第 2 步：在"表格工具"下单击"布局"|"合并"|"拆分单元格"按钮，弹出"拆分单元格"对话框，如图 3-57 所示。

第 3 步：在对话框的"列数"框中输入要拆分的列数，在"行数"框中输入要拆分的行数。

图 3-57 "拆分单元格"
对话框

第 4 步：单击"确定"按钮即可完成拆分。

知识扩展：

选定要拆分的单元格后，点击鼠标右键，在弹出的快捷菜单中选择"拆分单元格"菜单，也可以完成拆分。此外，利用"表格工具"下的"设计"|"绘图边框"|"绘制表格"按钮，在要拆分的单元格内绘制框线也可以实现拆分单元格的目的。

3. 插入单元格、行或列（ཁ་ཚན་དུ་མིག་འཇིད་དམ་སྒར་འཇུག་པ།）

如果要在表格中插入新行，可以采用以下四种方法之一来完成。

方法一：先在表格中选定一行，然后在"表格工具"下单击"布局"|"行和列"|"在下方插入"按钮，即可在选定行的下方插入一新行。

知识扩展：

　　在"表格工具"下的"布局"选项卡的"行和列"组中还有"在上方插入"、"在左侧插入"和"在右侧插入"等命令，用于选择插入对象的不同位置，其中"在左侧插入"和"在右侧插入"用于在表格中插入列的操作。

　　方法二：在表格中选定一行，单击"表格工具"下"布局"选项卡中"行和列"组中的"对话框启动器"，打开如图3-58所示的"插入单元格"对话框，从中选择"整行插入"选项并单击"确定"按钮，即可在当前行的上方插入一新行。

　　方法三：用鼠标或光标移动键将光标移动到表格右侧外边，然后按"Enter"键，即可在下面插入一行。

　　方法四：如果需要在表格最后一行后插入一行，则把光标移动到最后一个单元格中，按"Tab"键即可。

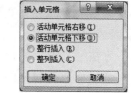

图3-58　"插入单元格"对话框

　　当插入单元格或列时，只是在第一步中需根据插入对象的不同，在表格中选定不同的操作对象，其余操作与插入行的操作类似。

案例操作4：

用以上任一方法在本例表格最后增加1行。

4．删除单元格、行或列

删除表格中某一行的操作步骤如下：

第1步：选定要删除的行。

第2步：单击"表格工具"下的"布局"|"行和列"|"删除"按钮，在下拉菜单中选择"删除行"命令。

　　当删除单元格或列时，可先选定要删除的指定对象，在下拉菜单中选择相应的命令。如果选择的是"删除单元格"命令，将弹出"删除单元格"对话框，在该对话框中进行相应的选择即可。

5．行或列的复制和移动

（1）行的复制

选定要复制的行，单击鼠标右键，在弹出的快捷菜单中选择"复制"命令。再将光标定位到目标位置行的第一个单元格内，单击鼠标右键，在弹出的快捷菜单中选择"粘贴行"命令，新行将出现在目标行的上方。

（2）列的复制

选定要复制的列，单击鼠标右键，在弹出的快捷菜单中选择"复制"命令。再将光标定位到目标位置列的第一个单元格内，单击鼠标右键，在弹出的快捷菜单中选择"粘贴列"命令，新列将出现在目标列的左侧。

（3）行的移动

方法一：选定要移动的行，单击鼠标右键，在弹出的快捷菜单中选择"剪切"命令。再将光标定位到目标位置行的第一个单元格内，单击鼠标右键，在弹出的快捷菜单中选择"粘贴行"命令，移动过来的行将出现在目标行的上方。

方法二：选定要移动的行，然后在键盘上按住组合键"Alt＋Shift＋↑（或↓）"来进行上下移动。

（4）列的移动

方法一：选定要移动的列，单击鼠标右键，在弹出的快捷菜单中选择"剪切"命令。再将光标定位到目标位置列的第一个单元格内，单击鼠标右键，在弹出的快捷菜单中选择"粘贴列"命令，移动过来的列将出现在目标列的左侧。

方法二：首先选中要移动的行（列），再把鼠标移动到选中的行（列）上，当指针变成箭头形状时，按下左键不放，上下（左右）拖动鼠标来移动行（列）。

6．设置行高、列宽

表格的行高和列宽可以用鼠标直接进行调整，也可以用"表格工具"设置，还可以使用"表格属性"对话框设置。

方法一：使用鼠标调整表格的行高和列宽。

把鼠标放到表格的框线上，鼠标指针会变成一个两边有箭头的双线标记，这时按下左键拖曳鼠标，就可以改变当前框线的位置，同时也就改变了单元格的行高或列宽。

方法二：使用"表格工具"调整表格行高和列宽。

调整步骤如下：

第 1 步：选定表格。

第 2 步：在"表格工具"下的"布局" | "单元格大小" | "高度"和"宽度"框中输入相应的数字来调整。

知识扩展：

在"自动调整"下拉列表中选择"根据内容调整表格"命令后，单元格的大小仅能容下单元格中的内容。选择"根据窗口调整表格"命令后，表格自动充满 Word 的整个窗口。选择"固定列宽"命令，表格框线的位置不会随表格内容的变化发生变化。要使多行、多列或多个单元格具有相同的高度、宽度时，可先选定这些行、列或单元格，然后单击"表格工具"下的"布局" | "单元格大小" | "分布行"或"分布列"按钮，Word 将按照整张表的宽度、高度自动调整行高、列宽。

方法三：使用"表格属性"对话框调整表格行高和列宽。

第 1 步：选定表格。

第 2 步：单击"表格工具"下的"布局" | "表" | "属性"按钮，或右击表格并在弹出的快捷菜单中选择"表格属性"命令，打开如图 3-59 所示的"表格属性"对话框，它包括"表格"、"行"、"列"、"单元格"等四个选项卡。

第 3 步：单击"行"选项卡，选中"指定高度"复选框，在其后的数值框中输入设置值即可。单击"列"选项卡可进行列宽的设置，设置方法与设置行高基本相同。

第 4 步：单击"确定"按钮。

图 3-59 "表格属性"对话框

案例操作 5：

用以上任一方法，对本例表格进行如下设置：

第 1 步：选中整个表格，将所有行的高度设为 0.8 厘米。

第 2 步：用鼠标拖动的方法，把第 10 行和第 14 行的高度调整为其他行的大约 3 倍。

第3步：选中第2列6至8行的3个单元格，用鼠标拖动右边框，使其单元格的列宽变大。

第4步：用同样的办法，参看本例效果图调整表格中部分单元格的大小。

3.5.4　表格中内容的输入与设置

1．在表格中输入内容

在建好表格后，就可以在单元格中输入文字、图形等内容。要在表格中添加相应的文字或图形，首先要把插入点定位到要输入内容的单元格中。在输入过程中，按"Tab"键可使光标移动到下一个单元格，按"Shift + Tab"键可使插入点移到前一个单元格。另外，也可以用鼠标单击单元格进行选择。文字内容输入完毕后，可以设置字体、字号等。

对单元格中已输入的文本内容进行移动、删除操作时，与对一般文本的操作一样。如果只想换行但又不想分段（如单元格中的换行），应插入软回车，即按"Shift + Enter"键。

案例操作6：

第1步：参看本例的效果图，输入"个人简历"表中的文字。

第2步：选择整个表格，设置字体为"宋体"，设置字号为"小四"。

第3步：将表头"个人简历"设置为"黑体"、"二号"。

第4步：选择第1列，进行"加粗"。

第5步：对表格的行高和列宽进行微调，使表格显得美观。

2．设置表格内容的对齐方式

有两种操作方法可以用来设置表格内容的对齐方式。

方法一：利用对齐按钮来设置表格内容的对齐方式。

第1步：选中整个表格或单元格。

第2步：单击"表格工具"下"布局"选项卡的"对齐方式"组中相应的对齐按钮，如图3-60所示。

方法二：利用快捷菜单来设置表格内容的对齐方式。

第1步：选定整个表格或单元格。

第2步：在选定区域内点击鼠标右键，然后在弹出的快捷菜单中将鼠标指向"单元格对齐方式"，再选择相应的对齐按钮即可，如图3-61所示。

图 3-60　"对齐方式"　　　　　　　　　　图 3-61　"对齐方式"快捷菜单

知识扩展：

在"单元格对齐方式"命令中，每一行从左到右各个按钮的作用分别为："靠上两端对齐"、"靠上居中"、"靠上右对齐"；"中部两端对齐"、"水平居中"、"中部右对齐"；"靠下两端对齐"、"靠下居中"、"靠下右对齐"。

案例操作 7：

第 1 步：选中整个表格，将所有文本设为"水平居中"。

第 2 步：参看本例效果图，将部分单元格中的文本设为"中部两端对齐"。

3.5.5 美化表格

在表格的创建和编辑完成后，还可进一步对表格进行美化操作，如设置表格在文本中的对齐方式，单元格或整个表格的边框、底纹等。

1．设置表格在文本中的对齐方式

在 Word 中，表格可以与文字形成不同的对齐及环绕方式。设置表格定位及对齐的方法如下：

第 1 步：选中表格。

第 2 步：单击"表格工具"下的"布局"|"表"|"属性"按钮，或者右击表格并在弹出的快捷菜单中选择"表格属性"命令，打开"表格属性"对话框，如图 3-62 所示。

图 3-62 "表格属性"对话框

第 3 步：在"表格属性"对话框中单击"表格"标签，分别指定"对齐方式"和"文字环绕"。

第 4 步：单击"确定"按钮。

2．设置边框

表格边框可以被设置为多种样式、颜色和宽度。

案例操作 8：

第 1 步：选中单元格或表格。本例中选中整个表格。

第 2 步：定义边框。本例中利用"表格工具"下"设计"选项卡中的"绘图边框"组进行设置，在"笔样式"中选择"双实线","笔画粗细"设为"1.5 磅","笔颜色"选择"深蓝"色。

第 3 步：应用样式。在"表格样式"组中单击"边框"下拉箭头，在下拉菜单中选择"外侧边框"即可。

> **知识扩展：**
>
> 在表格的边框设置中，如果选择了"无边框"，会显示不可打印的虚框。单击"表格工具"下的"布局"|"表"|"查看网络线"按钮，可控制是否显示表格的虚框。

3．设置底纹

为表格或单元格设置不同的底纹，其步骤如下：

第 1 步：选中表格或单元格。

第 2 步：定义底纹。设置底纹的方法有：

方法一：在"设计"选项卡的"表格样式"组中，单击"底纹"按钮右侧的箭头，展开"主题颜色"，如图 3-63 所示。选择相应底纹即可。

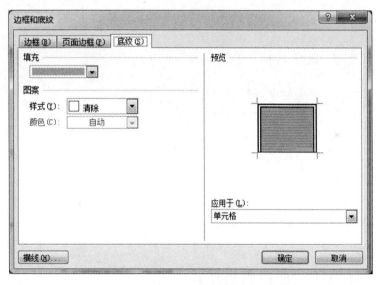

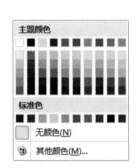

图 3-63 "主题颜色"　　　　　　　　　　图 3-64 "边框和底纹"对话框

方法二：选中表格或单元格后，单击鼠标右键，在弹出的快捷菜单中选择"边框和底纹"命令，打开如图 3-64 所示的"边框和底纹"对话框。单击"底纹"选项卡，在"填充"、"样式"、"颜色"选项区中选择相应的值，在"应用于"选项区中选择应用范围后，单击"确定"按钮即可。

案例操作 9：

第 1 步：选定第 1 行（标题行）。

第 2 步：用以上方法把"标题行"设置为"白色，背景 1，深色 25%"。

案例六　制作"学生成绩统计表"

 **案例描述**

为了分析某班学生的各科成绩，需要用 Word 制作一份"学生成绩统计表"。

最终效果

学生成绩统计表

课 程 成 绩 姓 名	公共基础		专业基础		总成绩	平均分
	大学 英语	高等 数学	大学 物理	C程序 设计		
仓决	92	89	94	56	331	82.8
扎西	90	64	85	76	315	78.8
索朗	86	65	70	90	311	77.8
卓玛	53	70	78	88	289	72.3
最高分	92	89	94	90	331	
最低分	53	64	70	56	289	

图 3-65 "学生成绩统计表"的效果

 任务分析

"学生成绩统计表"中既有文字也有数字，不仅需要设置不同的背景、线条等，还要对表格中的数据进行排序和简单的计算。本任务的具体操作包括："表格样式"的应用，表格格式的设置，表格中数据的排序，数据的计算，文本与表格的相互转换等。

 教学目标

① 学会表格中数据的排序与计算的方法。
② 了解文本与表格的转换。
③ 了解"表格样式"的应用。
④ 培养学生正确的学习观，使学生对所开设的课程感兴趣。

案例操作 1：

第 1 步：新建一个 Word 文档，输入"学生成绩统计表"，并以"学生成绩统计表"为名保存该文档。

第 2 步：在"学生成绩统计表"的下一行，建立一个 8 行 7 列的表格。

3.5.6 应用表格样式

Word 提供了多种预定义的表格样式，已经设置了边框、底纹、字体、颜色等，如图 3-66 所示。用户在创建表格后，可以使用"表格样式"来快速设置整个表格的格式。将指针停留在每种预先设置好格式的表格样式上，可以预览表格的外观。

图 3-66 表格样式

使用"表格样式"设置表格格式的步骤如下：

第 1 步：在要设置格式的表格内单击。

第 2 步：单击"表格工具"下的"设计"选项卡。

第 3 步：在"表格样式"组中，将鼠标指针依次停留在每种表格样式上，直至找到要使用的样式为止。若要查看更多样式，请单击"其他"箭头。

第 4 步：单击所找到的样式即可将其应用到表格。

第 5 步：在"表格样式选项"组中，勾选或取消选中每个表格元素旁边的复选框，可以应用或删除选中的样式。

案例操作 2：

本例中，对表格应用"中等深浅网格 3-强调文字颜色 2"样式。

3.5.7　表格格式设置

案例操作 3：

参照图 3-67，完成以下操作：

第 1 步：合并第 1 列 1、2 行，合并第 1 行 2、3 列，合并第 1 行的 4、5 列，合并第 7 列 7、8 行。

第 2 步：输入每个学生的姓名和成绩。

第 3 步：设置标题"学生成绩统计表"为"黑体"、"小二号"、"居中"。

第 4 步：设置表格中的文本为"宋体"、"小四号"、"水平居中"。

第 5 步：设置外边框为"双实线"、"红色"。

学生成绩统计表

	公共基础		专业基础		总成绩	平均分
	大学英语	高等数学	大学物理	C 程序设计		
扎西	90	64	85	76		
卓玛	53	70	78	88		
索朗	86	65	70	90		
仓决	92	89	94	56		
最高分						
最低分						

图 3-67　表格设置效果

1．表中斜线

在表格中画斜线，有两种方法：

方法一：插入斜线。

第 1 步：选择单元格或表格。

第 2 步：定义斜线。在"表格工具"下"设计"选项卡的"绘图边框"组中，选择"笔样式"、"笔画粗细"和"笔颜色"。

第 3 步：应用样式。在"表格样式"组中，单击"边框"下拉箭头，选择"斜上框线"或"斜下框线"即可。

案例操作 4：

第 1 步：在第 7、8 行的最后 1 列中设置"斜上框线"和"斜下框线"。

第 2 步：在第 1 行第 1 列中设置"斜下框线"。

方法二：绘制表中斜线。

第 1 步：单击"插入"|"插图"|"形状"按钮，在下拉列表中选择直线。

第 2 步：在单元格中绘制斜线。

第 3 步：设置斜线的颜色和粗细。

案例操作 5：

参看本例效果图，在第 1 行第 1 列中绘制斜线，输入文字"课程"、"成绩"和"姓名"，通过回车键、空格键调整字的位置。

2．单元格边距的调整

（1）单元格间距的设置

第 1 步：在要设置格式的表格内单击。

第 2 步：单击"表格工具"下的"布局"|"对齐方式"|"单元格边距"按钮，打开"表格选项"对话框。

第 3 步：在对话框中勾选"允许调整单元格间距"，在右侧的文本框中输入数值即可。

（2）单元格中文本与边框间的距离设置

第 1 步：在要设置格式的表格内单击。

第 2 步：打开"表格属性"对话框。

第 3 步：在"表格属性"对话框中选择"单元格"选项卡。

第 4 步：单击"选项"按钮，取消"与整张表格相同"复选框，设置各边距数值即可。

3．表格嵌套

所谓表格嵌套就是在表格中再插入表格。其方法是将插入点定位到要插入表格的单元格，再执行插入表格操作即可。

3.5.8 表格中数据的处理

利用 Word 可以对表格中的数据进行简单的处理，包括计算、排序等，比较复杂的计算宜使用 Excel 来完成。

1．表格中数据的计算

Word 提供了对表格中的数据求和、求平均值等常用的计算功能，利用这些计算功能可以对表格中的数据进行简单计算。

以本案例为例，具体步骤如下：

第 1 步：将插入点移到存放"总成绩"的单元格中（例如第 3 行的第 6 列）。

第 2 步：单击"布局"|"数据"|"公式"按钮，打开如图 3-68 所示的"公式"对话框。

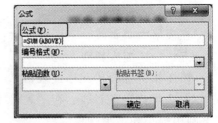

图 3-68 "公式"对话框

第 3 步：将"公式"列表框中显示的"= SUM（ABOVE）"，修改为"= SUM（LEFT）"，表明要计算左边各列数据的总和，单击"确定"按钮。或在"公式"列表框中输入"= SUM（B3：E3）"也可以求得其总分。

第 4 步：求平均分与求和的步骤类似，只需输入求平均值函数"= AVERAGE（ ）"，并在括号内输入参数"B3:E3"等表示计算域的数据（其中字母表示列，数字表示行），单击"确定"按钮。

第 5 步：在"公式"对话框中可通过"编号格式"设置平均分的计算结果显示格式。例如，需要保留 1 位小数位，可输入"0.0"。

第 6 步：计算公式中所需要的函数也可通过"公式"对话框中的"粘贴函数"选取获得。

案例操作 6：

第 1 步：计算本例中各名学生的总分和平均分，平均分保留 1 位小数。

第 2 步：利用求最高分函数"= Max（ ）"和求最低分函数"= Min（ ）"，求每门课程及总成绩的最高分和最低分。

2．表格中数据的排序

Word 提供了在表格中根据某几列的内容按字母、数字或日期等顺序重新排列表格内容的功能。对表格内容进行排序的步骤如下：

第 1 步：选择要进行排序的表格。如果全选表格进行排序，会提示"表格中有合并单元格，无法排序"。

第 2 步：单击"表格工具"下的"布局"|"数据"|"排序"按钮，打开如图 3-69 所示"排序"对话框。

第 3 步：选择"主要关键字"、"次要关键字"、"第三关键字"及"类型"，并选择"升序"或"降序"等排序方式。

图 3-69 "排序"对话框

第 4 步：在"列表"选项组中，选择"有标题行"或"无标题行"单选框。

第 5 步：单击"确定"按钮，即可完成对表格中数据的排序操作。

3.5.9 文本与表格的相互转化

1．文本转换为表格

将文本转换为表格的步骤如下：

第 1 步：插入分隔符，用其标识新行或新列的起始位置。使用段落标记指示要开始新行的位置。

将表格转换为文本时，用分隔符标识文字分隔的位置，或在将文本转换为表格时，用其标识新行或新列的起始位置。也可以用逗号或制表符指示将文本分成列的位置。例如：在某一行上有两个单词的列表中，在第一个单词后面插入逗号或制表符，用于创建一个两列的表格。

第 2 步：选中要转换的文本。

第 3 步：单击"插入"|"表格"|"表格"按钮，在弹出的下拉菜单中选择"文本转换成表格"。

第 4 步：在"文本转换成表格"对话框的"文字分隔位置"下，单击要在文本中使用的分隔符对应的选项。

第 5 步：在"列数"框中，选择列数。如果未看到预期的列数，则可能是因为文本中的一行或多行缺少分隔符。

第 6 步：选择需要的其他选项。

2．将表格转化成文本

第 1 步：选择要转换为文本的表格。

第2步：单击"表格工具"下的"布局"|"数据"|"转化为文本"按钮，打开"表格转换成文本"对话框。

第3步：设置文字分隔符，单击"确定"按钮即可完成转换。

3.6 Word 2010 图文混排

案例七 电子简报的制作

 案例描述

每年的 4 月 7 日是"世界健康日（World Health Day）"，旨在强调健康对于劳动创造和幸福生活的重要性，引起人们对卫生、健康工作的关注，提高人们对卫生领域的认识。本案例要为今年的"世界健康日"制作一份以"健康"为主题的电子简报。

 最终效果

图 3-70 电子简报的效果图

 任务分析

电子简报一般是一个图文并茂的 Word 文档，主要包括文字、图片、文本框、图形和艺术字等。本任务的具体操作包括：剪贴画、图片和艺术字的插入及格式设置，图形的绘制及格式设置，公式的输入，文本框的建立、编辑与应用，SmartArt 图形的使用等。

教学目标

① 掌握在文档中插入剪贴画、图片和艺术字及其格式设置的方法。
② 掌握绘制图形的方法，包括选取图形，在图形中添加文字，设置图形格式。
③ 初步学会公式的输入方法。
④ 学会建立、编辑、应用文本框。
⑤ 理解 SmartArt 图形的使用方法。
⑥ 学会用 Word 进行图文混排。
⑦ 通过美观的图文混排，使学生认识美、接受美、创造美。
⑧ 培养学生的健康意识，使学生对健康知识感兴趣。

案例操作 1：
电子简报文档的创建与页面设置：
第 1 步：新建一个 Word 空白文档。
第 2 步：设置纸张大小为 A3，纸张方向为横向；自定义页边距，上下左右均设为 1.5 厘米；分为两栏，栏间距为 4 字符。
第 3 步：以"电子简报"为文档名进行保存。
第 4 步：准备制作简报的素材。

3.6.1 图片或剪贴画的插入与编辑

在文档中适当地插入一些图形和图片，不仅会使文章、报告显得生动有趣，还能帮助读者更好地理解文章的内容。Word 2010 具有强大的绘图和图形处理功能，可以在文档中插入图片、剪贴画（དྲས་སྒྲར་རི་མོ།）、自绘图形、SmartArt 图形和图表等对象。

1．插入剪贴画

Word 中自带了许多实用而精美的图片，内容丰富，涵盖了各行各业。这些图片都被放在"剪辑库"中，所以被称为剪贴画。在文档中插入剪贴画的步骤如下：

第 1 步：将插入点定位于文档中需要插入剪贴画的位置。

第 2 步：单击"插入"|"插图"|"剪贴画"按钮，在文本编辑区右侧出现如图 3-71 所示的"剪贴画"任务窗格。

第 3 步：在"搜索文字"文本框中输入查找的主题。本例中在"搜索文字"文本框内输入"保健"。

第 4 步：单击"搜索"按钮，在收藏集中搜索到的相关剪贴画将出现在任务窗格中，从中选定所需的图片，单击该图片即可插入文档中。

图 3-71 "剪贴画"任务窗格

案例操作 2：

本例中选择插入一个"建筑"剪贴画"building, healthcare, hospital…"和直线剪贴画"citrus punch, decorations…"。

2．插入外部图片

第 1 步：将插入点定位到需要插入图片的位置。

第 2 步：单击"插入"|"插图"|"图片"按钮，打开如图 3-72 所示的"插入图片"对话框。

图 3-72 "插入图片"对话框

第 3 步：选择所需的图片后单击"插入"按钮，即可在文档中插入一幅外部图片。

案例操作 3：

本例中插入名为"运动"的图片。

3．插入屏幕截图

如果需要在 Word 文档中使用其他正在编辑的窗口中的图片或图片中的一部分，有两种方法：

方法一：用键盘上的截屏键（"PrintScreen"键）"复制"内容，在 Word 中进行"粘贴"即可。

方法二：在"插图"组中单击"屏幕截图"按钮，从弹出的菜单中选择"屏幕剪辑"选项，进入屏幕截图状态，拖动鼠标指针截取图片区域，即可在文档的光标所在处插入截取的图片。

4．编辑图片

当单击插入的剪贴画或图片后，Word 2010 会自动在功能区的"格式"选项卡上方显示"图片工具"栏，如图 3-73 所示，用于对图片进行各种调整和编辑。

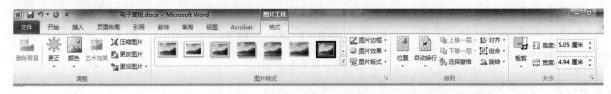

图 3-73 图片工具栏

（1）调整图片的大小

调整图片的大小有如下两种方法：

方法一：手动调节大小。

第 1 步：单击要调整大小的图片。

第 2 步：在图片的各角和各边上出现的小圆点或小方点叫作尺寸控点。拖动左右两边中心的控点可调节图片的宽度，拖动上下两边中心的控点可调节图片的高度，拖动各角的控点可同时调节图片的宽度和高度。

方法二：将大小调整到精确的高度和宽度。

第 1 步：单击要调整大小的图片。

第 2 步：单击"图片工具"下"格式"选项卡中"大小"组的"对话框启动器"，打开如图 3-74 所示的"布局"对话框中的"大小"选项卡。

图 3-74 "布局"对话框

第 3 步：在"缩放"选项区，清除"锁定纵横比"复选框。

第 4 步：在"高度"和"宽度"文本框中输入需要的尺寸。

第 5 步：单击"确定"按钮返回。

案例操作 4：

将本例中插入的"建筑"剪贴画的高度设置为"5 厘米"，宽度设置为"7 厘米"。

（2）调整图片的位置

调整图片位置的方法是：单击图片，当鼠标指针变为"十"字形状时，按住鼠标左键把图片拖动到合适的位置，然后释放鼠标左键。

（3）裁剪图片

方法一：选择要剪裁的图片，单击"图片工具"下的"格式"|"大小"|"裁剪"下拉箭头，单击"裁剪"按钮，用鼠标拖动图片四周的控点，得到需要的部分后单击"裁剪"按钮即可实现对选定图片的剪裁。

方法二：将鼠标指针移到图片的小方块处，根据指针方向拖动鼠标，可裁去图片中不需要的部分。如果拖动鼠标的同时按住"Ctrl"键，那么可以对称地裁去图片。

（4）文字环绕方式

文字环绕方式是指文本内容对图形的环绕方式，常用的有嵌入型（默认）、四周型（在图形四周方形区域外环绕文字）、紧密型（在其形状区域外环绕文字）、浮于文字上方（图形盖住其下面的文字）、衬于文字下方（文字将出现在图片上面）等。

设置文字环绕方式的步骤如下：

第 1 步：选定插入的图片。

第 2 步：单击"图片工具"下的"格式"｜"排列"｜"位置"下拉箭头，在下拉菜单中选择"其他布局选项"，打开"布局"对话框，选择"环绕方式"（ཐེར་ཆགས།）选项卡，如图 3-75 所示。

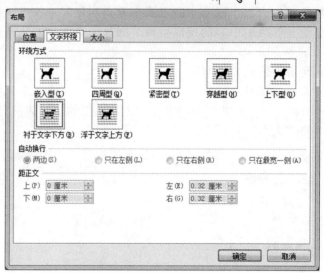

图 3-75　"环绕方式"选项卡

第 3 步：选择需要的环绕方式。

案例操作 5：

把本例中的"建筑"剪贴画的"环绕方式"设置为"衬于文字下方"，并将其位置调整到第二栏的右上角。

（5）调整图片的色调

根据需要，可以将图片的颜色设置为灰度和黑白等特殊效果。选定要改变色调的图片，单击"图片工具"下的"格式"选项卡，在"调整"组中设置。

（6）设置图片的边框

通过"边框和底纹"对话框可以为所选择的图片添加相应的边框线，然后选择应用于"图片"，单击"确定"按钮即可。

3.6.2　图形的插入与编辑

1．插入图形

Word 提供了强大的绘制图形及处理图形的功能，用户可以在"插入"选项卡的"形状"选项组中选择系统提供的线条、基本形状、箭头总汇、流程图、标注和星与旗帜等多个选项区中的图形。插入形状的步骤如下：

第 1 步：单击"插入"｜"插图"｜"形状"下拉箭头，展开如图 3-76 所示的形状列表。

第 2 步：在形状列表中选择需要的图形。

图 3-76　形状列表

第 3 步：将鼠标指针移到页面中，指针变成"十"字形，在适当位置按下鼠标左键不放，然后拖曳鼠标，直到出现的图形达到要求后，释放鼠标即可。

> **知识扩展：**
>
> 　　如果需要删除所插入的图片、图形，用鼠标点击选中该图片或图形，按键盘上的"Delete"键即可。
>
> 　　在绘制"直线"、"箭头"、"圆形"、"矩形"等图形时，按住键盘上的"Shift"键可以使绘制的图形为"水平"、"竖直"、"正圆"或"正方形"。

案例操作 6：

本例中用以上方法绘制"圆角矩阵"、"等腰三角形"、"矩形"、"竖卷形"、水平的"箭头"各一个。

2．编辑图形

（1）调整图形的大小

选中一个图形后，在图形四周会出现 8 个尺寸控制点。将指针移动到图形对象的某个控制点上，然后拖动它即可改变图形大小。

此外，在"设置自选图形格式"对话框中也可精确地设置图形的尺寸。

（2）移动图形

使用鼠标可以自由地移动图形。将指针指向要移动的图形对象或组合对象，当指针变为"十"字箭头时按下鼠标左键，按住鼠标拖动对象到达目标位置后，松开鼠标左键即可。如果需要图形对象沿直线横向或竖向移动，可在移动过程中按住"Shift"键。

此外，按住"Ctrl"键 + 键盘上的方向键，可对选定对象进行微移。

（3）旋转和翻转图形

可以将在文档中绘制的一个图形、一组图形或组合图形向左或向右旋转任何角度。一般情况下，在选中图形后，图形上会出现一个绿色的圆点，用鼠标拖动该圆点可以将图形进行旋转。

案例操作 7：

第 1 步：选择本例中已插入的"箭头"。

第 2 步：在"形状轮廓"|"箭头"中设置为"箭头样式 5"、"粗细"为"6 磅"、颜色为"绿色"。

（4）添加文字

在需要添加文字的图形上单击鼠标右键，在快捷菜单中选择"添加文字"命令。这时光标出现在选定的图形上，输入需要的文字内容，这些输入文字变成图形的一部分，会跟随图形一起移动。

案例操作 8：

第 1 步：在本例的"圆角矩形"中添加如下文字：

> 　　什么是健康？
>
> 　　健康是指一个人在身体、精神和社会等方面都处于良好的状态。健康包括两个方面的内容：
>
> 　　一是主要脏器无疾病，身体形态发育良好，体形均匀，人体各系统具有良好的生理功能，有较强的身体活动能力和劳动能力，这是对健康最基本的要求。
>
> 　　二是对疾病的抵抗能力较强，能够适应环境变化、各种生理刺激以及致病因素对身体的作用。
>
> 　　世界卫生组织提出"健康不仅是躯体没有疾病，还要具备心理健康、社会适应良好和有道德"。

第 2 步：将题目"什么是健康"的字体设置为"华文隶书"，字号设置为"小三"，对齐方式设置为"居中对齐"，字体颜色设置为"黑色"，字与字之间加一个空格。将正文的字体设置为"宋体"，字号设置为"五号"，对齐方式设置为"文本右对齐"，字体颜色设置为"黑色"，并设置"首行缩进"为"2 字符"。

（5）叠放次序

在文档中绘制多个重叠的图形时，各个图形的叠放次序与绘制的次序相同，最先绘制的图形会在下面。可以利用右键快捷菜单中的"叠放次序"命令改变图形的叠放次序。

（6）设置图形格式

如果要改变图形的填充效果，可在选定图形后单击"格式"｜"文本框样式"｜"形状填充"按钮，从弹出的菜单中选择所需的颜色，或者选择所需的命令指定其他填充效果，如图 3-77 所示。

若要改变图形的轮廓效果，则可单击"形状轮廓"按钮，从弹出的菜单中选择所需的颜色，或者选择所需的命令指定其他线条效果，如图 3-78 所示。

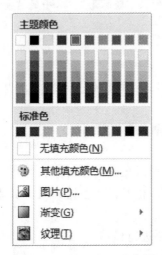

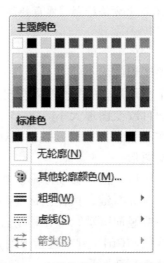

图 3-77 "形状填充"弹出菜单　　　　　　图 3-78 "形状轮廓"弹出菜单

案例操作 9：

本例中，"圆角矩形"的"形状填充"为"无填充颜色"，"形状轮廓"为"浅蓝"色；"等腰三角形"和"矩形"的"形状填充"为"无填充颜色"，"形状轮廓"中的颜色设为"绿色"，虚线为"短画线"。

（7）图形组合

如果一个复杂的图形由多个简单的图形组成，为了便于对整个图形实施整体操作，可以把所有图形组合起来，再进行移动等其他编辑操作时就不会改变这些图形之间的相对位置了。组合图形的操作步骤如下：

第 1 步：选中多个图形。

第 2 步：单击"绘图工具"下的"排列"｜"组合"按钮，在下拉菜单中选择"组合"命令，即可将它们组合为一个整体。

选中要组合的图形后，单击右键，在快捷菜单中选择"组合"命令，并在其级联菜单中选择"组合"命令也可以完成组合操作。

如果要对组合后的图形中的某个图形对象再进行编辑，必须先取消组合。取消组合的操作步骤如下：

第 1 步：选定要取消组合的图形。

第 2 步：单击"绘图工具"下的"格式"｜"排列"｜"组合"按钮。

第 3 步：在下拉菜单中选择"取消组合"命令。

选中要取消组合的图形后，单击右键，在快捷菜单中选择"组合"，并在其级联菜单中选择"取消组合"命令也可以取消组合。

案例操作 10：

本例中，将"等腰三角形"和"矩形"组合成"房子"的形状。

（8）图形变形

对于某些图形，选中时在图形的周围会出现一个或多个黄色的菱形控制柄，拖动这些菱形控制柄可调节图形的形状使其变形。

案例操作 11：

本例中，插入"星与旗帜"中的"七角星"，设置"形状"填充和"轮廓"填充，拖动图中的黄色控制柄，调节为与"星星发光"类似的图片。

3.6.3   艺术字的插入与编辑

艺术字（ཨའཛེས་ཡིག）是有特殊效果的文字，它实际上是图形而非文字，所以对它进行编辑时，可按照图形对象的编辑方法进行编辑。

1．插入艺术字

第 1 步：将光标放在艺术字插入点，单击"插入"|"文本"|"艺术字"按钮，弹出如图 3-79 所示的"艺术字样式"列表。

第 2 步：从"艺术字样式列表"中选择所需艺术字样式，即可在文档中插入该样式的艺术字。

第 3 步：输入文本。

案例操作 12：

第 1 步：将光标放在第 1 行。

第 2 步：在"艺术字样式列表"中选择第 5 行第 3 列的艺术字样式。

第 3 步：输入"健康电子"。

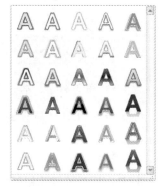

图 3-79   "艺术字库"列表

2．编辑艺术字

选择艺术字，系统会自动打开"绘图工具"的"格式"选项卡，如图 3-80 所示。使用该选项卡中相应的工具按钮，可以设置艺术字的样式、填充效果等属性，还可以对艺术字进行大小调整、旋转或添加阴影、三维效果等操作。

图 3-80   "绘图工具"的"格式"选项卡

案例操作 13：

第 1 步：选定"健康电子"艺术字。

第 2 步：单击"绘图工具"下的"格式"|"艺术字样式"|"文本效果"按钮，在弹出的如图 3-81 所示菜单中选择"发光"命令，然后在"发光变体"选项区域中选择"橙色，11pt 发光，强调文字颜色 6"选项，为艺术字应用该发光效果。

第 3 步：单击"绘图工具"下的"格式"|"艺术字样式"|"文本效果"按钮，从弹出的如图 3-82 所示菜单中选择"转换"命令，然后在"弯曲"选项区域中选择"右牛角形"选项，为艺术字应用该弯曲效果。

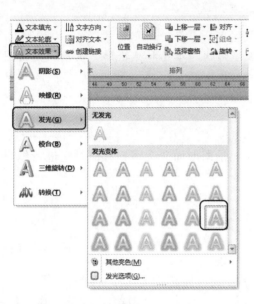

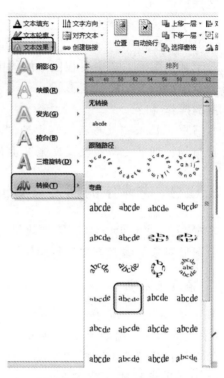

图 3-81　艺术字发光效果　　　　　　　　　　图 3-82　艺术字的转换

第 4 步：以同样的方式插入艺术字"简报"、"本期导读"、"健康膳食金字塔"，并按照效果图进行设置。

3.6.4　文本框的插入与编辑

文本框（ཡིག་སྒྲོམ།）是一种位置可以移动、大小可以调整的文本或图形容器。文档的任何内容，包括文字、表格、图片、自选图形及其混合体，只要被放置在文本框中，就如同被装进了一个容器，可以随时移动到页面的任何位置，并可以像编辑图形对象一样使用"文本框工具"中的"格式"选项卡进行各种格式设置。

1．文本框的插入

在文档中插入文本框有以下两种方法。

方法一：

第 1 步：单击"插入"|"文本"|"文本框"下拉按钮。

第 2 步：在下拉菜单中选择"简单文本框"样式，即插入了一个空的文本框。

第 3 步：编辑文本框及文本框中的文本格式。

方法二：

第 1 步：单击"插入"选项卡中"文本"组的"文本框"下拉按钮。

第 2 步：在下拉菜单中选择"绘制文本框"或"绘制竖排文本框"。

第 3 步：绘制文本框。

第 4 步：编辑文本框及文本框中的文本格式。

案例操作 14：

本例中，插入一个"竖排文本框"，并在其中输入以下文本：

关于健康的 13 个标志：

生气勃勃，富有进取心；性格开朗，充满活力；正常身高与体重；保持正常的体温、脉搏和呼吸；食欲旺盛；明亮的眼睛和粉红的眼膜；不易得病，对流行病有足够的耐受力；正常的大小便；淡红色舌头，无厚的舌苔；健康的牙龈和口腔黏膜；光滑的皮肤柔韧而富有弹性，肤色健康；光滑带光泽的头发；指甲坚固而带微红色。

——摘自《现代营养学》，化学工业出版社，2005

2. 文本框的编辑

对文本框的格式设置与图形对象相同。选定文本框，即可在功能区中显示"绘图工具"的"格式"选项卡，如图 3-83 所示，使用其中的工具可以对文本框进行各种设置。

图 3-83 "绘图工具"的"格式"选项卡

案例操作 15：

本例中选择插入"竖排文本框"，进行如下设置：

第 1 步："形状轮廓"中颜色设置为"绿色"，"粗细"设为"2.25 磅"。

第 2 步："形状填充"用"纹理"的"水滴"。

第 3 步："形状效果"中"阴影"用"外部"的"向右偏移"和"棱台"中的"冷色斜面"。

第 4 步：单击"绘图工具"下的"格式"|"插入形状"|"编辑形状"，在"更改形状"中选择"圆角矩形"。

案例操作 16：

本例中，在标题下插入一个文本框，输入"2016 年 2 月 14 日 星期日 第一版"，设置"线条颜色"为"无颜色"；"填充"为"渐变填充"，在"预设颜色"中选择"茵茵绿色"；"文本框"的"内部边距"中上下各设为"0.2 厘米"，左右边距设为"0 厘米"；文字"居中对齐"。

用同样的方式，设置文本框，其中输入内容：

亚健康：

世界卫生组织（WHO）认为：亚健康状态是健康与疾病之间的临界状态，各种仪器及检验结果为阴性，但人体有各种各样的不适感觉。这是新的医学理论、新概念，也是社会发展、科学与人类生活水平提高的产物，它与现代社会人们的不健康生活方式及所承受的社会压力不断增大有直接关系。

3.6.5　SmartArt 图形的插入与编辑

SmartArt 图形包括图形列表、流程图以及更为复杂的维恩图和组织结构图等。

1．SmartArt 图形的插入

插入 SmartArt 图形的步骤如下：

第 1 步：单击"插入"｜"插图"｜"SmartArt"，将弹出如图 3-84 所示"选择 SmartArt 图形"对话框。

第 2 步：在"选择 SmartArt 图形"对话框中，选择图形的类型如流程、循环等。

第 3 步：单击"确定"按钮即可插入图形。

第 4 步：输入图上的文字。

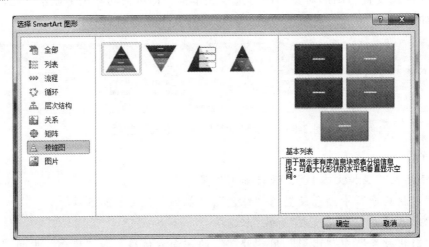

图 3-84　"选择 SmartArt 图形"对话框

案例操作 17：

本例中插入"棱锥图"中的"基本棱锥图"，建立"健康膳食金字塔"，从上到下每一层分别输入"黄油与甜品"、"奶制品"、"鱼类或少量红肉"、"坚果与豆类"、"蔬菜与水果"、"全麦食品与植物油"、"长期而适当的体育锻炼"，并设置字号为"11 号"。

知识扩展：

插入的"基本棱锥图"默认是三层，本例中需要七层，在输入完三层的文字内容后，按回车键即可完成层数的增加。

2．SmartArt 图形的编辑

（1）更改整个 SmartArt 图形的颜色

更改整个 SmartArt 图形的颜色的步骤如下：

第 1 步：单击 SmartArt 图形。

第 2 步：单击"SmartArt 工具"|"设计"|"SmartArt 样式"|"更改颜色"按钮，在下拉菜单中单击所需的颜色方案即可。

（2）将 SmartArt 样式应用于 SmartArt 图形

"SmartArt 样式"是各种效果（如线型、棱台或三维）的组合，可应用于 SmartArt 图形中的形状以创建独特且具有专业设计效果的外观。

将 SmartArt 样式应用于 SmartArt 图形的步骤如下：

第 1 步：单击 SmartArt 图形。

第 2 步：单击"SmartArt 工具"下"设计"选项卡的"SmartArt 样式"组中所需的 SmartArt 样式即可。

案例操作 18：

将本例中的"健康膳食金字塔"的颜色改为"强调文字颜色 3"的"透明渐变范围-强调文字颜色 3"，并应用"SmartArt 样式"中的"细微"效果。

3.6.6 公式的输入

在文档的编辑中经常会用到数学公式。Word 2010 自带插入公式的功能，可以方便地创建、编辑数学公式并将其作为一种图形对象进行相应的操作。插入公式的一般步骤如下：

第 1 步：将插入点定位于要插入公式的位置。

第 2 步：单击"插入"|"符号"|"公式"下拉按钮，展开下拉列表，如图 3-85 所示。

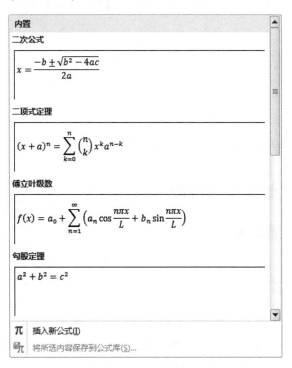

图 3-85 "公式"下拉列表

第 3 步：在下拉列表中选择"插入新公式"命令，功能区中将出现"公式工具"选项卡，如图 3-86 所示。

图 3-86 "公式工具"选项卡

第 4 步：在"公式工具"选项卡中选择相应的公式符号或公式结构。

第 5 步：在正文中"在此处键入公式"的位置开始键入公式。在"公式工具"选项卡的"格式"组中选择符号或结构，输入变量和数字，以创建公式。

第 6 步：单击公式编辑器窗口以外的任何位置，返回 Word 文档。

案例操作 19：

在本例文档中，插入文本框，输入如下"健康体重公式"及有关文字：

$$体重指数 = \frac{体重\,(kg)}{[身高\,(m)]^2}$$

体重指数表示：

➢ 小于 18.5：偏瘦；

➢ 18.5～20.9 之间：苗条；

➢ 20.9～24.9 之间：适中；

➢ 大于 24.9：偏胖。

知识扩展：

要想得到相同的图形、艺术字、文本框等，可以采用"复制"、"粘贴"的方法。

案例操作 20：

参看图 3-70，利用以上知识完成"健康"电子简报的制作。

3.7 Word 2010 长文档的排版

案例八"毕业论文"的排版

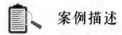 **案例描述**

"毕业论文"是每个本科学生都必须完成的教学环节。每个学校对本校的"毕业论文"的格式有统一规定，当学生完成了"毕业论文"的写作后，需要按照本校的格式要求对论文进行排版。本例以一篇模拟的"毕业论文"为例进行 Word 长文档的排版。

最终效果

西藏大学

本科生毕业论文（设计）

题目：<u>TSF 藏文输入法的设计与实现</u>

院（部）<u>信息学院</u> 专业年级 <u>09 计算计教育班</u>
姓　名 <u>郭鑫</u> 学　号 <u>22050940210</u>
指导教师 <u>高定国</u> 职　称 <u>副教授</u>

二〇一六年五月二十日

西藏大学本科生毕业论文（设计）原创性及知识产明

　　本人郑重声明：所呈交的毕业论文（设计）是本人在导师的指导下取得的成果。对本论文（设计）的研究做出重要贡献的个人和集体，均已在文中以明确方式标明。因本毕业论文（设计）引起的法律结果完全由本人承担。

　　本毕业论文（设计）成果归西藏大学所有。

　　特此声明

毕业论文（设计）作者签名：

作者专业：

作者学号：

年　月　日

TSF 藏文输入法的设计与实现

摘要： TSF 是微软推出的一种新的输入法框架，目前已有的藏文输入法都有一定的缺陷。用 TSF 开发藏文输入法不仅能实现词组输入的功能，而且能克服一些现有的藏文输入法的缺陷，提高藏文键盘的输入速度。本文剖析了 TSF 输入法的工作原理的基础上，定义了 TSF 藏文输入法的类并实现了一个基于 TSF 的具有藏文词组输入功能的输入法，文中重点讨论了藏文词组输入的实现过程，为开发类似的输入法提供一个参考。

关键字： TSF; 藏文; 输入法

Design and implementation of TSF Tibetan input method

Abstract: TSF is Microsoft a new kind of Text Service Framework, the Tibetan input method already have certain defects. With the development of TSF Tibetan input method can not only realize the phrase input function, and can overcome the defects of the existed some Tibetan input method, improving the input speed of the keyboard. This paper analyses the working principle of the TSF input method, the definition class of the TSF Tibetan input method and implements a TSF input method with Tibetan phrase input function, this paper mainly discusses the implementation process of Tibetan phrase input, to provide a reference for the development of similar input method.

Key words: TSF，Tibetan，Input method

目录

图表目录

图 3-87　长文档排版的效果图

 任务分析

　　"毕业论文"与前面的 Word 文档相比篇幅比较长，字数比较多，并且要求同一文档的不同部分设置不同的格式。本任务的具体操作包括：文档目录的生成，分节符的使用，页眉、页脚的设置，标题样式的使用，脚注、尾注的使用，多级编号的建立与使用，修订等审阅工具的运用等。

 教学目标

① 熟悉文档目录的生成方法。
② 了解分节符的使用方法。
③ 学会页码、页眉的设置方法。
④ 掌握标题样式的使用方法。

⑤ 学会导航窗格的运用。

⑥ 初步学会脚注和尾注的使用方法。

⑦ 掌握文档中多级编号的建立与使用方法。

⑧ 初步学会拼写和语法的设置、字数统计、修订等审阅工具的运用。

⑨ 了解毕业论文的有关知识，培养学生做毕业论文的兴趣。

案例操作 1：

对长文档进行排版，首先需要利用本章 3.3.7 节的知识设置文档的页面属性。以下根据某学校的论文格式要求对论文《TSF 藏文输入法的设计与实现》进行页面设置。

第 1 步：单击功能区"页面布局"选项卡中"页面设置"组右下角的"对话框启动器"，打开"页面设置"对话框。

第 2 步：设置页面纸张为"A4"；设置上、下页边距为默认值"2.54 厘米"，左边距为"2.5 厘米"，右边距为"2.5 厘米"。

第 3 步：单击"确定"按钮。

3.7.1 设置与应用样式

样式（ བཟོ་ལྟ། ）是一系列格式的集合，是一组存储在 Word 中的字符或者段落的格式特征。Word 文档本身包含了多种样式，我们可以应用 Word 提供的样式，也可以修改 Word 提供的样式，还可以使用自定义样式。

1. 设置全文的基本样式

案例操作 2：

第 1 步：设置字体格式。按快捷键"Ctrl + A"，选中全文，单击功能区"开始"选项卡中"字体"组右下角的"对话框启动器"，打开"字体"对话框。设置全文的中文字体为"宋体"，西文字体为"Times New Roman"，字号为"小四"，字形为"常规"，字体颜色为默认的"自动"，如图 3-88 所示。

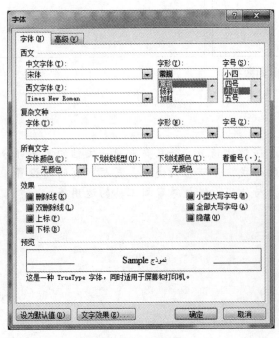

图 3-88 设置字体

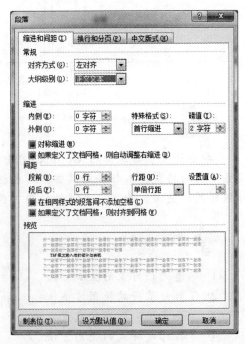

图 3-89 设置段落

第 2 步：设置段落格式。选中全文，单击功能区"开始"选项卡中"段落"组右下角的"对话框启动器"，打开"段落"对话框。设置对齐方式为"左对齐"，大纲级别为"正文文本"，内、外侧缩进为"0 字符"，特殊格式为"首行缩进"、"2 字符"，段前、段后间距为"0 行"，行距为"单倍行距"，如图 3-89 所示。

设置完成后，可以看到全文的字体、字号以及段落格式都发生了变化。

2．设置一级标题样式

一级标题就是文章中级别最高的标题。设置了"标题"以后才能便捷地生成目录。

案例操作 3：

第 1 步：在功能区"开始"选项卡的"样式"组中右键单击"标题 1"样式，选择"修改"命令，如图 3-90 所示。打开的"修改样式"对话框，如图 3-91 所示。

第 2 步：单击左下角的"格式"按钮，在下拉列表中选择"字体"命令，打开"字体"对话框。设置中文字体为"黑体"，字型为"加粗"，字号为"小三"，单击"确定"按钮。

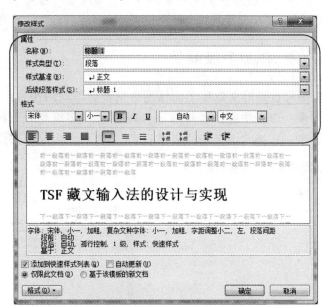

图 3-90　修改样式　　　　　　　　图 3-91　"修改样式"对话框

第 3 步：单击左下角的"格式"按钮，在下拉列表中选择"段落"命令，打开"段落"对话框。设置对齐方式为"居中"，大纲级别为"1 级"，特殊格式为"无"，间距为段前"1 行"、段后"2 行"，单击"确定"按钮。

第 4 步：单击"确定"按钮，关闭"1 级标题"的设置。

3．设置二级标题样式

案例操作 4：

参照一级标题的设置方式，设置二级标题的字体样式为黑体、四号、加粗，段落样式为左对齐、大纲级别为 2 级、段前段后间距均为 0.5 行、单倍行距。

4．应用样式

案例操作 5：

第 1 步：对文档中的一级标题应用"标题 1"样式。选中文章的第 1 个一级标题"1 引言"，选择"开始"选项卡中"样式"组中的"标题 1"。

第 2 步：以同样的方式把所有的一级标题都设为"标题 1"，或者选中应用了"标题 1"的第一个标题后双击"格式刷"定义"格式刷"，再用"格式刷"刷所有的一级标题。

第 3 步：用同样的方式，对文章的"2.1"等二级标题应用"标题 2"样式。

知识扩展：

有时在 Word 的"样式"中没有显示"标题 2"、"标题 3"等，若要显示出来有以下方法：

方法一：

先把标题设置为"标题 1"（可以单击样式，也可以使用快捷键"shift＋alt＋←"），然后按快捷键"shift＋alt＋→"就可以设置为"标题 2"了，以此类推。

方法二：

第 1 步：点击"开始"选项卡中"样式"组右下角的"对话框启动器"。

第 2 步：点击弹出窗口中最下方第三个按钮"管理样式"。

第 3 步：在"管理样式"窗口中点击"推荐"选项卡，再选择要显示的标题，然后点击"显示"。

3.7.2 添加多级编号

多级编号就是对文章中不同标题级别设置不同的编号。设置步骤如下：

第 1 步：单击功能区"开始"|"段落"|"多级列表"按钮，弹出下拉菜单，如图 3-92 所示。

第 2 步：选择"定义新的多级列表"，打开"定义新多级列表"的对话框，如图 3-93 所示。

图 3-92 多级列表下拉框

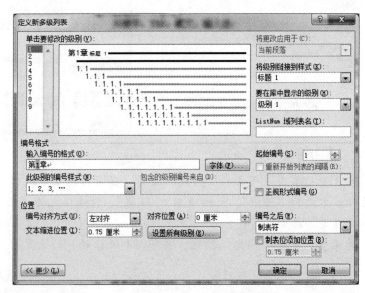

图 3-93 定义新多级列表

第 3 步：单击左上角要更改的级别"1"。如果看不到图 3-93 所示的右侧的"将级别链接到样式"等命令，则单击对话框左下角的"更多"按钮，展开右侧窗格后，按钮变为"更少"。

第 4 步：设置"级别链接"到"标题 1"；设置"此级别的编号样式"为"1，2，3…"；设置"起始编号"为"1"。此时在"输入编号的格式"框中出现"1"，再在其前后填上文字"第"和"章"，形成"第 1 章"的格式。

第 5 步：设置"编号对齐方式"为"左对齐"，"文本缩进位置"为"0.75 厘米"，"对齐位置"

为 "0 厘米"，选择 "编号之后" 为 "制表符"，还可以设置 "制表位添加位置"。

第 6 步：还可以单击 "设置所有级别" 按钮进行设置。

第 7 步：用同样的方式可以设置级别 2。"单击要修改的级别" 中选择 "2"，将 "级别链接到样式" 设为 "标题 2"，设置 "起始编号" 为 "1"，选择 "此级别的编号样式" 为 "1，2，3，…"，勾选右下方的 "重新开始列表的间隔"，为 "级别 1"，勾选 "正规形式编号"，设置 "编号之后" 制表符位置为 "1 厘米"，设置 "编号对齐方式" 为 "左对齐"，"文本缩进位置" 为 "0.75 厘米"，"文本缩进位置" 为 "1.75 厘米"，如图 3-94 所示。

第 8 步：设置完成后，单击 "确定" 按钮，即可看到页面样式已改变为需要的效果样式。如果需要再次改变页面样式效果，可以重新选定标题对象，再次设置样式。

案例操作 6：

本例设置了多级编号后，需要删除 "参考文献" 和 "致谢" 前面的编号，即将光标定位于该处，按退格键即可。

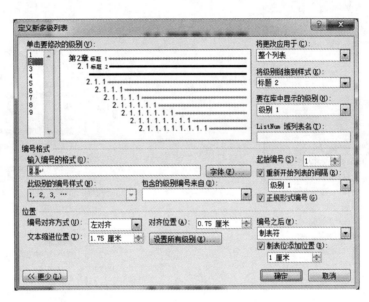

图 3-94　定义新级别列表框

3.7.3 "导航" 窗格

为了更好地查看、修改文章不同的标题级别或不同标题下的正文，可以使用 "导航" 窗格。显示 "导航" 窗格的方法如下：

第 1 步：单击 "视图" 选项卡。

第 2 步：勾选 "显示" 组中 "导航窗格" 前的复选框，在文档窗口的左侧会出现一个 "导航" 窗口，如图 3-95 所示。通过这个窗口，可以清晰地看到全文的目录结构，点击相应的目录可定位到相应的位置，便于内容的编辑。

如果需要关闭 "导航" 窗格，点击 "导航" 窗格右上角的 "关闭" 按钮。

3.7.4　分页符与分节符的应用

通常情况下，用户在编辑文档时，系统会自动分页。如果要对文档进行强制分页，不能运用回车符来控制，可通过插入分页符（ཤེབ་རྩོས་འབྱེད་ཐགས།）来实现。

长文档的编辑中，有时需要对同一文章中不同的内容进行不同的格式设置，这就需要通过插入"分节符"（ཚན་འབྱེད་རྟགས།）把文章划分为不同的节。节是文档格式化的最大单位，只有在不同的节中才可以对同一文档中的不同部分进行不同的设置。插入分页符与分节符的方法一样，步骤如下：

第 1 步：将光标移动到定位点。

第 2 步：点击"页面布局"｜"页面设置"｜"分隔符"按钮，在下拉菜单中选择"分节符"区域的"下一页"命令，如图 3-96 所示。

此时，在这个位置插入了分节符，一般会显示"分节符（下一页）"，也能看见插入分节符后的效果。如果看不到这个标志，可以点击功能区"文件"选项卡的"选项"按钮，在打开的"Word 选项"对话框中选择左侧列表中的"显示"命令，并勾选右侧的"显示所有格式标记"即可。

图 3-95 "导航"窗格

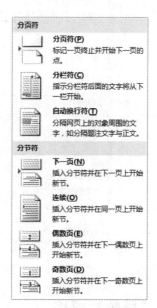

图 3-96 "分隔符"下拉框

案例操作 7：

本例中首页的第一行前插入两个分节符，形成两张空页，用于添加封面和产权声明；汉英摘要之间插入一个分节符；每章前插入一个分节符，使得每章的内容都是从一个新页面开始。

封面和产权声明页，按照学校的格式要求设置相应的格式；摘要前的论文题目设置为"黑体"、"小二"、"居中对齐"；"摘要"和"关键字"两个词设置为"黑体"、"小三"，其内容设置为"楷体"、"小四"、"1.5 倍行距"；英文题目设置为"Times New Roman"、"三号"、"加粗"、"居中对齐"；"Abstract"和"Key words"设置为"Times New Roman"、"四号"、"加粗"；英文摘要内容设置为"Times New Roman"、"四号"、"1.5 倍行距"。

3.7.5 设置页眉、页脚

页眉（ཉིན་ཐོད།）和页脚（ཉིན་ཞབས།）常常用于设置额外的备注信息，如作者、公司、时间、标题、页码等信息，可以直接输入信息，也可以引入域。比较简单的是通篇设置一样的页眉和页脚，比较复杂的是将全篇分为多节，不同的节设置样式各异的页眉和页脚。

本例前面已经通过"分节符"把文章分成了不同的节，以下完成不同的节插入不同的页眉、页脚操作。

1．设置奇数页页脚

案例操作 8：

第 1 步：将光标移动到汉文"摘要"页，点击"插入"|"页眉页脚"|"页脚"按钮，弹出下拉菜单如图 3-97 所示。

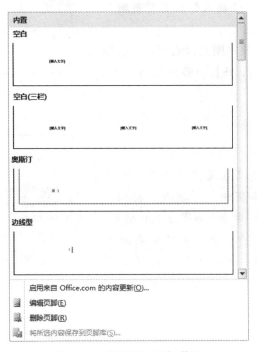

图 3-97 "页脚"下拉菜单

第 2 步：在"页眉和页脚"工具中点击"链接到前一条页眉"按钮，取消与前面的链接，勾选"奇偶页不同"，取消"首页不同"。

第 3 步：单击功能区"页眉和页脚工具"|"页眉和页脚"|"页码"按钮，在下拉菜单中选择"设置页码格式"，如图 3-98 所示。

第 4 步：在打开的"页码格式"对话框中，设定"编号格式"为"I，II，III，…"，设置"起始页码"为"I"，如图 3-99 所示。

图 3-98 "页码"下拉框

图 3-99 "页码格式"对话框

第 5 步：单击"确定"后，可再次在"页码"下拉菜单的"页面底端"中选择"普通数字 3"插入页码，并设置页码的字符格式，按"右对齐"设置。

第 6 步：将光标定位到"第 1 章"页，以同样的方式设置页眉，设定"编号格式"为"1，2，3，…"，设置起始页码为"1"。

2．设置偶数页页脚

案例操作 9：

将光标移动到偶数页页脚处，取消"链接到前一条页眉"，用插入奇数页页脚的方法插入偶数页的页脚，并设为"左对齐"。

以上设置实现了封面、产权声明页没有页码，摘要以"I"开始、正文以"1"开始，并且奇数页码右对齐、偶数页码左对齐。

3．插入奇数页页眉

案例操作 10：

第 1 步：将光标定位于论文正文"第 1 章"页，单击功能区"插入"|"页眉和页脚"|"页眉"按钮，在其下拉框中选择"编辑页眉"命令，如图 3-100 所示。

第 2 步：在功能区增加了一个"页眉和页脚工具"工具选项卡，如图 3-101 所示。先单击该选项

图 3-100 "页眉"下拉框

卡"导航"组的"链接到前一个页眉"按钮，取消 Word 自动产生的从当前节到前一节的页眉设置的自动关联。

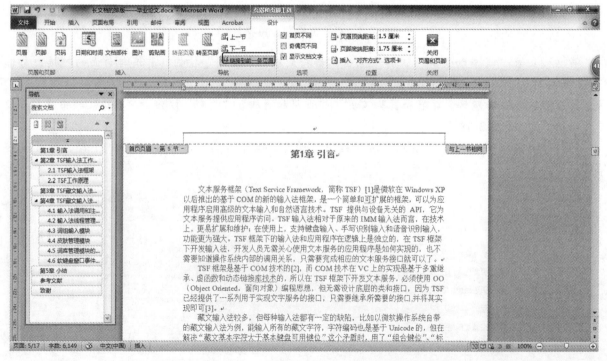

图 3-101 "页眉和页脚工具"选项卡

第 3 步：勾选该选项卡"选项"组的"奇偶页不同"复选框，此时，光标在奇数页的页眉处闪动。单击功能区"开始"|"段落"|"右对齐"按钮，此时光标在页眉的右端闪动。

第 4 步：单击功能区"页眉和页脚工具"|"插入"|"文档部件"按钮，选择"域"命令，如图 3-102 所示。在打开的"域"对话框中，设置类别为"链接和引用"，域名为"StyleRef"，域属性为"标题 1"，同时勾选右侧的"插入段落编号"，如图 3-103 所示。单击"确定"插入类似"第 1 章"的标题序号。

第 5 步：以同样的方式，不勾选"插入段落编号"，插入类似"引言"的标题名。

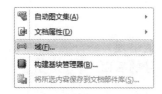

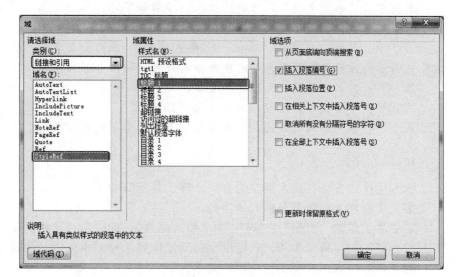

图 3-102 "文档部分"下拉框　　　　　　　　　　　　图 3-103 "域"对话框

此时，每章的奇数页就出现了每章的"标题 1"的字符。

第 6 步：设置页眉字体的格式。

4．设置偶数页页眉

案例操作 11：

将光标移动到偶数页页眉处单击，按照上述添加奇数页页眉的方式，先取消 Word 自动添加的与前一节的链接，再为所有的偶数页添加论文题目"TSF 藏文输入法的设计与实现"，并设置格式。以上设置实现了奇数页页眉为"标题 1"、右对齐，偶数页页眉为论文题目并左对齐。

3.7.6　添加脚注与尾注

脚注（ﾉﾉﾉﾉﾉﾉﾉﾉﾉ）和尾注（ﾉﾉﾉﾉﾉﾉﾉ）用于在文档中为指定文本提供解释、批注以及相关的参考资料的说明。可用脚注对文档内容进行注释说明，而用尾注对文档中引用的文献或相关内容的出处进行注释说明。在默认情况下，Word 2010 将脚注放在每页的底部（页脚上方），而将尾注放在文档的结尾处。

脚注或尾注均由两个相互连接的部分组成，即注释引用标记（用于指明脚注或尾注已包含附加信息的数字、字符或字符的组合）及相应的注释文本。

1．设置脚注与尾注的编号样式

将插入点置于文档中的任意位置，在"引用"选项卡上，单击"脚注"对话框启动器，打开如图 3-104 所示的"脚注和尾注"对话框。单击选中"脚注"或"尾注"位置选项，在"编号格式"框中单击所　　图 3-104 "脚注和尾注"对话框需的选项，最后单击"应用"按钮。

在指定编号方案后，Word 会自动对脚注和尾注进行编号。可以在整个文档中使用一种编号方案，也可以在文档的每一节中使用各不相同的编号方案。

2．插入脚注

案例操作 12：

本例中将"参考文献"作为脚注插入，步骤如下：

第 1 步：将光标置于正文中插入脚注处。

第 2 步：单击"引用"|"脚注"|"插入脚注"，此时会在页面的底端出现一条分隔线，线的下方即为脚注的注释文本区，光标也会自动定位到注释文本区内的注释编号的后面。

第 3 步：键入或复制、粘贴注释文本。

第 4 步：单击鼠标将光标移回正常文字区。

第 5 步：采用相同的方式在正文其他位置插入引用的参考文献。

3．插入尾注

插入尾注的方法与插入脚注的方法一样，其步骤如下：

第 1 步：将光标置于要插入尾注处。

第 2 步：单击"引用"|"脚注"|"插入尾注"，此时会在文档的结尾处出现一条分隔线，线的下方即为尾注的注释文本区，光标也会自动定位到注释文本区内的注释编号的后面。

第 3 步：键入或复制、粘贴尾注文本。

第 4 步：采用相同的方式可以插入更多的尾注。

> **知识扩展：**
>
> 要删除注释时，需删除文档窗口中的注释引用标记，而非注释中的文字。其方法是在文档中选定要删除的脚注或尾注的引用标记，然后按"Delete"键。如果删除了一个自动编号的注释引用标记，Word 会自动对所有注释进行重新编号。

3.7.7 图表及题注

题注（རིས་མཆན།）是一种可以为文档中的图片、表格、公式或其他对象添加的编号标签。如果在文档的编辑过程中对题注执行了添加、删除或移动操作，则可以一次性更新所有题注编号，而不需要再进行单独调整。

在文档中定义并插入题注的操作步骤如下：

第 1 步：在文档中插入图片或表格，也可以绘制图片。

下一级有多余的层次，可以通过先选择再按"Delete"键删除。如果一层需要增加更多的模块，通过图片左边按钮打开"在此键入文字"窗口，在对应文字处回车或右键选择一个模块，在快捷菜单中选择"添加形状"后，再选择添加位置而增加。

第 2 步：设置图片的对齐方式。在文档中选择要向其添加题注的位置。

第 3 步：单击功能区"引用"|"题注"|"插入题注"按钮，打开如图 3-105 所示的"题注"对话框。在该对话框中，可以根据添加题注的不同对象，在"选项"区域的下拉列表中选择

图 3-105 "题注"对话框

不同的标签类型。

第 4 步：如果期望在文档中使用自定义的标签显示方式，则可以单击"新建标签"按钮，为新的标签命名后，新的标签样式将出现在"标签"下拉列表中，同时还可以为该标签设置位置与标号类型，如图 3-106 所示。

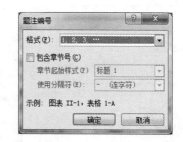

图 3-106 自定义题注标签

第 5 步：设置完成后单击"确定"按钮，即可将题注添加到相应的文档位置。

案例操作 13：

第 1 步：在文档中插入一个 SmartArt 的"层次结构图"，如图 3-107 所示。

第 2 步：将所有图片设为"居中对齐"。

第 3 步：以上述方式为本例所有图表添加题注，并设置题注的格式。

图 3-107 SmartArt 的"层次结构图"

3.7.8 添加目录

目录（དཀར་ཆག）是长篇文章不可缺少的一项内容，它列出了文档中的各级标题及其所在的页码，便于文档阅读者快速查找到所需的内容。

1．添加文章目录

案例操作 14：

创建目录的步骤如下：

第 1 步：将光标定位到英文摘要内容之后，插入一个分节符，插入一个空白页，输入"目录"。

第 2 步：单击功能区"引用"|"目录"|"目录"，打开如图 3-108 所示的下拉菜单，选择"插入目录"命令。此时，打开了"目录"对话框。如图 3-109 所示。

第 3 步：选择一种格式，这里选择为"正式"；设置显示级别为"2"；去掉"使用超链接而不使用页码"前面的"√"，设置"制表符前导符"为"……"。单击"确定"按钮，文章中就插入了目录。

第 4 步：设置"目录"的字体格式，如图 3-110 所示。

第 5 步：如果再次插入目录，会有如图 3-111 所示的提示，按要求选择。如果插入目录后，修改了内容，需要重新更新目录，则在"目录"上右击，在弹出的快捷菜单中选择"更新域"，打开"更新目录"窗口，如图 3-112 所示，按需要选择"只更新页码"或"更新整个目录"后，点击"确定"按钮即可。

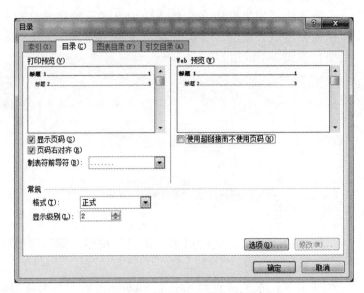

图 3-108　"目录"下菜单　　　　　　　　　　图 3-109　设置"目录"对话框

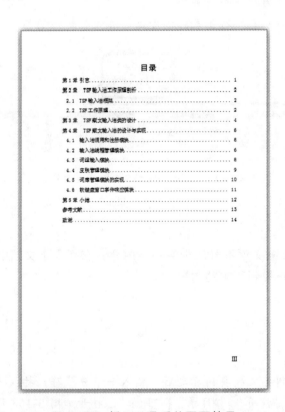

图 3-110　插入目录后的页面效果

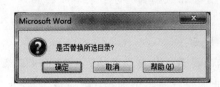

图 3-111　询问对话框

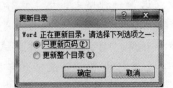

图 3-112　"更新目录"窗口

2．添加图表目录

案例操作 15：

添加图表目录的方法与添加文章目录的方法一致。

第 1 步：将光标定位到文章目录内容之后，在文章目录后插入一个"分节符"，插入一个"空白页"，输入"图表目录"。

第 2 步：单击功能区"引用"|"题注"|"插入表目录"，打开如图 3-113 所示"图表目录"对话框。

图 3-113 "图表目录"对话框

第 3 步：选择一种格式，这里选择"来自模板"；"题注标签"为"图"；去掉"使用超链接而不使用页码"前面的"√"，设置制表符前导符为"……"。单击"确定"按钮，文章中就插入了图表目录。

第 4 步：设置"图表目录"的字体格式。

3.7.9 文档的修订与审阅

修订（བཟོ་བཅོས།）与审阅（ཞུ་བཞེར།）功能主要应用于由一人创作原稿而由其他编审者负责对稿件内容进行修改审定，再返回原作者最终确认，即多人合作共同完成一份稿件的场合。在默认状态下，对 Word 文档所做的修改是不会留有任何痕迹的，因此当原作者拿到修改稿后无法知晓修改者对哪些地方作了修改以及改得是否合适。而通过 Word 的修订功能就可以跟踪每个插入、删除、移动、格式更改或批注操作，能在文档中清楚地标记出改稿人的每一处改动，以便原作者对每一处改动进行最终确认，通过逐项审阅的方式决定接受修订还是拒绝修订。

学生将论文写好后，会交给论文指导老师修改。指导老师修改论文时，想让学生知道其对论文中哪些地方进行了怎样的修改，就需要用到修订与审阅的功能。

1．修订文档

修订文档有以直接编辑文档的方式修订和以插入批注的方式修订两种方式。

（1）以直接编辑文档的方式进行修订

以直接编辑文档的方式进行修订的步骤如下：

第 1 步：打开要修订的文档。

第 2 步：单击"审阅"|"修订"|"修订"按钮，打开修订状态。此后对文档所做的每一处改动，都将以修订痕迹的形式标出。

第 3 步：直接对文档的内容及格式进行修改。

第 4 步：如果确认不再对该文档实施其他改动，则可再次单击"修订"按钮关闭修订状态。

（2）以插入批注的方式修订文档

该方式以批注的形式给原作者提出一些修改建议，并不直接对原文进行具体的改动。其步骤如下：

第 1 步：选定需要增加批注的字、词或段落。

第 2 步：单击"审阅"|"批注"|"新建批注"按钮，便会在页面的右侧出现一个新的批注框。

第 3 步：在批注框中输入具体的批注内容。

第 4 步：完成修订，关闭并保存文档。

2．审阅修订和批注

当审阅修订时，可以接受或拒绝文档中的每一项更改。从"批注"查看批注的内容，点击"审阅"|"批注"|"删除"按钮可删除批注内容及标记。

（1）审阅修订

单击"审阅"|"修订"|"审阅窗格"，即在屏幕侧边出现一个审阅窗格，从中可以清楚地看见修订及批注的情况。

（2）按顺序逐项审阅文档中的修订和批注

第 1 步：打开修订过的 Word 文档。

第 2 步：单击"审阅"|"更改"|"上一条"或"下一条"按钮，定位到某一修订处。

第 3 步：单击"审阅"|"更改"|"接受"或"拒绝"按钮，确认修订结果，此时该处的修订标记会自动消失。

第 4 步：重复上述过程，直到所有修订均被确认。

第 5 步：结束审阅，关闭并保存文档。

知识扩展：

若要单独审阅某一处修订内容，在"审阅窗格"中选定某一项修订，再单击"接受"或"拒绝"按钮；若要一次接受所有更改，可直接单击"接受"按钮下方的箭头，然后在弹出选项中单击"接受对文档的所有修订"；若要一次拒绝所有更改，可直接单击"拒绝"按钮下方的箭头，然后在弹出选项中单击"拒绝对文档的所有修订"。

对于文档中的批注内容，可以利用"审阅"选项卡的"批注"组中的"上一条"或"下一条"按钮定位到某一批注处，然后单击该组内的"删除"按钮进行逐项删除。也可一次性删除文档中的所有批注，就是单击"批注"组中"删除"按钮下方的箭头，在弹出选项中单击"删除文档中所有的批注"。

3．字数统计（ཡིག་གྲངས་སྟོམ་ཚིས།）

在论文写作过程中，经常需要查看整篇文档或部分段落的字数。常用的查看字数的方法有：

方法一：在状态栏中查看。

在 Word 中直接观察状态栏，如图 3-114 所示。例如：其中显示"字数 178/6349"，表示整个文档共有 6349 个字，其中选定的"摘要"内容为 178 个字符。

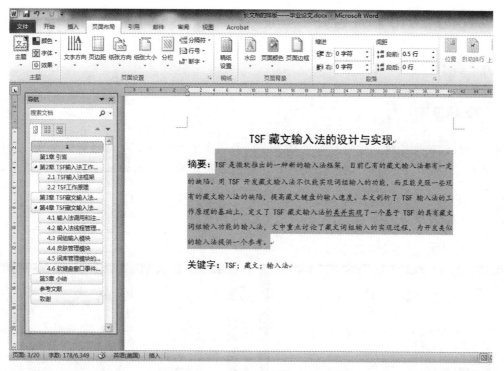

图 3-114　参看状态栏的字数

方法二：用"字数统计"命令。

若要获得更为详细的统计信息，选择了需要统计的内容后，单击"审阅"|"校对"|"字数统计"即可，如图 3-115 所示，显示了论文"摘要"内容的字符数的详细情况。

图 3-115　"字数统计"对话框

4．拼写和语法检查（ཡིག་ནོར་དང་བརྗོད་སྒྲིག་ཞིབ་བཤེར།）

审核文档是 Word 的实用功能之一。在一个长文档中，通过文档审核可以快速地检查一遍文档中的错误，但这项检查并不能完全代替手动逐行审查。

拼写和语法是文档编辑中经常会发生错误的地方，如果文档中发生了这类错误，Word 会以绿色或红色的波浪线标识出来。当然，有些时候所标记的内容也可能并没有错误，毕竟 Word 的拼写和语法检查功能有限。若要使用这项功能，可单击"审阅"|"校对"|"拼写和语法"按钮，打开如图 3-116 所示的"拼写和语法"对话框。

用户可以在该对话框内对所标记出的错误选择处理或逐项加以更正、确认。处理方法有：

① 如果经人工判断所标记的并非错误，可单击"忽略一次"按钮。

② 如果要全部忽略此类的错误，可单击"全部忽略"按钮。

③ 如果要将错误单词保存到词典，可单击"添加到词典"按钮，这样下次检查时，此错误就会自动被忽略。

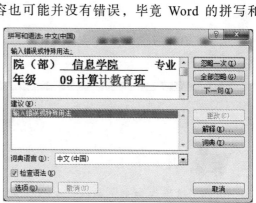

图 3-116　"拼写和语法"对话框

④ 如果将同一错误全部更改，则可单击"全部更改"按钮。

⑤ "自动更正"按钮用于自动更正为 Word 认为正确的内容，不建议使用。

3.8 Word 2010 邮件合并

案例九　制作"结项通知书"

 案例描述

"国家大学生创新性实验计划项目"是很多在校大学生申请的一个学生创新性项目。2016 年，西藏大学有 50 个"国家大学生创新实验计划项目"通过答辩结项。本例将批量制作"结项通知书"。

 最终效果

图 3-117　"邮件合并"的效果

 任务分析

50 个"结项通知书"的版式一致，部分文字内容也一致，但是每个"结项通知书"中的项目名称、项目编号、项目负责人、项目组的其他成员、指导教师和验收结果的内容却不一致，因此不可能在制作完一个"结项通知书"后，采用复制后修改的方法来完成。这时需要用 Word 提供的"邮件合并"功能来完成这样的工作。本任务的具体操作包括：页面设置，多个水印的制作，基本形状的改变，邮件合并功能的使用等。

教学目标

① 掌握邮件合并功能的使用方法。
② 初步学会在 Excel 软件中录入文字。
③ 学会利用邮件合并功能完成批量的制作任务。
④ 了解大学期间的学生科研项目，培养对科研项目的兴趣，树立参与项目的意识。

3.8.1 建立主文档

"结项通知书"的版式和部分文字内容是一致的，该部分称为主文档（ཡིག་ཆ་གཙོ་བོ།）。

1. 主文档的页面设置

案例操作 1:

第 1 步：新建 Word 文档，以"'国家大学生创新性实验计划项目'结项通知书"为名保存。

第 2 步：页面设置如下：

"纸张方向"为"横向"，"页边距"为上、下、左、右均为"2.5 厘米"；"纸张大小"为宽"28 厘米"、高"20 厘米"，如图 3-118 所示。

第 3 步：输入"结项通知书"的内容，并设置字符、段落的格式，如图 3-117 所示。

2. 美化主文档

案例操作 2:

通过设置页面边框来美化主文档：

单击"页面布局"|"页面背景"|"页面边框"按钮，打开"边框和底纹"对话框，在其中选择如图 3-119 所示的"艺术型"边框。

图 3-118 "自定义"纸张大小

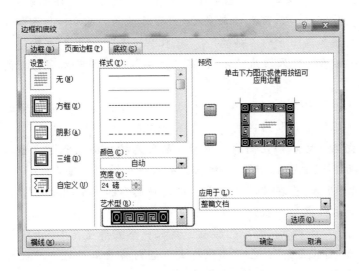

图 3-119 设置页面边框

3．多个水印的制作

案例操作 3：

以"'国家大学生创新性实验计划项目'结项通知书"为水印，铺满页面，其步骤如下：

第 1 步：单击"页面布局"|"页面背景"|"水印"按钮，在下拉菜单中选择"自定义水印"命令，自定义一个水印，如图 3-120 所示。

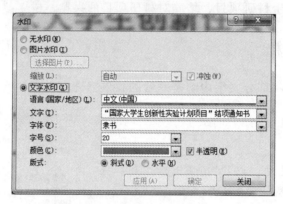

图 3-120 添加一个自定义水印

第 2 步：双击文档的页眉或页脚进入页眉页脚编辑状态，此时即可使用鼠标选中文档中的水印，然后进行"移动"、"缩放"、"旋转"、"复制"、"粘贴"等操作。当文档中的水印处于选中状态时，功能区中将显示"艺术字工具"，通过使用该工具下的"格式"选项卡，可对水印进行"编辑文字"、"应用艺术字样式"、"设置三维效果"、"更改水印位置"、"更改水印大小"等编辑。

第 3 步：复制水印，多次粘贴，将每一个水印移动到适当位置，最终达到水印铺满整个页面的效果。

第 4 步：双击正文任意位置，退出页眉页脚编辑状态，水印编辑完成。

4．制作公章效果

案例操作 4：

利用形状（圆形、五角星）和艺术字工具可以制作公章效果，其步骤如下：

第 1 步：单击"插入"|"文本"|"艺术字"按钮，展开艺术字样式菜单，选择第 6 行第 3 列的样式创建艺术字，文字换成"西藏大学教务处"，字体改为"宋体"，字号为"24"。

第 2 步：单击"绘图工具"下的"格式"|"艺术字样式"|"文本效果"按钮，在下拉菜单中将艺术字的"阴影"和"棱台"效果设为"无"，在"大小"组内将艺术字的"高度"和"宽度"均设为"4.5 厘米"。

第 3 步：单击"艺术字样式"组内的"文本效果"按钮，在下拉菜单中选择"转换"命令，并在弹出的菜单中选择"跟随路径"组内的"七弯弧"样式。

第 4 步：用鼠标向右下方拖动左侧边框中间处的紫色控制块至合适位置。

第 5 步：单击"插图"组内的"形状"按钮，插入一个圆形，在"大小"组内将圆形的"高度"和"宽度"均设为"4.2 厘米"；在"形状样式"组内将圆形的"形状填充"项设为"无填充颜色"，将"形状轮廓"项设为"红色"，"粗细"为"3 磅"。

第 6 步：单击"插图"组内的"形状"按钮，插入一个五角星，在"大小"组内将五角星的"高度"和"宽度"均设为"1.3 厘米"；在"形状样式"组内将五角星的"形状填充"项设为"红色"，将"形状轮廓"项也设为"红色"。

第 7 步：将艺术字、圆形和五角星恰当地重叠摆放，最后组合在一起。

主文档制作完成后的最终效果如图 3-121 所示。

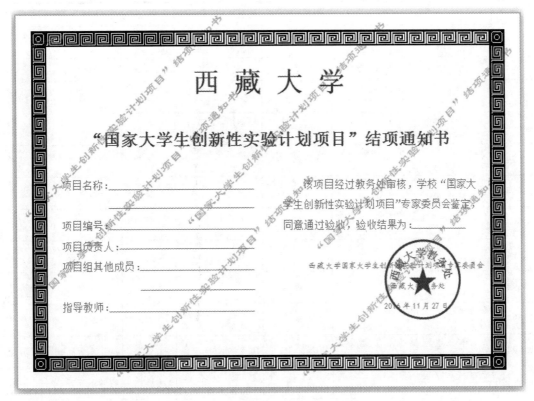

图 3-121　"邮件合并"的主文档

3.8.2　创建数据源

案例操作 5：

用与新建 Word 文件相同的方法新建一个 Excel 工作簿，录入表 3-2 所示内容，作为邮件合并的备用数据源，并以"2016 年西藏大学'国家大学生创新实验计划项目'结项统计表.xlsx"①为名保存文件。

表 3-2　"邮件合并"的数据源

序号	项目编号	项目名称	项目负责人	项目组其他成员	指导老师	单位	验收结果	备注
1	151069401	基于 INSAR 的西藏那曲地区地震地表形变监测研究	索朗	许兵、杨赛男	拉巴	理学院	优秀	
2	151069402	碳质糜棱岩中碳的赋存形式及成因特征	陈志强	仓决、胡杰仁	索朗次仁	理学院	合格	
3	151069403	通信基站用光伏发电控制器的设计	卓嘎	尼玛、李君丽	桂卫华	信息科学与工程学院	合格	
4	151069404	如何解决网络通信双方相互攻击的问题研究	陈道明	王琦	施荣华	信息科学与工程学院	优秀	
5	151069405	传感器网络模式的移动 SNS 系统	唐磊	郭宏杰、石文海	陈志刚	信息科学与工程学院	合格	
6	151069406	西藏山区公路弃土场渣体稳定性机理研究	秦思谋	周彪、刘汉云、陈旭	方理刚	工学院	优秀	
7	151069407	全自动理瓶输送机构	曹茂鹏	鲁耀中、刘纯亮	王艾伦	工学院	合格	
8	151069408	SnO2 基新型 NTC 热敏材料的开发与改性	胡湛	张家恒、严新宇	张鸿	工学院	合格	

---

① 表中的数据是为练习"邮件合并"而虚构的，并非真实数据。

续表

序号	项目编号	项目名称	项目负责人	项目组其他成员	指导老师	单位	验收结果	备注
9	151069409	天然美白配方的功效评价及市场调查推广	姜慧青	易孜、杨希苧、陈晓姝、姜志成	唐爱东	理学院	优秀	
10	151069410	弱磁性铁矿物的自磁化研究	曹扬帆	胡明皓、刘杰	伍喜庆	工学院	合格	
11	151069411	鲕状赤铁矿高温焙烧及其可选性行为研究	童星	武尚文、张峰	郭宇峰	工学院	合格	
12	151069412	基于纳米负载的抗菌矿物材料合成及性能调控	王诗童	吴冶彬、肖浩、张璐璐、吴婷婷	杨华明	工学院	合格	
13	151069413	电子产品失效模式与可靠性研究	孙东州	张良、钱江兵、方运	黄锐	工学院	优秀	
14	151069414	卷柏属新型黄酮类成分及降脂作用与机制研究	党瑞丽		谭桂山	医学院	合格	
15	151069415	精神应激对黑色素形成的影响机制的探究	曾庆海	吴元强、唐玲、周扬梅	肖嵘	医学院	合格	
16	151069416	青藏高原肺结核的发病率及预防研究	黄晓	李恺、刘娜	余再新	医学院	合格	
17	151069417	肾移植后高血压患者应用氨氯地平的定量药理模型的研究	陈璐瑶	赵子进、罗娟、韩靖	袁洪	医学院	合格	
18	151069418	内地游客克服高原反应方法研究	高章峰	王智宇、林燕惠、聂舒、肖虹	肖水源	医学院	优秀	
19	151069419	结核患者家属生活质量及其影响因素的研究	冯伟	鞠胜杰、马传锐	陈立章	医学院	合格	
20	151069420	西藏江孜地区农业产业化新模式探究	李珊珊	葛燕春、江海燕、王之旭	胡振华	经济与管理学院	合格	
21	151069421	城市低碳社区构建中公众参与机制研究——以西藏拉萨市为例	韦柳春	钱腊梅、郭占桃	李建华刘媛	经济与管理学院	合格	
22	151069422	环境保护行动中公众参与问题研究	李琦	寇建岭、曾圣	陈立新	经济与管理学院	合格	
23	151069423	服务型政府城市管理机制研究——以拉萨市城区机动车停放管理问题为例	高欢	黄曦、闻玺、戚志勇	蒋建湘	政法学院	合格	
24	151069424	基于生命哲学视野的大学生生命教育研究——以长沙部分高校为例	王铖	罗方禄	谭希培	政法学院	合格	
25	151069425	加强藏族学生汉语文水平的方法研究	钟慧玲	陈欢	白寅	文学院	优秀	
26	151069426	藏族传统舞蹈的继承方法	李晶	肖文婷、陈皓阳	邹涛	艺术学院	优秀	
27	151069427	基于瞬变电磁场探测滑坡体结构的预警技术研究	高大维	淳少恒、宋杰	柳建新	理学院	合格	
28	151069428	船舶碰撞分析预警系统	唐昌昊	王小童、陈澄、韩晋榕	刘兴权	理学院	合格	
29	151069429	基于无线 Mesh 网络的拉鲁湿地监控系统	闵佳	黄俊、陆亭宇	邓晓衡	信息科学与工程学院	合格	
30	151069430	高速铁路交叠隧道列车震动响应分析	霍飞	李欢、黎杰	彭立敏	工学院	合格	
31	151069431	高速公路自动收费系统的开发与设计	李根	龙巧云、李佳东	刘雄飞	信息科学与工程学院	合格	
32	151069432	钛铝金属间化合物对中药提取液的精制研究	朱行磊	张笑天、孙晓欢、申丹	刘韶	医学院	合格	
33	151069433	藏药治疗糖尿病患者的临床研究	王文静	罗敏、贺文龙、王冠	尼玛扎西	医学院	合格	
34	151069434	藏药对肿瘤的功效	扎西尼玛	向萍、次仁多吉	次仁平措	医学院	合格	

序号	项目编号	项目名称	项目负责人	项目组其他成员	指导老师	单位	验收结果	备注
35	151069435	红景天药效成分的分析研究	索朗扎西	刘振华、旺加	曲珍	医学院	合格	
36	151069436	十二指肠空肠旷置术治疗 2 型糖尿病的机制研究	王睿哲	张大伟、郝静文	朱晒红	医学院	合格	
37	151069437	留守儿童就医行为及其影响因素的研究	王春乐	杨光、谢可炜、陈龙	杨土保	医学院	合格	
38	151069438	西藏大学低碳校园模式构建研究	陈宝玉	章也、张思雨	肖　序	经济与管理学院	合格	
39	151069439	大学生村官激励机制与保障政策实效性研究	蔚　强	王俊杰、邓兵、曹金鑫、李昌清	彭忠益	经济与管理学院	合格	
40	151069440	政府公共环境服务公众参与机制研究	郑心宇	梁桂燕、李卓君、徐伦	陈云良	政法学院	优秀	
41	151069441	大学生志愿者服务活动对提升城市文明形象的影响研究	杨　镇	胡文根、黄莉红	刘　伟	政法学院	合格	
42	151069442	西藏"内地班"学习情况调查研究	李松涛	胡良利	欧阳友权	文学院	合格	
43	151069443	拉萨河周边环境调研及规划构想	王振刚	李青华、曾波	钟虹滨	艺术学院	优秀	
44	151069444	高性能、低成本耐磨铸铁材料的研制与开发	陈建彬	刘兵、刘亦奇、王杰	许晓嫦	理学院	合格	
45	151069445	关于影响土壤源热泵效率因素的研究	刘方欣	卓达学、田威、张勇	廖胜明	理学院	合格	
46	151069446	低品位软锰矿还原浸出制备硫酸锰的研究	马云建	李军华、赖素凤	钟　宏	理学院	合格	
47	151069447	"四翼机"的设计与实现	陈青花	王莜、胡祎玮	赵　伟	工学院	合格	
48	151069448	图书馆管理系统的设计与实现	刘　涛	刘翔、彭俊	胡　杨	信息科学与工程学院	合格	
49	151069449	城市道路优化方案	高　强	尼玛卓玛、琼达	曹　平	工学院	合格	
50	151069450	实时序列虹膜图像质量评估算法研究	陈振森	石浩兵、上官军、张月	徐效文	理学院	合格	

3.8.3　邮件合并

1．开始邮件合并

第 1 步：单击"邮件"|"开始邮件合并"|"开始邮件合并"按钮。

第 2 步：在下拉菜单中选择"普通 Word 文档"命令。

2．选取邮件合并数据源

案例操作 6：

第 1 步：单击"邮件"|"开始邮件合并"|"选择收件人"按钮。

第 2 步：在下拉菜单中选择"使用现有列表"，弹出"选取数据源"对话框。

第 3 步：在"选取数据源"栏选择数据源所在的文件夹，找到刚才新建的数据源文件"2016 年西藏大学'国家大学生创新实验计划项目'结项统计表.xlsx"并双击，在弹出的"选择表格"中选择数据所在的工作表"Sheet1"后，点击"确定"按钮，如图 3-122 所示。

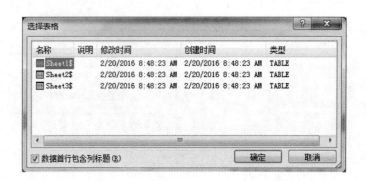

图 3-122　选择数据源的表格

3．编辑收件人列表

案例操作 7：

第 1 步：单击"邮件"|"开始邮件合并"|"编辑收件人列表"按钮，弹出"邮件合并收件人"对话框，如图 3-123 所示，这是将在邮件合并中使用的数据源列表。

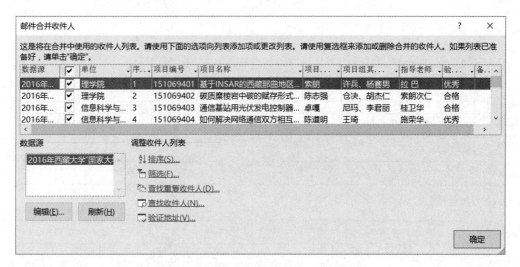

图 3-123　"邮件合并收件人"对话框

第 2 步：使用复选框来添加或删除将要合并的收件人。

第 3 步：列表准备好之后，单击"确定"按钮。

在该对话框中除了能够完成邮件合并收件人的取舍以外，还可以利用各个按钮进行排序、筛选、查找等操作。

4．插入合并域

案例操作 8：

选择收件人后就可以插入合并域，其步骤如下：

第 1 步：将光标定位到"项目名称"后。

第 2 步：单击"邮件"|"编写和插入域"|"插入合并域"按钮。

第 3 步：在下拉列表中选择"项目名称"，将该合并域插入主文档中。

第 4 步：重复以上的步骤，完成将"项目编号"、"项目负责人"、"项目组的其他成员"、"指导教师"和"验收结果"合并域插入文档中。完成上述操作之后，文档的效果如图 3-124 所示。

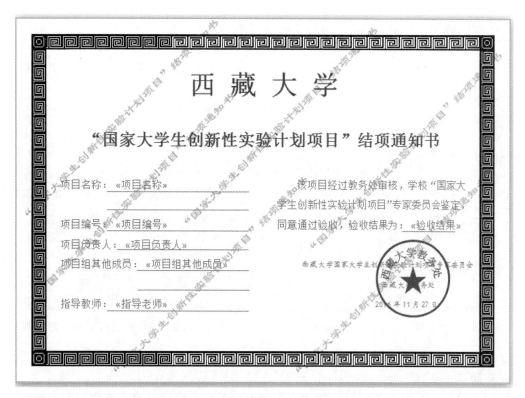

图 3-124 "插入合并域"后文档的效果

5．预览合并的结果

邮件合并完成后，主文档内的合并域名称将会被相应的数据源中的记录值所替代。单击"邮件"｜"预览结果"｜"预览结果"按钮，即可查看合并后的文档效果，如图 3-125 所示。

图 3-125 预览邮件合并后的效果

单击"邮件"选项卡"预览结果"组内的"首记录"、"上一记录"、"下记录"、"尾记录"按钮，便可以预览每个项目的结项通知书。

在"预览结果"中可以对插入域的字符格式进行一定的设置，但该处设置对所有文档中的对应域起作用。

6．完成邮件合并

（1）合并全部记录

第1步：单击"邮件"|"完成"|"完成并合并"按钮。

第2步：在下拉菜单中选择"编辑单个文档"，弹出"合并到新文档"对话框，如图 3-126 所示。

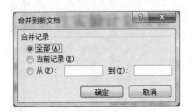 

图 3-126 "合并到新文档"对话框　　　图 3-127 "合并到打印机"对话框

第3步：选择"全部"，单击"确定"按钮就会生成新的文档，其中包含所有的"结项通知书"，可以保存或打印这个文档。

完成邮件合并后，有多少条数据记录就会有多少个页面。用户可以分别浏览每个页面，对页面中的字符进行一定的格式设定，但该格式设定只对该处起作用。

（2）打印合并文档

完成了邮件合并到一个文档后，可直接打印该文档，也可以通过"打印合并文档"功能完成打印，其步骤如下：

第1步：单击"邮件"|"完成"|"完成并合并"按钮。

第2步：在下拉菜单中选择"打印文档"命令，出现与图 3-127 所示的"合并到打印机"对话框，根据需要选择后即可打印。

习　题

一、专项训练

1．Word 的启动、文字输入和字符格式设置

（1）启动 Word 2010，并在 Word 文档中输入以下内容：

中国互联网历史长廊

② 技术的探索

1988 年，中国科学院高能物理研究所采用 X.25 协议使该单位的 DECnet 成为西欧中心 DECnet 的延伸，实现了计算机国际远程联网以及与欧洲和北美地区的电子邮件通信。1989 年 11 月，中关村地区教育与科研示范网络（简称 NCFC）正式启动，由中国科学院主持，联合北京大学、清华大学共同实施。

① 网路探索

中国的互联网不是八抬大轿抬出来的，而是从羊肠小道走出来的。1987 年 9 月 14 日，北京计算机应用技术研究所发出了中国第一封电子邮件："Across the Great Wall we can reach every corner in the world."（越过长城，走向世界），揭开了中国人使用互联网的序幕。

③ 世界你好

1992 年 6 月，在 INET 年会上，中科院钱华林研究员约见美国国家科学基金会国际联网部负责人，第一次正式讨论中国连入 Internet 的问题。

（2）按照小标题编号的顺序，将文本中的段落重新排列好。

（3）将主标题设定为小二号隶书字、居中。小标题设定为四号楷体字，位置不变。

（4）以"YYAT.docx"为文件名将文档另存在"我的文档"文件夹中。

2. 利用模板新建文档

（1）利用模板"典雅型备忘录"新建 Word 文档。

（2）在文档的最后另起一行输入文字"作者：李林"。

（3）以"GJWord35.docx"为名保存文件。

3. 字符格式

（1）打开题目 1 保存的文件"YYAT.docx"。

（2）设置主标题的字体为"华文行楷"，字号为"小二"，字形为"加粗"，"居中"对齐。

（3）设置主标题的文字效果为"红日西斜"，字符间距加宽 2 磅。

（4）设置正文为"宋体"、"11 号"字。

（5）为第一段中的文字添加填充颜色为标准色蓝色的底纹。

（6）保存文档并退出。

4. 段落格式设置

（1）新建一个 Word 文档，输入以下内容：

分析：超越 Linux、Windows 之争

对于微软官员最近对 Linux 和开放源码运动的评价，以及对于 Linux、Windows 的许可证的统计，人们应该持一个怀疑的态度。

微软对 Linux 和开放源码运动的异议的中心论点是：软件的免费将威胁到传统软件制造商的收入。然而，Linux 不大可能剥夺 Windows 或 Unix 在几乎所有的商业公司的所有的桌面和服务器的位置。

同时，微软可以利用开放源码运动的概念发布源代码，让第三方来修改错误并做微小的修正，由微软选择最好的补丁，并更新合适的核心代码。微软可以维持对软件的控制并产生收入。

关于市场份额的统计，很难对 Windows 和 Linux 做出公平的比较。Windows 许可证不是免费的，经常是系统包的一部分。Linux 则可以免费下载，由于下载不一定意味着用于生产，它就难于反映在统计数据中。

（2）设置文章标题"居中对齐"，并为标题段落设置填充为标准色蓝色的底纹。

（3）正文：每段首行缩进"两个字符"，行间距为"1.5 倍行距"。第 1、2 段为"宋体"、"小四号"字。第一段添加"填充颜色"为"标准色浅绿色"的底纹；第 2 段采用"分栏"（三栏加分栏线）排版。第 3 段为"楷体"、"小四号"，"标准色深蓝色"。第 4 段加边框"双波浪线"，文字格式为"仿宋"、"小四号"、"标准色绿色"。

（4）以"分析：超越 Linux、Windows 之争"为名保存文档并退出。

5. 页面设置

（1）打开上题的"分析：超越 Linux、Windows 之争"文档。

（2）设置整篇文档的上、下页边距为"3 厘米"，左、右页边距为"4 厘米"。

（3）设置装订线位于"左侧 2 厘米"处。

（4）保存文档并退出。

6. 样式

（1）打开上题的"分析：超越 Linux、Windows 之争"文档。

（2）新建样式"样式 1"。

（3）"样式 1"的文字格式为"隶书"，"小二"，"居中对齐"。

（4）将文档标题应用"样式 1"。

（5）保存文档。

7. 表格的操作

（1）新建一个 Word 文档，输入如下表格：

成绩	数学	语文	物理
张丰	78	83	72
李刚	67	69	75
王丽	98	82	89

（2）在表格的第三列后插入一新列，设置列宽为"3.2 厘米"，并输入如下所示的内容。

化学
67
78
89

（3）将表格第一行文字属性设置为"隶书"、"四号"、"标准色蓝色"。

（4）将表格的外边框线设置为"1.5 磅标准色红色双实线"，内边框线设置为"0.75 磅标准色红色单实线"。

（5）以"表格"为名保存文件。

8. 剪贴画

（1）新建一个 Word 文档，输入以下内容。

多媒体的应用

目前，多媒体的应用领域正在不断拓宽。在文化教育、技术培训、电子图书、观光旅游、商用及家用等方面。

在教育培训领域、计算机辅助教学软件的兴起极大地改善了人们地学习环境，提高了学习效率在商业零售业，多媒体为扩大销售范围提供了多种手段。商场地电子触摸屏可以为顾客提供各大商业网点地销售情况。在建筑领域，多媒体光盘使人们足不出户便能"置身"于自己心中向往地旅游胜地，轻轻松松地"周游"整个世界。

（2）设置页面纸张大小为"32 开"，左右页边距"2 厘米"，上下页边距"2.5 厘米"。

（3）设置标题字体为"黑体"、"小二号"、"标准色红色"、带"单线下划线"，标题"居中"。

（4）设置标题添加"标准色红色边框"（应用于文字）。

（5）在第一自然段第一行中间文字处插入一个剪贴画，调整大小适宜，设置文字环绕方式为"四周型"。

（6）将正文最后一段分为"两栏"，栏宽为"3 厘米"，加"分隔线"。

（7）以"多媒体的应用"保存文件。

9. 艺术字、公式

（1）打开上题中的"多媒体的应用"文档。

（2）删除原来的标题，在文档中插入艺术字"多媒体的应用"作为文章的标题，艺术字为第三行第一列的样式（填充——"白色"，渐变轮廓——"强调文字颜色 1"）。

（3）设置艺术字的字体格式为"宋体"、"48 号"。

（4）设置艺术字的文字环绕方式为"四周型"。

（5）设置艺术字的文本效果为转换中的"朝鲜鼓"。

（6）在正文后输入以下公式：

$$s = \sqrt{\frac{1}{10}\sum_{i=1}^{10}(x_i - \overline{x})^2}$$

（7）保存文档。

10. 自选图形

（1）打开上题中的"多媒体的应用"文档。

（2）在文档的最后另起一段插入自选图形"横卷形"。

（3）设置自选图形的形状填充颜色为"标准色绿色"，"半透明"。

（4）设置自选图形大小为"高 2 厘米"、"宽 4 厘米"。

（5）自选图形上添加文字"多媒体应用广"。

（6）保存文档。

11. 文本框

（1）打开上题中的"多媒体的应用"文档，复制所有文档，新建一个 Word 文档，以"无（2）"为标题放在文本框中，文本框填充颜色为"主题颜色：黑色，文字 1"，字体颜色为"主题颜色：白色，背景 1"，字体为"隶书"，字号为"40 号"，字形"加粗"，位于右上角。

（2）正文文字为"楷体"，"小四号"；首行缩进"2 字符"，"两端对齐"，"单倍行距"；正文第 3，4 段分成"两栏偏左"，中间间隔"2.02 个字符"。

（3）页面设置：添加带"阴影"页面边框；颜色为"标准色蓝色"、宽度为"2.25 磅"。

（4）最后一段文字加填充颜色为"标准色紫色"的底纹。

（5）以"多媒体的应用 2"为名保存文件。

12. 邮件合并

（1）新建一个文档，输入以下内容，以"成绩单.docx"为名保存文件。

姓名	高数	语文	计算机
薛斌	97	89	93
张宏	90	88	92
李林	98	87	85
赵波	84	92	90
范斌斌	87	90	89
潘凤	85	90	88
刘彤	75	89	86
赵刚	71	90	87
张小京	77	86	81
常宇	80	80	84
陈雁	83	79	82
范静	86	76	79
李静瑶	82	81	76
肖灵	78	80	80
何刚	79	80	79
范文成	85	70	80
宁宁	88	56	88
周于	75	80	76

（2）新建一空白文档，使用"邮件合并"功能创建类型为"信函"的主文档，并选择"使用当前文档"创建信函。

（3）选择收件人为"成绩单.docx"。

（4）按如下所示内容编辑主文档，并插入合并域。

成绩通知单

《姓名》同学：

　　　你的期末考试成绩是：

　　　高数：《高数》

　　　语文：《语文》

　　　计算机：《计算机》

教务处

2016 年 7 月 26 日

（5）将编辑后的文档以"成绩通知单"保存，邮件合并后生成的新文档以"全班成绩通知单"保存。

二、综合操作题

1. 综合操作一

（1）启动 Word 2010，在 Word 文档中输入以下内容：

中国互联网历史长廊

② 技术的探索

1988 年，中国科学院高能物理研究所采用 X.25 协议使该单位的 DECnet 成为西欧中心 DECnet 的延伸，实现了计算机国际远程联网以及与欧洲和北美地区的电子邮件通信。1989 年 11 月，中关村地区教育与科研示范网络（简称 NCFC）正式启动，由中国科学院主持，联合北京大学、清华大学共同实施。

① 网路探索

中国的互联网不是八抬大轿抬出来的，而是从羊肠小道走出来的。1987 年 9 月 14 日，北京计算机应用技术研究所发出了中国第一封电子邮件："Across the Great Wall we can reach every corner in the world."（越过长城，走向世界），揭开了中国人使用互联网的序幕。

③ 世界你好

1992 年 6 月，在 INET 年会上，中科院钱华林研究员约见美国国家科学基金会国际联网部负责人，第一次正式讨论中国连入 Internet 的问题。

（2）按照小标题编号的顺序，将文本中的段落重新排列好。

（3）将主标题设定为"隶书"、"小二号字"、"居中"。小标题设定为"楷体"、"四号字"，位置不变。

（4）在文本下方绘制如下所示的表格。

收费项目		价格（元）	备注
通信费	国内	30/月/每个 IP 用户	每月固定费用，限 30M 国内通信量
	国际	0.007/1KB/每个 IP 用户	
入网材料费		自备	

（5）页面设置：纸张大小为"16开"，页边距上、下分别为"1.8 cm"、"2.0 cm"，左、右均为"1.5 cm"，应用于整篇文档。正文字体为"华文行楷"，字号为"小四号"。

（6）保存文档，并以"YYAT.docx"为文件名将文档另存在"我的文档"文件夹中。

2. 综合操作二

（1）新建一个 Word 文档，输入以下内容：

> 世界汽车电子市场分析
>
> 据市场研究公司 BIS Strategic Decisions 公司预测，世界汽车电子的需求今后五年内将增长 43%，从 1994 年的 113 亿美元提高到 1999 年的 161 亿美元。
>
> 其中增长最快的是驾驶者信息，包括指令、导向、前视显示和防撞告警系统等，1994～1999 年间的年增长率将达 16%，从 4.7 亿美元增长到 9.7 亿美元。其次是车身系统，包括气囊、空调、灯光等，同期将平均增长 11%，正如 Dataquest 公司副总裁所说："汽车正成为众多的电子器件加上四个轮子"。

（2）将标题的文字格式设置为"隶书"、"小二"、"标准色红色"，"居中对齐"。

（3）将正文各段的段落格式设置为段前间距"1 行"，段后间距"1 行"，左缩进"1 个字符"、右缩进"1 个字符"，首行缩进"2 个字符"。

（4）将文档的纸张大小设置为"自定义大小"（297 毫米×420 毫米），将装订线宽度设置为"1.2 厘米"。

（5）将标题段添加"阴影边框"，"标准色蓝色底纹"（边框、底纹应用范围均为文字）。

（6）在文档中插入页眉，内容为"世界汽车电子市场分析"，并设置为"隶书"。

（7）在页脚处插入页码，页码格式为"1，2，3…"。

（8）按照下表所示的表格及内容，在文档最后另起一行建立一个新表格，并计算"平均成绩"。

姓名	数学	语文	政治	平均成绩
张丰	85	78	77	
赵伟	76	92	81	
姚琪	93	86	88	

（9）设置表格行高"1 厘米"、列宽"2.5 厘米"。标题行添加"标准色浅绿色"底纹（应用范围为单元格）。

（10）将表格外框线设置为"1.5 磅标准色蓝色双实线"，内框线设置为"0.5 磅标准色蓝色单实线"。

（11）在文档最后插入一个图片，并将图片文字环绕方式设置为"浮于文字上方"。

（12）以"Word 综合操作二"为名保存文档。

3. 综合操作三

（1）新建一个 Word 文档，输入以下内容，以"NetPC"为名保存文档。

> NetPC
>
> 目标：据微软和 Intel 公司称，NetPC 降低了用户的总拥有成本（TCO），因为对于无须关注 PC 机灵活性和扩展性的用户来说，NetPC 能对台式计算机实施更简单的集中式管理。
>
> 提交：前不久 Compaq 公司开始将它的 NetPC—Deskpro4000N 推向市场。它配有 233 MHz 的 PentiumMMX 处理器、32 MB 的内存、一个 2.1 GB 的硬盘和 WindowsNT4.0 的系统，合计价格为 1 449 美元。

> 进展：自 1997 年 11 月份开始，NetPC 构想的实施已初见端倪。它可配有 166 MHz、200 MHz 或 233 MHz 的 Pentium 处理器，内置硬盘和扩展槽及端口，但是没有 CD-ROM 和软驱。
>
> 评述：关于 NetPC 性能的种种说法显然有些言过其实。NetPC 是微软与 Intel 公司为了与网络计算机（NC）抗衡而推出的一种产品。在企业环境中，Wintel 系统的维护和培训费用远远超过硬件费用，一直是个令人头痛的难题。针对这一情况，网络计算机采用了集中管理的手段，推出了一种全新结构。微软与 Intel 公司为使 Windows 和 Pentium 处理器在企业桌面系统中立于不败之地，将封闭的机壳和有限的硬件与 Windows95 和 NT 的 Windows 零管理增强措施结合了起来，相应地推出了 NetPC。然而令人遗憾的是，他们的设计方案混淆了传统 PC 与网络计算机之间的差别，却综合了网络计算机平台的大部分缺陷与 PC 原有的诸多问题。

（2）将文档的纸张大小设置为"自定义大小"（297 毫米 × 420 毫米），将装订线宽度设置为"1.2 厘米"。

（3）将全文中的"微软"一词改为"Microsoft"。

（4）将标题"NetPC"设置为英文字体"Bookman Old Style"、"20 磅"、"加粗"、"居中"。正文部分的汉字设置为"隶书"，英文设置为"Bookman Old Style"，全部字号为"11 磅"，字形为"常规"。

（5）将标题段的段后间距设置为"2 行"，正文各段左右各缩进"2 字符"，首行缩进"2 字符"。

（6）将正文第二、三段合并为一段，并对合并后的段落设置"分栏"，分为等宽的三栏，并添加"分隔线"。

（7）为正文最后一段添加底纹："填充标准色蓝色"，"图案样式为 20%"，（应用范围为文字）。

（8）插入页脚，页脚内容为"NetPC"，对齐方式设置为"右对齐"。

（9）保存文档。

4. 综合操作四

（1）新建一个 Word 文档，命名为"听的艺术"，输入如下内容：

> 听的艺术
>
> 美国知名主持人林克莱特一天访问一名小朋友，问他说："你长大后想要当什么呀？"小朋友天真地回答："嗯……我要当飞机的驾驶员！"林克莱特接着问："如果有一天，你的飞机飞到太平洋上空所有引擎都熄火了，你会怎么办？"小朋友想了想："我会先告诉坐在飞机上的人绑好安全带，然后我挂上我的降落伞跳出去。"当在现场的观众笑得东倒西歪时，林克莱特继续着注视这孩子，想看他是不是自作聪明的家伙。没想到，接着孩子的两行热泪夺眶而出，这才使得林克莱特发觉这孩子的悲悯之情远非笔墨所能形容。于是林克莱特问他说："为什么要这么做？"小孩的答案透露出一个孩子真挚的想法："我要去拿燃料，我还要回来!!"。
>
> 你听到别人说花时……你真的听懂他说的意思吗？你懂吗？
>
> 如果不懂，就请听别人说完吧，这就是"听的艺术"。
>
> 听花不要听一半。
>
> 不要把自己的意思，投射到别人所说的花上头。
>
> 我还没有那么高的价值，您呢？

（2）将标题文字（"听的艺术"）设置为"华文行楷"、"三号"、"标准色蓝色"，"居中对齐"。

（3）将正文第一段（"美国……我还要回来!!"）设置为左缩进"1 厘米"，右缩进"1 厘米"，"1.5

倍行距"。

（4）将正文中所有的"花"替换为"话"。

（5）为正文第一段（"美国……我还要回来！！"）添加图案样式为"20%"，图案颜色为"标准色紫色"的底纹，应用于"段落"。

（6）为正文第二、三段（"你听到……听的艺术。"）添加"标准色蓝色阴影边框"，宽度为"1磅"（应用于"文字"）。

（7）为正文第四、五段（"听话不要……话上头。"）添加项目符号"●"。

（8）在文档最后插入一张图片，并设置文字环绕方式为"四周型"，图像设置为"灰度"，亮度为"70%"，对比度为"40%"。

（9）在图片下方插入艺术字"听的艺术"，样式为第三行第一列的样式，字体为"华文行楷"，"加粗"，艺术字的文字环绕方式为"穿越型"。

（10）设置艺术字的填充颜色为预设的"雨后初晴"，文本效果为三维旋转中的"等轴左下"。

（11）在文档中插入页眉文字"艺术"，右对齐。

（12）保存文档。

5. 综合操作五

制作一份自己的"个人简历"，使其内容丰富、布局合理、版面精美，并在今后的学习中不断充实其内容。

❖ 4 电子表格软件 Excel 2010

Excel 2010 是一款目前相当流行且应用广泛的电子表格软件（རྩིག་ཧུལ་རེ་ཉུ་མིག་བརྩ་བྱེད་མ་ཉེན་ཆས།），它是 Microsoft Office 2010 程序组中的重要一员，是一款集数据表格、数据库、图表等于一身的优秀电子表格软件。其功能强大，技术先进，使用方便，不仅具有 Word 表格的数据编排功能，还提供了丰富的函数和强大的数据分析工具，使用户可以简单快捷地对各种数据进行处理。它还具有强大的数据综合管理功能，可以以各种统计图表的形式把数据形象地表示出来。由于其强大的数据组织能力，Excel 2010 被广泛应用于财务、行政、金融、统计和审计等众多领域。

4.1 认识 Excel 2010

案例一 认识 Excel 2010

案例描述

Excel 2010 是一款非常出色的电子表格软件，它具有界面友好、操作简便、易学易用等优点。为了更好地应用 Excel 2010，我们必须理解 Excel 2010 的基本概念和认识其工作窗口。

 最终效果

图 4-1　Excel 2010 工作界面

任务分析

Excel 2010 的工作区中除了选项卡和选项卡中的组以外，还包括很多其他元素。本任务的具体操作包括：启动和关闭 Excel 2010，认识工作界面中的标题栏、快速访问工具栏、控制按钮、功能区、公式和函数编辑栏、行号、列标、工作表标签、工作表编辑区等。

 教学目标

① 了解 Excel 2010 的基本概念，学会 Excel 2010 的启动和退出。
② 初步了解 Excel 窗口的结构及其主要功能。
③ 认识 Excel 2010，了解 Excel 的功能区及功能区的选项卡、组件及命令。
④ 理解工作簿、工作表、单元格、单元格地址、单元格区域等概念。
⑤ 培养学生对 Excel 2010 软件的应用兴趣。

4.1.1 Excel 2010 的基本功能

Excel 2010 的基本功能和常见应用体现在四个方面，分别是表格制作、数据运算、建立图表、数据处理。

1．表格制作

手工制作表格不仅效率低，而且格式单调。利用 Excel 2010 提供的丰富的功能进行数据录入和格式设置，可以轻松方便地制作出具有较高专业水准的电子表格，以满足用户的各种需要。

2．数据运算

在 Excel 2010 中，用户不仅可以使用自己定义的公式，而且可以使用系统提供的函数，以完成各种复杂的数据运算。

3．图表建立

Excel 2010 提供了多种图表类型。用户可以使用系统提供的图表向导功能，选择表格中的数据快速创建一个实用、美观的图表，增强数据的可读性。

4．数据处理

Excel 2010 提供了强大的数据库管理功能，利用其提供的有关数据库操作的命令和函数，可以十分方便地完成如排序、筛选、分类汇总、创建数据透视表等操作。

4.1.2 Excel 2010 的启动

启动 Excel 2010 常用的方法有三种：
方法一：单击"开始"→"所有程序"→"Microsoft Office"→"Microsoft Excel 2010"，即可启动 Excel 2010。
方法二：双击建立在 Windows 桌面上的"Microsoft Excel 2010"快捷方式图标"🗐"，或单击"快速启动栏"中的图标"🗐"即可快速启动 Excel 2010。
方法三：双击某一已经创建好的 Excel 文档，在打开该文档的同时，启动 Excel 2010 应用程序。
案例操作 1：
采用上述三种方法中的任意一种方法，启动 Excel 2010。

4.1.3 Excel 2010 的工作环境

Excel 2010 启动后，会出现如图 4-2 所示的工作窗口。Excel 2010 的工作窗口中包括标题栏、控制按钮、快速访问工具栏、"文件"选项卡、功能区、公式与函数编辑栏、滚动条、工作表编辑区、工作表标签和状态栏等部分。

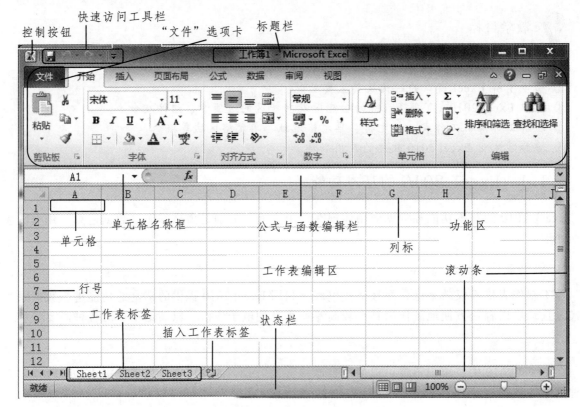

图 4-2 Excel 2010 工作窗口

1．标题栏

标题栏位于应用程序窗口的最上面，用于显示正在运行的程序名及文件名等信息。如果打开新的工作簿文件，用户所看到的是"工作簿 1"，它是 Excel 2010 默认的文件名，如图 4-2 所示。标题栏右端的"　　"按钮，依次是"最小化"、"最大化"和"关闭程序"按钮。

2．控制按钮和快速访问工具栏

控制按钮位于 Excel 窗口左上角，可以通过此按钮控制窗口大小和关闭窗口。默认情况下，快速访问工具栏位于 Excel 窗口的顶部，使用该工具栏可以快速访问最常用的工具，如"保存"、"撤销"、"恢复"等。

3．"文件"选项卡

"文件"选项卡又被称为"文件"按钮，是 Excel 2010 的新功能。单击"文件"选项卡，弹出"文件"菜单，在其中显示一些基本命令，包括"新建"、"打开"、"保存"、"打印"等。

4．功能区

同 Word 2010 一样，Excel 2010 的大部分操作都在功能区完成。功能区如图 4-3 所示，由功能选项卡、选项组和包含在每个选项卡中的各种命令按钮组成。

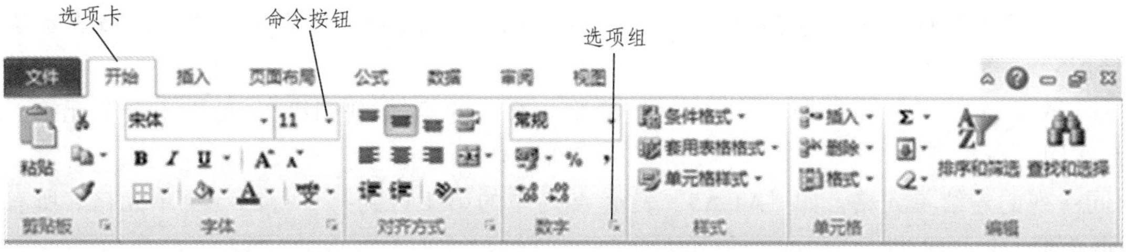

图 4-3 功能区

功能区的每个选项卡是一类功能或操作很相似的命令集合。在每个选项卡中，又按具体的功能对命令进行了重新分类，并组织到各个选项组中。某些选项卡只在需要时才显示。用户也可以自行进行选项卡的隐藏或显示设定。

案例操作 2：

第 1 步：观察 Excel 2010 软件的功能区，指出其与 Word 2010 软件功能区的异同。

第 2 步：观察 Excel 2010“公式”、“数据”选项卡中的选项组和命令。

5．工作表编辑区

工作表编辑区位于工作界面的正中间，如图 4-2 所示，这是 Excel 输入并编辑数据的区域，由工作表数据编辑区和工作表标签组成。

（1）工作簿（ལས་དེབ།）

在 Excel 中用来保存表格内容的文件是一个工作簿，其扩展名为“.xlsx”，其中可以含有一个或多个工作表。启动 Excel 2010 后，系统会自动生成一个名为“工作簿 1”的空白工作簿。

（2）工作表（ལས་ཤོག།）

工作表包含在工作簿中，由单元格、行号、列标以及工作表标签组成。行号显示在工作表左侧，依次用数字 1，2，3，…，1048576 表示；列标显示在工作表上方，依次用字母 A，B，…，XFD 表示。在默认情况下，一个工作簿包括 3 个工作表，分别以“Sheet1”、“Sheet2”和“Sheet3”命名。

要编辑某个工作表，只要单击该工作表标签，这个工作表就会被激活，称为当前工作表或活动工作表。用户可根据实际需要对工作表进行各种操作，包括“插入”、“删除”、“移动或复制”、“重命名”、“隐藏”工作表等。

（3）单元格（སྡེ་ཚན་དྲ་མིག）

工作表中行与列相交形成的长方形区域称为单元格，它是用来存储数据和公式的基本单元。Excel 用列标和行号表示某个单元格。单元格内输入和保存的数据，既可以包含文字、数字和公式，也可以包含图片和声音等。除此之外，对于每一个单元格中的内容，用户还可以设置“格式”，如“字体”、“字号”、“对齐方式”等。所以，一个单元格由“数据内容”、“格式”等部分组成。

（4）单元格地址（སྡེ་ཚན་དྲ་མིག་གི་གནས།）

单元格的地址由“列标 + 行号”组成，如地址为“B1”的单元格是指 B 列第 1 行交叉处的单元格。单元格地址可以作为变量名用在表达式中，如“B1 + B2”表示将“B1”和“B2”这两个单元格的数值相加。

在工作表中正在使用的单元格周围有一个黑色方框“□”，该单元格被称为“当前单元格”或“活动单元格”。用户当前进行的操作都是针对“活动单元格”。

（5）单元格区域（སྡེ་ཚན་དྲ་མིག་གི་ཁུལ།）

在利用公式或函数进行运算时，如果参与运算的是由若干相邻单元格组成的连续区域，便可以使用区域的表示方法进行简化表示。只写出区域开始和结尾的两个单元格的地址，两个地址之间用冒号“:”隔开，即可表示包括这两个单元格在内的它们之间的所有单元格。区域表示法有如下 3 种情况：

① 同一行的连续单元格。如“A1:D1”表示第一行中的第 A 列到第 D 列的 4 个单元格，所有单元格都在同一行。

② 同一列的连续单元格。如“A1:A5”表示 A 列中的第 1 行到第 5 行的 5 个单元格，所有单元格都在同一列。

③ 矩形区域中的连续单元格。如“A1:C4”表示以“A1”和“C4”为对角线两端的矩形区域，共 3 列 4 行 12 个单元格。

6．编辑栏

编辑栏（རྩོམ་སྒྲིག་སྡེ།）由单元格名称框与公式编辑栏组成，在该区域可以对单元格进行重命名，并输入 Excel 计算中用到的公式和函数。

7．滚动条

滚动条位于工作表的底边和右侧。拖动滚动条可以方便地查看编辑区中的内容。

8．状态栏

在默认情况下，状态栏中显示页码、字数统计、当前所使用的语言、插入、改写等信息，还提供了一组视图快捷方式按钮、“显示比例”按钮和“缩放滑块”。

案例操作 3：

在打开的 Excel 2010 界面中，认识工作窗口中的各元素，理解单元格、工作表、工作簿和单元格地址。

4.1.4 Excel 2010 的退出

对打开的工作簿不再做任何操作时，可以将其关闭，常用的方法有四种：

方法一：单击“文件”选项卡→“退出”。

方法二：双击标题栏最左端控制菜单图标“X”。

方法三：按下“Alt + F4”组合键。

方法四：单击工作簿窗口右上角的关闭按钮“X”。

案例操作 4：

采用上述四种方法中的任意一种方法，关闭 Excel 2010。

4.2 Excel 2010 数据输入和工作表编辑

案例二 创建学生成绩表

案例描述

一学期结束后，学院教务科需要把本学院所有学生这一学期的学习情况录入 Excel 软件中进行分析。本案例将帮助教务科创建一份名为“计算机班学生成绩单.xlsx”的 Excel 2010 文件。

最终效果

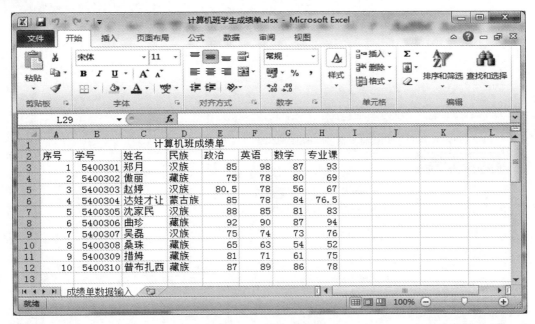

图 4-4 学生成绩单

 任务分析

成绩单的制作主要涉及数据的录入和工作表格式的设置等操作。本任务的具体操作包括：新建一个工作簿，录入标题数据，进行标题合并居中设置，录入数据，对单元格数据进行编辑，工作表的编辑等。

教学目标

① 掌握新建工作簿的方法。
② 学会数据表中各类数据的输入和设置。
③ 掌握快速填充的方法。
④ 理解数字显示格式设置。
⑤ 掌握对单元格进行编辑的方法。
⑥ 掌握对工作表进行编辑的方法。
⑦ 熟悉"剪贴板"、"数字"、"单元格"、"编辑"选项组。
⑧ 掌握工作簿的密码设置及保存方法。
⑨ 培养大学生重视学业、努力学习的情感。

4.2.1 新建工作簿

新建 Excel 2010 工作簿的常用方法有 4 种：

方法一：启动 Excel 2010 后，将自动新建一个默认名为"工作簿 1"的工作簿。

方法二：在启动的 Excel 2010 窗口中，单击"快速访问工具栏"的"新建"命令。

方法三：在启动的 Excel 2010 窗口中，单击"文件"→"新建"→"空白工作簿"→"创建"，将新建一个工作簿文件，如图 4-5 所示。

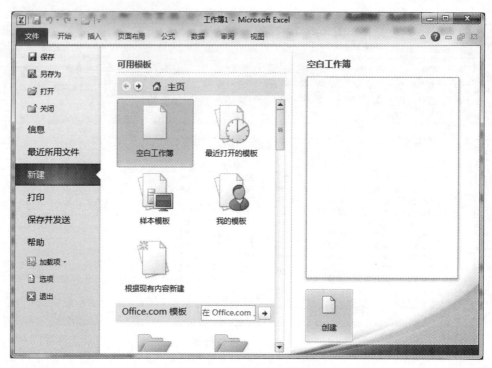

图 4-5　创建空白工作簿

方法四：在新建文件的位置，点击鼠标右键，单击"新建"→"Microsoft Excel 工作表"，对此文件进行"重命令"即可。

> 知识扩展：
>
> 　　Excel 提供了大量固定的、专业性很强的表格模板，如会议议程、预算、日历等。这些模板对"数字"、"字体"、"对齐方式"、"边框"、"底纹"、"行高"与"列宽"等都预先进行了设置，如果用户使用这些模板，可以轻松地设计出具有专业功能和外观的表格。其操作步骤为单击"文件"→"新建"，然后在"可用模板"的"样本模板"和"Office.com"模板中选择某个模板后，单击"创建"，最后再做适当修改。
>
> 　　其中，"Office.com"模板是放在服务器上的资源，用户必须联网才能使用这些模板，选择某个模板后，必须下载后才能使用。

案例操作 1：
新建一个文件名为"计算机班学生成绩单"的 xlsx 文件，用于创建和编辑学生成绩表。

4.2.2　选定单元格和区域

新建工作簿后，要对工作表进行操作，首先要选择工作表中的单元格或单元格区域。

1．选定一个单元格

用鼠标单击需要编辑的单元格即可选定一个单元格。选定某个单元格后，该单元格地址将会显示在单元格名称框内，内容显示在编辑框中，同时该单元格以粗线框显示，如图 4-6 所示。此例中 B1 代表第 B 列第 1 行单元格，其值是"学号"。

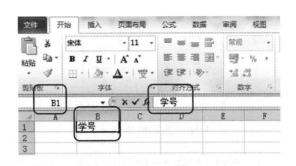

图 4-6　单元格地址和值

2．选定工作表中的所有单元格

如图 4-7 所示，单击位于行号和列号交叉处的"全选"按钮，可选定整张工作表。另外，也可以使用快捷键"Ctrl＋A"选中所有单元格。

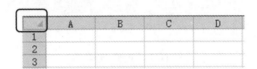

图 4-7　"全选"按钮

3．选定整行

如图 4-8 所示，单击某行行首的行号标签，可以选定整行的所有单元格。

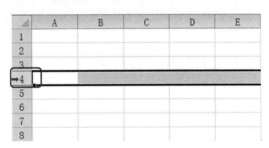

图 4-8　选定整行

4．选定整列

如图 4-9 所示，和选定整行一样，单击某列列首的列号标签，可以选定整列的单元格。

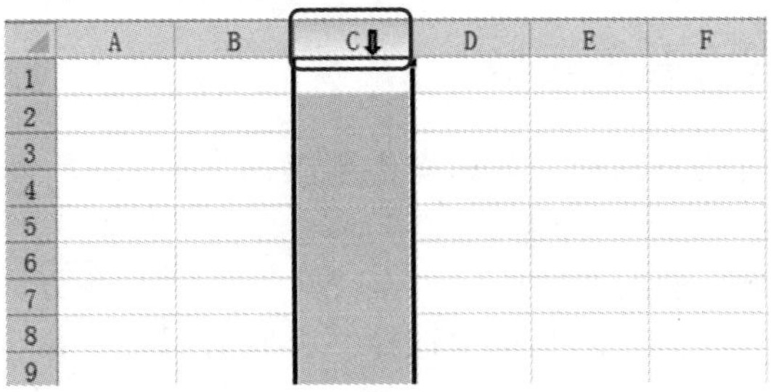

图 4-9　选定整列

5．选定多个相邻的单元格或连续的行、列

先单击起始单元格将其选定，然后按住鼠标左键，拖动至区域的最后一个单元格，即可选定工作表中由多个连续单元格组成的区域，如图 4-10 所示。

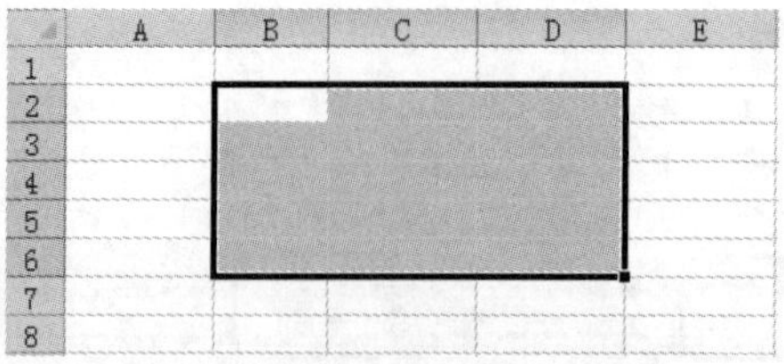

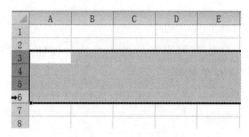

图 4-10　选定相邻的单元格

如果要选定多个连续行中的单元格，如图 4-11 所示，只需要单击某行号后按住鼠标左键并沿行号标签拖动即可。

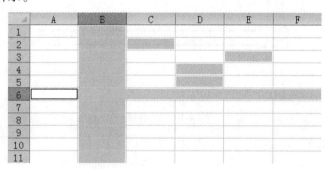

图 4-11　选定连续行

如果要选定多个连续列中的单元格，同选择连续行一样，只要单击某个列号后按住鼠标左键并沿列号标签拖动即可。

6．选定不相邻的多组单元格

先选定第一组单元格，然后在按住"Ctrl"键的同时，使用上述各种方法选定其他单元格或单元格区域，如图 4-12 所示。

图 4-12　选定不连续单元格

4.2.3　输入标题并合并单元格

设置标题行居中的操作方法有两种，具体操作步骤如下：

方法一：合并及居中。

选定要合并的单元格区域，然后在功能区单击"开始"|"对齐方式"|"合并后居中"按钮右侧的"合并后居中"下拉按钮，在展开的菜单中选择"合并后居中"命令，则将选定的区域合并为一个单元格，并使其内容居中排列。

方法二：跨列居中。

选定要跨列居中的单元格区域，然后在功能区单击"开始"选项卡"对齐方式"组内的"对话框启动器"，打开"设置单元格格式"对话框。在"对齐"选项卡的"水平对齐"下拉列表框中选择"跨列居中"选项，在"垂直对齐"下拉列表中选择"居中"选项。此时，标题居中放置了，但是单元格并没有合并。

案例操作 2：

本案例在 Sheet1 中进行数据录入，采用第一种方法合并单元格。

第 1 步：单击 A1 单元格将其选中，选择一种汉字输入法，在 A1 单元格中输入标题文字"计算机班成绩单"，按"Enter"键确认输入，如图 4-13 所示。

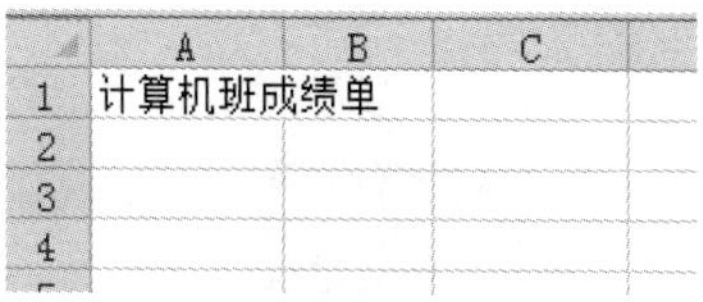

第 2 步：拖动鼠标选定要合并的单元格 A1 至 H1，按第一种方法选择"合并后居中"命令，如图 4-14 所示，将选定的区域合并为一个单元格，并使其内容居中排列。

图 4-13　输入标题

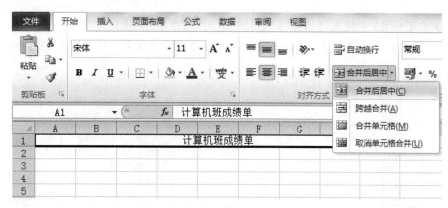

图 4-14　合并单元格

4.2.4　快速输入数据

Excel 2010 提供了强大的输入数据的功能，使用户能较快地输入数据。如果要在连续的单元格中输入相同的数据或具有某种规律的数据，如数字序列中的等差序列、等比序列和有序文字等，使用 Excel 的自动填充功能可以方便快捷地完成输入操作。

方法一：利用填充柄填充。

在单元格的右下角有一个黑色的小方块，称为填充柄或复制柄。将鼠标指针移至填充柄处时，鼠标指针变成"+"字形。选定一个已输入数据的单元格后，拖动填充柄向相邻的单元格移动，可填充相同的数据。

如果要输入的数值型数据具有某种特定规律，如等差序列或等比序列，也可以使用自动填充功能。

方法二：利用"序列"对话框输入序列。

除了利用填充柄填充外，还可以利用"序列"对话框进行更加灵活、复杂的数据填充。在要填充的单元格区域中的第一个单元格中输入起始数据，选中要填充数据的单元格，单击"开始"|"编辑"|"填充"下拉按钮，在展开的下拉菜单中选择"系列"，在弹出的"序列"对话框中进行设置，点击"确定"，就在选择区内填充了设置的数字。

方法三：在不同的单元格中快速输入相同的内容。

按住"Ctrl"键，选定要输入数据的多个单元格。在活动单元格（选定的多个单元格中不是反白显示的单元格）中输入需要输入的内容，然后按住"Ctrl"键，再按"Enter"键，就可以将输入的内容同步复制到其他选定的单元格中。

案例操作 3：

第 1 步：单击 A3 单元格，按第一种方法，在编辑栏输入"1"，在 A4 单元格输入"2"，如图 4-15 所示。选中 A3 和 A4 单元格，将鼠标移动到该单元格右下角的填充柄上，按住鼠标并拖动到 A12，则在拖动区域中填充了数字，如图 4-16 所示。

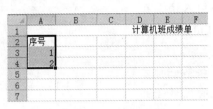

图 4-15　合并单元格

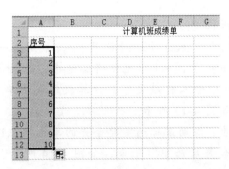

图 4-16　自动填充序号内容

第 2 步：在单元格 B3 中输入起始数据"5400301"，选中 B3 到 B12 单元格，如图 4-17 所示。采用第二种方法，进行如图 4-18 所示设置，点击"确定"，就在选择区内填充了设置的数字 5400301～5400310。

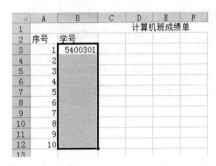

图 4-17　选中多个单元格

图 4-18　在列上产生等差序列设置

第 3 步：如图 4-19 录入姓名。然后采用第三种方法，按住"Ctrl"键，选定单元格 D3、D5、D7、D9，如图 4-19 所示。然后，在活动单元格 D9 中输入"汉族"二字，如图 4-20 所示。最后，按住"Ctrl"键，再按"Enter"键，"汉族"二字被复制到了选定的单元格中，如图 4-21 所示。用同样方法在 D4、D8、D10、D11、D12 单元格中输入"藏族"。在 D6 单元格中录入"蒙古族"。

A	B	C	D	E	F
			计算机班成绩单		
序号	学号	姓名	民族		
1	5400301	郑月			
2	5400302	傲旗			
3	5400303	赵婷			
4	5400304	达娃才让			
5	5400305	沈家民			
6	5400306	曲珍			
7	5400307	吴磊			
8	5400308	桑珠			
9	5400309	措姆			
10	5400310	普布扎西			

图 4-19　选定不连续单元格

A	B	C	D	E	F
			计算机班成绩单		
序号	学号	姓名	民族		
1	5400301	郑月			
2	5400302	傲旗			
3	5400303	赵婷			
4	5400304	达娃才让			
5	5400305	沈家民			
6	5400306	曲珍			
7	5400307	吴磊	汉族		
8	5400308	桑珠			
9	5400309	措姆			
10	5400310	普布扎西			

图 4-20　在活动单元格中输入内容

D9			fx	汉族	
A	B	C	D	E	F
			计算机班成绩单		
序号	学号	姓名	民族		
1	5400301	郑月	汉族		
2	5400302	傲旗			
3	5400303	赵婷	汉族		
4	5400304	达娃才让			
5	5400305	沈家民	汉族		
6	5400306	曲珍			
7	5400307	吴磊	汉族		
8	5400308	桑珠			
9	5400309	措姆			
10	5400310	普布扎西			

图 4-21　数据自动复制

知识扩展：

①　用鼠标拖动填充柄填充的数字序列默认为等差序列，如果要填充等比序列，则要采用"序列"对话框进行设置。

②　用上述方法不仅可以输入数字序列，还可以输入文字序列，如星期、年、月等。

4.2.5　编辑单元格中的数据

1．修改数据

选中要修改数据的单元格，按下"F2"键或双击单元格，在单元格内出现插入点，便可以在单元格内进行修改数据的操作。

2．复制和移动数据

如果要把工作簿中的某些数据复制到其他地方，通常利用剪贴板进行复制操作，其步骤为：

第 1 步：选中单元格区域，右击单元格，在出现的快捷菜单中选择"复制"命令，或按下"Ctrl+C"快捷键，或单击"开始"|"剪贴板"|"复制"按钮，都可将当前单元格的内容复制到剪贴板上。此时选定范围四周会出现闪烁的虚框，表明所复制的内容已经进入剪贴板。

第 2 步：选择目标位置单元格，单击鼠标右键，在出现的快捷菜单中选择"粘贴选项"中的"剪贴值"命令"123"，或按下"Ctrl + V"快捷键，或单击"开始"|"剪贴板"|"粘贴"下拉按钮，在展开的下拉选项中选择"粘贴值"命令，就可把剪贴板中内容粘贴到目标位置上。

知识扩展：

Excel 2010 中可以进行"选择性粘贴"（ བདམས་སྦྱར། ），不但可以对剪贴板中数据的值进行粘贴，还可以粘贴数据的格式。表 4-1 列举出了"选择性粘贴"对话框各项的功能说明。

表 4-1　"选择性粘贴"对话框各项的功能说明

类型	名称	功　　能
粘贴	全部	粘贴所复制的数据的所有单元格内容和格式
	公式	仅粘贴在编辑栏中输入的所复制数据的公式
	数值	仅粘贴在单元格中显示的所复制数据的值
	格式	仅粘贴所复制数据的单元格格式
	批注	仅粘贴附加到所复制的单元格的批注
	有效性验证	将所复制的单元格的数据有效性验证规则粘贴到粘贴区域
	所有使用源主题的单元	粘贴使用复制数据应用的文档主题格式的所有单元格内容
	边框除外	粘贴应用到所复制的单元格的所有单元格内容和格式，边框除外
	列宽	将所复制的某一列或某个列区域的宽度粘贴到另一列或另一个列区域
	公式和数字格式	仅粘贴所复制的单元格中的公式和所有数字格式选项
	值和数字格式	仅粘贴所复制的单元格中的值和所有数字格式选项

第 1 步的操作过程中如果选择了快捷菜单中的"剪切"命令或按下"Ctrl + X"组合键后再进行操作，则可以实现数据的移动。

3．清除数据

方法一：选中要删除内容的单元格后按下"Delete"键，可以快速删除单元格中的内容。

方法二：选中要操作的单元格，单击右键，在弹出的快捷菜单中选择"清除内容"命令，便可以删除选定单元格中的内容。

案例操作 4：

第 1 步：选中单元格 C4，将其内容修改为"傲丽"，E3 值设为"85"，F3 值设为"90"，如图 4-22 所示。

▲	A	B	C	D	E	F	G	H
1				计算机班成绩单				
2	序号	学号	姓名	民族	政治	英语	数学	专业课
3	1	5400301	郑月	汉族	85	90		
4	2	5400302	傲丽	藏族				
5	3	5400303	赵婷	汉族				
6	4	5400304	达娃才让	蒙古族				
7	5	5400305	沈家民	汉族				
8	6	5400306	曲珍	藏族				
9	7	5400307	吴磊	汉族				
10	8	5400308	桑珠	藏族				
11	9	5400309	措姆	藏族				
12	10	5400310	普布扎西	藏族				
13								

图 4-22　数据插入和修改

第 2 步：把 E3 的数据复制到 E6 中，按下"Esc"键取消复制前的选定。把 F3 的数据剪切到 F8。操作结果如图 4-23 所示。

▲	A	B	C	D	E	F	G	H
1				计算机班成绩单				
2	序号	学号	姓名	民族	政治	英语	数学	专业课
3	1	5400301	郑月	汉族	85			
4	2	5400302	傲丽	藏族				
5	3	5400303	赵婷	汉族				
6	4	5400304	达娃才让	蒙古族	85			
7	5	5400305	沈家民	汉族				
8	6	5400306	曲珍	藏族		90		
9	7	5400307	吴磊	汉族				
10	8	5400308	桑珠	藏族				
11	9	5400309	措姆	藏族				
12	10	5400310	普布扎西	藏族				
13								

图 4-23　数据复制移动

4.2.6　行、列、单元格的插入和删除

在活动工作表中，可以进行插入和删除工作表中行、列及单元格的操作。

1．插入行、列和单元格

方法一：鼠标单击要插入行或列的任意单元格，单击"开始"|"单元格"|"插入"下拉按钮，在弹出的下拉菜单中选择"插入工作表行"、"插入工作表列"或者"插入单元格"。

方法二：鼠标右击要插入行或列的单元格，在出现的快捷菜单中选择"插入"，再选择"整行"或者"整列"，单击"确定"按钮。

2．删除行、列和单元格

方法一：鼠标单击要删除行或列的任意单元格，单击"开始"|"单元格"|"删除"下拉按钮，在弹出的下拉菜单中选择"删除工作表行"、"删除工作表列"或者"删除单元格"可以进行相应操作。

方法二：鼠标右击要删除行或列的单元格，在出现的快捷菜单中选择"删除"，再选择"整行"或者"整列"，单击"确定"按钮。

4.2.7 单元格数据有效性设置

Excel 表格中可以通过设置数据有效性（གནས་གྲངས་ཀྱི་ནུས་ཕན་རང་བཞིན།）来限制用户输入的数据，即用户不能输入限制范围以外的其他数据。

案例操作5：

本案例中所有课程的成绩范围为"0"到"100"，其设置步骤如下：

第1步：选中 E3：H12。

第2步：单击"数据"|"数据工具"|"数据有效性"下拉菜单，选择"数据有效性"，如图 4-24 所示。

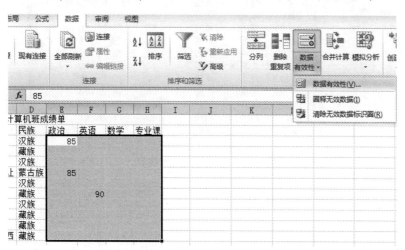

图 4-24 选择设置"数据有效性"区域

第3步：在弹出的"数据有效性"对话框中，设置"允许"选项为"小数"，"数据"选项为"介于"，"最小值"为"0"，"最大值"为"100"，如图 4-25 所示，然后单击"确定"按钮。

第4步：进行数据录入，若录入的数据小于0或者大于100，就会弹出如图 4-26 所示对话框。

图 4-25 "成绩"数据有效性设置

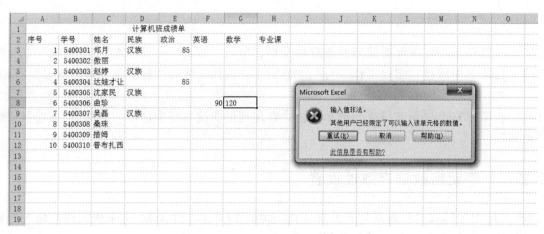

图 4-26　输入非法值

第 5 步：按图 4-27 所示录入本案例的所有数据，结果如图 4-27 所示。

	A	B	C	D	E	F	G	H
1	计算机班成绩单							
2	序号	学号	姓名	民族	政治	英语	数学	专业课
3	1	5400301	郑月	汉族	85	98	87	93
4	2	5400302	傲丽	藏族	75	78	80	69
5	3	5400303	赵婷	汉族	80.5	78	56	67
6	4	5400304	达娃才让	蒙古族	85	78	84	76.5
7	5	5400305	沈家民	汉族	88	85	81	83
8	6	5400306	曲珍	藏族	92	90	87	94
9	7	5400307	吴磊	汉族	75	74	73	76
10	8	5400308	桑珠	藏族	65	63	54	52
11	9	5400309	措姆	藏族	81	71	61	75
12	10	5400310	普布扎西	藏族	87	89	86	78

图 4-27　补齐的部分数据

知识扩展：

表格中有时候要对输入的文本进行有效性设置，比如民族、性别等。此时要在图 4-25 所示对话框中进行设置。如要设置性别的有效数据为“男、女”，则“允许”设置为“序列”，“来源”设置为“男，女”。如要设置民族的有效数据为“藏族、汉族、蒙古族”，则“允许”设置为“序列”，“来源”设置为“藏族，汉族，蒙古族”。注意各项之间只能用半角形式的逗号隔开。

4.2.8　设置单元格中的数字格式

Excel 中的数据除了通常意义的数值和文本外，还可以是货币值、日期、百分数等。

1. 设置数据格式的方法

方法一：单击“开始”选项卡中“数字”组右下角的对话框启动器，打开“设置单元格格式”对话框，在“数字”选项卡中进行相应设置。

方法二：单击鼠标右键，选中“设置单元格格式”，在出现的对话框中选中“数字”进行格式设置，如图 4-28 所示。

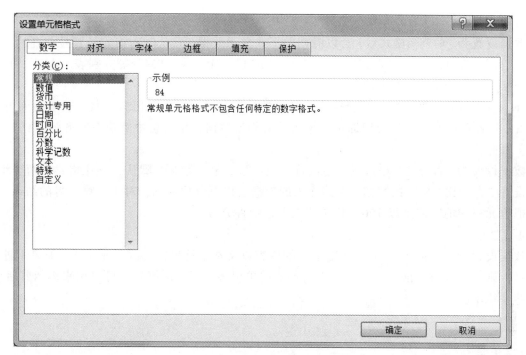

图 4-28 "设置单元格格式"对话框

2．常用的数据格式

Excel 2010 支持的常用数据格式有以下几种：

（1）常规

单元格中的数据将完全以输入的形式出现，输入什么就是什么。

（2）数值

数值数据可直接输入，在单元格中默认的对齐方式是右对齐。在输入数值型数据时，除了 0～9、正负号和小数点外，还可以使用如下符号：

① E 和 e 用于指数符号的输入，例如科学计数法"1.02E + 3"表示 1.02×10^3。

② 以"￥"和"$"开始的数值表示货币格式，"￥"表示人民币，"$"表示美元。

③ 圆括号表示输入的是负数，例如"（240）"表示-240。

④ 逗号"，"表示分节符，例如"12,345,678"。

⑤ 以符号"%"结尾表示输入的是百分数，例如 20%。

如果输入的数值长度超过单元格的宽度，将会自动转换成科学计数法表示。

（3）货币

将数据设置为"货币"格式后，单元格的数据将有两个小数位和一个人民币符号"￥"，负数以红色显示，且放在括号中。同样可以设置"货币符号"、"小数位数"和"负数"的显示形式。

（4）会计专用

将数据设置为"会计专用"格式后，输入数据时将自动在列中对齐货币符号和小数点。默认会计格式有两个小数位。

（5）日期

将数据设置为"日期"格式后，会以日期的形式显示数据。默认的日期格式是由斜杠分开的月和日，从键盘上可以用正斜杠（/）分开年、月和日进行输入，或者以短横线"-"作为年、月、日的分隔符进行日期的输入，比如要输入 2006 年 1 月 2 日，可以输入"2006/1/2"或者"2006-1-2"，然后可以根据"类型"设置不同的日期格式。

（6）时间

将数据设置为"时间"格式后，会以时间的形式显示数据。默认时间格式是冒号分开的"小时"、"分"和"秒"。也可以在时间后面加上"A"或"AM"、"P"或"PM"等分别表示上午、下午。其中时间和字母之间应该留有空格。

另外，也可以将日期和时间组合输入，输入的日期和时间之间要留有空格。若要输入当前系统时间，按"Ctrl + Shift + ;"组合键即可。输入的时间型数据在单元格中默认右对齐。

（7）百分比

将数据设置为"百分比"格式后，会以百分数的形式显示数据。默认百分比格式有两个小数位。对于已设置"百分比"格式的数据，直接输入的数据会以百分比显示。对于计算所得的结果，Excel会自动把单元格中的数值乘以 100，并在结果中显示百分号。

（8）文本

将数据设置为"文本"格式后，会把输入的内容以文本字符串的形式显示出来。如果不进行"文本"设置，则在输入内容前先输入一个半角形式的单引号"'"。该符号也可以用来表示其后面的内容为文本字符串。

知识扩展：

由于 Excel 能够处理的数值精度最大为 15 位，大于 15 位的数字会被当成"0"保存起来，大于 11 位的数字默认以科学计数法来表示。因此，有一些较长的数字要完全显示，比如身份证号码，通常需要将数字格式设置为文本格式。

此外，在功能区"开始"选项卡的"数字"组提供了用于设置数字样式的按钮和下拉菜单，可以快速进行数字样式设置。

4.2.9　工作表的操作

Excel 2010 中有些时候要以某工作表为对象，对其进行操作，比如"选择工作表"、"重命名工作表"、"插入工作表"、"复制工作表"等。

1. 选择工作表

要操作工作表，首先需要选中相应的工作表。被选中的工作表称为"活动工作表"，选中工作表的操作也称为"激活工作表"。选择工作表有以下几种情况。

（1）选择单张工作表

如要选择"Sheet1"工作表，只需直接单击对应的工作表标签即可，显示效果为 。

（2）选择相邻的工作表

单击所要选中的第一张工作表标签后，再按住"Shift"键，单击需要选中的最后一张工作表标签，这样就可以选择连续的工作表。如要选择"Sheet1"、"Sheet2"、"Sheet3"三张工作表，先选择"Sheet1"后，只需按住"Shift"键，再选择"Sheet3"即可，显示效果为 。

（3）选择不相邻的工作表

要选择不相邻的工作表，只需要在按住"Ctrl"键的同时逐个单击每张工作表标签。例如，选择"Sheet1"和"Sheet3"两张工作表，显示效果为 。

如果要取消选择，只需单击未被选中的任意工作表标签即可。

2．重命名工作表

新建工作簿后，工作表默认的名称为"Sheet1"、"Sheet2"、"Sheet3"等，通常情况下要为工作表新建一个有意义的名称。重新命名工作表的方法通常有三种：

方法一：双击要重命名的工作表标签，如"Sheet1"，显示为
"Sheet1"，直接输入新名称，然后按"Enter"键即完成了重命名。

方法二：选中工作表标签，单击鼠标右键，选中"重命名"命令，然后输入工作表的新名称，如图 4-29 所示。

方法三：单击要重命名的工作表，单击"开始"|"单元格"|"格式"下拉按钮，在下拉菜单中选择"重命名工作表"命令，然后输入新名称。

3．插入工作表

方法一：单击工作表标签区中的"插入工作表"按钮" 　 "。

图 4-29 　"重命名工作表"命令

方法二：右键单击任一工作表标签，在弹出的菜单中单击"插入"，将弹出"插入"对话框，如图 4-30 所示。在"常用"选项卡中选择"工作表"，再单击"确定"按钮，即可插入一张新的工作表。

图 4-30 　插入工作表

方法三：单击"开始"|"单元格"|"插入"下拉按钮，在下拉菜单中选择"插入工作表"。

4．删除工作表

方法一：选中要删除的工作表，在功能区单击"开始"|"单元格"|"删除"|"删除工作表"。

方法二：右键单击要删除的工作表标签，在弹出的快捷菜单中选择"删除"命令。

5．移动工作表

有时候根据用户需求，需要调整工作表之间的位置关系，可以通过移动工作表完成，其方法如下：

方法一：单击某工作表标签，按住鼠标左键，当鼠标指针处出现文档图标时拖动鼠标，此时鼠标经过的区域上方会出现一个小三角形，到达目标位置后释放鼠标左键即可。

方法二：右键单击要移动的标签，在弹出的菜单中单击"移动或复制"命令，打开"移动或复制工作表"对话框。在"下列选定工作表之前"列表框中选择要移动到的位置。如果在"工作簿"

下拉列表框中选择了其他打开的工作簿，则可以将选择的工作表移动到其他工作簿中。

6．复制工作表

方法一：单击需要复制的工作表标签，在按住鼠标左键的同时，按住"Ctrl"键，当鼠标指针变成复制图标时拖动鼠标，此时在鼠标经过的区域上方会出现一个小三角形，在到目标位置后释放鼠标左键即可。

方法二：右键单击要复制的工作表标签，在弹出的菜单中单击"移动或复制"命令，打开"移动或复制工作表"对话框。在"下列选定工作表之前"列表框中选择要移动到的位置后，选中"建立副本"复选框，然后单击"确定"按钮即可。

7．隐藏工作表

有时候不想让别人看到自己编辑的内容，可以将工作表隐藏起来。需要使用时，可以随时将其显示出来。同时，对于一些工作表数据很多的工作簿，通过隐藏工作表还可以减少屏幕上显示的工作表数量，其方法如下：

方法一：右键单击拟隐藏的工作表标签，在弹出的快捷菜单中选择"隐藏"命令。

方法二：选择要隐藏的工作表，单击"开始"|"单元格"|"格式"下拉按钮，在展开的下拉列表中选择"隐藏和取消隐藏"下的"隐藏工作表"命令，选中的工作表便从窗口中消失。

将已经隐藏的工作表再显示出来，可单击"开始"|"单元格"|"格式"下拉按钮，在展开的下拉列表中选择"隐藏和取消隐藏"中的"取消隐藏工作表"命令，或者右击任意工作表标签，在弹出的快捷菜单中选择"取消隐藏"命令，选中要取消隐藏的工作表，单击"确定"按钮。

8．拆分工作表窗口

由于计算机屏幕大小有限，当工作表数据量比较大时，就只能看到工作表的部分数据。此时，要对比工作表中相隔较远的数据就不方便。 Excel 2010 提供了一项工作表窗口拆分功能，只需要将窗口分割成几个部分，在不同窗口均可方便地移动滚动条来显示工作表的不同部分。窗口拆分有"水平拆分"、"垂直拆分"、"水平和垂直同时拆分"三种。其方法如下：

（1）水平拆分

单击水平拆分线的下一行的行号（或下一行最左列的单元格），单击"视图"|"窗口"|"拆分"按钮，所选行号上方将出现一条水平拆分线。

（2）垂直拆分

单击垂直拆分线的右一列的列号（或右一列最上方的单元格），然后单击"视图"|"窗口"|"拆分"按钮，所选列号的前方将出现一条垂直的拆分线。

（3）水平和垂直拆分

单击选中的单元格，然后单击"视图"|"窗口"|"拆分"按钮，拆分后将在该单元格上方出现水平拆分线，同时在单元格的左侧出现垂直拆分线。

（4）撤销拆分

撤销拆分，只需要再次单击"视图"|"窗口"|"拆分"按钮，或者双击窗口拆分线即可。

9．冻结工作表窗口

使用拆分功能，可以查看工作表中屏幕上没有显示出来的部分，但工作表的标题也会随之滚动。要使工作表的标题保持不动，可以使用冻结功能。

冻结包括"水平冻结"、"垂直冻结"、"水平和垂直同时冻结"三种形式。冻结的方法和拆分方

法相似，只需要选定起点后，单击"视图"|"窗口"|"冻结窗口"按钮，然后在下拉列表中选中相应的选项，包括"冻结拆分窗格"、"冻结首行"、"冻结首列"等。

要撤销冻结，只需单击"视图"|"窗口"|"冻结窗格"下拉按钮，在下拉列表中选中相应的取消冻结选项。

10．保护工作表

为了保证工作表信息的安全，可以对工作表进行保护设置，其设置步骤如下：

第1步：选中要保护的工作表，单击"审阅"|"更改"|"保护工作表"按钮，或右击工作表，在快捷菜单中选择"保护工作表"命令，都会出现"保护工作表"对话框。

第2步：在"允许此工作表的所有用户进行"列表框中，选择允许用户所进行的操作。在"取消工作表保护时使用的密码"文本框中输入取消保护的密码。单击"确定"按钮，出现"确认密码"对话框。

第3步：在"确认密码"对话框的"重新输入密码"文本框中再次输入密码，单击"确定"按钮即可，完成工作表保护。

在受保护的工作表中，只允许进行"允许此工作表的所有用户进行"列表框中选中的操作，若试图更改被保护的选项，如输入和修改单元格的内容，将出现警示框。

如果要撤销对工作表的保护，可单击"审阅"|"更改"|"撤销工作表保护"按钮，或右击工作表，在快捷菜单中选择"撤销工作表保护"命令，都会出现"撤销工作表保护"对话框。在其中输入保护密码，再单击"确定"按钮就可以撤销对工作表的保护。如果在设置工作表保护时没有输入密码，撤销工作表保护时不会出现"撤销工作表保护"对话框，而是自动撤销工作表保护。

案例操作6：

第1步：本案例是在"Sheet1"中进行的数据输入。双击要重命名的工作表标签"Sheet1"，显示为"Sheet1"，直接输入新名称"成绩单数据输入"，然后按"Enter"键完成重命名，如图4-31所示。

图4-31　重命名工作表

第2步：右键单击"成绩单数据输入"工作表标签，插入一个新的工作表，显示效果为
Sheet1　成绩单数据输入　Sheet2　Sheet3　。

第3步：选中"成绩单数据输入"工作表，点击鼠标右键，进行如图4-32所示的设置，把此表移动到最前面，最后显示效果为 成绩单数据输入　Sheet1　Sheet2　Sheet3　。

第4步：如图4-33所示，复制"成绩单数据输入"工作表。本操作与移动所不同的是，要选中"建立副本"命令，将工作表复制到"Sheet1"之前，得到的结果为 成绩单数据输入　成绩单数据输入 (2)　Sheet1　Sheet2　Sheet3　，此时把它重命名为"成绩单数据格式设置"，显示结果为 成绩单数据输入　成绩单数据格式设置　Sheet1 。如果在"工作簿"下拉列表框中选择了其他打开的工作簿，则可以将选择的工作表复制到其他工作簿中。这时需要在如图4-33所示窗口的"将选定工作表移至工作簿"下拉菜单中选择相应的工作簿名称。然后，删除"成绩单数据格式设置"工作表，隐藏"Sheet1"、"Sheet2"和"Sheet3"工作表。

图 4-32 "移动式复制工作表"对话框

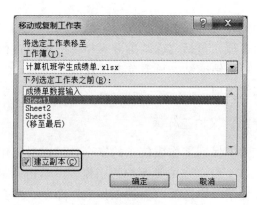

图 4-33 复制工作表对话框

第 5 步：把"成绩单数据输入"中的数据进行拆分后，效果如图 4-34 所示。

	A	B	C	D	E	F	F	G	H	I
1			计算机班成绩单							
2	序号	学号	姓名	民族	政治	英语	英语	数学	专业课	
3	1	5400301	郑月	汉族	85	98	98	87	93	
4	2	5400302	傲丽	藏族	75	78	78	80	69	
5	3	5400303	赵婷	汉族	80.5	78	78	56	67	
6	4	5400304	达娃才让	蒙古族	85	78	78	84	76.5	
7	5	5400305	沈家民	汉族	88	85	85	81	83	
9	7	5400307	吴磊	汉族	75	74	74	73	76	
10	8	5400308	桑珠	藏族	65	63	63	54	52	
11	9	5400309	措姆	藏族	81	71	71	61	75	
12	10	5400310	普布扎西	藏族	87	89	89	86	78	

图 4-34 水平和垂直拆分

第 6 步：取消图 4-34 所示的拆分。

第 7 步：如图 4-35 所示，冻结"成绩单数据输入"数据的列标题，选中第三行，选择如图所示"冻结拆分窗格"，得到如图 4-36 所示结果。

第 8 步：撤销"成绩单数据输入"中进行的冻结。

第 9 步：设置"成绩单数据输入"工作表保护密码为"utibet"，对其进行保护。

第 10 步：取消保护工作表。

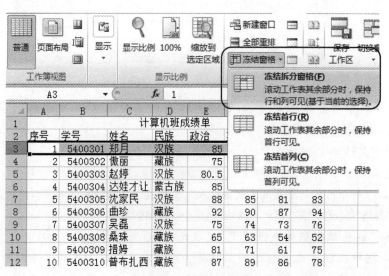

图 4-35 冻结拆分窗格

	A	B	C	D	E	F	G	H
1				计算机班成绩单				
2	序号	学号	姓名	民族	政治	英语	数学	专业课
9	7	5400307	吴磊	汉族	75	74	73	76
10	8	5400308	桑珠	藏族	65	63	54	52
11	9	5400309	措姆	藏族	81	71	61	75
12	10	5400310	普布扎西	藏族	87	89	86	78
13								

图 4-36　冻结后表格显示

4.2.10　保存工作簿

1．保存新建工作簿

第一次保存时，必须为工作簿指定一个文件名并将其保存在磁盘的指定文件夹中，具体步骤如下：

单击"文件"选项卡，在下拉菜单中选择"保存"命令，出现"另存为"对话框，如图 4-37 所示。在"另存为"对话框中，选择保存工作簿的位置，输入工作簿名称，选定保存类型，单击"保存"按钮将完成的工作簿保存起来。

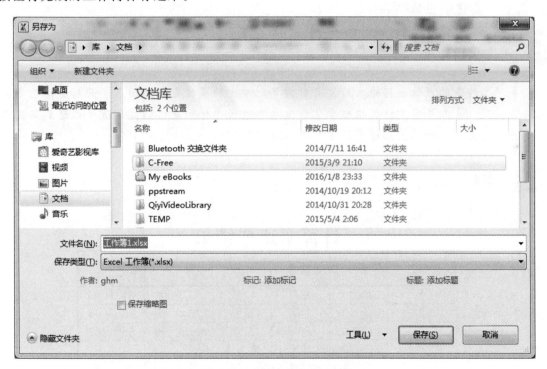

图 4-37　"另存为"对话框

也可以单击快速访问工具栏的保存按钮"[图]"，弹出如图 4-37 所示"另存为"对话框，完成保存文件的操作。

2．保存已有的工作簿

要保存已经存在的工作簿，只要单击"文件"|"保存"按钮，这时不会出现"另存为"对话框，而是直接保存工作簿，这时候工作簿的名字不变。

要对已经存在的工作簿进行备份或换名保存，可以单击"文件"选项卡，从下拉菜单选择"另存为"命令，在出现的"另存为"对话框中输入新文件名，单击"保存"按钮进行保存。

3. 保存时设置工作簿密码

对于重要的工作簿，在保存时可以设置打开权限和修改权限，操作步骤如下：

第1步：在"另存为"对话框中单击"工具"按钮，在弹出的菜单中选择"常规选项"。

第2步：在"打开权限密码"或者"修改权限密码"文本框中输入密码。输入英文字母时注意区分大小写。

第3步：单击"确定"按钮，出现"确认密码"对话框，在"重新输入密码"文本框中再次输入相同的密码。

第4步：单击"确定"按钮，返回到"另存为"对话框，单击"保存"按钮。

案例操作7：

直接保存"计算机班学生成绩单"工作簿，保存类型为"Excel 工作簿（*.xlsx）"，设置保存密码为"tibet"。

4.3 数据格式设置

案例三 美化学生成绩表

 案例描述

在完成了工作表的成绩数据输入后，有时需要把学生的成绩表打印出来。此时成绩表中虽有数据但还不够美观。本例将对"计算机班学生成绩单"进行字体和表格格式设置，以达到美化工作表的效果，并另存为"成绩单数据格式设置"工作簿文件。

 最终效果

序号 信息	学号	姓名	民族	政治	英语	数学	专业课
计算机班成绩单							
1	5400301	郑月	汉族	85	98	87	93
2	5400302	傲丽	藏族	75	78	80	69
3	5400303	赵婷	汉族	80.5	78	56	67
4	5400304	达娃才让	蒙古族	85	78	84	76.5
5	5400305	沈家民	汉族	88	85	81	83
6	5400306	曲珍	藏族	92	90	87	94
7	5400307	吴磊	汉族	75	74	73	76
8	5400308	桑珠	藏族	65	63	54	52
9	5400309	措姆	藏族	81	71	61	75
10	5400310	普布扎西	藏族	87	89	86	78

图 4-38 学生成绩表

 任务分析

Excel 2010 提供了丰富的格式化命令，通过这些命令可以对工作表内的数据及外观进行修饰，制作出各种既符合日常习惯又美观的表格。本任务的具体操作包括：文字的字形、字体、字号和对齐方式的设置以及表格边框、底纹、图案颜色的设置等。

 教学目标

① 学会工作簿的打开方式。

② 掌握工作表中字符格式、对齐方式的设置方法。

③ 掌握工作表中行与列的高度、宽度设置方法。

④ 掌握工作表边框和底纹的设置方法。

⑤ 掌握工作表中插入图片和批注的方法。

⑥ 掌握工作表中查找和替换的方法。

⑦ 了解自动套用工作表格式的方法。

⑧ 在 Word 操作的基础上，学会"文件"、"开始"、"插入"、"页面布局"、"视图"选项卡的用法。

⑨ 培养学生欣赏美、创造美的能力。

4.3.1　打开工作簿

要打开已有的工作簿，通常有以下几种方法：

方法一：在 Windows 环境下，双击要打开的工作簿文件。

方法二：在 Excel 中，单击"快速工具栏"的"打开"按钮。

方法三：在 Excel 中，单击"文件"→"打开"命令。

方法四：在 Excel 的"文件"菜单下可以看到"最近使用文件"列表，选择相应的文件，也可以将其打开。

案例操作 1：

使用上述任一方法打开名为"计算机班学生成绩单"的工作簿文件（案例二中创建的工作表）。

4.3.2　设置字符格式

字符格式主要包括"字体"、"字形"、"下划线"、"颜色"、"特殊效果"等。既可以先输入数据再进行格式设置，也可以在输入数据之前先设置好各种格式属性，输入数据后将自动应用所设置的格式属性。

方法一：使用"开始"选项卡"字体"组中的文本修饰工具进行设置。如图 4-39 所示，"字体"组的工具包括"字体"、"字号"、"加粗"、"倾斜"或"下划线"等。把鼠标指向图标，将显示各图标的功能。字体下拉列表如图 4-40 所示。

方法二：使用"设置单元格格式"对话框中的"字体"选项卡进行设置。单击"开始"选项卡中"字体"组的"对话框启动器"，或者在单元格上点击鼠标右键，选择"设置单元格格式"→"字体"，均可打开"设置单元格格式对话框"，如图 4-41 所示。

案例操作 2：

第 1 步：选中 A1 单元格，把字体设置为"黑体"、字号为"24 磅"。

第 2 步：选中 A2:H12 单元格区域，使用"设置单元格格式"对话框的"字体"选项卡，将字体设置为"宋体"，字号为"14 磅"。

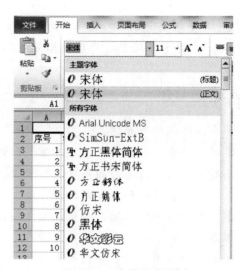

图 4-39 "字体"组

图 4-40 字体下拉列表

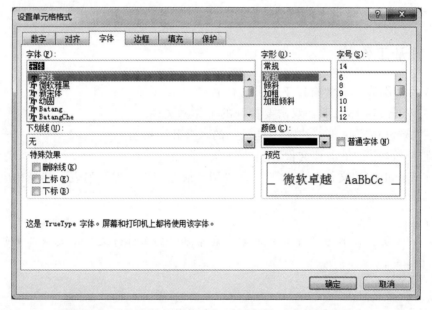

图 4-41 "设置单元格格式"对话框的"字体"选项卡

4.3.3 设置对齐方式

Excel 中，文本在单元格中的对齐方式有水平对齐和垂直对齐两种，可以根据需要进行相应的设置。

方法一：使用"开始"选项卡"对齐方式"组中的按钮进行设置，如图 4-42 所示。选择单元格区域，单击"垂直居中"和"水平居中"按钮进行设置即可。

图 4-42 对齐方式设置

方法二：使用"设置单元格格式"对话框的"对齐"选项卡进行设置。

选中单元格区域，单击鼠标右键，在弹出菜单中选择"设置单元格格式"→"对齐"命令或单击"开始"选项卡中"字体"组的"对话框启动器"，将出现"设置单元格格式"对话框，如图 4-43 所示。在"对齐"选项卡的"水平对齐"下拉列表框中选择"居中"选项，在"垂直对齐"下拉列表框中选择"居中"选项。

图 4-43 "对齐"格式设置

案例操作 3：

第 1 步：选中要设置对齐方式的单元格区域 A2:H12，设置为"水平居中"和"垂直居中"。

第 2 步：若由于文字变大导致姓名超出了边框长度，可以在如图 4-43 所示对话框中选择"文本控制"中的"自动换行"，设置后的效果如图 4-44 所示。

	A	B	C	D	E	F	G	H
1				计算机班成绩单				
2	序号	学号	姓名	民族	政治	英语	数学	专业课
3	1	5400301	郑月	汉族	85	98	87	93
4	2	5400302	傲丽	藏族	75	78	80	69
5	3	5400303	赵婷	汉族	80.5	78	56	67
6	4	5400304	达娃才让	蒙古族	85	78	84	76.5
7	5	5400305	沈家民	汉族	88	85	81	83
8	6	5400306	曲珍	藏族	92	90	87	94
9	7	5400307	吴磊	汉族	75	74	73	76
10	8	5400308	桑珠	藏族	65	63	54	52
11	9	5400309	措姆	藏族	81	71	61	75
12	10	5400310	普布扎西	藏族	87	89	86	78

图 4-44 设置完"对齐方式"后的效果

4.3.4 设置行高和列宽

Excel 2010 默认的列宽是"8.38 字符"，行高是"13.5 磅"。这些值可以根据需要进行调整。在一般情况下，改变字号时，系统会自动调整行高使之与文字大小相适应。而列的宽度不会随文字的变化而变化。调整行高和列宽的方法通常有两种：

方法一：直接调整行高和列宽。

调整一行或一列，只需用鼠标直接拖动行或列的边界就可以改变其值。将指针定位到选定的行标或列号上，当鼠标显示为箭头时，按住鼠标左键，往下或往右拖动边界到适当的位置，直到显示合适后松开鼠标。

调整多行或多列的宽度和高度时，需要先选定要改变的行或列，将鼠标指针定位到选定的行或列的标题框上，拖动边框到适当的位置。同样的，若要调整所有的行和列的高度和宽度，按"Ctrl+A"或编辑区左上角的"全选"按钮，然后拖动任意行的下边界将调整所有的行高，拖动任意列的右边界将调整所有的列宽。

方法二：精确调整行高和列宽。

选择要改变行高或列宽的行或列，单击"开始"|"单元格"|"格式"下拉按钮，在展开的下拉列表中选择"行高"或"列宽"进行调整，也可以直接选择"自动调整行高"或"自动调整列宽"。也可以选择要改变行高或列宽的行或列，单击右键，在弹出的快捷菜单中选择"行高"或"列宽"命令，然后在弹出的对话框中进行设定。

案例操作 4：

第 1 步：如果工作表的宽度不够，"学号"的显示如图 4-45 所示，这时可以单独调整"学号"列，使"学号"列显示完整。

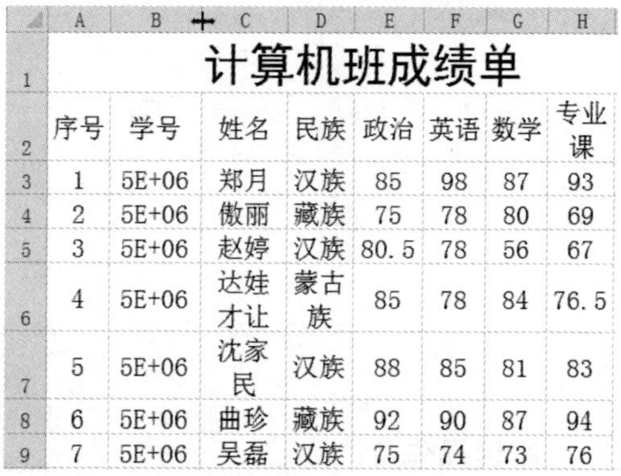

第 2 步：如图 4-46 所示，选取"学号"、"姓名"、"民族"列（B、C、D 列），将指针定位到其中任一列标题上，当鼠标显示为箭头时，按住鼠标左键，往右拖动边界到适当的位置，直到"学号"、"姓名"列全部显示为不换行为止，设置效果如图 4-47 所示。

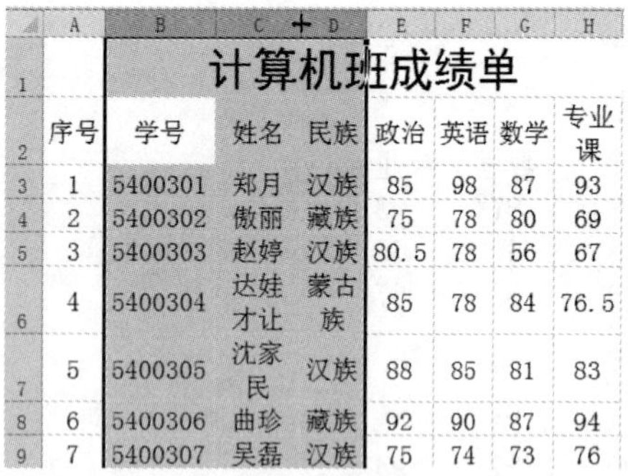

图 4-45　调整"学号"列

图 4-46　选择多列

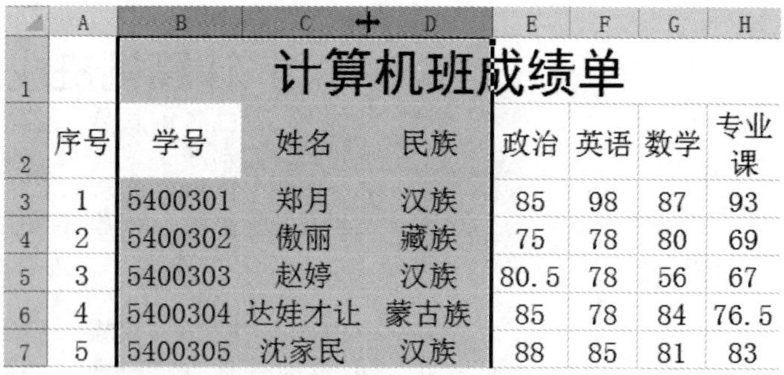

图 4-47　调整多列后的效果

第 3 步：选中 3～12 行，设置"行高"为"20 磅"，或者选择"自动调整行高"，最后效果如图 4-48 所示。

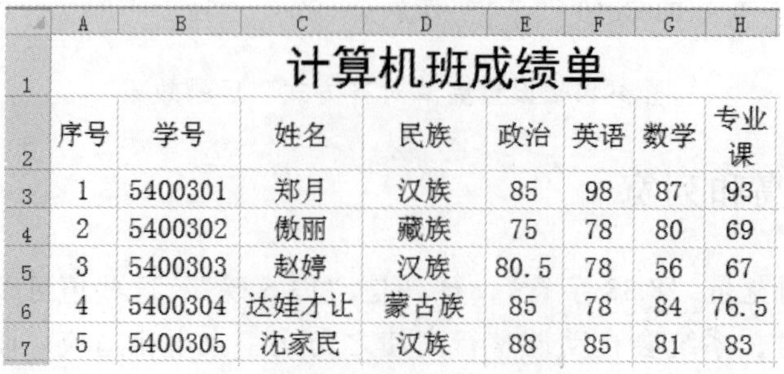

图 4-48　调整多行后的效果

4.3.5 设置边框

在 Excel 中可以为选中的单元格、单元格区域或整个表格添加边框。

方法一：利用"边框"按钮进行设置。

选择要设置边框的单元格区域，单击"开始"|"字体"|"▦ ▾"按钮右侧的下拉按钮，从弹出的菜单中选择一种边框样式。

方法二：使用"边框"对话框进行设置。

第 1 步：选择要设置边框的单元格区域，单击"开始"|"字体"|"▦ ▾"按钮右侧的下拉按钮，选择"其他边框"，在弹出的"设置单元格格式"对话框中进行设置。

也可以直接单击"开始"选项卡"字体"组内的"对话框启动器"，在弹出的"设置单元格格式"对话框中进行设置。

也可以单击鼠标右键，选择"设置单元格格式"→"边框"，打开"设置单元格格式"对话框。

第 2 步：在"设置单元格格式"对话框的"边框"选项卡中，根据需要选择"样式"、"颜色"、"外边框"、"边框"。

第 3 步：若要设置斜线，先选中需要设置斜线的单元格，进行如图 4-49 所示斜线设置，点击"确定"。然后在单元格第一部分输入第一个标题，再按"Alt + Enter"键，实现在一个单元格内换行，再输入另一个标题，然后调整文字位置。

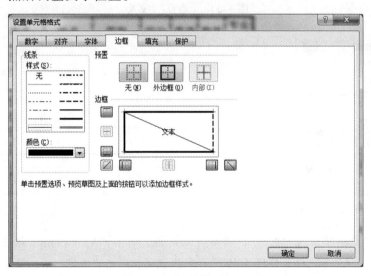

图 4-49　斜线样式设置

案例操作 5：

第 1 步：选择 A2:H12 单元格区域，选择边框按钮"▦ ▾"下拉菜单中的"所有框线"样式，结果如图 4-50 所示。

序号	学号	姓名	民族	政治	英语	数学	专业课
			计算机班成绩单				
1	5400301	郑月	汉族	85	98	87	93
2	5400302	傲丽	藏族	75	78	80	69
3	5400303	赵婷	汉族	80.5	78	56	67
4	5400304	达娃才让	蒙古族	85	78	84	76.5
5	5400305	沈家民	汉族	88	85	81	83

图 4-50　添加边框效果

　　第 2 步：选择 A2:H2 单元格区域，单击"开始"选项卡"字体"组内的"对话框启动器"，打开"设置单元格格式"对话框。如图 4-51 所示。在"边框"选项卡的"线条"选项区域设置"样式"为"▅▅▅▅"，然后选择"颜色"为主题颜色"黑色，文字 1"（如图 4-52 所示），单击"预置"区的"外边框"。接着设置内边框，在"线条"选项区域设置"样式"为"▅ ▅ ▅ ▅"，然后选择"颜色"为主题颜色"黑色，文字 1"，单击"预置"区的"内边框"，再单击"确定"即可。用同样的办法设置 A3:H12。设置完成后，效果如图 4-53 所示。

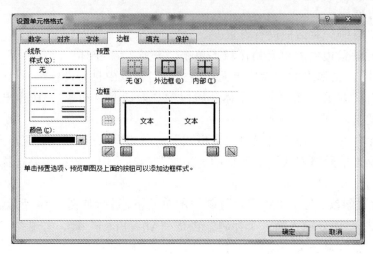

图 4-51 　"边框"设置

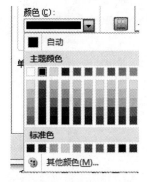

图 4-52 　"颜色"设置

	A	B	C	D	E	F	G	H
1	计算机班成绩单							
2	序号	学号	姓名	民族	政治	英语	数学	专业课
3	1	5400301	郑月	汉族	85	98	87	93
4	2	5400302	傲丽	藏族	75	78	80	69
5	3	5400303	赵婷	汉族	80.5	78	56	67

图 4-53 　边框设置完后效果

　　第 3 步：在 A2 单元格中输入"信息"，调整 A 列边框，使用"Alt + Enter"组合键使 A2 表格内容如图 4-54 所示。然后选中 A2 单元格，按图 4-49 进行斜线设置，点击"确定"后，设置效果如图 4-55 所示。

	A	B	C	D	E	F	G	H
1	计算机班成绩单							
2	信息 序号	学号	姓名	民族	政治	英语	数学	专业课
3	1	5400301	郑月	汉族	85	98	87	93
4	2	5400302	傲丽	藏族	75	78	80	69
5	3	5400303	赵婷	汉族	80.5	78	56	67
6	4	5400304	达娃才让	蒙古族	85	78	84	76.5
7	5	5400305	沈家民	汉族	88	85	81	83
8	6	5400306	曲珍	藏族	92	90	87	94
9	7	5400307	吴磊	汉族	75	74	73	76
10	8	5400308	桑珠	藏族	65	63	54	52
11	9	5400309	措姆	藏族	81	71	61	75
12	10	5400310	普布扎西	藏族	87	89	86	78

图 4-54 　"斜线"样式设置

图 4-55　"斜线"样式内容填充

4.3.6　设置填充背景

方法一：利用"填充颜色"对话框设置背景颜色。单击"开始"|"字体"|"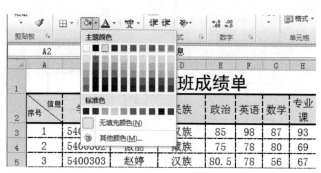"按钮右侧的下拉按钮，从弹出的颜色中选择需要的颜色。如果没有所需要的颜色，选择"其他颜色"进行颜色设置。

方法二：在"设置单元格格式"对话框的"填充"选项卡中选择颜色和图案样式进行设置。也可以选择"填充效果"后设置渐变背景色及底纹样式。

案例操作 6：

第 1 步：如图 4-56 所示，选择 A2:H12，选择主题颜色的"茶色，背景 2"，对单元格列标题行进行设置。

图 4-56　颜色填充

第 2 步：如图 4-57 所示，选中 A3:H12 单元格区域，在"设置单元格格式"对话框的"填充"选项中单击"图案样式"，选中下拉菜单中的"6.25% 灰色"进行填充。

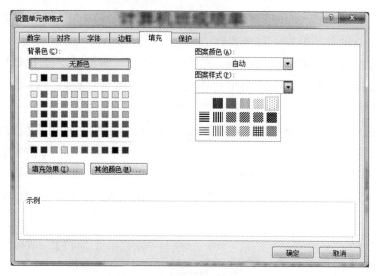

图 4-57　"背景填充"设置

4.3.7 插入图片

有时为了使表格美观，经常会在表格中加入一些艺术字、图片、文本框等，其操作与 Word 中的操作相同，在此不再赘述。

4.3.8 插入批注

批注（ཟུར་མཆན།）用于对单元格的内容进行解释说明。添加批注后，可以帮助其他人理解表格内容或对表格的数据做出评论。

插入批注的方法：单击需要批注的单元格，在功能区单击"审阅"|"批注"|"新建批注"按钮，在此单元格旁边将出现一个批注框，在批注框中输入批注文字即可。

此时，有批注的单元格的右上角有一个红色小三角形，表示此单元格有批注信息。如果要查看单元格上的批注信息，只要将鼠标指针移动到有批注的单元格上暂停一下，就可显示批注文字。

编辑和删除批注的方法：选择单元格，单击"审阅"|"批注"|"编辑批注"即可编辑批注内容。单击"审阅"|"批注"|"删除"可以删掉不需要的批注。

案例操作 7：

单击 A1 元格，再单击"新建批注"按钮，在批注框中输入"西藏大学某一班级成绩表"，如图 4-58 所示。

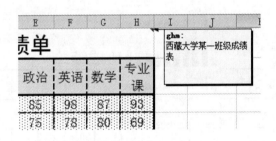

图 4-58 显示批注信息

4.3.9 查找和替换

利用 Excel 2010 提供的查找（འཚོལ་བ།）和替换（བརྗེ་བ།）功能，可以以最快速度找到需要查找或更改的数据，并按要求将其替换。具体操作为：

选中要查找和替换指定内容的表格范围，单击"开始"|"编辑"|"查找和选择"下拉按钮，在展开的下拉菜单中选择"替换"命令，弹出"查找和替换"对话框，在"查找内容"中输入查找内容，在"替换为"中输入替换内容，点击"确定"按钮。

也可以选中表格，使用快捷键"Ctrl + F"弹出"查找和替换"对话框进行内容替换。

案例操作 8：

第 1 步：选中 E3:H12，打开"查找和替换"对话框，如图 4-59 所示，在"查找内容"中输入"85"，在"替换为"中输入"70"，点击"替换"按钮，直到显示"Microsoft Excel 找不到匹配项"为止。

第 2 步：选中 E3:H12，打开"查找和替换"对话框，在"查找内容"中输入"70"，在"替换为"中输入"85"，点击"全部替换"按钮"。

图 4-59 "查找和替换"对话框

4.3.10 自动套用格式

Excel 2010 提供了一种自动套用格式功能，可以从众多预先设计好的表格格式中选择一种格式来快速应用到一个工作表中，以达到快速美化表格的作用。选择需要自动套用格式的区域，单击"开始"|"样式"|"套用表格格式"，在下拉列表中选择一种预设的表格格式，然后在弹出的"套用表格式"对话框中点击"确定"，点击"设计"|"工具"|"转换为区域"，就为选择的区域自动套用了表格格式。

要删除自动套用的表格格式时，选中要删除格式的单元格，单击功能区"设计"|"表格样式"|"▼"，在下拉菜单中选择"清除"选项，如图 4-60、4-61 所示，然后点击"设计"|"工具"|"转换为区域"即可取消所应用的格式。

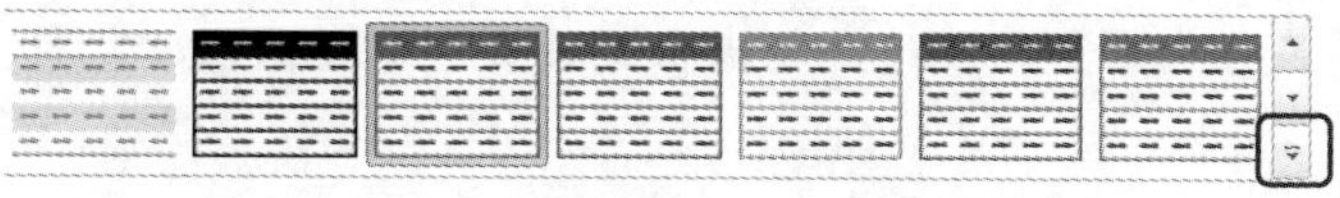

图 4-60 "表格样式"菜单

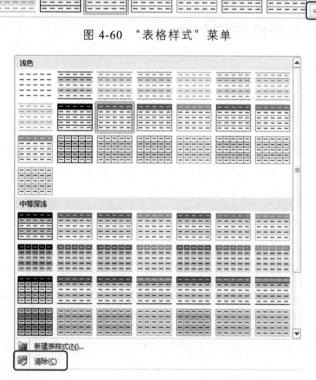

图 4-61 "表格样式"的"清除"命令

完成所有操作后，单击"保存"按钮，就基本完成了工作表的美化操作。

案例操作 9：

第 1 步：选择区域 A2:H12，单击"开始"|"样式"|"套用表格格式"下拉按钮，在下拉列表中选择"浅色"组中的"表样式浅色 9"（第 2 行第 2 列的样式），如图 4-62 所示。在弹出的"套用表格式"对话框中点击"确定"按钮，如图 4-63 所示，然后点击"转换为区域"，就为选择的区域

自动套用了表格格式。

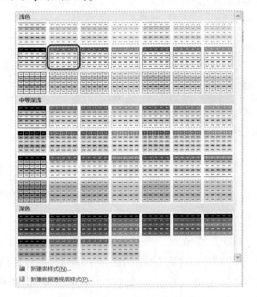

图 4-62 预设的表格格式

图 4-63 "套用表格式"对话框

第 2 步：删除"成绩单数据输入"工作表中自动套用的表格格式。

第 3 步：将工作簿另存为名为"成绩单数据格式设置"的 xlsx 文件。

4.4 工作表中公式与函数的使用

案例四 学生成绩表计算

 案例描述

仅仅进行学生成绩的录入和美化工作对于班级成绩单的创建来说是不够的，为了把学生的成绩更直观地表现出来，还需要对成绩进行计算等数据处理。本案例将对案例三的成绩单进行相应的数据处理，并另存为"成绩单数据计算"工作簿文件。

 最终效果

序号	信息 学号	姓名	民族	政治	英语	数学	专业课	学业总分	综合量化	总成绩	等级	排名
1	5400301	郑月	汉族	85	98	87	93	363	91	90.83	优秀	1
2	5400302	傲丽	藏族	75	78	80	69	302	92	80.45	良好	6
3	5400303	赵婷	汉族	80.5	78	56	67	282	85	74.76	中等	7
4	5400304	达娃才让	蒙古族	85	78	84	76.5	324	88	83.01	良好	4
5	5400305	沈家民	汉族	88	85	81	83	337	73	80.88	良好	5
6	5400306	曲珍	藏族	92	90	87	94	363	75	86.03	良好	3
7	5400307	吴磊	汉族	75	74	73	76	298	64	71.35	中等	8
8	5400308	桑珠	藏族	65	63	54	52	234	50	55.95	不及格	10
9	5400309	措姆	藏族	81	71	61	75	288	65	69.90	及格	9
10	5400310	普布扎西	藏族	87	89	86	78	340	89	86.20	良好	2

图 4-64 数据处理后的成绩单

任务分析

Excel 有强大的数据处理功能，本任务将在"成绩单数据计算"工作表中计算学生的学业总分、总成绩，并确定等级和排名。本任务中的具体操作包括：使用公式，单元格引用，定义单元格名称，以及"SUM"、"AVERAGE"、"MIN"、"RANK"等常用函数的使用。

 教学目标

① 学会认识和使用公式。
② 理解绝对引用和相对引用的概念，并能正确地应用。
③ 能够通过使用常用的函数进行数据运算，学会函数的使用方法。
④ 学会定义单元格名称并使用名称。
⑤ 通过了解 Excel 强大的数值计算功能，激发学生的学习兴趣。

4.4.1 使用公式

在 Excel 工作表中可以使用公式对单元格中的数据进行各种运算，不仅能进行加、减、乘、除等基本运算，也能进行计数、求平均、汇总和其他较为复杂的运算，能有效地避免手工计算中工作繁杂和容易出错的现象。而且当公式中引用的数据被修改后，公式的计算结果还会自动更新。

1．Excel 公式的组成元素

公式（ཕྱི་འབྲས།）是对工作表中的数值执行计算的有效表达式。Excel 的公式以"＝"号开头，以便 Excel 能区别公式和文本。Excel 公式可以是简单的数学表达式，也可以是包含单元格引用及各种 Excel 函数的复杂表达式。

如图 4-65 所示是一个公式，由以下部分或全部元素组成：

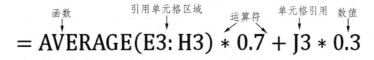

图 4-65　公式举例

函数：函数是预先编写的公式，使用函数可以简化工作表中的计算。
引用：指明运算对象的单元格或单元格区域。
运算符：一个标记或符号，指定表达式内执行的计算类型。
常量：固定不变的具体数据值。

2．Excel 运算符

运算符（ཚིག་དགས།）用于指定对公式中的常量、单元格引用、函数等元素进行特定类型的运算。Excel 包含四种类型的运算符：算术运算符、比较运算符、文本运算符和引用运算符。公式中的各种运算符在计算时有一个默认的优先级次序，但可以使用括号更改运算次序。

（1）算术运算符

算术运算符一共有 6 个，如表 4-2 所示。算术运算符的作用是完成基本的数学运算，并产生数字结果。

表 4-2　算术运算符

算术运算符	含　义	示　例
＋（加号）	加法	85＋98
－（减号）	减法或负数	93-87
*（星号）	乘法	93*0.3
/（正斜杠）	除法	270/3
%（百分号）	百分比	70%
^（脱字号）	乘方	4^2

（2）比较运算符

比较运算符也有 6 个，用来比较两个值的关系，返回结果为逻辑值"TRUE"或"FALSE"，具体如表 4-3 所示。

表 4-3　比较运算符

比较运算符	含　义	示　例
＞（大于号）	大于	E3>F3
＜（小于号）	小于	F3<G3
＝（等于号）	等于	E3＝G3
＞＝（大于等于号）	大于等于	E3＞＝F3
＜＝（小于等于号）	小于等于	F3＜＝G3
<>（不等于）	不等于	E3<>G3

（3）文本运算符

文本运算符主要是"&（与号）"运算符，可将两个或多个文本值串起来产生一个连续的文本值。例如"我爱学习"&"Excel 2010"可生成"我爱学习 Excel 2010"。

（4）引用运算符

如表 4-4 所示，引用运算符有 3 个，其作用主要是将单元格区域进行合并计算。

表 4-4　引用运算符

比较运算符	含　义	示　例
:（冒号）	区域运算符，用于引用单元格区域	（E3:G3）
,（逗号）	联合运算符，用于引用多个单元格区域	（E3,G3）
（空格）	交叉运算符，用于引用两个单元格区域的交叉部分	（E3:F3 F3:G3）

如果在一个公式中同时含有多种运算符，Excel 将按照表 4-5 所列的运算符优先级次序进行计算。并且如果一个公式中的多个运算符具有相同的优先级别，Excel 将从左到右进行计算。

表 4-5　Excel 2010 中运算符的优先级

优先级别	运算符	说　明
1	（　）	括号
2	:（冒号）　（单个空格）　,（逗号）	引用运算符
3	%	百分比
4	^	指数
5	* 和 /	乘和除
6	＋ 和 -	加和减
7	&	文本运算符
8	＝　＜　＞　<=　>=　<>	比较运算符

3．创建公式

在 Excel 中输入公式与输入文字等数据的方法类似，只不过输入公式时总是以等号"="作为开头，然后输入公式表达式。公式中可以包含数值、运算符、变量或者函数，还可以使用括号和单元格引用。创建公式的步骤为：

第 1 步：选定要输入公式的单元格。

第 2 步：输入"="作为公式的开始。

第 3 步：输入相应的运算符，选取包含参与计算的单元格的引用。

第 4 步：按"Enter"键，或者单击编辑栏上的"输入"按钮确认。

4．编辑公式

对于已经输入单元格中的公式，可以根据需要进行各种编辑操作，主要包括修改公式、复制公式、移动公式、删除公式、隐藏和显示公式。

（1）修改公式

输入完公式后，如果对工作表做了修改并且需要调整公式以适应变化时，就必须对公式进行修改和编辑。编辑公式和编辑单元格的方法是一样的，可以通过以下三种方法进入编辑公式状态。

方法一：双击单元格，可以在单元格内部直接编辑公式的内容。

方法二：选择要编辑公式的单元格，然后单击编辑栏，可以在编辑栏中编辑公式。

方法三：单击要编辑公式的单元格，按"F2"键可以在单元格内部直接编辑公式内容。

（2）复制公式

复制公式会产生单元格地址的变化，会对结果产生影响。Excel 会自动调整所有复制的单元格的相对引用位置，使这些引用位置替换为新位置中的相应单元格。如把某单元格的公式复制到一个区域中，方法如下：

第 1 步：选定此单元格，单击鼠标右键，在出现的快捷菜单中选择"复制"命令，或者选中单元格后，单击"开始"|"剪贴板"|"复制"按钮，这时待复制的单元格四周将出现虚框。

第 2 步：选中目标单元格，然后单击鼠标右键，在出现的快捷菜单中选择"粘贴"，或者单击"开始"|"剪贴板"|"粘贴"下拉按钮，选择"粘贴"按钮"🗋"或者公式按钮"ƒx"，这样就将某单元格中的公式格式粘贴到了目标单元格中，并且将计算结果也显示出来。操作完成后，按"Esc"键退出操作。复制带有公式的单元格，只是将单元格的公式进行复制和粘贴操作，而不是将结果粘贴到目标单元格中。

如果要对一列或一行进行公式复制，可以通过拖动包含需要复制的公式的单元格右下角的填充柄，快速复制同一公式到其他单元格中并得出计算结果。

（3）移动公式

选择要移动公式的单元格，在单元格边框上按住鼠标左键，将其拖动到其他单元格，到达目标位置后，释放鼠标左键，可将公式移到指定的单元格。也可以通过"剪切"和"粘贴"操作进行移动。

（4）删除公式

单击要删除公式的单元格，按"Delete"键可将单元格中的公式删除。

（5）隐藏和显示公式

为了安全或保密，如果不希望别人看到自己所使用的计算公式，可以将公式隐藏起来。公式被隐藏后，选定了该单元格，公式也不会出现在编辑栏中。操作步骤如下：

第 1 步：选择要隐藏公式的单元格或单元格区域，右键单击该单元格，在弹出的菜单中单击"设置单元格格式"命令，打开"设置单元格格式"对话框，选择"保护"选项卡，选中"隐藏"复选框。

第 2 步：单击"确定"按钮，返回工作表，此时选择的单元格还没有被隐藏。单击"审阅"|"更改"|"保护工作表"按钮，打开"保护工作表"对话框。在"取消工作表保护时使用密码"文本框中输入一个密码，单击"确定"按钮，在"确认密码"对话框中再确认一遍，单击"确定"按钮退出。

第 3 步：返回 Excel 工作表，可发现再选择包含公式的单元格时，将不在编辑栏中显示相应的公式。

如果要取消隐藏的公式，则需要先撤销对工作表的保护，然后在"设置单元格格式"对话框的"保护"选项卡中取消选中的"隐藏"复选框。

案例操作 1：

第 1 步：打开案例三创建的"成绩单数据格式设置.xlsx"文件。

第 2 步：在 I2 中输入"学业总分"。鼠标单击单元格 I3，然后键入等号"="，用鼠标单击 E3 单元格，在 E3 单元格四周将出现一个彩色的线框且 I3 单元格中输入的公式将变成"=E3"，然后键入"+"，鼠标单击 F3，再键入"+"，单击 G3，再键入"+"，单击 H3，此时 I3 显示如图 4-66 所示。按"Enter"键或单击公式编辑栏中的"输入"按钮"✔"后可以看到工作表中的运算结果。

姓名	民族	政治	英语	数学	专业课	学业总分
郑月	汉族	85	98	87	93	=E3+F3+G3+H3
傲丽	藏族	75	78	80	69	

图 4-66　在单元格中输入公式

第 3 步：也可以直接在编辑栏输入公式。选中单元格 I4，在编辑栏中直接输入公式"=E4+F4+G4+H4"，按"Enter"键或单击公式编辑栏中的"输入"按钮"✔"。

第 4 步：输入公式后，在 I4 单元格中看到的是公式运算的结果，而在编辑栏中看到的是公式。

第 5 步：把 I4 单元格的公式复制到 I5:I12 中，如图 4-67 所示。也可以通过拖动填充柄进行公式复制。

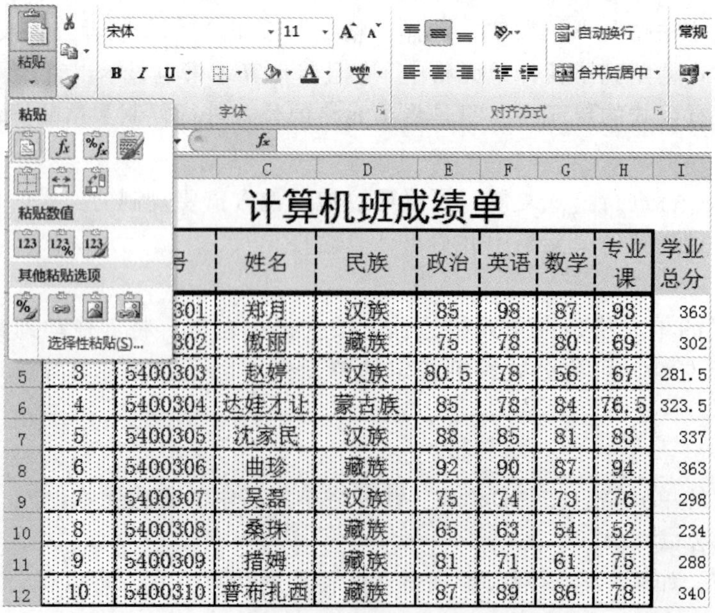

图 4-67　公式粘贴

第 6 步：选中 I3:I12，进行如图 4-68 所示设置，点击"确定"，然后打开如图 4-69 所示的

"保护工作表"对话框，输入取消保护时所需要的密码"excel"。设置后，在编辑栏将看不见单元格公式。

　　第7步：通过单击"撤销工作表保护"取消对公式的隐藏。

图 4-68　单元格公式隐藏

图 4-69　锁定单元格公式密码设置

4.4.2　单元格的引用

　　公式中的单元格引用是用来指明公式中所使用的数据的位置，它可以是一个单元格地址，也可以是单元格区域。通过单元格引用，可以在一个公式中使用工作表不同部分的数据，或者在多个公式中使用一个单元格中的数据，还可以引用同一个工作簿中不同工作表中的数据。当公式中引用的单元格数值发生变化时，公式的计算结果也会自动更新。

　　1．相同或不同工作簿、工作表中的引用

　　对于同一工作表中的单元格引用，直接输入单元格或单元格区域地址。在当前工作表中引用同一工作簿、不同工作表中的单元格的表示方法为：

　　　　　　工作表名称"！"单元格（或单元格区域）地址

　　例如，"成绩单数据输入!E3:H3"，表示引用"成绩单数据输入"工作表中 E3、F3、G3、H3 的数据。

　　在当前工作表中引用不同工作簿中的单元格的表示方法为：

　　　　　　[工作簿名称.xlsx]工作表名称"！"单元格（或单元格区域）地址

　　引用某个单元格区域时，应先输入单元格区域起始位置的单元格地址，然后输入引用运算符，再输入单元格区域结束位置的单元格地址。例如："[成绩单计算.xlsx]成绩单数据输入!E3:H3"，表示引用"成绩单计算"工作簿中的"成绩单数据输入"工作表中 E3、F3、G3、H3 的数据。

　　2．相对引用、绝对引用和混合引用

　　公式中的引用分为相对引用、绝对引用和混合引用。

　　（1）相对引用（བསྐོས་བཙས་འདྲེན་སྤྱོད།）

　　相对引用是 Excel 默认的单元格引用方式，它直接用单元格的列标和行号表示单元格，例如 I4 的计算公式是"= E4 + F4 + G4 + H4"。或用引用运算符表示单元格区域，如"E4:H4"。在移动或复制公式时，系统会根据移动的位置自动调整公式中引用的单元格地址，把 I4 的公式复制到 I5 后，I5 的公式会自动变为 " = E5 + F5 + G5 + H5"。

（2）绝对引用（བཀོས་མེད་འདྲེན་སྟོད།）

绝对引用是指在单元格的列标和行号前面加上 "$" 符号，如 "$B$5"，不论将公式复制或移动到什么位置，绝对引用的单元格地址都不会改变。

（3）混合引用（བསྲེས་པའི་འདྲེན་སྟོད།）

指引用中既包含绝对引用又包含相对引用，如 "A$1" 或 "$A1" 等，用于表示列变行不变或列不变行变的引用。

三种引用在输入时可互相转换：在公式中用鼠标或键盘选定引用单元格的部分，反复按 "F4" 键可进行各种引用间的转换。转换的规律如下：A1→$A$1→A$1→$A1→A1。

4.4.3 定义单元格名称

名称是工作簿中某些项目或数据的标识符。在公式或函数中使用名称代替数据区域进行计算，可以使公式更为简洁，从而避免输入出错。

1．定义名称

选定工作表中的区域，单击 "公式" | "定义的名称" | "定义名称" 按钮，弹出 "新建名称" 对话框。在对话框中输入单元格新名称，单击 "确定" 按钮。这样，以后在本表中引用选定区域，就可以直接引用新定义的名称。

2．编辑名称

单击 "公式" | "定义的名称" | "名称管理器" 按钮，打开 "名称管理器" 对话框，可以看到已经定义的名称。单击要修改的名称，单击 "编辑" 按钮，可以对已经定义的名称进行修改。如果单击 "删除" 按钮，则可以删除已经定义的名称。

案例操作 2：

选定工作表中的 I3:I12 区域，打开 "定义名称" 对话框。如图 4-70 所示，在对话框中输入单元格新名称 "总分"，单击 "确定" 按钮。这样，以后在本表中引用 "$I$3:$I$12"，可以直接引用 "总分"，例如："=SUM（总分）"。

图 4-70 "新建单元格名称" 对话框

4.4.4 函数的使用

函数（ཇེན་འབྱུང་གྲངས།）是 Excel 2010 中已经定义好的用于完成特定计算的公式，通过引用一些称为参数的特定数值来按特定的顺序或结构执行计算。函数可用于执行简单或复杂的计算，使用函数可以简化计算过程。Excel 提供的函数涉及许多工作领域，如数学、财务、统计、工程、数据库等。常用的函数有 SUM（求和）、COUNT（计数）、AVERAGE（求平均值）、MAX（求最大值）、MIN（求最小值）、IF（条件）、SUMIF（条件求和）、COUNTIF（条件计数）、AVERAGEIF（条件平均值）等。

1．函数的格式

每个函数都由下面两个元素构成：

① 函数名：表示将执行的操作，例如 AVERAGE。

② 参数：表示函数将作用的值的单元格地址，如 E3:H3。参数通常是一个单元格范围，还可以是更为复杂的内容，如 AVERAGE（E3:H3）。

在使用函数时，需要遵循其使用规则，否则将会产生错误。使用函数时的语法规则一般为：

① 函数的结构以函数名称开始，后面是括号，括号里是以逗号隔开的计算参数。

② 如果函数以公式的形式出现，必须在函数名称前面输入等号。

③ 参数可以是数字、文本、TURE 或 FALSE 的逻辑值、数组或单元格引用，也可以是表达式或其他函数。

④ 给定的参数必须能产生有效的值。

⑤ 如果某个函数作为另一个函数的参数使用，则称为函数嵌套。

2．常用函数

（1）SUM 函数

主要功能：计算所有参数数值的和。

使用格式：SUM（number1,number2,……）。

说明：如果参数为数组或引用，只有其中的数字将被计算。数组或引用中的空白单元格、逻辑值、文本或错误值将被忽略。

（2）SUMIF 函数

主要功能：计算符合指定条件的单元格区域内的数值和。

使用格式：SUMIF（range,criteria,sum_range）。

说明：range 代表条件判断的单元格区域；criteria 为指定条件表达式；sum_range 代表需要计算的数值所在的单元格区域。条件需要放在英文状态下的双引号（""）中。

（3）COUNTIF 函数

主要功能：统计某个单元格区域中符合指定条件的单元格数目。

使用格式：COUNTIF（range,criteria）。

说明：range 代表要统计的单元格区域；criteria 表示指定的条件表达式。此函数允许引用的单元格区域中有空白单元格出现。

（4）AVERAGE 函数

主要功能：求出所有参数的算术平均值。

使用格式：AVERAGE（number1,number2,…）。

说明：number1，number2，…为需要求平均值的数值或引用单元格（区域），参数不超过 30 个。如果引用区域中包含"0"值单元格，则计算在内；如果引用区域中包含空白或字符单元格，则不计算在内。

（5）AVERAGEIF 函数

主要功能：计算符合指定条件的单元格区域内平均值。

使用格式：AVERAGEIF（range,criteria,average_range）。

说明：range 代表条件判断的单元格区域；criteria 为指定条件表达式；average_range 代表需要计算的数值所在的单元格区域。同样的，条件需要放在英文状态下的双引号（""）中。

（6）MAX 函数

主要功能：求出一组数中的最大值。

使用格式：MAX（number1,number2,…）。

说明：number1，number2……代表需要求最大值的数值或引用单元格（区域），参数不超过 30 个。

（7）MIN 函数

主要功能：求出一组数中的最小值。

使用格式：MIN（number1,number2,…）。

说明：number1，number2,…代表需要求最小值的数值或引用单元格（区域），参数不超过 30 个。

（8）IF 函数

主要功能：根据对指定条件的逻辑判断的真假结果，返回相对应的内容。

使用格式：IF（logical,value_if_true,value_if_false）。

说明：logical 代表逻辑判断表达式；value_if_true 表示当判断条件为逻辑"真（true）"时显示内容；value_if_false 表示当判断条件为逻辑"假（false）"时显示的内容。

（9）RANK（）函数

主要功能：该函数用于返回某数字在一列数字中相对于其他数值的大小排位。

使用格式：RANK（number,ref,order）。

说明：number 为指定的数字；ref 为一组数或对一个数据列表的引用（绝对地址引用）；order 指定排位的方式，为 0 值或忽略表示降序，为非 0 的值表示升序。

3．输入函数

根据前面讲述的函数的基本功能可以得出需要的计算公式。把包括函数的公式输入工作表的相应位置就可以得出结果。输入函数的方法如下：

方法一：手工输入函数。

手工输入函数的方法和在单元格中输入公式的方法一样。选中单元格，依次输入等号"="以及后面的函数，按"Enter"键确认。也可以选定单元格后，在编辑栏中直接输入函数内容。

方法二：使用粘贴函数的方法。

利用该方法可以指导用户一步一步地输入复杂的函数，避免人为的输入错误。

第 1 步：选定需要计算函数结果的单元格。

第 2 步：单击"公式"|"函数库"|"插入函数"按钮"f_x"，或者单击"函数库"|"自动求和"|"其他函数"按钮，均可以出现"插入函数"对话框。

第 3 步：在"选择函数"列表框中选择所需的函数。如果常用函数列表框中没有所需的函数，则要选择所需的类别，如"财务"选项，如果不清楚属于哪个类别，直接选择"全部"。然后在"选择函数"列表框中查找所需的函数，单击"确定"按钮后出现"函数参数"对话框。

第 4 步：在"函数参数"对话框的参数框中输入要使用的单元格引用或单元格区域引用，如果对参数区域没有把握，可单击参数框右侧折叠对话框按钮"▦"，将"函数参数"对话框暂折叠起来，变成一个长方形面板，然后在工作表中用鼠标选择作为参数的单元格或单元格区域后，单击长方形面板右侧的折叠对话框按钮"▦"，返回"函数参数"对话框，单击"确定"按钮，就可在选择的单元格中显示出结果。

案例操作3：

第1步：如4.4.1节的"案例操作1"中求"学业总分"公式也可以直接写成"= SUM（E3:H3）"，然后通过拖动填充柄计算出本列所有学业总分。如果所求数据位于存放位置左边，可以采用如图4-71方法，选中"E3:I3"区域，单击"公式"|"函数库"|"自动求和"下拉按钮，在下拉菜单中选择"求和"，直接计算总分。

图 4-71 "自动求和"功能

第2步：在图4-71中计算出学业总分后，可以通过公式"= SUMIF(D3:D12,"藏族",总分）"计算出藏族学生的学业总分，通过"= SUMIF(D3:D12,"汉族",总分）"计算出汉族学生的学业总分。

此处"sum_range"使用的是图4-70定义的单元格名称"总分"，如果没有对单元格进行定义，则"总分"要写成"I3:I12"。

第3步：可以通过公式"= COUNTIF(H3:H12,">90"）"计算专业课大于90分的人数。可以通过公式"= COUNTIF(D3:D12,"藏族"）"计算本工作表有多少个藏族学生。

第4步：可以通过公式"= AVERAGE(E3:H3）"求"郑月"的平均成绩。

第5步：可以通过公式"= AVERAGEIF(D3:D12,"汉族",H3:H12）"计算汉族学生的专业课平均分。

第6步：可以通过公式"= MAX(H3:H12）"求出专业课最高分。

第7步：可以通过公式"= MIN(H3:H12）"求出专业课最低分。

第8步：在J列录入学生的"综合量化"成绩，在K3单元格通过公式"= AVERAGE(E3:H3)*0.7+J3*0.3"计算出"郑月"的"总成绩"，然后通过公式复制计算出所有同学的"总成绩"，并把数据设置为"保留小数位数两位"，如图4-72所示。

序号	信息学号	姓名	民族	政治	英语	数学	专业课	学业总分	综合量化	总成绩	等级
1	5400301	郑月	汉族	85	98	87	93	363	91	90.83	
2	5400302	傲丽	藏族	75	78	80	69	302	92	80.45	
3	5400303	赵婷	汉族	80.5	78	56	67	281.5	85	74.76	
4	5400304	达娃才让	蒙古族	85	78	84	76.5	323.5	88	83.01	
5	5400305	沈家民	汉族	88	85	81	83	337	73	80.88	
6	5400306	曲珍	藏族	92	90	87	94	363	75	86.03	
7	5400307	吴磊	汉族	75	74	73	76	298	64	71.35	
8	5400308	桑珠	藏族	65	63	54	52	234	50	55.95	
9	5400309	措姆	藏族	81	71	61	75	288	65	69.90	
10	5400310	普布扎西	藏族	87	89	86	78	340	89	86.20	

图 4-72 计算"总成绩"

第9步：在L3单元格中输入公式"= IF(K3>60,"及格","不及格")"，然后复制公式，可以得到L列的结果如图4-73所示。

	L3		▼		*fx*	=IF(K3>=60,"及格","不及格")				

	A	B	C	D	E	F	G	H	I	J	K	L
2	信息 序号	学号	姓名	民族	政治	英语	数学	专业课	学业总分	综合量化	总成绩	等级
3	1	5400301	郑月	汉族	85	98	87	93	363	91	90.83	及格
4	2	5400302	傲丽	藏族	75	78	80	69	302	92	80.45	及格
5	3	5400303	赵婷	汉族	80.5	78	56	67	281.5	85	74.76	及格
6	4	5400304	达娃才让	蒙古族	85	78	84	76.5	323.5	88	83.01	及格
7	5	5400305	沈家民	汉族	88	85	81	83	337	73	80.88	及格
8	6	5400306	曲珍	藏族	92	90	87	94	363	75	86.03	及格
9	7	5400307	吴磊	汉族	75	74	73	76	298	64	71.35	及格
10	8	5400308	桑珠	藏族	65	63	54	52	234	50	55.95	不及格
11	9	5400309	措姆	藏族	81	71	61	75	288	65	69.90	及格
12	10	5400310	普布扎西	藏族	87	89	86	78	340	89	86.20	及格

图 4-73 "等级"计算

第 10 步：可以通过公式" = COUNTIF(H3:H12,">=60")/COUNT(H3:H12)"计算专业课及格率。

第 11 步：若在 L3 单元格中输入公式"=IF(K3>=90,"优秀",IF(K3>=80,"良好",IF(K3>=70,"中等",IF(K3>=60,"及格","不及格"))))"，然后复制公式，可以得到 L 列的结果如图 4-74 所示。

	L3		▼		*fx*	=IF(K3>=90,"优秀",IF(K3>=80,"良好",IF(K3>=70,"中等",IF(K3>=60,"及格","不及格"))))				

	B	C	D	E	F	G	H	I	J	K	L	M	N
2	学号	姓名	民族	政治	英语	数学	专业课	学业总分	综合量化	总成绩	等级	排名	
3	5400301	郑月	汉族	85	98	87	93	363	91	90.83	优秀		
4	5400302	傲丽	藏族	75	78	80	69	302	92	80.45	良好		
5	5400303	赵婷	汉族	80.5	78	56	67	281.5	85	74.76	中等		
6	5400304	达娃才让	蒙古族	85	78	84	76.5	323.5	88	83.01	良好		
7	5400305	沈家民	汉族	88	85	81	83	337	73	80.88	良好		
8	5400306	曲珍	藏族	92	90	87	94	363	75	86.03	良好		
9	5400307	吴磊	汉族	75	74	73	76	298	64	71.35	中等		
10	5400308	桑珠	藏族	65	63	54	52	234	50	55.95	不及格		
11	5400309	措姆	藏族	81	71	61	75	288	65	69.90	及格		
12	5400310	普布扎西	藏族	87	89	86	78	340	89	86.20	良好		

图 4-74 多重条件计算

第 12 步：选中 M3 单元格，点击"*fx*"，在"插入函数"对话框里，选择 "RANK（）"函数，并点击"确定"，如图 4-75 所示。

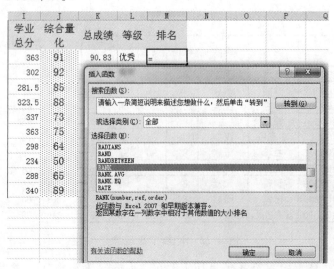

图 4-75 "插入函数"对话框

第 13 步：如图 4-76 所示，返回每个学生在班级总成绩中的排名。由于班级成绩是固定值，在公式中不随单元格的改变而改变，因此应设置为绝对引用，可以设置为"$K$3:$K$12"或者"K$3:K$12"。最后通过拖动复制柄复制表格公式，并进行格式设置。操作结果如图 4-77 所示。

第 14 步：设置完成后，把表格另存为"成绩单数据计算"工作簿文件。

=RANK(K3,K$3:K$12)

D	E	F	G	H	I	J	K	L	M	N	O	P
民族	政治	英语	数学	专业课	学业总分	综合量化	总成绩	等级	排名			
汉族	85	98	87	93	363	91	90.83	优秀	:K$12)			
藏族	75	78	80	69	302	92	80.45	良好				
汉族	80.5	78	56									
古族	85	78	84	76								
汉族	88	85	81	8								
藏族	92	90	87	9								
汉族	75	74	73	7								
藏族	65	63	54	5								
藏族	81	71	61	7								
藏族	87	89	86	7								

图 4-76 "函数参数"设置

	序号	学号	姓名	民族	政治	英语	数学	专业课	学业总分	综合量化	总成绩	等级	排名
	1	5400301	郑月	汉族	85	98	87	93	363	91	90.83	优秀	1
	2	5400302	傲丽	藏族	75	78	80	69	302	92	80.45	良好	6
	3	5400303	赵婷	汉族	80.5	78	56	67	281.5	85	74.76	中等	7
	4	5400304	达娃才让	蒙古族	85	78	84	76.5	323.5	88	83.01	良好	4
	5	5400305	沈家民	汉族	88	85	81	83	337	73	80.88	良好	5
	6	5400306	曲珍	藏族	92	90	87	94	363	75	86.03	良好	3
	7	5400307	吴磊	汉族	75	74	73	76	298	64	71.35	中等	8
	8	5400308	桑珠	藏族	65	63	54	52	234	50	55.95	不及格	10
	9	5400309	措姆	藏族	81	71	61	75	288	65	69.90	及格	9
	10	5400310	普布扎西	藏族	87	89	86	78	340	89	86.20	良好	2

图 4-77 工作表排名

4.5 图表的建立与编辑

案例五 建立学生成绩表图表

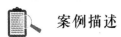 案例描述

学生成绩表已经完成数据录入、格式设置以及基本的数值运算，但不能直观地表现出数值的规律。利用 Excel 的图表功能可以把工作表内枯燥的数据变成直观的图形，为用户提供良好的视觉效果，方便用户观察和分析数据之间的差异和变化趋势。本例使用"成绩单数据计算.xlsx"的部分数据建立图表，并另存为"成绩单图表"工作簿文件。

最终效果

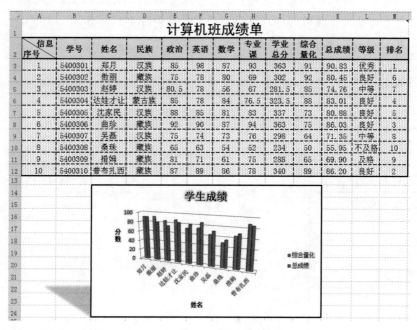

信息序号	学号	姓名	民族	政治	英语	数学	专业课	学业总分	综合量化	总成绩	等级	排名
1	5400301	郑月	汉族	85	98	87	93	363	91	90.83	优秀	1
2	5400302	傲丽	藏族	75	78	80	69	302	92	80.45	良好	6
3	5400303	赵婷	汉族	80.5	78	56	67	281.5	85	74.76	中等	7
4	5400304	达娃才让	蒙古族	85	78	84	76.5	323.5	88	83.01	良好	4
5	5400305	沈家民	汉族	88	85	81	83	337	73	80.88	良好	5
6	5400306	曲珍	藏族	92	90	87	94	363	75	86.03	良好	3
7	5400307	吴磊	汉族	75	74	73	76	298	64	71.35	中等	9
8	5400308	桑珠	藏族	65	63	54	52	234	50	55.95	不及格	10
9	5400309	措姆	藏族	81	71	61	75	288	65	69.90	及格	8
10	5400310	普布扎西	藏族	87	89	86	78	340	89	86.20	良好	2

图 4-78 学生成绩表图表

 任务分析

Excel 有丰富的数据表现形式。为了把"成绩单数据计算.xlsx"中的数据转换为形象的图表，就要用到 Excel 的图表功能。本任务的具体操作包括：图表的创建，图表的移动和调整，图表中样式类型、图表布局、图表元素的设置等。

 教学目标

① 掌握建立图表的方法。

② 掌握选择图表元素并移动和调整图表的方法。

③ 掌握添加和删除图表数据的方法。

④ 学会设置图表的布局和样式。

⑤ 学会设置图表元素的布局和样式。

⑥ 掌握"图表工具"的"设计"、"布局"和"格式"选项卡的功能，学会综合运用图表工具制作想要的图表。

⑦ 让学生了解 Excel 的强大功能，激发学生的学习兴趣。

⑧ 让学生通过图表了解大学期间学业分数、综合量化的构成情况，引导学生全面发展。

4.5.1 认识图表

一个创建好的图表（བཀོད་རིས།）由很多部分组成，主要包括图表区、绘图区、图表标题、数据系列、数据标签、图例、坐标轴、网格线，有的图表还包括数据标记等。各部分在图表中的具体位置如图 4-79 所示。

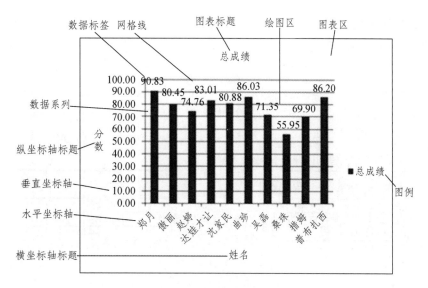

图 4-79　图表的组成结构

图表区：整个图表及其全部元素。

绘图区：在二维图表中，是指通过轴来界定的区域，包括所有数据系列。在三维图表中，同样是指通过轴来界定的区域，包括所有数据系列、分类名、刻度线标志和坐标轴标题。

图表标题：说明性文本，可以自动与坐标轴对齐或在图表顶部居中。

数据系列：在图表中绘制的相关数据点，这些数据源自数据表的行或列。图表中的每个数据系列具有唯一的颜色或图案，并且在图例中表示。可以在图表中绘制一个或多个数据系列。

4.5.2　创建图表

Excel 2010 中的数据图表有两种形式：一种是嵌入式图表，这种表和相关的数据在一个工作表中同时显示；另一种是数据图表单独存在于一个工作表中，和数据源不在一个工作表中，这时图表和数据是分开的。

1．创建嵌入式图表

在工作表中按住"Ctrl"键选择数据源区域，单击功能区"插入"选项卡"图表"组的"对话框启动器"，出现如图 4-80 所示的"插入图表"对话框。在此对话框中，根据需要选择需要的类型，单击"确定"按钮，即生成相应图表。

图 4-80　"图表类型"选择

也可以选中数据源区域后，单击"插入"选项卡"图表"组的图表类型，在下拉菜单中选择图表类型选项，如图 4-81 所示。

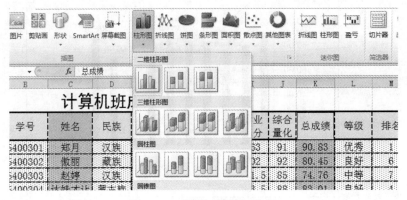

图 4-81   "图表类型"选择

知识扩展：

Excel 2010 中提供了 11 种图表类型，每一种图表类型中又包含少到几种多到十几种不等的子图表类型，创建图表时需要针对不同的应用场合和不同的使用范围选择不同的图表类型及其子类型，11 种图表类型及其用途如下：

① 柱形图：用于比较一段时间中两个或多个项目的相对大小。

② 折线图：按类别显示一段时间内数据的变化趋势。

③ 饼图：在单组中描述部分与整体的关系。

④ 条形图：在水平方向上比较不同类型的数据。

⑤ 面积图：强调一段时间内数值的相对重要性。

⑥ 散点图（X-Y 图）：描述两种相关数据的关系。

⑦ 股价图：综合了柱形图的折线图，专门设计用来跟踪股票价格。

⑧ 曲面图：是一个三维图，当第三个变量变化时，跟踪另外两个变量的变化。

⑨ 圆环图：以一个或多个数据类别来对比部分与整体的关系，在中间有一个更灵活的饼状图。

⑩ 气泡图：突出显示值的聚合，类似于散点图。

⑪ 雷达图：表明数据或数据频率相对于中心点的变化。

2．创建独立图表

方法一：直接按快捷键"F11"，生成名为"Chart1"的独立图表。

方法二：选中嵌入式图表，单击"图表工具"下的"设计"|"位置"|"移动图表"按钮，在对话框中填上独立图表的名称，点击"确定"生成和"Chart1"一样的图表。此时，还可以选择"对象位于"单选按钮，在右侧下拉列表框中可以选择将图表移动到当前工作簿中已有的工作表和图表中。

案例操作 1：

第 1 步：打开"成绩单数据计算"工作簿，在"成绩单数据输入"工作表中选择"C2:C12"单元格区域（即"姓名"一列），按住"Ctrl"键选择"K2：K12"单元格区域（即"总成绩"一列数据），选择"柱形图"类型下的"簇状柱形图"，然后单击"确定"按钮，即生成如图 4-82 所示图表。

第 2 步：观察生成的图表，认识图表的组成结构。

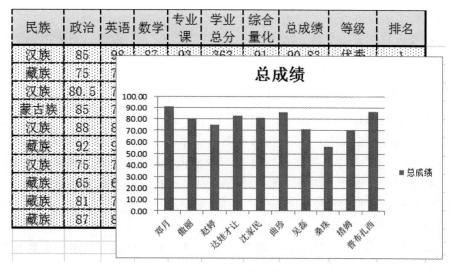

民族	政治	英语	数学	专业课	学业总分	综合量化	总成绩	等级	排名
汉族	85	90	97	93	363	91	90.03	优秀	
藏族	75								
汉族	80.5								
蒙古族	85								
汉族	88								
藏族	92								
汉族	75								
藏族	65								
藏族	81								
藏族	87								

图 4-82　生成图表

4.5.3　图表编辑

1．更改图表类型

单击图表的任意位置，点击鼠标右键，在弹出的菜单中选择"更改图表类型"命令，或者单击"设计"|"类型"|"更改图表类型"按钮，都可以打开"更改图表类型"对话框。选择相应的类型就可以更改图表类型。

2．移动和调整图表大小

对于创建好的图表，可以对其位置和大小进行调整。

第 1 步：移动图表。单击图表区任一位置，当鼠标光标变为"＋"字形时，拖动图表到数据区工作表任意位置，释放鼠标。

第 2 步：调整图表大小。单击图表区，将双向箭头光标移动到右下角控制点上，进行调整，调整到相应区域即可。

要精确设置图表大小，可在功能区"格式"选项卡中"大小"组内的"高度"和"宽度"文本框中直接输入表示图表大小的数值即可。

3．添加或删除图表数据

对于创建好的图表，可以根据需要随时向其中添加数据。如果图表中的某些数据不再需要，也可以将其从图表中删除。常用的方法有：

方法一：单击图表的任意位置，然后单击功能区"设计"|"数据"|"选择数据"按钮，打开"选择数据源"对话框，或者右键单击图表中的任意位置，选择"选择数据"也能弹出"选择数据源"对话框。"图表数据区域"显示的是当前图表包含的单元格区域。要添加或删除图表中的数据区域，单击" "按钮，进行数据源的重新选择，然后单击" "图标或按"Enter"键，返回"选择数据源对话框"，单击"确定"按钮，完成对数据的修改。

方法二：单击图表的任意位置，可以看到数据四周出现带颜色的线框，分别为蓝色和紫色。蓝色表示数据和标志，紫色表示分类。拖动数据选定柄，扩大或减小范围，就可以改变数据或分类的范围。

4．设置图表的布局和样式

Excel 2010 提供了多种已定义好的图表布局和样式，通过选择这些预设的样式可以方便快捷地设置图表的外观。

单击图表的任意位置，然后单击"设计"|"图表布局"|"▽"按钮，在弹出的下拉菜单中选择一种图表的布局。

5．设置图表元素的布局和样式

（1）设置图表元素的布局

为图表添加标题和坐标轴标题。首先选择该图表，单击"图表工具"下的"布局"|"标签"|"图表标题"按钮，在下拉菜单中选择图表标题的一种显示方式。选择好一种显示方式后，单击该图表元素内部，图表元素的边框变为虚线，删除里面的内容，然后输入图表标题。

要设置横坐标标题，则单击"坐标轴标题"|"主要横坐标轴标题"|"坐标轴下方标题"按钮，修改图表元素内容。

要设置列坐标标题，则单击"坐标轴标题"|"主要纵坐标轴标题"菜单，在展开的菜单中选择一种显示方式，修改图表元素内容。

拖动图表元素边框可调整图表元素的位置。如果要删除图表元素，选中该图表元素后，单击鼠标右键，在弹出的菜单中选择"删除"命令。

在"图表工具"下的"布局"|"标签"中还可以设置图例、数据标签和模拟运算表。

（2）设置图表元素的样式

选择要设置外观样式的图表元素，单击功能区"图表工具"下的"格式"|"形状样式"|"▽"，选择相应的样式，改变图表元素的整体外观效果。如图 4-83 所示，在"形状样式"组中还可设置"形状填充"、"形状轮廓"、"形状效果"等。"艺术字样式"里包括对文本的设置。

图 4-83 "格式"功能区

案例操作 2：

第 1 步：把图 4-82 所示的"簇状柱形图"更改为"簇状圆柱图"，得到如图 4-84 所示的结果。

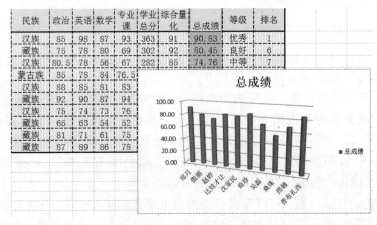

图 4-84 簇状圆柱图

第 2 步：把生成的"簇状圆柱图"表移到单元格"C14:J24"中。先拖动图表到 C14 位置，释放鼠标。然后，调整图表到"C14:J24"区域即可，如图 4-85 所示。

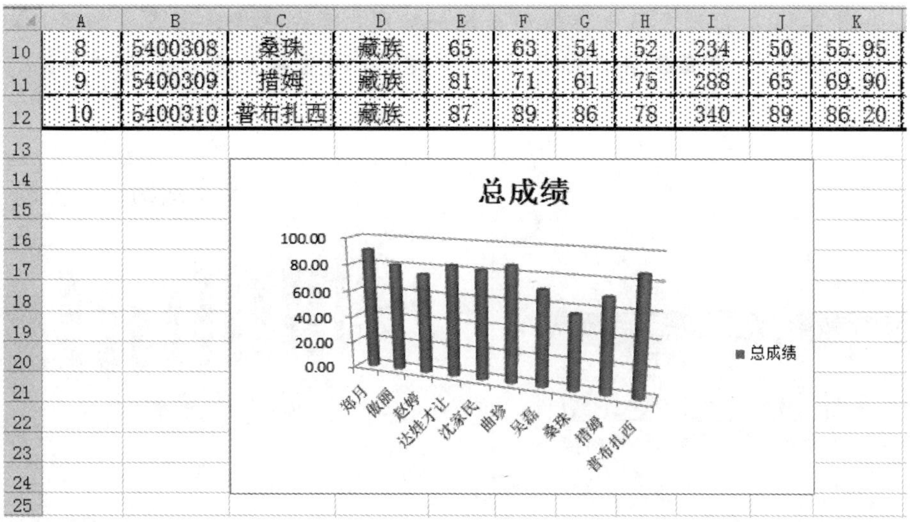

	A	B	C	D	E	F	G	H	I	J	K
10	8	5400308	桑珠	藏族	65	63	54	52	234	50	55.95
11	9	5400309	措姆	藏族	81	71	61	75	288	65	69.90
12	10	5400310	普布扎西	藏族	87	89	86	78	340	89	86.20

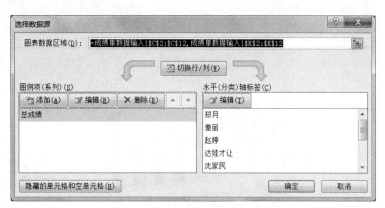

图 4-85　移动工作表

第 3 步：如图 4-86 所示，添加或删除图表中的数据区域，单击"⊞"按钮，进行数据源的重新选择。如图 4-87 所示，在原来数据的基础上，按住"Ctrl"键，拖动"J2:J12"，增加"综合量化"列数据，单击"⊞"图标或按"Enter"键，返回"选择数据源对话框"，单击"确定"按钮，就对数据进行了添加。效果如图 4-88 所示。

图 4-86　"选择数据源"对话框

图 4-87　"选择数据源"对话框

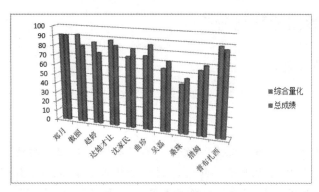

图 4-88　修改数据源图表

第 4 步：为图 4-88 所示图表添加标题和坐标轴标题。首先选择该图表，如图 4-89 所示，输入图表标题为"学生成绩"。设置横坐标标题为 "姓名"。设置列坐标标题为"分数"。操作结果如图 4-90 所示。

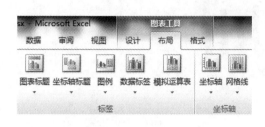

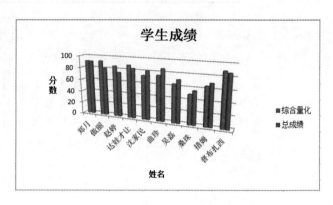

图 4-89　图表元素"布局"按钮　　　　　　　　　　图 4-90　设置标题

第 5 步：对图 4-90 所示的图表，设置形状样式为"彩色轮廓-黑色，深色 1"（第一行第一列样式），"形状效果"为"阴影"中"透视"组内的"左上对角透视"，"文本效果"为"发光"中"发光变体"组内的"橄榄色，11pt 发光，强调文字颜色 3"（"发光变体"选项第三行第三列），得到如图 4-91 的效果。

第 6 步：完成以上所有操作后，把表格另存为"成绩单图表"工作簿文件。

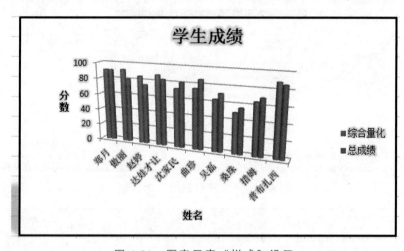

图 4-91　图表元素"样式"设置

4.6　工作表的数据管理与分析

案例六　学生成绩表处理

 案例描述

Excel 2010 除了数据录入、格式设置、数值计算以及图表处理等功能以外，还有一些较强的数据管理功能。有时需要对数据进行排序、筛选，制作分类汇总表和成绩数据透视表等操作。本例使用 4.4 节生成的"成绩单数据计算.xlsx"的数据进行数据管理与分析，并另存为"成绩单数据分析"

工作簿文件，包含“条件格式设置”、“数据筛选表”、“数据排序表”、“数据分类汇总表”、“数据透视表创建表”多张工作表。

最终效果

	A	B	C	D	E	F	G	H	I	J	K	L
1	计算机班成绩单											
2	信息 序号	学号	姓名	民族	政治	英语	数学	专业课	综合量化	总成绩	等级	排名
3	1	5400301	郑月	汉族	85	98	87	93	91	90.83	优秀	1
4	2	5400302	傲丽	藏族	75	78	80	69	92	80.45	良好	6
5	3	5400303	赵婷	汉族	80.5	78	*56*	67	85	74.76	中等	7
6	4	5400304	达娃才让	蒙古族	85	78	84	76.5	88	83.01	良好	4
7	5	5400305	沈家民	汉族	88	85	81	83	73	80.88	良好	5
8	6	5400306	曲珍	藏族	92	90	87	94	75	86.03	良好	3
9	7	5400307	吴磊	汉族	75	74	73	76	64	71.35	中等	8
10	8	5400308	桑珠	藏族	65	63	*54*	*52*	*50*	*55.95*	不及格	10
11	9	5400309	措姆	藏族	81	71	61	75	65	69.90	及格	9
12	10	5400310	普布扎西	藏族	87	89	86	78	89	86.20	良好	2

图 4-92 “条件格式设置”效果图

	A	B	C	D	E	F	G	H	I	J	K	L
1	计算机班成绩单											
2	信息 序号	学号	姓名	民族	政治	英语	数学	专业课	综合量化	总成绩	等级	排名
3	1	5400301	郑月	汉族	85	98	87	93	91	90.83	优秀	1
4	2	5400302	傲丽	藏族	75	78	80	69	92	80.45	良好	6
5	3	5400303	赵婷	汉族	80.5	78	56	67	85	74.76	中等	7
6	4	5400304	达娃才让	蒙古族	85	78	84	76.5	88	83.01	良好	4
7	5	5400305	沈家民	汉族	88	85	81	83	73	80.88	良好	5
8	6	5400306	曲珍	藏族	92	90	87	94	75	86.03	良好	3
9	7	5400307	吴磊	汉族	75	74	73	76	64	71.35	中等	8
10	8	5400308	桑珠	藏族	65	63	54	52	50	55.95	不及格	10
11	9	5400309	措姆	藏族	81	71	61	75	65	69.90	及格	9
12	10	5400310	普布扎西	藏族	87	89	86	78	89	86.20	良好	2
13												
14					民族	综合量化						
15					汉族							
16						>=80						
17	信息 序号	学号	姓名	民族	政治	英语	数学	专业课	综合量化	总成绩	等级	排名
18	1	5400301	郑月	汉族	85	98	87	93	91	90.83	优秀	1
19	2	5400302	傲丽	藏族	75	78	80	69	92	80.45	良好	6
20	3	5400303	赵婷	汉族	80.5	78	56	67	85	74.76	中等	7
21	4	5400304	达娃才让	蒙古族	85	78	84	76.5	88	83.01	良好	4
22	5	5400305	沈家民	汉族	88	85	81	83	73	80.88	良好	5
23	7	5400307	吴磊	汉族	75	74	73	76	64	71.35	中等	8
24	10	5400310	普布扎西	藏族	87	89	86	78	89	86.20	良好	2

图 4-93 “数据筛选表”效果图

序号\信息	学号	姓名	民族	政治	英语	数学	专业课	综合量化	总成绩	等级	排名
10	5400310	普布扎西	藏族	87	89	86	78	89	86.20	良好	3
8	5400308	曲珍	藏族	92	90	87	94	75	86.03	良好	4
2	5400302	傲丽	藏族	75	78	80	69	92	80.45	良好	11
									84.23	良好平均值	
9	5400309	措姆	藏族	81	71	61	75	65	69.90	及格	15
									69.90	及格平均值	
8	5400308	桑珠	藏族	65	63	54	52	50	55.95	不及格	17
									55.95	不及格平均值	
			藏族 平均值						75.71		
4	5400304	达娃才让	蒙古族	85	78	84	76.5	88	83.01	良好	6
									83.01	良好平均值	
			蒙古族 平均值						83.01		
1	5400301	郑月	汉族	85	98	87	93	91	90.83	优秀	1
									90.83	优秀平均值	
5	5400305	沈家民	汉族	88	85	81	83	73	80.88	良好	9
									80.88	良好平均值	
3	5400303	赵婷	汉族	80.5	78	56	67	85	74.76	中等	13
7	5400307	吴磊	汉族	75	74	73	76	64	71.35	中等	14
									73.06	中等平均值	
			汉族 平均值						79.45		
			总计平均值						77.94		

图 4-94 "数据分类汇总表"效果图

序号\信息	学号	姓名	民族	政治	英语	数学	专业课	综合量化	总成绩	等级	排名
1	5400301	郑月	汉族	85	98	87	93	91	90.83	优秀	1
2	5400302	傲丽	藏族	75	78	80	69	92	80.45	良好	6
3	5400303	赵婷	汉族	80.5	78	56	67	85	74.76	中等	7
4	5400304	达娃才让	蒙古族	85	78	84	76.5	88	83.01	良好	4
5	5400305	沈家民	汉族	88	85	81	83	73	80.88	良好	5
6	5400306	曲珍	藏族	92	90	87	94	75	86.03	良好	3
7	5400307	吴磊	汉族	75	74	73	76	64	71.35	中等	8
8	5400308	桑珠	藏族	65	63	54	52	50	55.95	不及格	10
9	5400309	措姆	藏族	81	71	61	75	65	69.90	及格	9
10	5400310	普布扎西	藏族	87	89	86	78	89	86.20	良好	2

平均值项:总成绩	列标签					
行标签	不及格	及格	良好	优秀	中等	总计
⊟藏族	55.95	69.90	84.23			75.71
傲丽			80.45			80.45
措姆		69.90				69.90
普布扎西			86.20			86.20
曲珍			86.03			86.03
桑珠	55.95					55.95
⊟汉族			80.88	90.83	73.06	79.45
沈家民			80.88			80.88
吴磊					71.35	71.35
赵婷					74.76	74.76
郑月				90.83		90.83
⊟蒙古族			83.01			83.01
达娃才让			83.01			83.01
总计	55.95	69.90	83.31	90.83	73.06	77.94

图 4-95 "数据透视表"效果图

任务分析

Excel 具有强大的数据排序、筛选、分类汇总、数据透视表等统计与分析数据的功能。本任务中的具体操作包括：对数据清单的认识，条件格式的设置，数据单列排序和多列排序，自动筛选和高级筛选，分类汇总和数据透视表的制作等。

教学目标

① 掌握工作表的条件格式的设置。
② 学会各类排序的操作方法。
③ 掌握筛选操作的方法。
④ 理解分类汇总的使用方法。
⑤ 掌握数据透视表的创建和使用。
⑥ 进一步认识 Excel 强大的数据处理功能，激发学生的学习兴趣。

4.6.1　数据清单

数据清单（གནའ་གྲངས་ཞིབ་ཤོག）是指工作表中包含相关数据的一系列数据行，可以理解成工作表中的一张二维表格。在执行数据管理操作时，如"排序"、"筛选"或"分类汇总"时，Excel 会自动将数据清单视为数据库，并使用数据清单元素来组织数据。

1．数据清单的组成

① 数据清单中的列称为"字段"，行称为"记录"。
② 数据清单中的列标题是数据库中的字段名称。
③ 数据清单中的每一行对应数据库中的一条记录。

2．数据清单应该尽量满足的条件

① 每一列必须有列名，而且每一列中必须有同样的数据类型。
② 不要在一张工作表中创建多份数据清单。
③ 数据清单不可以有空行或空列。
④ 任意两行不可以完全相同。

案例操作 1：

第 1 步：打开"成绩单数据计算.xlsx"工作簿，复制 A2：M12 单元格的内容到一个新的 Excel 文档中，以"数据清单.xlsx"为名保存工作簿并观察数据清单结构。

第 2 步：在"成绩单数据计算.xlsx"工作簿中，创建"成绩单数据输入"工作表副本，如图 4-96 所示，命名为"条件格式设置"。把"学业总分"一列删除掉，得到如图 4-97 所示的工作簿。

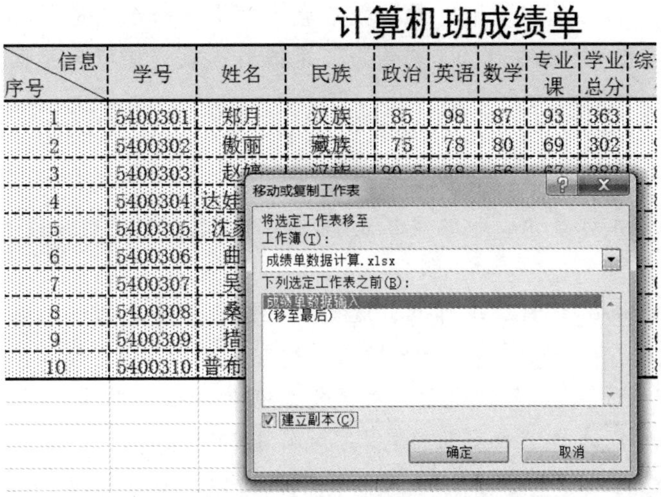

图 4-96　在另一工作簿中创建副本

图 4-97　新创建的"成绩单工作表数据分析"工作簿

第 3 步：删掉"成绩单数据输入"工作表的"学业总分"，以同样的方法创建此工作表的多个副本，分别命名为"数据筛选表"、"数据排序表"、"数据分类汇总表"、"数据透视表创建表"。

4.6.2　条件格式的设置

条件格式（ཚ་ཉིན་རྣམ་གཞག）是把不同的数据设置不同的显示格式，使工作表变得更加美观且清晰、直观。

> **知识扩展：**
>
> "条件格式"中的"项目选取规则"是按数值大小确定选择个数进行格式设置。"数据条"是把所选数据按数据大小表示数据条长短。"色阶"是把所选数据按颜色不同进行分类。"图标集"是表示所选数据前后大小关系。

案例操作 2：

在"条件格式设置"工作表中，把各类不及格（小于 60 分）的成绩设置为"倾斜，红色文本，灰色底纹"。

第 1 步：选中"条件格式设置"工作表，选择要设置条件格式的单元格区域"E3:J12"。

第 2 步：单击"开始"|"样式"|"条件格式"按钮，如图 4-98 所示，在下拉列表中选择"突出显示单元格规则"|"小于"，打开"小于"对话框。在对话框中，设置"小于"的值为"60"，因为没有所需要的格式，所以选择"自定义格式"，如图 4-99 所示。

第 3 步：在弹出的"设置单元格格式"对话框中，选择"字体"为"红色"并且"倾斜"，"填充"为背景色"灰色"。操作结果如图 4-100 所示。

图 4-98　"条件格式"下拉菜单

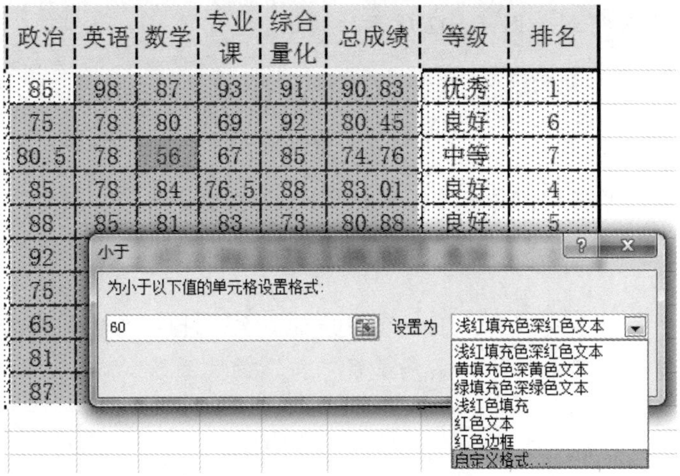

图 4-99　"小于"对话框设置

姓名	民族	政治	英语	数学	专业课	综合量化	总成绩	等级
郑月	汉族	85	98	87	93	91	90.83	优秀
傲丽	藏族	75	78	80	69	92	80.45	良好
赵婷	汉族	80.5	78	56	67	85	74.76	中等
达娃才让	蒙古族	85	78	84	76.5	88	83.01	良好
沈家民	汉族	88	85	81	83	73	80.88	良好
曲珍	藏族	92	90	87	94	75	86.03	良好
吴磊	汉族	75	74	73	76	64	71.35	中等
桑珠	藏族	65	63	54	52	50	55.95	不及格
措姆	藏族	81	71	61	75	65	69.90	及格
普布扎西	藏族	87	89	86	78	89	86.20	良好

图 4-100　设置"条件格式"后的效果

4.6.3　数据筛选

利用数据筛选（གནས་གྲངས་འཆོག་འདེམས།）功能可以在工作表中只显示出符合特定筛选条件的某些数据行，不满足筛选条件的数据将自动隐藏。Excel 2010 提供了"自动筛选"和"高级筛选"两种筛选数据的方法。

自动筛选（རང་འགུལ་འཆོག་འདེམས།）：用于简单的条件筛选，筛选时将不满足条件的数据暂时隐藏起来，只显示符合条件的数据。一般情况下，自动筛选功能就能够满足大部分用户的需要。

高级筛选（མཐོ་རིམ་འཆོག་འདེམས།）：用于条件较复杂的筛选操作，其筛选结果可显示在原数据表格中，不符合条件的记录被隐藏起来；也可以在新的位置显示筛选结果，原数据表区域中的数据行保持不变，不符合条件的记录不会被隐藏起来，方便进行数据对比。

1．自动筛选

要在表格中只显示满足某些简单条件的数据，便可以使用自动筛选。单击数据清单中的任意单元格，在功能区单击"数据"｜"排序和筛选"｜"筛选"按钮，此时数据清单的各个列名单元格会自动标识为下拉列表形式。自动筛选分为"按颜色筛选"和"文本筛选"。"按颜色筛选"是按单元格底纹的颜色进行自动筛选。

案例操作 3：

要在"数据筛选表"工作表中筛选出"藏族"学生的信息，只需要在"民族"下拉菜单中按图 4-101 所示进行设置，即可得到如图 4-102 所示的结果。

知识扩展：

若要取消筛选状态，可在功能区单击"数据"｜"排序和筛选"｜"清除"按钮。若要取消数据清单中的"自动筛选"按钮，并取消所有的"自动筛选"设置，只要重新单击"数据"｜"排序和筛选"｜"筛选"按钮即可。

在一个数据清单中进行多次筛选，下一次筛选的对象是上一次筛选的结果，最后的筛选结果受所有筛选条件的影响，它们之间的关系是逻辑"与"的关系。

2．高级筛选

使用自动筛选不能设置太复杂的条件，如果要设置复杂的条件，就必须使用高级筛选。高级筛选要求必须在工作表数据清单区域以外的地方指定一个区域来存放筛选条件，这个区域称为条件区域。条件区域的首行必须是各个筛选列的名称，其他行则是筛选条件。在高级筛选中条件区域的设置必须遵循以下原则：

① 条件区域与数据清单区域之间必须用空白行或空白列隔开。

② 条件区域至少应该有两行，第一行用来复制字段名，下面的行则存放筛选条件。

③ 条件区域的字段名必须与数据清单中的字段名完全一致。

④ "与"关系的条件必须出现在同一行，"或"关系的条件不能出现在同一行。

案例操作 4：

筛选工作表"数据筛选表"中"民族"为"汉族"或者"综合量化"成绩"> = 80"的全部学生记录。

第 1 步：在工作表数据清单外建立条件区域，并输入筛选条件。如图 4-103 所示。如果"民族"和"综合量化"放在一行上，表示"与（并且）"关系，图中放在不同行上，表示"或（或者）"关系。

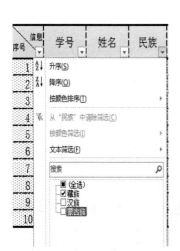

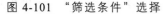

图 4-101 "筛选条件"选择　　　　图 4-102 "自动筛选"结果　　图 4-103 设置"高级筛选"条件

第 2 步：选中 A2:L12 单元格区域，单击"数据"|"排序与筛选"|"高级"按钮，出现"高级筛选"按钮。

第 3 步：在"高级筛选"窗口中，列表区域为第二步选中的单元格区域"$A$2:$L$12"，如果没有或不是，则打开文本框右边的折叠按钮""，重新进行区域选择。通过折叠按钮选择"条件区域"的区域值为"$E$14:$F$16"，如图 4-104 所示。

第 4 步：设置筛选后数据存放的位置，如果选择"在原有区域显示筛选结果"，则此工作表只剩符合条件的结果。本案例如图 4-105 所示，选择"将筛选结果复制到其他位置"，则要设置"复制到"的地址，本例复制到"$A$17"单元格。最终结果如图 4-106 所示。

图 4-104 "条件区域"选择　　　　　　图 4-105 "高级筛选"设置

序号 信息	学号	姓名	民族	政治	英语	数学	专业课	综合量化	总成绩	等级	排名
9	5400309	措姆	藏族	81	71	61	75	65	69.90	及格	9
10	5400310	普布扎西	藏族	87	89	86	78	89	86.20	良好	2
			民族 汉族	综合量化 >=80							
1	5400301	郑月	汉族	85	98	87	93	91	90.83	优秀	1
2	5400302	傲丽	藏族	75	78	80	69	92	80.45	良好	6
3	5400303	赵婷	汉族	80.5	78	56	67	85	74.76	中等	7
4	5400304	达娃才让	蒙古族	85	78	84	76.5	88	83.01	良好	4
5	5400305	沈家民	汉族	88	85	81	83	73	80.88	良好	5
7	5400307	吴磊	汉族	75	74	73	76	64	71.35	中等	8
10	5400310	普布扎西	藏族	87	89	86	78	89	86.20	良好	2

图 4-106 "高级筛选"结果

4.6.4 数据排序

数据排序（ གནས་གྲངས་རིམ་སྒྲིག ）是指按一定规则对数据进行整理、排列，这样可以为数据的进一步处理做好准备。Excel 2010 提供了多种方法对数据清单进行排序，可以按升序、降序的方式，也可以由用户自定义排序。

1．单列排序

在工作表中完成某字段由高到低的排序，方法如下：

方法一：单击要进行排序的字段名的单元格，然后单击功能区"数据"|"排序和筛选"|"Z↓A"（降序按钮），要进行排序的单列数据就完成了所要求的排序。

方法二：在工作表中，选取要进行排序的字段名的单元格，然后右击，在弹出的快捷菜单中选择"排序"，在其级联菜单中选择"升序"或"降序"，则完成了所要求的排序。

2．多列排序

利用单列排序只能对一个关键字进行排序，如果对排序结果有较高要求，单列排序就无法满足要求。对多列数据进行排序的具体操作步骤如下：

第 1 步：单击"数据"|"排序和筛选"|"排序"按钮"A↓Z"，打开"排序"对话框，在该对话框中选择"主要关键字"，并选择"排序依据"和"次序"。

第 2 步：单击对话框中的"添加条件"按钮，添加一个"次要关键字"，设置"次要关键字"的条件。

第 3 步：如果需要的话，可参照步骤 2 所述操作，为排序添加多个次要关键字，然后单击"确定"按钮进行排序。此时，系统先按照主要关键字条件对工作表中各行进行排序；若数据相同，则将数据相同的行按照次要关键字进行排序。

在多列排序时，若要防止数据清单的标题被加入排序数据区中，在"排序"对话框中应勾选"数据包含标题"选项，如不勾选，则标题将作为一行数据参与排序。

知识扩展：

Excel 默认的排序方式是根据单元格中数据进行排序，在按升序排序时，Excel 遵循以下排序规则：

① 数值从最小的负数到最大的正数。

② 文本按 A~Z 排序。

③ 日期由前到后，按年、月、日比较。

④ 逻辑值"False"在前，"True"在后。

⑤ 空格排在最后。

案例操作 5：

第 1 步：在"数据排序表"工作表中进行数据处理，完成按"总成绩"由高到低的排序。单击要进行排序的"总成绩"字段名的单元格，然后单击降序按钮"Z↓A"，"总成绩"列的数据就完成了所要求的排序。排序结果如图 4-107。

计算机班成绩单

信息 序号	学号	姓名	民族	政治	英语	数学	专业课	综合量化	总成绩	等级	排名
1	5400301	郑月	汉族	85	98	87	93	91	90.83	优秀	1
10	5400310	普布扎西	藏族	87	89	86	78	89	86.20	良好	2
6	5400306	曲珍	藏族	92	90	87	94	75	86.03	良好	3
4	5400304	达娃才让	蒙古族	85	78	84	76.5	88	83.01	良好	4
5	5400305	沈家民	汉族	88	85	81	83	73	80.88	良好	5
2	5400302	傲丽	藏族	75	78	80	69	92	80.45	良好	6
3	5400303	赵婷	汉族	80.5	78	56	67	85	74.76	中等	7
7	5400307	吴磊	汉族	75	74	73	76	64	71.35	中等	8
9	5400309	措姆	藏族	81	71	61	75	65	69.90	及格	9
8	5400308	桑珠	藏族	65	63	54	52	50	55.95	不及格	10

图 4-107　排序结果

第 2 步：在"数据排序表"工作表中，先对"民族"排序，然后对相同"民族"的"总成绩"进行排序。选择"A2:L12"区域，打开"排序"对话框，在该对话框中选择"主要关键字"，即"民族"，然后添加一个"次要关键字"，即"总成绩"。设置排序选项，如图 4-108 所示。排序结果如图 4-109 所示。

图 4-108　"排序"对话框

信息 序号	学号	姓名	民族	政治	英语	数学	专业课	综合量化	总成绩	等级	排名
10	5400310	普布扎西	藏族	87	89	86	78	89	86.20	良好	2
6	5400306	曲珍	藏族	92	90	87	94	75	86.03	良好	3
2	5400302	傲丽	藏族	75	78	80	69	92	80.45	良好	6
9	5400309	措姆	藏族	81	71	61	75	65	69.90	及格	9
8	5400308	桑珠	藏族	65	63	54	52	50	55.95	不及格	10
4	5400304	达娃才让	蒙古族	85	78	84	76.5	88	83.01	良好	4
1	5400301	郑月	汉族	85	85	87	93	91	90.83	优秀	1
5	5400305	沈家民	汉族	88	85	81	83	73	80.88	良好	5
3	5400303	赵婷	汉族	80.5	78	56	67	85	74.76	中等	7
7	5400307	吴磊	汉族	75	74	73	76	64	71.35	中等	8

图 4-109　"多列排序"结果

4.6.5 分类汇总

分类汇总（རིགས་དགར་ཕྱོགས་བསྡོམས།）是 Excel 中重要的功能之一，可以免去输入大量的公式和函数的操作。分类汇总是按照不同的类别进行统计的一项重要的功能。分类汇总之前必须进行排序，排序的关键字就是分类汇总的分类字段，从而使相同关键字的行排列在相邻区域中，有利于分类汇总的操作。

1．创建分类汇总

第 1 步：在分类汇总前首先要对数据进行排序。

第 2 步：选择数据区域中的任意单元格，然后单击功能区"数据"|"分级显示"|"分类汇总"按钮，打开"分类汇总"对话框，分别设置"分类字段"、"汇总方式"、"选定汇总项"。

第 3 步：在"分类汇总"对话框中单击"确定"按钮，将显示分类汇总结果。

2．嵌套分类汇总

如果需要在一项字段汇总的基础之上，对另一字段进行汇总，就要使用到分类汇总的嵌套功能。建立分类汇总后，在数据区域左侧出现了分级显示按钮" 1 2 3 4 "，单击不同层次可显示不同层次的数据，同时利用" - "按钮，可以分别显示、隐藏数据，以便用户查找需要的数据。

如果要删除分类汇总结果，可以重新打开"分类汇总"对话框，单击"全部删除"按钮即可。

案例操作 6：

第 1 步：在"数据分类汇总表"中进行数据处理。按"民族"进行分类汇总，计算"总成绩"的平均值。

首先按图 4-108 对数据进行排序。然后打开"分类汇总"对话框。在"分类字段"下拉列表中选择"民族"，在"汇总方式"下拉列表中选择"平均值"，在"选定汇总项"中选择"总成绩"，如图 4-110所示。

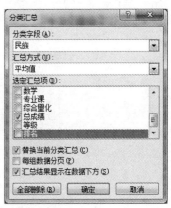

图 4-110 "分类汇总"对话框

然后，单击"确定"按钮，将显示如图 4-111 所示的分类汇总结果。

信息序号	学号	姓名	民族	政治	英语	数学	专业课	综合量化	总成绩	等级	排名
\ 计算机班成绩单											
10	5400310	普布扎西	藏族	87	89	86	78	89	86.20	良好	2
6	5400306	曲珍	藏族	92	90	87	94	75	86.03	良好	3
2	5400302	倩丽	藏族	75	78	80	69	92	80.45	良好	7
9	5400309	措姆	藏族	81	71	61	75	65	69.90	及格	11
8	5400308	桑珠	藏族	65	63	54	52	50	55.95	不及格	12
			藏族 平均值						75.71		
4	5400304	达娃才让	蒙古族	85	78	84	76.5	88	83.01	良好	4
			蒙古族平均值						83.01		
1	5400301	郑月	汉族	85	98	87	93	91	90.83	优秀	1
5	5400305	沈家民	汉族	88	85	81	83	73	80.88	良好	6
3	5400303	赵婷	汉族	80.5	78	56	67	85	74.76	中等	9
7	5400307	吴磊	汉族	75	74	73	76	64	71.35	中等	10
			汉族 平均值						79.45		
			总计平均值						77.94		

图 4-111 分类汇总结果

第2步：在图4-111的基础上再次进行等级分类汇总。前面已经对"民族"和"等级"进行了排序（按总成绩排序时民族完成了等级排序），以"民族"为分类字段进行了分类，此处只需按图4-112设置"分类汇总"对话框。此时注意，不再选择"替换当前分类汇总"选项。得到的结果如图4-113所示。

图 4-112　嵌套"分类汇总"对话框

计算机班成绩单

信息序号	学号	姓名	民族	政治	英语	数学	专业课	综合量化	总成绩	等级	排名
10	5400310	替布扎西	藏族	87	89	86	78	89	88.20	良好	3
6	5400306	曲珍	藏族	92	90	87	94	75	86.03	良好	4
2	5400302	傲丽	藏族	75	78	80	69	92	80.45	良好	11
									84.23	良好 平均值	
9	5400309	措姆	藏族	81	71	61	75	65	69.90	及格	15
									69.90	及格 平均值	
8	5400308	桑珠	藏族	65	63	54	52	50	55.95	不及格	17
									55.95	不及格 平均值	
			藏族 平均值						75.71		
4	5400304	达娃才让	蒙古族	85	78	84	76.5	88	83.01	良好	6
									83.01	良好 平均值	
			蒙古族 平均值						83.01		
1	5400301	郑月	汉族	85	98	87	93	91	90.83	优秀	1
									90.83	优秀 平均值	
5	5400305	沈家民	汉族	88	85	81	83	73	80.88	良好	9
									80.88	良好 平均值	
3	5400303	赵婷	汉族	80.5	78	56	67	86	74.76	中等	13
7	5400307	吴磊	汉族	75	74	73	76	64	71.35	中等	14
									73.06	中等 平均值	
			汉族 平均值						79.45		
			总计平均值						77.94		

图 4-113　嵌套分类汇总结果

4.6.6　数据透视表

利用分类汇总可以对大量数据进行快速汇总统计，但是分类汇总只能针对一个字段进行分类。

当用户需要对多个字段进行汇总时，就需要使用数据透视表完成。

数据透视表（ གནས་གྲངས་བཏོལ་མཐོང་རེའུ་མིག ）是一种对大量数据快速汇总和建立交叉列表的交互式表格。它不仅可以转换行和列以查看原数据的不同汇总结果，显示不同页面以筛选数据，还可以根据需要显示区域中的明细数据。

1．数据透视表的组成

一个完整的数据透视表是由"行"、"列"、"值"、及"筛选区域"四部分组成的。

（1）行

数据透视表中最左边的标题，对应"数据透视表字段列"表中"行标签"区域内的内容。单击行字段的下拉按钮可以查看各个字段项，可以全部选择或者选择其中的几个字段项在数据透视表中显示。

（2）列

数据透视表中最上面的标题，对应"数据透视表字段列"表中"列标签"区域内的内容。单击列字段的下拉按钮可以查看各个字段项，可以全部选择或者选择其中的几个字段项在数据透视表中显示。

（3）值

数据透视表中的数字区域，执行计算，提供要汇总的值，在数据透视表中被称作值字段。"数值"区域中的数据采用以下方式对数据透视图报表中的基本源数据进行汇总：默认数值使用"SUM"函数，文本值使用"COUNT"函数，鼠标右击"求和项"可以对值字段进行设置"求和"、"计数"或"其他"；可以将值字段多次放入数据区域来求得同一字段的不同显示结果。

（4）筛选区域

数据透视表中最上面的标题，在数据透视表中被称为页字段，对应"数据透视表字段列"表中"报表筛选"区域内的内容。单击页字段的下拉按钮勾选"选择多项"，可以全部选择或者选择其中的几个字段项在数据透视表中显示。

2．创建数据透视表的方法

第 1 步：选中名为"数据透视表创建表"工作表。单击工作表中任一单元格，单击"插入"|"表格"|"数据透视表"下拉按钮，在下拉菜单中选择"数据透视表"，打开"创建数据透视表"对话框。

第 2 步：在"创建数据透视表"对话框中，选择"选择一个表或区域"单选按钮，并在"表/区域"文本框中输入或选择数据区域。在"选择放置数据透视表的位置"选项组中选择"现有工作表"按钮，选完存放透视表位置后单击"确定"按钮。

第 3 步：在数据透视表设计环境中进行透视表的设计。将"选择要添加到报表的字段"列表中的左边标题拖到"行标签"，同时可以把列表中的最上面的标题拖到"列标签"，再把汇总的值拖到"数值"，最后显示透视表结果。

第 4 步：点击"数据透视表工具"|"设计"|"数据透视表样式"组，选择一种数据透视表样式，对数据透视表进行格式设置。

案例操作 7：

第 1 步：打开"数据透视表创建表"工作表，按图 4-114 设置创建一个数据透视表。

第 2 步：进行"民族"人数的统计。将"选择要添加到报表的字段"列表中的"民族"拖到"行标签"，

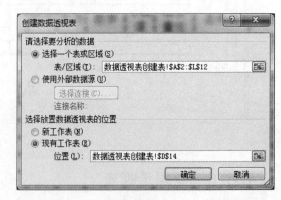

图 4-114 "创建数据透视表"对话框设置

再把"民族"拖到"数值",因为"民族"字段为文本值,因此"数值"项默认使用"COUNT"函数。如图 4-115 所示为字段设置和透视表结果。

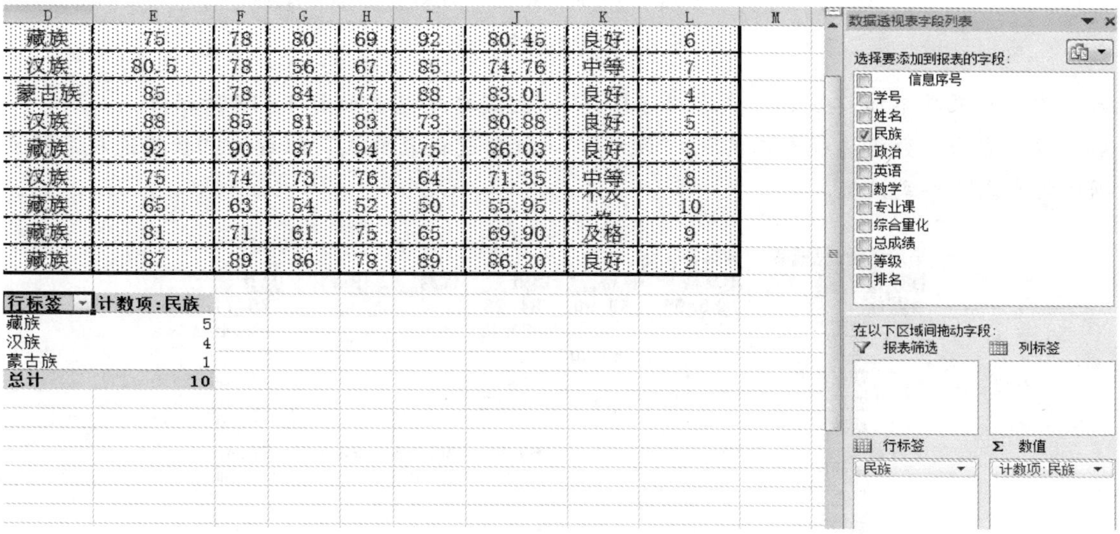

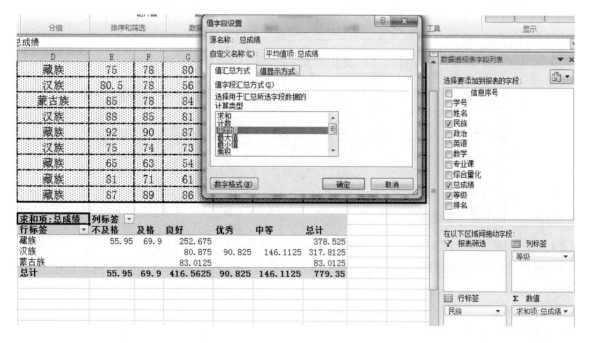

图 4-115　统计不同民族学生人数

第 3 步:按需要调整汇总方式。统计不同民族学生的平均成绩。首先,通过"数值"中"计数项:民族"下拉菜单"删除字段"把"民族"字段删掉,然后把"等级"字段拖到"列标签",把"总成绩"拖到"数值"项,并通过"总成绩"下拉菜单" 求和项:总成绩▼ "选择"值字段设置",在弹出的"值字段设置"对话框中进行如图 4-116 所示设置。"计算类型"为"平均值","数字格式"为"数值,小数位数保留两位"。如图 4-117 为按要求创建的数据透视表。

图 4-116　"值字段设置"对话框

平均值项:总成绩	列标签					
行标签	不及格	及格	良好	优秀	中等	总计
藏族	55.95	69.90	84.23			75.71
汉族			80.88	90.83	73.06	79.45
蒙古族			83.01			83.01
总计	55.95	69.90	83.31	90.83	73.06	77.94

图 4-117 数据透视表

第 4 步：如果再添加"姓名"作为"行标签"，生成的透视表如图 4-118 所示。

第 5 步：点击"数据透视表工具"|"设计"|"数据透视表样式"组展开"数据透视表样式"，对数据透视表进行格式设置。

平均值项:总成绩	列标签					
行标签	不及格	及格	良好	优秀	中等	总计
⊟藏族	55.95	69.90	84.23			75.71
傲丽			80.45			80.45
措姆		69.90				69.90
普布扎西			86.20			86.20
曲珍			86.03			86.03
桑珠	55.95					55.95
⊟汉族			80.88	90.83	73.06	79.45
沈家民			80.88			80.88
吴磊					71.35	71.35
赵婷					74.76	74.76
郑月				90.83		90.83
⊟蒙古族			83.01			83.01
达娃才让			83.01			83.01
总计	55.95	69.90	83.31	90.83	73.06	77.94

图 4-118 数据透视表

第 6 步：完成以上所有操作后，把表格另存为"成绩单数据分析"工作簿文件。

习 题

一、专项训练

1. Excel 启动、输入、保存、修改

（1）启动 Excel 2010，在 Excel 工作簿的"Sheet1"表格中输入以下内容：

	A	B	C	D	E	F
1	市场部2015年销售计划					
2	类型	主机	显示器	打印机	键盘	合计
3	一季度	51500	340000	82500	49500	
4	二季度	68000	68000	102000	14000	
5	三季度	75000	85500	144000	3500	
6	四季度	151500	144900	128600	9150	
7	总计					

（2）此工作簿以"zx1.xlsx"为文件名保存到"E：\练习\专项\"目录下。

（3）修改表中的错误数据：将"打印机"列的最后一个数据"128600"改为"126800"，将"键盘"列的"3500"改为"5300"。

（4）将"键盘"列移动至"打印机"列的左侧。

（5）保存工作簿并退出。

2. Excel 工作表编辑

（1）打开题目 1 创建的"zx1.xlsx"。

（2）将 Sheet1 中的表格内容复制到 Sheet2 相同的区域中。

（3）将 Sheet1 工作表重命名为"销售数据"，Sheet2 工作表重命名为"单元格格式设置"。

（4）通过工作表快捷菜单"移动或复制"新建"销售数据"工作表的两个副本，一个副本重新命名为"表格样式"，另一个副本重新命名为"创建图表"。

（5）删除 Sheet3 工作表。

（6）保护工作簿中的"销售数据"工作表，并设置密码为"4321"。

（7）保存工作簿并退出。

3．Excel 单元格格式设置

（1）打开题目 2 创建的"zx1.xlsx"。

（2）在"单元格格式设置"工作表中，将标题 A1:F1 单元格格式设置为"合并后居中"，字体为"楷体"、"加粗"、"22 磅"、"标准色红色"。

（3）在"单元格格式设置"工作表中，设置 A2:F2 单元格"水平居中"，字体为"隶书"、"14磅"。

（4）在"单元格格式设置"工作表中，将各单元的数字格式设为"千位分隔"样式，"小数位数"为 1 位"居右"，其他各单元的内容"水平居中"。

（5）在"单元格格式设置"工作表中，将单元格 A2:F7 外边框设置为"双实线"，"红色"，内边框设置为"实线"。

（6）在"表格样式"工作表 A2:F7 中，应用表格样式"表样式浅色 3"（表包含标题）。

（7）插入页眉"市场部数据"，"居中"对齐。

（8）保存工作簿并退出。

4．页面设置

（1）打开题目 3 创建的"zx1.xlsx"。

（2）设置"单元格格式设置"工作表纸张大小为"A4"。

（3）设置"单元格格式设置"工作表上、下、左、右页边距为"3 厘米"。

（4）第二行作为"顶端标题行"进行打印。

（5）纸张方向设置为"纵向"。

（6）保存工作簿并退出。

5．公式和函数计算

（1）打开题目 4 创建的"zx1.xlsx"。

（2）在"创建图表"工作表中，用公式计算每一季度"合计"列的值。用"SUM"函数计算每个产品四个季度的总销售额。

（3）保存工作簿并退出。

6．创建图表

（1）打开题目 5 创建的"zx1.xlsx"。

（2）选择"类型"和"总计"两行，创建"三维簇状条型图"，系列产生在"行"。

（3）设置图表标题为"2015 年销售计划"，横坐标标题为"类型"，纵坐标标题为"计划总计"。

（4）图例在底部，数据标签显示"值"。

（5）作为新工作表插入，工作表命名为"图表工作表"，在已有工作表之后。

（6）保存工作簿并退出。

7. 条件格式

（1）启动 Excel 2010，在 Excel 工作簿的 Sheet1 表格中输入以下内容：

	A	B	C	D	E	F	G	H	I	J
1	部门号	姓名	性别	出生年月	职称	基本工资	奖金	个人税	水电费	实发工资
2	10	赵志军	男	1957/6/25	高工	1150	411	176.6	90	
3	20	于铭	女	1979/10/21	助工	500	471	208.9	91	
4	30	许炎锋	女	1954/3/8	高工	1250	630	306.2	96	
5	10	王嘉	女	1971/6/6	工程师	850	475	100.3	89	
6	30	李新江	男	1962/10/2	高工	950	399	49.5	87	
7	20	郭海英	女	1963/2/7	高工	950	332	77.6	85	
8	30	马淑恩	女	1960/6/9	工程师	900	791	60.5	45	
9	10	王金科	男	1956/9/10	高工	1050	480	325.6	93	
10	10	李东慧	女	1950/8/7	高工	1350	364	52.3	94	
11	30	张宁	女	1980/1/1	助工	500	395	78	89	
12	20	王孟	男	1966/9/8	工程师	800	463	220.3	98	
13	30	马会爽	女	1970/2/9	工程师	800	368	101.1	69	
14	30	史晓赟	女	1952/6/6	高工	1200	539	520.3	50	
15	10	刘燕凤	女	1959/8/7	高工	1200	892	180.9	86	
16	30	齐飞	男	1961/4/5	高工	1200	626	245.6	74	
17	20	张娟	女	1975/9/25	助工	650	374	625.3	86	
18	10	潘成文	男	1965/10/9	工程师	950	402	1050	90	
19	30	邢易	女	1981/2/25	助工	600	325	300	90	
20	20	谢枭豪	女	1950/11/18	高工	1350	516	200	90	
21							平均奖金：			

（2）此工作簿以"zx2.xlsx"为名保存到"E:\练习\专项\"目录下。

（3）设置 A1:J21 的矩形区域内、外边框为"实心框"。将"sheet1"工作表重命名为"职工个人信息表"。用公式计算实发工资："实发工资 = 基本工资 + 奖金 – 个人税 – 水电费"。在 G21 单元格计算所有人奖金的平均值。将"职工个人信息表"工作表 A1:J20 的内容复制到 Sheet2、Sheet3、Sheet4、Sheet5 中。

（4）在"职工个人信息表"中用条件格式设置：实发工资低于平均值的，采用"浅红色填充"单元格。奖金最大的 3 项，字体设置为"红色"。

（5）保存工作簿并退出。

8. 数据排序

（1）打开题目 7 创建的"zx2.xlsx"。

（2）在"职工个人信息表"中，按照"部门号"升序排序所有记录。

（3）在 Sheet2 中，按照主要关键字"职称"、次要关键字"性别"升序排序所有记录。

（4）保存工作簿并退出。

9. 数据筛选

（1）打开题目 8 创建的"zx2.xlsx"。

（2）在 Sheet2 中完成自动筛选：筛选出"部门号"为"10"的，"基本工资"在 1000 元以上（不包含 1000 元）的职工。

（3）在 Sheet3 中完成高级筛选：筛选出"基本工资"小于 1000 的，并且"实发工资"在 1000 元以上（不包含 1000 元）的职工，结果置于以 A24 单元格为起始的单元格内。

（4）保存工作簿并退出。

10. 分类汇总

（1）打开题目 9 创建的"zx2.xlsx"。

（2）在 Sheet4 工作表中进行分类汇总。分类字段为"职称"，汇总方式为"平均值"，汇总项为

"实发工资"。（首先按照主要关键字"职称"、次要关键字"性别"升序排序所有记录。）

（3）在 Sheet4 工作表中进行二次分类汇总。分类字段为"性别"，汇总方式为"平均值"，汇总项为"实发工资"，此时不再替换当前分类汇总。

（4）保存工作簿并退出。

11. 数据透视表

（1）打开题目 10 创建的"zx2.xlsx"。

（2）根据 Sheet5 中的数据完成数据透视表：分类汇总不同部门、不同职称人的奖金的平均值，要求"部门号"在行上，"职称"在列上。作为新的工作表插入，工作表命名为"部门、职称汇总表"。

（3）保存工作簿并退出。

二、综合操作题

1. 综合操作一

（1）启动 Excel 2010，按要求在 Sheet1 工作表中输入以下内容，并以"zh1.xlsx"为文件名保存到"E:\练习\"目录下。

	A	B	C	D
1	姓名	总成绩	录取学校	是否获得新生奖学金
2	艾洁	646	浙江大学	
3	张谷语	513	杭州大学	
4	周天	566	上海交大	
5	丁夏雨	498	杭州大学	
6	汪滔滔	561	浙江医科大学	
7	郭枫	534	浙江农业大学	
8	陶韬	589	浙江大学	
9	凌云飞	571	上海交大	
10	唐刚	572	浙江医科大学	
11	龙知自	546	宁波大学	
12	占丹	569	北京气象学院	
13	伍行翼	578	上海交大	
14	宋翼铭	612	西安交大	
15	欧阳帜	598	浙江大学	
16	桂登峰	524	杭州大学	
17	呼延齐啸	521	杭州大学	
18	费铭	478	杭州商学院	
19	陈利亚	541	杭州大学	
20	郑华兴	564	西安交大	
21	蔡萨莎	576	浙江医科大学	
22	龚凡	574	浙江医科大学	

（2）在数据表的最左侧插入一列，输入标题"准考证号"，并依序输入 001，002，…，021。

（3）将工作表 A1:E22 所有数据区域自动套用"表样式深色 8"格式到单元格区域 A1:E22。

（4）设置第一行字体为"隶书"，字号为"16 磅"，并设置"水平居中"。

（5）将 A 到 E 列的宽度设置为"自动调整列宽"（要求该列文字能够完全显示）。

（6）利用函数填写每名学生是否获得新生奖学金（规则：如果"总成绩"大于或等于"600"，则在对应的单元格中录入"是"；如果不满足，则录入"否"）。

（7）利用自动筛选，选出杭州大学所录取的学生记录，并将结果放入以 A25 单元格为起始的区域中。

（8）将筛选出的新记录以"总成绩"为关键字"降序"排列。

（9）以表中筛选出来的"姓名"和"总成绩"数据，绘制三维簇状柱形图表。要求系列产生在列，图表标题为"杭州大学录取成绩表"，并作为新工作表 Chart1 插入。

（10）保存工作簿并退出。

2. 综合操作二

（1）启动 Excel2010，按要求在 Sheet1 工作表中输入以下内容，并以"zh2.xlsx"为文件名保存到"E:\练习\综合\"目录下。

	A	B	C	D	E	F	G
1	计算机课成绩单						
2	姓名	平时10%	上机20%	考试70%	总成绩	等级	排名
3	张文远	90	85	92			
4	刘明传	95	89	91			
5	李敏峰	89	83	76			
6	陈丽洁	80	75	83			
7	戴冰寒	89	77	88			
8	何芬芳	79	68	84			
9	秦叔敖	50	70	40			
10	马美丽	85	75	90			
11	叶长乐	75	80	89			
12	白清风	78	95	65			
13	韩如雪	68	56	50			
14	方似愚	78	92	77			
15	胡大海	88	90	83			
16	常遇春	56	78	89			
17	赵高怀	81	82	43			
18				最高分：			
19				及格率：			

（2）输入内容前，为数值区域 B3 到 E17 设置数据有效性规则：介于 0 到 100 之间的小数。出错警告标题为"出错了"，错误信息为"成绩必须在 0 到 100 之间"。

（3）设置标题为："楷体"，"加粗"，"16 磅"，A1:G1 数据区域"合并及居中"。将 Sheet1 工作表中第 2 行所有文字设置为："隶书"、"14 磅"、"标准色红色"、"加粗"。

（4）在数据表 B 列插入一新列，标题为"学号"。

（5）在"学号"列下，依次输入学号值：001，002，…，015。

（6）为数据表绘制"标准色红色"双线的外边框，内边框使用"默认自动黑色"的单实线。

（7）对 Sheet1 工作表进行页面设置：纸张大小为"A4"，上、下、左、右边距分别设置为"3 厘米"、"3 厘米"、"2.5 厘米"、"2.5 厘米"，版式为"横向"。设置页眉为"学生成绩表"，格式为"居中"、"加粗"、"倾斜"。设置页脚为"制表人"，靠右对齐。

（8）用公式计算每名同学的总成绩（规则：平时成绩占总成绩的 10%，上机成绩占 20%，考试成绩占 70%）。

（9）为总成绩区域设置条件格式，将总成绩小于 60 的以"标准色红色"、"加粗"的格式标注出来。

（10）将 F3 到 F18 区域设置为"数值"，保留"0"位小数。用函数计算总成绩的最高分。

（11）在 F19 单元格用函数计算及格率，并修改格式为"百分比"，小数位数为"1"位。

（12）利用函数计算等级，其中总成绩 60 分以下为不及格，60～69 分为及格，70～79 为中，80～89 为良好，90～100 为优秀。

（13）"排名"列在不改变学号顺序的情况下，利用公式按平均分从高到低的顺序给出每个学生的排名值。（使用 RANK（ ）函数）。

（14）把 Sheet1 的数据复制到 Sheet2 工作表中，并在 Sheet2 工作表对数据表进行排序：以"总成绩"为主关键字进行降序排列。

（15）在 Sheet1 工作表中，利用高级筛选，筛选出需要补考的学生名单，结果置于以 A27 单元格为起始的单元格内（提示：无论是平时、上机、考试还是总成绩，只要有一门课程不及格，就需要补考）。

（16）在 Sheet1 工作表中，选"姓名"和"总成绩"两列数据，创建"簇状圆柱图"图表，数据系列在"列"，图表标题为"计算机课成绩单"，横坐标标题为"姓名"，纵坐标标题为"成绩"。嵌入在 Sheet1 工作表的 A20:F30 区域中。

（17）Sheet1 工作表更名为"成绩单"，Sheet2 工作表更名为"排序成绩单"。

（18）保存工作簿并退出。

3. 综合操作三

（1）启动 Excel 2010，按要求在 Sheet1 工作表中输入以下内容，并以"zh3.xlsx"为文件名保存到"E:\练习\"目录下。

	A	B	C	D	E	F	G	H
1	某单位各部门工资统计表							
2								
3	部门	姓名	基本工资	住房基金	保险费	奖金	实发工资	工作量
4	人事处	艾芳	525.00	100.00	100.00			45
5	办公室	陈鹏	795.00	130.00	100.00			35
6	人事处	胡海涛	602.00	100.00	100.00			28
7	财务处	连威	1050.00	130.00	100.00			63
8	后勤处	林海	1602.00	130.00	100.00			41
9	后勤处	刘学燕	982.00	100.00	100.00			37
10	统计处	沈克	485.00	100.00	100.00			42
11	统计处	沈奇峰	3645.00	100.00	100.00			43
12	人事处	王川	2000.00	100.00	100.00			48
13	办公室	王卫平	760.00	100.00	100.00			38
14	人事处	王小明	680.00	100.00	100.00			45
15	人事处	许东东	910.00	130.00	100.00			42
16	办公室	杨宝春	835.00	100.00	100.00			46
17	统计处	岳晋生	465.00	100.00	100.00			52
18	办公室	张晓寰	952.00	100.00	100.00			30
19	统计处	庄凤仪	1800.00	130.00	100.00			36

（2）设置 A1:H1 单元格为"跨列居中"，设置底纹为"标准色黄色"。

（3）在 A2 单元格中用函数生成当前日期为制表日期，合并 A2:H2 单元格，并设置该单元格的水平对齐方式为"右对齐"。

（4）将工作表 A3:H19 所有数据区域自动套用"表样式深色 8"格式。

（5）使用公式计算每个员工的奖金：满工作量为 40，满量工作的奖金为 800 元，工作量不满的奖金是 600 元。

（6）使用公式计算每个员工的实发工资，公式为："实发工资 = 基本工资 + 奖金-住房基金-保险费"。

（7）将 C4::G19 区域的格式设为货币类型，符号为"￥"，小数位数为"2"位。

（8）将前 3 ~ 7 列宽度设置为"自动调整列宽"。

（9）将 Sheet1 工作表中的全部数据复制一份到 Sheet2 工作表的相应位置，并对在 Sheet2 工作表中的数据按"部门"降序排序。

（10）在 Sheet2 工作表中，汇总各部门的实发工资总和，结果显示在数据下方。

（11）在 Sheet1 工作表中使用数据透视表显示各部门和各部门人数。

（12）将 Sheet2 工作表的缩放比例设置为"120%"。

（13）保存工作簿并退出。

4. 综合操作四

制作本班的成绩表，并利用本章学习的知识分析数据。

❖ 5　演示文稿软件 PowerPoint 2010

5.1　认识 PowerPoint 2010

PowerPoint 2010 是 Microsoft Office 2010 程序组中的一员，用于制作具有图文并茂展示效果的演示文稿。演示文稿由用户根据软件提供的功能自行设计、制作和放映，具有动态性、交互性和可视性，广泛应用在演讲、报告、产品演示和课件制作等场合。用户借助演示文稿，可更有效地进行表达与交流。

案例一　认识 PowerPoint 2010

 案例描述

PowerPoint 2010 是演示文稿软件，主要应用在演讲、报告、产品演示和课件制作等工作中。本例将为使用 PowerPoint 软件奠定基础。

 任务分析

本任务中包括 PowerPoint 的基本概念，PowerPoint 的启动和退出，PowerPoint 窗口的结构及其主要功能，PowerPoint 文档的创建、打开、保存、关闭等知识。

 教学目标

① 认识 PowerPoint 2010，了解 Office 的功能区及功能区的选项卡、组及命令。
② 了解 PowerPoint 的基本概念，学会 PowerPoint 的启动和退出。
③ 初步了解 PowerPoint 窗口的结构及其主要功能。
④ 学会 pptx 文档的创建、打开、保存、关闭方法。
⑤ 了解 PowerPoint 强大的功能，激发学习兴趣。

采用 PowerPoint 2010 制作的文档叫演示文稿，扩展名为.pptx。一个演示文稿由若干张幻灯片组成，因此演示文稿俗称"幻灯片"或 PPT 文档。幻灯片里可以插入文字、表格、图形、影片及声音等多媒体信息。演示文稿制成后，可将幻灯片按事先安排好的顺序播放，播放时还可以配上旁白，辅以动画效果。

5.1.1　启动与退出 PowerPoint 2010

1．启动 PowerPoint 2010

启动 PowerPoint 2010 的方式有多种，用户可根据需要进行选择。常用的启动方式有以下几种：

方法一：单击"开始"→"所有程序"→"Microsoft Office"→"Microsoft PowerPoint 2010"命令，即可启动 PowerPoint 2010。

方法二：双击 Windows 桌面上的"Microsoft PowerPoint 2010"快捷方式图标或快速启动栏中的图标即可快速启动 PowerPoint 2010。

方法三：双击某一创建好的 PPT 文档，在打开该文档的同时，启动 PowerPoint 2010 应用程序。

案例操作 1：

用上述三种方法中的任一种启动 PowerPoint 2010。

2．退出 PowerPoint 2010

当制作完成或不需要使用该软件编辑演示文稿时，可对软件执行退出操作，将其关闭。退出的方法主要有以下几种：

方法一：在 PowerPoint 2010 工作界面标题栏右侧单击"关闭"按钮。

方法二：选择"文件"→"退出"命令。

方法三：单击窗口控制菜单，单击"关闭"选项。

案例操作 2：

用以上介绍的任一方法关闭 PowerPoint 2010 软件。

5.1.2 PowerPoint 2010 工作界面

启动 PowerPoint 2010 后将进入其工作界面，熟悉工作界面各组成部分是制作演示文稿的基础。PowerPoint 2010 工作界面是由标题栏、"文件"菜单、功能选项卡、快速访问工具栏、功能区、"幻灯片/大纲"窗格、幻灯片编辑区、"备注"窗格和状态栏等部分组成，如图 5-1 所示。

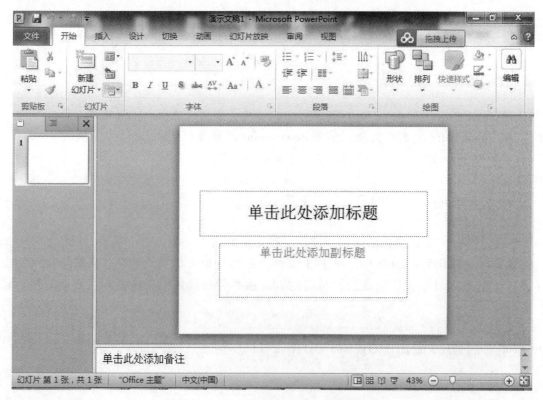

图 5-1　PowerPoint 2010 工作界面

PowerPoint 2010 工作界面各部分组成及其作用如下：

1．标题栏

位于 PowerPoint 工作界面的右上角，用于显示演示文稿名称和程序名称。最右侧的 3 个按钮分别用于对窗口执行最小化、最大化和关闭操作，如图 5-2 所示。

图 5-2　PowerPoint 2010 标题栏

2．快速访问工具栏

该工具栏中提供了最常用的"保存"、"撤销"和"恢复"等按钮，单击对应的按钮可进行相应的操作，如图 5-3 所示。

3．文件菜单

用于执行 PowerPoint 演示文稿的新建、打开、保存和退出等基本操作。该菜单右侧列出了用户最近使用的演示文档的名称，如图 5-4 所示。

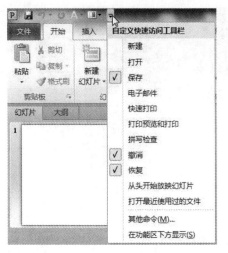

图 5-3　"快速访问工具栏"下拉列表　　　　　　　图 5-4　"文件"菜单

4．功能选项卡

相当于菜单命令，它将 PowerPoint 2010 的所有命令集中在几个功能选项卡中，选择某个功能选项卡可切换到相应的功能区，如图 5-5 所示。

图 5-5　功能选项卡

5．功能区

在功能区中有许多自动适应窗口的工具栏，不同的工具栏中放置了与此相关的命令按钮和列表框，如图 5-6 所示。

图 5-6　功能区

6.　"幻灯片/大纲"窗格（སློབ་བཤད་རྩ་གནད་ཀྱི་དྲ་མིག）

用于显示演示文稿的幻灯片数量及位置，通过它可更加方便地掌握整个演示文稿的结构。在"幻灯片"窗格下，将显示整个演示文稿中幻灯片的编号及缩略图。在"大纲"窗格下列出了当前演示文稿中各张幻灯片中的文本内容，如图 5-7 所示。

7.　幻灯片编辑区

这是整个工作界面的核心区域，用于显示和编辑幻灯片，在其中可输入文字内容、插入图片和设置动画效果等，是使用 PowerPoint 制作演示文稿的操作平台，如图 5-8 所示。

图 5-7　"幻灯片/大纲"窗格

图 5-8　幻灯片编辑区

8.　备注窗格

位于幻灯片编辑区下方，可供幻灯片制作者或幻灯片演讲者查阅该幻灯片信息或在播放演示文稿时对需要的幻灯片添加说明和注释，如图 5-9 所示。

图 5-9　"备注"窗格

9．状态栏

位于工作界面下方，用于显示演示文稿中所选的当前幻灯片以及幻灯片总张数、幻灯片采用的模板类型、视图切换按钮以及页面显示比例等，如图 5-10 所示。

图 5-10　状态栏

案例操作 3：

第 1 步：观察 PowerPoint 2010 的标题栏、选项卡，指出其与 Word 和 Excel 选项卡的异同。

第 2 步：打开"设计"、"切换"、"动画"、"幻灯片放映"选项卡，观察各选项卡中的组和命令。

5.1.3　PowerPoint 的视图切换

为满足用户不同的需求，PowerPoint 提供了多种视图模式来编辑和查看幻灯片。在工作界面下方单击视图切换按钮中的任意一个按钮，即可切换到相应的视图模式下。下面对各种视图进行介绍。

1．普通视图（སྒྱུར་བཏང་མཐོང་རིས།）

PowerPoint 2010 默认显示普通视图，在该视图模式中可以同时显示幻灯片编辑区、"幻灯片/大纲"窗格以及"备注"窗格。它主要用于调整演示文稿的结构及编辑单张幻灯片中的内容，如图 5-11 所示。

图 5-11　"普通视图"窗口

2．幻灯片浏览视图（སློན་བཀུན་མིག་བཤར་མཐོང་རིས།）

在幻灯片浏览视图模式下可浏览幻灯片在演示文稿中的整体结构和效果，如图 5-12 所示。在该模式下也可改变幻灯片的版式和结构，如更换演示文稿的背景、移动或复制幻灯片等，但不能对单张幻灯片的具体内容进行编辑。

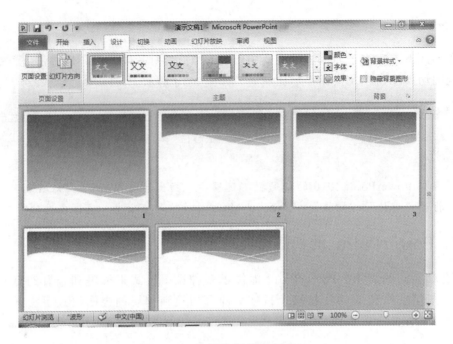

图 5-12　幻灯片浏览视图窗口

3．阅读视图（ཀློག་ཚུལ་མཐོང་རིས།）

在该视图模式下仅显示标题栏、阅读区和状态栏，主要用于浏览幻灯片的内容。在该模式下，演示文稿中的幻灯片将以窗口大小进行放映，如图 5-13 所示。

4．幻灯片放映视图（སློན་བརྣན་འགྲེམས་སྟོན་མཐོང་རིས།）

在该视图模式下，演示文稿中的幻灯片将以全屏动态放映。该模式主要用于预览幻灯片在制作完成后的放映效果，以便及时对放映过程中不满意的地方进行修改，测试插入的动画、声音等效果，还可以在放映过程中标注出重点，观察每张幻灯片的切换效果等。

5．备注视图（མཆན་འགྲེལ་མཐོང་རིས།）

备注视图与普通视图相似，只是没有"幻灯片/大纲"窗格。在此视图模式下幻灯片编辑区中完全显示当前幻灯片的备注信息，如图 5-14 所示。

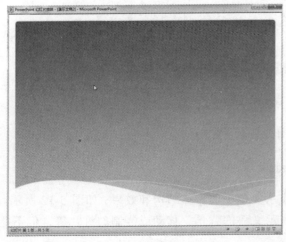

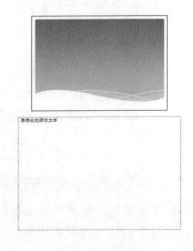

图 5-13　幻灯片"阅读视图"窗口　　　　　　图 5-14　幻灯片"备注视图"窗口

5.1.4 创建演示文稿

为了满足各种办公需要，PowerPoint 2010 提供了多种创建演示文稿的方法，如创建空白演示文稿、利用模板创建演示文稿、使用主题创建演示文稿以及使用 Office.com 上的模板创建演示文稿等。

1．创建空白演示文稿

启动 PowerPoint 2010 后，系统会自动创建一个空白演示文稿。除此之外，用户还可通过快捷菜单或命令创建空白演示文稿，其操作方法分别如下：

方法一：通过快捷菜单创建。

在桌面空白处单击鼠标右键，在弹出的快捷菜单中选择"新建"→"Microsoft PowerPoint 演示文稿"命令，在桌面上将新建一个空白的演示文稿。

方法二：通过命令创建。

启动 PowerPoint 2010 后，选择"文件"→"新建"命令，在"可用的模板和主题"栏中单击"空白演示文稿"图标，再单击"创建"按钮，即可创建一个空白演示文稿，如图 5-15 所示。

图 5-15　创建空白演示文稿

2．利用模板创建演示文稿

对于时间不宽裕或是不知如何制作演示文稿的用户来说，可利用 PowerPoint 2010 提供的模板来进行创建，其方法与通过命令创建空白演示文稿的方法类似。启动 PowerPoint 2010，选择"文件"→"新建"命令，在"可用的模板和主题"栏中单击"样本模板"按钮，在打开的页面中选择所需的模板选项，单击"创建"按钮，返回 PowerPoint 2010 工作界面，即可看到新建的演示文稿。

案例操作 4：

第 1 步：创建一个空白的演示文稿。

第 2 步：切换演示文稿的视图，观察不同视图的显示方式。

5.1.5　打开演示文稿

当需要对现有的演示文稿进行编辑和查看时，需要将其打开。打开演示文稿的方式有多种，如果未启动 PowerPoint 2010，可直接双击需打开的演示文稿图标。启动 PowerPoint 2010 后，可分为以下几种情况来打开演示文稿：

1．打开一般的演示文稿

启动 PowerPoint 2010 后，选择"文件"→"打开"命令，打开"打开"对话框，在其中选择需要打开的演示文稿，单击"打开"按钮，即可打开选择的演示文稿。

2．打开最近使用的演示文稿

PowerPoint 2010 提供了记录最近打开演示文稿保存路径的功能。如果想打开刚关闭的演示文稿，可选择"文件"→"最近所用文件"命令，在打开的页面中将显示最近使用的演示文稿名称和保存路径。然后选择需打开的演示文稿完成操作，如图 5-16 所示。

3．以只读的方式打开演示文稿

以只读方式打开演示文稿只能进行浏览，不能更改演示文稿中的内容。其打开方法是：选择"文件"→"打开"命令，单击"打开"按钮右侧的"▾"按钮，在弹出的下拉列表中选择"以只读方式打开"选项。此时，打开的演示文稿标题中将显示"只读"字样。

4．以副本方式打开演示文稿

以副本方式打开演示文稿时，该演示文稿作为副本，对副本进行编辑时不会影响源文件。其打开方法和以只读方式打开演示文稿的方法类似，在打开的"打开"对话框中选择需打开的演示文稿后，单击"打开"按钮右侧的"▾"按钮，在弹出的下拉列表中选择"以副本方式打开"选项，在打开的演示文稿标题栏中将显示"副本"字样，如图 5-17 所示。

图 5-16　打开最近使用的演示文稿

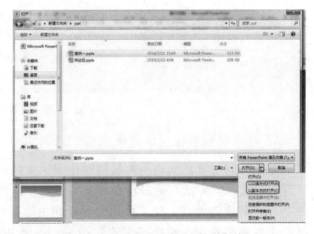

图 5-17　以副本方式打开演示文稿

5.1.6　保存演示文稿

对制作好的演示文稿需要及时保存在计算机中，以免发生遗失或错误操作。保存演示文稿的方法有很多。

1．直接保存演示文稿

直接保存演示文稿是最常用的保存方法。其方法是：选择"文件"→"保存"命令或单击快速访问工具栏中的"保存"按钮，打开"另存为"对话框，选择保存位置和输入文件名，单击"保存"按钮。

2．另存为演示文稿

若不想改变原有演示文稿中的内容，可通过"另存为"命令将演示文稿保存在其他位置。其方法是：选择"文件"→"另存为"命令，打开"另存为"对话框，设置保存的位置和文件名，单击"保存"按钮。

3．将演示文稿保存为模板

为了提高工作效率，可根据需要将制作好的演示文稿保存为模板，以备以后制作同类演示文稿时使用。其方法是：选择"文件"→"保存"命令，打开"另存为"对话框，在"保存类型"下拉列表框中选择"PowerPoint 模板.potx"选项，单击"确定"按钮。

4．自动保存演示文稿

在制作演示文稿的过程中，为了减少不必要的损失，可为正在编辑的演示文稿设置定时保存。其方法是：选择"文件"→"选项"命令，打开"PowerPoint 选项"对话框，选择"保存"选项卡，在"保存演示文稿"栏中进行如图所示的设置，并单击"确定"按钮，如图 5-18 所示。

图 5-18 自动保存演示文稿设置

5.1.7 关闭演示文稿

对打开的演示文稿编辑完成后，若不再需要对演示文稿进行其他操作，可将其关闭。关闭演示文稿的常用方法有以下几种：

方法一：通过快捷菜单关闭。

在 PowerPoint 2010 工作界面标题栏上单击鼠标右键，在弹出的快捷菜单中选择"关闭"命令。

方法二：单击关闭按钮关闭。

单击 PowerPoint 2010 工作界面标题栏右上角的"　Ｘ　"按钮，关闭演示文稿并退出 PowerPoint 程序。

方法三：通过命令关闭。

在打开的演示文稿中选择"文件"→"关闭"命令，关闭当前演示文稿。

案例操作 5：

第 1 步：保存演示文稿。

第 2 步：关闭演示文稿。

5.2　创建简单的演示文稿

案例二　宣传西藏大学的演示文稿

 案例描述

西藏大学是西藏自治区的综合性大学，"211 工程"重点建设大学，西藏自治区人民政府与教育部共建高校，2013 年 5 月列入"中西部高等教育振兴计划"，2013 年 7 月成功获批为博士学位授予单位。本案例将为宣传西藏大学制作简单的演示文稿。

 最终效果

图 5-19　效果图

 任务分析

要制作一份宣传文稿，需要若干张幻灯片，其中包含文字和图片等。本任务的具体操作包括：在幻灯片中进行文本的输入和简单编辑，对幻灯片进行选取、插入、移动、复制、删除等操作，对幻灯片进行简单的美化及修饰，设置幻灯片主题和背景等。

 教学目标

① 学会幻灯片中文本的输入和简单编辑的方法。

② 掌握选取、插入、复制、删除幻灯片，更改幻灯片顺序的方法。

③ 掌握幻灯片中对象的简单美化和修饰方法。

④ 掌握幻灯片主题和背景的设置方法。

⑤ 让学生了解西藏大学，培养学生热爱母校的情感。

案例操作 1：

第 1 步：启动 PowerPoint 2010 后，系统自动建立一个空白演示文稿，并在标题栏显示默认的文件名"演示文稿1"。

第 2 步：单击"保存"按钮，在弹出的"另存为"对话框中输入演示文稿的文件名"学校介绍"。

5.2.1 幻灯片的编辑

1．插入幻灯片

PowerPoint 2010 允许用户通过多种方式为演示文稿插入幻灯片，主要有：通过"幻灯片"组插入、通过鼠标右键插入和通过键盘插入。

方法一：通过"幻灯片"组插入幻灯片。

在 PowerPoint 中，用户可以单击"开始"|"幻灯片"|"新建幻灯片"按钮的上半部，直接插入包含"标题行和内容"的幻灯片；若单击下半部分，则可以先选择幻灯片的布局，再插入幻灯片。

方法二：通过鼠标右键插入幻灯片。

将鼠标移动到"幻灯片选项卡"窗格后，可以通过右击，执行"新建幻灯片"命令，创建新的幻灯片。

方法三：通过键盘插入幻灯片。

将鼠标光标置于"幻灯片选项卡"窗格之后，即可按"Enter"键，直接插入包含"标题行和内容"的幻灯片。

案例操作 2：

第 1 步：用"通过'幻灯片'组插入幻灯片"的方法插入一张版式为"标题和内容"的幻灯片。

第 2 步：以同样的方式插入版式为"两栏内容"的第三张幻灯片。

2．更改幻灯片版式

更改幻灯片版式的常用方法有通过"幻灯片"组更改版式和通过鼠标右键更改版式。

方法一：通过"幻灯片"组更改版式。

单击"开始"|"幻灯片"|"版式"右侧的下拉按钮，在弹出的"Office 主题"下拉列表框中，选择相应版式即可。

方法二：通过鼠标右键插入幻灯片。

在幻灯片编辑区中单击鼠标右键，在出现的快捷菜单中选择"版式"，然后选择相应版式即可。

3．选择幻灯片

在添加了多张幻灯片后，接下来要为每张幻灯片输入具体内容，其后还要进行幻灯片的移动、复制和删除等操作，这些操作首先都应该选择幻灯片。

选择一张幻灯片：选择"幻灯片导航区"中的"幻灯片"选项卡，单击要选择的幻灯片的缩略图。

选择多张幻灯片：

① 选择多张连续的幻灯片：选择"幻灯片导航区"中的"幻灯片"选项卡，或在"幻灯片浏览"视图方式下，单击要选择的第一张幻灯片，按住"Shift"键，同时单击要选择的最后一张幻灯片。

② 选择多张不连续的幻灯片：选择"幻灯片导航区"中的"幻灯片"选项卡，或在"幻灯片浏览"视图方式下，按住"Ctrl"键，分别单击要选择的所有幻灯片。

4．幻灯片的删除

方法一：选定某张幻灯片后，按下键盘上的"Delete"键，该幻灯片就从演示文稿中被删除了。

方法二：选定某张幻灯片后，单击鼠标右键，在弹出的快捷菜单中选择"删除幻灯片"。

5．幻灯片的移动

方法一：按住鼠标左键将要移动的幻灯片拖动到目的地。

方法二：使用"剪切"及"粘贴"命令移动幻灯片。右击要移动的幻灯片缩略图，在弹出的快捷菜单中单击"剪切"命令，它们在演示文稿中就消失了，被剪切到"剪贴板"上。在目的地幻灯片缩略图后空白处右击，在弹出的快捷菜单中选择"粘贴"，则被剪切的幻灯片就在这张幻灯片缩略图后显示出来。

6．幻灯片的复制

要在演示文稿中添加包含已有幻灯片内容的新幻灯片，可以复制幻灯片。

方法一：选择要复制的一张或多张幻灯片，单击"开始"|"幻灯片"|"新建幻灯片"右侧的下拉按钮，在弹出的"Office 主题"下拉列表中，选择"复制选择的幻灯片"命令，复制幻灯片的插入点位于最下面一张选定幻灯片的下方。

方法二：先按下"Ctrl"键，同时按住鼠标左键将要复制的幻灯片拖动到目的地。

方法三：使用"复制"及"粘贴"命令复制幻灯片。选择要复制的一张或多张幻灯片，右击，在弹出的快捷菜单中单击"复制"命令，它们被复制到"剪贴板"上。再将插入点移到目的地右击，在弹出的快捷菜单中选择"粘贴"命令。

5.2.2　幻灯片对象的编辑及修饰

1．幻灯片中文字的输入及编辑

在幻灯片中添加文本，一种是在占位符中直接输入文本，另一种是在幻灯片中插入文本框，在文本框中输入文本。

方法一：在占位符中直接输入文本。

将光标置于占位符上方单击，选择该占位符，然后输入文本内容即可。

方法二：在文本框中输入文本。

单击"插入"|"文本"|"文本框"下拉按钮，执行"横排文本框"命令，在幻灯片中拖动鼠标即可绘制一个横排文本框。然后，输入文本即可。

案例操作 3：

第 1 步：选择"幻灯片导航区"中的"幻灯片"选项卡，单击第一张幻灯片，将鼠标指针移动到幻灯片编辑区的"标题"占位符中单击，这时占位符中的提示信息消失，出现一条黑色的竖线，这条竖线就是插入点，直接输入需要的文字字符"欢迎来到西藏大学"。

第 2 步：单击"副标题"占位符的相应位置，输入文字"西藏大学党委（校长）办公室"。

第 3 步：选择"幻灯片导航区"中的"幻灯片"选项卡，单击第二张幻灯片，将鼠标指针移动到幻灯片编辑区的"标题"占位符中输入文本"学校基本情况介绍"后，单击"内容"占位符，输入如下内容：

> 西藏大学是西藏自治区的综合性大学，"211工程"重点建设大学，西藏自治区人民政府与教育部共建高校，2013年5月列入"中西部高等教育振兴计划"，2013年7月成功获批为博士学位授予单位。
>
> 学校办学历史可追溯到1951年的藏文干部训练班，历经西藏军区干部学校，西藏地方干部学校，西藏行政干部学校；1956年毛泽东主席提出"西藏也要设立大学"，经国务院批准，1965年成立西藏师范学校。根据西藏形势发展需要，经国务院批准，1975年成立西藏师范学院。为适应西藏地区社会经济快速发展对人才的需要，经教育部批准，1985年正式成立西藏大学，标志着西藏自治区高等教育事业翻开了崭新的历史篇章。1999年以来，西藏自治区艺术学校、西藏医学高等专科学校和西藏民族学院医疗系、西藏自治区财经学校先后并入西藏大学。2001年9月，西藏农牧学院与西藏大学合并，校名仍为西藏大学。

第4步：按上述同样方法，在第三张幻灯片"标题"中输入"学院及科研机构介绍"，然后在左侧占位符中输入如下内容：

> 学院
>
> 文学院
>
> 理学院
>
> 工学院
>
> 医学院
>
> 艺术学院
>
> 经济与管理学院
>
> 旅游与外语学院
>
> 师范学院
>
> 财经学院

第5步：再在第三张幻灯片右侧的占位符中输入如下内容：

> 科研机构
>
> 1个国家级重点学科——中国少数民族语言文学
>
> 14个自治区级重点学科
>
> 3个自治区重点实验室
>
> 11个自治区高等学校重点实验室
>
> 1个教育部人文社会科学重点研究基地
>
> 1个教育部工程研究中心
>
> 1个教育部重点实验室
>
> 1个国家级信息技术实验教学示范中心
>
> 1个中国科学院和自治区共建重点实验室

在文字输入过程中如果需要移动、复制、删除文本，其方法如同Word中的文字编辑。在幻灯片编辑区所修改的内容，将会同时出现在"幻灯片导航区"的"大纲"选项卡相应的幻灯片标志后面。

2．插入文本框

通常情况下，新建的空白幻灯片没有占位符，无法直接输入文本。在本案例"学校介绍"中，第一张幻灯片也只有两个占位符，需要在"副标题"下面的位置输入新的文本。以上这两种情况都需要增加文本框来输入文本字符。其操作方法如下：

单击"插入"|"文本"|"文本框"下拉按钮，在随后出现的下拉菜单中选择"横排文本框"命令，然后将鼠标移动到要插入文本框的位置单击，文本框就被插入了幻灯片中，就可以在文本框中输入文字。

案例操作4：

在第一张幻灯片上插入文本框，输入文本"2015 年 12 月"，如图 5-20 所示。

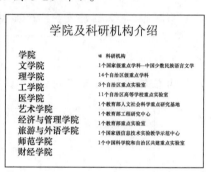

图 5-20　效果图

3．幻灯片中段落的编辑

（1）修改和美化项目符号

PowerPoint 2010 默认输入的每行内容都是简单的段落，并自动在每个段落前添加了默认的项目符号，使其更醒目，以便吸引别人的注意力。但有时用户对默认的项目符号不满意，就需要修改项目符号。

具体操作步骤如下：

第 1 步：选择"幻灯片"选项卡，把鼠标指针移到内容占位符边框上单击，此时内容占位符处于被选中状态。

第 2 步：单击"开始"|"段落"|"项目符号"右侧的下拉按钮，弹出以缩略图形式出现的项目符号库的下拉列表。

第 3 步：单击"项目符号和编号"命令，弹出如图 5-21 所示的"项目符号和编号"对话框。

第 4 步：在"项目符号和编号"对话框中，单击相应的"项目编号及符号"，再单击"确定"即可。

（2）使用图片项目符号

如果对图 5-21 所示的项目符号样例都不满意，这时可单击"图片"按钮，在弹出的如图 5-22 所示的"图片项目符号"对话框中选择相应的图片样式，单击"确定"按钮，可以添加图片项目符号。

案例操作5：

第 1 步：把演示文稿"学校介绍"中的第二张幻灯片的项目符号更改为蓝色的带填充效果的钻石型项目符号。

第 2 步：把演示文稿"学校介绍"中第三张幻灯片左侧区域的项目符号改为第四个图片样式的项目符号。

图 5-21 "项目符号和编号"对话框

图 5-22 "图片项目符号"对话框

（3）添加或修改项目编号

选择"幻灯片"选项卡，单击要添加或修改项目编号的第三张幻灯片缩略图，用鼠标选择右侧占位符中第二行至最后一行文本选。单击"开始"|"段落"|"编号"右侧的下拉按钮，弹出以缩略图形式出现的"项目编号库"的下拉列表。将鼠标放在某一项目编号缩略图上，则幻灯片窗格中会立即显示这种项目编号应用的预览效果，单击"1.2.3."编号，即可将其应用到当前幻灯片中。

案例操作 6：

用上述方法为第三张幻灯片右侧区域添加项目编号。

经过案例操作 4、5、6 后，第二、三张幻灯片的效果如图 5-23 所示。

学校基本情况介绍	学院及科研机构介绍

学校基本情况介绍

◆ 西藏大学是西藏自治区所属的综合性大学，"211工程"重点建设大学，西藏自治区人民政府与教育部共建高校，2013年5月列入"中西部高等教育振兴计划"，2013年7月成功获批为博士学位授予单位。

◆ 学校办学历史可追溯到1951年的藏文干部训练班，历经西藏军区干部学校、西藏地方干部学校、西藏行政干部学校；1956年毛泽东主席提出"西藏也要设立大学"，经国务院批准，1965年成立西藏师范学院。根据西藏形势发展需要，经国务院批准，1975年成立西藏师范学院。为适应西藏地区社会经济快速发展对人才的需要，经教育部批准，1985年正式成立西藏大学，标志着西藏自治区高等教育事业翻开了崭新的历史篇章。1999年以来，西藏自治区艺术学校、西藏医学高等专科学校和西藏民族学院医疗系、西藏自治区财经学校先后并入西藏大学。2001年9月，西藏农牧学院与西藏大学合并，校名仍为西藏大学。

学院及科研机构介绍

⬇ 学院
⬇ 文学院
⬇ 理学院
⬇ 工学院
⬇ 医学院
⬇ 艺术学院
⬇ 经济与管理学院
⬇ 旅游与外语学院
⬇ 师范学院
⬇ 财经学院

✡ 科研机构
① 1个国家级重点学科--中国少数民族语言文学
② 14个自治区级重点学科
③ 3个自治区重点实验室
④ 11个自治区高等学校重点实验室
⑤ 1个教育部人文社会科学重点研究基地
⑥ 1个教育部工程研究中心
⑦ 1个教育部重点实验室
⑧ 1个国家级信息技术实验教学示范中心
⑨ 1个中国科学院和自治区共建重点实验室

图 5-23 添加项目编号、符号效果图

4．修改段落的对齐方式

PowerPoint 提供了 5 种段落对齐方式，分别是左对齐、居中对齐、右对齐、两端对齐、分散对齐。

方法一：选择"幻灯片"选项卡，单击幻灯片缩略图，把鼠标指针移到占位符边框上单击，此时占位符处于被选中状态。然后选择"开始"选项卡，在"段落"组中单击相应对齐方式按钮即可。

方法二：选择"幻灯片"选项卡，单击幻灯片缩略图，把鼠标指针移到占位符边框上单击，此时占位符处于被选中状态。选择"开始"选项卡，在"段落"组中单击"段落""对话框启动器"按钮，弹出的"段落"对话框，在"常规"区域单击"对齐方式"下拉按钮，在下拉列表中选择相应对齐方式即可。

案例操作 7：

用以上任意一种方法修改"学校介绍"演示文稿中第一张幻灯片中副标题的文本对齐方式，由原先的"居中对齐"更改为"右对齐"。

5．调整行距

行距，就是文本中行与行之间的距离。在实际操作过程中，经常需要进行行距的调整。操作方法如下：

第1步：选择"幻灯片"选项卡，单击幻灯片缩略图，把鼠标指针移到右侧占位符边框上单击，此时占位符处于被选中状态。

第2步：选择"开始"选项卡，单击"段落"组右下角的"对话框启动器"按钮，如图5-24所示。

第3步：在"段落"对话框中，单击"行距"下拉按钮，在下拉列表框中选择相应的行距。

第4步：单击"确定"按钮返回。

知识扩展：

在这个对话框中还可以对对齐方式、缩进方式及段前和段后间距进行设置。

案例操作8：

用以上方法将第三张幻灯片右侧占位符中的"行距"设置为"30磅"，使之与左侧对齐。操作方法如下：

第1步：选择"幻灯片"选项卡，单击第三张幻灯片缩略图，把鼠标指针移到右侧占位符边框上单击，此时占位符处于被选中状态。

第2步：选择"开始"选项卡，单击"段落"组右下角的"对话框启动器"按钮，如图5-24所示。

第3步：弹出如图5-25所示的"段落"对话框。单击"行距"下拉按钮，在下拉菜单中选"固定值"，然后在"设置值"数值框中输入"30磅"。

第4步：单击"确定"按钮返回。

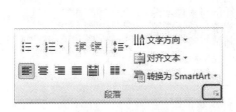

图 5-24 "段落"组

图 5-25 "段落"对话框

6．幻灯片中文本的格式化

演示文稿中文本格式化方法与 Word 中文本格式化方法相同在此只作简单介绍。

（1）更改字体

选择"幻灯片"选项卡，单击第一张幻灯片缩略图，把鼠标指针移到标题占位符边框上单击，此时标题占位符处于被选中状态。单击"开始"|"字体"|"字体"框右侧的下拉按钮（如图5-26所示），在弹出的下拉列表中选择"黑体"选项，则标题的字体变成了"黑体"。然后用相同的方法将副标题和文本框中的文字字体设置成"华文行楷"。

（2）更改字号

选中第一张幻灯片中的标题占位符，单击"开始"|"字体"|"字号"框右侧的下拉按钮，在弹

出的下拉列表中选中"66"选项，也可在"字号"框中直接输入代表字号大小的数值。用相同方法将副标题和文本框中的文字字号分别设置成"36"和"28"。

（3）更改字体颜色

选中第一张幻灯片中的标题占位符，单击"开始"|"字体"|"字体颜色"下拉按钮，在弹出的颜色选择下拉列表框中选择"深蓝"选项。用相同方法将文本框中的字体颜色更改为"深红色"，如图 5-27 所示。

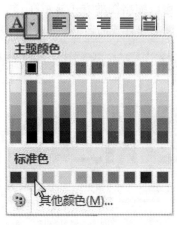

图 5-26 "字体"组 　　　　　　　　　　图 5-27 "颜色"列表

案例操作 9：

按图 5-20 设置演示文稿中文本的字体、字号和字体颜色。

第一张幻灯片经过文本格式设置后的效果如图 5-28 所示。使用上述方法对演示文稿中的其他幻灯片进行字体、字号或字体颜色的调整。

欢迎来到西藏大学

西藏大学党委（校长）办公室

2015年12月

图 5-28 效果图

5.2.3 设置主题样式

主题是一套统一设计元素和配色方案的完整格式集合，其中包括主题颜色（配色方案的集合）、主题文字（标题文字和正文文字的格式集合）和相关主题效果（如线条或填充效果的格式集合）。在 PowerPoint 2010 中，控制演示文稿外观，最快捷的方式是应用主题样式。一般来说，在创建一个新的演示文稿时，应先选择一种主题。当然也可以在演示文稿建立后，应用一种主题。应用主题可以非常容易地创建一些具有专业水准、设计精美的文档。

1．演示文稿应用统一的主题样式

第 1 步：选择"设计"选项卡，就会出现"主题"功能区。

第 2 步：单击"主题"右侧的下拉按钮，会弹出一个包含所有内置主题样式的下拉列表。所有主题样式均以缩略图的方式显示在"主题样式"库中。将鼠标指针放在某一主题样式上，则鼠标箭头下面会显示该主题样式的名称，同时幻灯片编辑区中也会立即显示这种主题样式的预览效果，如图 5-29 所示。

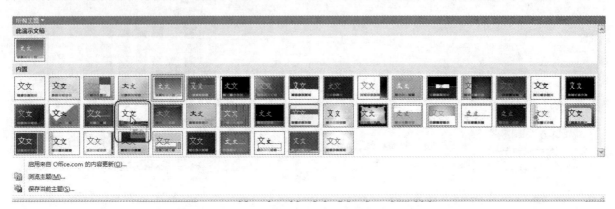

图 5-29　主题样式

案例操作 10：

为演示文稿"学校介绍"设置"聚合"样式的主题。具体操作步骤如下：

第 1 步：选择"设计"选项卡，就会出现"主题"功能区。

第 2 步：单击"主题"右侧的下拉按钮，弹出"主题样式"的下拉列表。

第 3 步：单击"主题样式"库中的"聚合"样式，则"学校介绍"演示文稿中所有的幻灯片都应用了相应的"聚合"样式。应用主题后的演示文稿效果如图 5-30 所示。

图 5-30　应用主题的效果图

2．演示文稿应用不同的主题样式

案例操作 11：

第三张幻灯片在应用了统一的主题样式后，由于版式不同，背景变成了黑色，要对此进行修改，将其设置成"流畅"主题样式。具体操作步骤是：

第1步：选择"幻灯片导航"区的"幻灯片"选项卡，单击第三张幻灯片。

第2步：单击"设计"|"主题"|"主题"右侧的下拉按钮，打开包含所有"内置"主题样式的下拉列表。

第3步：右键单击"主题样式"库中的"波形"样式，在弹出的快捷菜单中，选择"应用于选定幻灯片"命令。

3．设置主题字体

主题字体包含标题字体和正文字体。单击主题"字体"下拉按钮，弹出"内置"主题字体下拉列表框，可以看到用于每种主题字体的标题字体和正文字体的名称，单击可以应用这种字体。用户也可以创建自己喜欢的一组主题字体。

（1）新建主题字体

单击"主题"组中的"字体"下拉按钮，执行"新建主题字体"命令，然后在弹出的"新建主题字体"对话框中可以自定义主题字体。

案例操作 12：

为演示文稿"学校介绍"创建一组标题字体为"华文彩云"、正文字体为"华文行楷"，名称为"我的字体"的主题字体。具体操作方法如下：

第1步：选择"设计"选项卡，在"主题"组中单击"主题"功能区右侧的主题"字体"下拉按钮，在随后出现的如图5-31所示的"内置"主题字体下拉列表中，选择"新建主题字体"命令，弹出如图5-32所示的"新建主题字体"对话框。

第2步：在"中文"区域单击"标题字体（中文）"下拉按钮，在打开的字体下拉列表中选择"华文彩云"。单击"正文字体（中文）"下拉按钮，在打开的字体下拉列表中选择"华文行楷"。在"名称"文本框中输入该字体组合设计的名称"我的字体"，然后单击"确定"按钮。

图 5-31 "主题字体"下拉列表

图 5-32 "新建主题字体"对话框

（2）应用主题字体

案例操作 13：

选择"设计"选项卡，在"主题"组中单击"主题"功能区右侧的主题"字体"下拉按钮，在随后出现的"主题字体"下拉列表中，新建的"我的字体"排在列表框的第一位，单击后，演示文稿就应用了"自定义"的主题字体。演示文稿应用主题字体后的效果如图5-33所示。

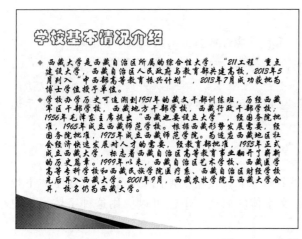
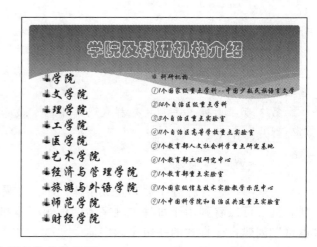

图 5-33　应用主题字体的效果图

4．设置主题颜色

主题颜色包含四种文本和背景的颜色，六种强调文字颜色和两种超链接颜色。"主体颜色"按钮中的颜色代表当前文本和背景颜色。

（1）新建主题颜色

单击"主题"组中的"颜色"下拉按钮，选择"新建主题颜色"命令，然后在弹出的"新建主题颜色"对话框中可以自定义主题字体。

案例操作 14：

当前的主题颜色是"聚合"，由于其背景图案的下半部分的蓝色与第三张"波浪"主题的颜色色差比较大，将其设置成"浅青色"。单击"颜色"下拉按钮，在弹出的如图 5-34 所示的"内置"颜色下拉列表中，单击"新建主题颜色"命令，弹出如图 5-35 所示的"新建主题颜色"对话框。单击要更改的主题颜色元素对应的按钮，在弹出的颜色选择框中选择"主题颜色"区域第五行的"强调文字颜色 1（1）"下拉按钮，其作用是修改背景图案的下半部分的颜色，将其颜色改为"浅青色"，在"名称"框中键入新的主题颜色名"我的颜色"，单击"保存"按钮，则主题颜色按钮以及主题颜色名称将相应地发生变化，并将新建主题颜色应用到演示文稿中。

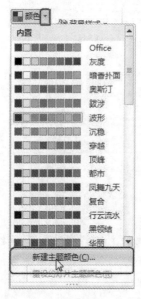
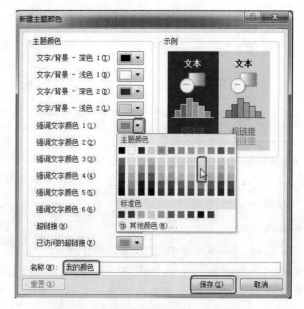

图 5-34　"主题颜色"下拉列表　　　　　图 5-35　"新建主题颜色"对话框

（2）应用主题颜色

案例操作 15：

单击"主题"组右侧的"颜色"下拉按钮，在其下拉列表中，显示所有用户自定义的主题颜色和系统预设的主题颜色。将鼠标放在某一主题颜色上，则幻灯片窗格中会立即显示这种主题颜色的预览效果。单击自定义的"我的颜色"，应用后的幻灯片效果如图 5-36 所示。

图 5-36　主题颜色应用效果图

5．设置主题效果

主题效果是线条和填充效果的组合。单击"效果"按钮时，弹出"内置"主题效果下拉列表，与"主题效果名称"一起显示。用户虽然不能自己创建一组主题效果，但是可以选择想要在自己的文档主题中使用的主题效果。

使用主题效果的方法是：单击"设计"|"主题"|"效果"按钮，弹出如图 5-37 所示的下拉列表，从中选择要使用的主题效果，单击即可应用到演示文稿中。

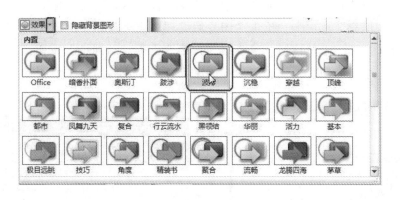

图 5-37　主题"效果"列表

6．保存文档主题

对文档主题的颜色、字体后线条和填充效果的任何更改都可以另存为自定义文档主题，并可以将该自定义文档主题应用到其他文档中。具体操作方法如下：

单击"设计"|"主题"|"更多"下拉按钮，弹出"主题样式"库，单击"保存当前主题"命令，如图 3-38 所示，弹出"保存当前主题"对话框，如图 5-39 所示，在"文件名"文本框中输入自定义主题文档的文件名"我的主题"，单击"确定"按钮即可。

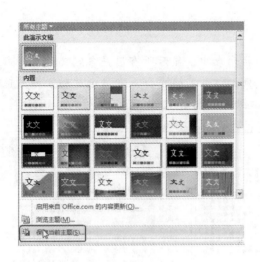

图 5-38 "保存当前主题"命令

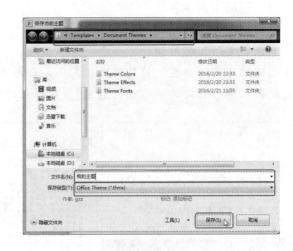

图 5-39 "保存当前主题"对话框

5.2.4 设置幻灯片的背景样式

当更改演示文稿主题时，更改的不止是背景，同时也会更改颜色、标题和正文字体、线条和填充样式以及主题效果。可见，背景样式是来自当前文档中的主题颜色和背景亮度的组合。有时会出现用户对当前主题样式其他部分基本认可，只是对背景不满意的情况，特别是在默认情况下，"空白演示文稿"版式新建的幻灯片背景是白色的，这时可以通过更改主题"颜色"来实现，但主题"颜色"对话框太复杂，一般选择更改其"背景样式"。设置"背景样式"的步骤如下：

第 1 步：单击"设计"|"背景"|"背景样式"下拉按钮，弹出"背景样式"下拉列表。

第 2 步：单击"设置背景格式"命令，弹出"设置背景格式"对话框。

第 3 步：选择"填充"选项卡，单击"图片后纹理填充"按钮，如图 5-40 所示。

第 4 步：选择"纹理"下拉按钮，单击第 3 行第 3 列的"新闻纸"按钮。

第 5 步：单击"全部应用"按钮，演示文稿更改背景样式后的效果如图 5-41 所示。

图 5-40 "设置背景格式"对话框

图 5-41 效果图

5.3 制作图文并茂的演示文稿

案例三 图文并茂的"布达拉宫介绍"演示文稿

 案例描述

布达拉宫坐落在海拔 3700 m 的西藏自治区拉萨市中心的红山上，因其建造的悠久历史，建筑所表现出来的民族审美特征，以及对研究藏民族社会历史、文化、宗教所具有的特殊价值，而成为举世闻名的名胜古迹。本例为宣传"布达拉宫"制作图文并茂的演示文稿。

 最终效果

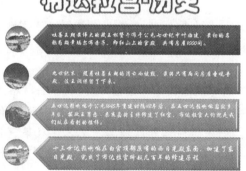

图 5-42 效果图

 任务分析

图文并茂的演示文稿不仅具有文字，而且还需要图形、音频、视频等。本任务的具体操作包括：幻灯片中文本的输入和简单编辑，幻灯片中插入艺术字、图片、SmartArt 图形和自绘形状、音频文件、视频文件等相关操作知识。

 教学目标

① 学会幻灯片艺术字、图片、SmartArt 图形和自绘形状的插入、编辑的方法。

② 掌握向幻灯片中插入各种音频文件的方法。

③ 掌握向幻灯片中插入视频文件的方法。

④ 让学生了解藏族悠久灿烂的文化，培养热爱民族、热爱祖国的情感。

启动 PowerPoint 2010 后，系统会自动建立一个演示文稿，并在标题栏显示默认的文件名"演示文稿 1"。此时单击"另存为"按钮，在弹出的"另存为"对话框中输入演示文稿的文件名"布达拉宫介绍"。

5.3.1 插入与设置艺术字

艺术字是一种特殊的图形文字，常被用来表现幻灯片的标题文字。使用艺术字，可以制作出装饰性效果，如带阴影的文字或镜像（反射）文字，能够达到强烈的视觉冲击效果。在 PowerPoint 2010 中，既可以直接插入艺术字，也可以将现有文字转换为艺术字。

1．插入艺术字对象

方法一：将现有文字转换为艺术字。

选中要转换为艺术字的文字，弹出智能选项卡"绘图工具"，单击"格式"|"艺术字样式"|"其他"按钮，弹出艺术字样式库，选择相应的艺术字即可。

方法二：插入艺术字对象。

第 1 步：在"幻灯片"选项卡下，选中要添加艺术字的幻灯片缩略图。

第 2 步：单击"插入"|"文本"|"艺术字"下拉按钮，弹出艺术字样式库。

第 3 步：单击所需的艺术字，占位符内的文本内容是"请在此放置您的文字"，直接输入文字，艺术字的效果就生成了，同时可以设置"字体"、"字号"等。

案例操作 1：

利用方法一，将演示文稿"布达拉宫介绍"第一张幻灯片中的标题"布达拉宫介绍"转换为艺术字，设置为艺术字样式库中第 6 行第 2 列的"填充-橙色，强调文字颜色 6，暖色粗糙棱台"，同时插入一个艺术字图片。具体操作方法如下：

选中要转换为艺术字的标题文字"布达拉宫介绍"，弹出智能选项卡"绘图工具"，单击"格式"|"艺术字样式"|"其他"按钮，弹出艺术字样式库，如图 5-43 所示，选择第 6 行第 6 列的"填充-橙色，强调文字颜色 6，暖色粗糙棱台"的艺术字样式，标题的内容就转换成了艺术字效果，同时将"字号"改为"66"。

案例操作 2：

利用方法二，在第一张幻灯片中插入艺术字对象 "雪域高原之明珠，藏传佛教之圣地，建筑艺术之瑰宝。"同时将"字体"设置为"方正姚体"，"字号"设置成"44"。具体操作步骤如下：

第 1 步：在"幻灯片"选项卡下，选中第一张幻灯片缩略图。

第 2 步：单击"插入"|"文本"|"艺术字"下拉按钮，弹出艺术字样式库。

第 3 步：单击所需的第 5 行第 5 列"填充-蓝色，强调文字颜色 1，塑料棱台，映像"艺术字样式，在第一张幻灯片上出现占位符，占位符内的文本内容是"请在此放置您的文字"，直接输入文字"雪域高原之明珠，藏传佛教之圣地，建筑艺术之瑰宝。"，艺术字的效果就生成了，同时将"字体"设置为"方正姚体"，"字号"设置成"44"，效果如图 5-44 所示。

图 5-43 "艺术字"列表

图 5-44 艺术字的幻灯片效果

2．编辑艺术字

（1）修改艺术字的字体、字号

其方法如同文本编辑和修饰的方法。

（2）设置艺术字形状样式

选中需要设置形状的艺术字，单击"绘图工具"|"格式"|"形状样式"|"主题样式"右侧的下拉按钮，在随后出现的样式列表中选择合适的样式即可。也可以利用"绘图工具"|"格式"下的"形状填充"、"形状效果"、"形状轮廓"等按钮进一步设置艺术字的形状，如图 5-45 所示。

（3）设置艺术字样式

第 1 步：选中需要设置样式的艺术字，选择"格式"选项卡。

第 2 步：单击"艺术字样式"组中的"文本填充"、"文本轮廓"、"文本效果"按钮进一步设置艺术字的效果，如图 5-46 所示。

图 5-45 "形状样式"列表

图 5-46 "艺术字样式"列表

（4）删除艺术字样式

删除艺术字样式，文字会保留下来，成为普通文字。

第 1 步：选择"幻灯片"选项卡，单击艺术字的幻灯片缩略图，把鼠标指针移到艺术字上单击，此时艺术字处于被选中状态。

第 2 步：在智能选项卡"绘图工具"下，单击"格式"|"艺术字样式"|"艺术字"旁的"▾"按钮，在弹出的下拉列表中最下面选择"清除艺术字"，如图 5-47 所示，则艺术字样式被删除。

（5）删除艺术字

选择要删除的艺术字，然后按"Delete"键即可。

5.3.2　插入与设置图片

在 PowerPoint 2010 中，用户可以利用一些图片来丰富幻灯片的内容，增强演示文稿的趣味性和感染力。PowerPoint 2010 图片

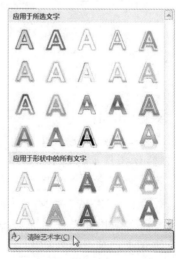

图 5-47 "清除艺术字"命令

的来源有两种：一种是外部图片，另一种是同 Word、Excel 中一样的剪贴画。

1. 向幻灯片中插入外部图片

外部图片就是指存放在计算机中的各种图片格式的文件。插入图片，可以使演示文稿图文并茂，更生动形象地阐述主题和思想。在 PowerPoint 中插入图片的方法与在 Word 中插入图片的方法一样。

案例操作 3：

为演示文稿"布达拉宫介绍"中的第一张插入图片作为背景。将第一张幻灯片的图片样式更改为"复杂框架，黑色"样式，并适当修改艺术字的颜色和位置。具体操作步骤如下：

第 1 步：选择"幻灯片"选项卡，单击第一张幻灯片缩略图。

第 2 步：如图 5-48 所示，单击"插入"|"插图"|"插入来自文件中的图片"按钮，弹出"插入图片"对话框，查找要添加的图片文件名并双击，该图片就被插入幻灯片中了，如图 5-49 所示。

第 3 步：单击插入的图片，其四周会出现 8 个尺寸控制点和 1 个旋转控制点，使用它们来改变图片的大小和位置。在"排列"组中单击"下移一层"命令按钮，将图片置于底层做背景。

第 4 步：单击"格式"|"图片样式"|"图片样式"下拉按钮，在随后出现的下拉列表中选择"柔化边缘椭圆"样式，如图 5-50 所示。

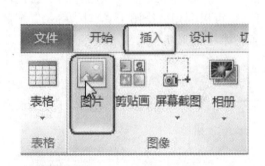

图 5-48　插入来自文件中的图片

图 5-49　"插入图片"对话框

图 5-50　图片样式

案例操作 4：

在第 2 张幻灯中也插入图中，将第 2 张幻灯片中的图片颜色调整为"红色、强调文字颜色 2.浅色"。具体操作步骤如下：

第 1 步：选择"幻灯片"选项卡，单击第三张幻灯片缩略图，将其上的所有对象删除。

第 2 步：单击"插入"|"插图"|"插入来自文件中的图片"按钮，弹出"插入图片"对话框，查找要添加的图片文件名并双击，插入图片。

第 3 步：单击插入的图片，使用尺寸控制点改变图片的大小和位置。在"排列"组中单击"下移一层"命令按钮，将图片置于底层做背景。

第 4 步：单击"格式"|"调整"|"颜色"下拉按钮，在随后弹出的"颜色和饱和度"下拉列表选框的"重新着色"区，单击"红色、强调文字颜色 2.浅色"按钮。

第 5 步：单击"格式"|"图片样式"|"图片样式"下拉按钮，在随后出现的下拉列表中选择"裁剪对角线、白色"样式。插入图片后的第一张和第二张幻灯片效果如图 5-51 和图 5-52 所示。

图 5-51　插入图片修饰后的第一张幻灯片

图 5-52　插入图片修饰后的第二张幻灯片

2．向幻灯片中插入剪贴画

在 PowerPoint 中插入剪贴画的方法与在 Word 中插入剪贴画方法一样。

案例操作 5：

在第二张幻灯片中插入一幅名为"buddhas"的剪贴画。具体操作步骤如下：

第 1 步：在"幻灯片"选项卡中单击第一张幻灯片缩略图。

第 2 步：单击"插入"|"插图"|"剪贴画"按钮，如图 5-53 所示，弹出"剪贴画"任务窗格。

第 3 步：单击"搜索"按钮，则剪辑库中所有的剪贴画都以缩略图的形式显示在"剪贴画"任务窗格中。

第 4 步：在任务窗格中单击想插入的剪贴画，则在该幻灯片中就插入了这张剪贴画，如图 5-54 所示。

第 5 步：单击插入的剪贴画，其四周会出现 8 个尺寸控制点和 1 个旋转控制点，使用它们来改变剪贴画的大小，然后将其拖至第二张幻灯片的左上方。

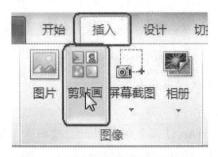

图 5-53　"插入剪贴画"选项卡

图 5-54　"剪贴画"任务窗格

5.3.3 插入与设置 SmartArt 图形最优效果

PowerPoint 2010 提供的 SmartArt 图形库主要包括列表图、流程图、循环图、层次结构图、关系图、矩阵图和棱锥图等，可以从多种不同布局中进行选择，创建具有专业水准的 SmartArt 图形，从而快速、轻松、有效地传达信息。

1．插入 SmartArt 图形

在幻灯片中插入 SmartArt 图形，首先选择要插入的幻灯片，单击"插入"|"插图"|"SmartArt"按钮，弹出"选择 SmartArt 图形"对话框，选择相应的 SmartArt 图形。

案例操作 6：

在第三张幻灯片中插入一个 SmartArt 流程图的步骤如下：

第 1 步：选择"幻灯片导航区"的"幻灯片"选项卡，单击要插入 SmartArt 图形的第三张幻灯片。

第 2 步：单击"插入"|"插图"|"SmartArt"按钮，弹出"选择 SmartArt 图形"对话框，如图 5-55 所示。选择"列表"选项卡下的"垂直图片重点列表"，单击"确定"按钮，SmartArt 图形"垂直图片重点列表"就被插入第三张幻灯片中了，如图 5-56 所示。

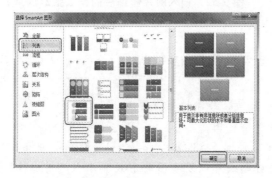

图 5-55 "选择 SmartArt 图形"对话框

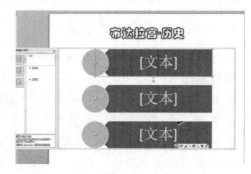

图 5-56 插入了 SmartArt 图形的幻灯片

2．编辑 SmartArt 图形

（1）通过"文本"窗格输入和编辑在 SmartArt 图形中显示的文字

单击 SmartArt 图形的左侧边框上的小三角形按钮，"文本"窗格就会显示出来。在文本框中输入相应的文字内容，删除多余的文本框。在"文本"窗格中添加和编辑内容时，SmartArt 图形会自动更新。

案例操作 7：

通过编辑 SmartArt 图形，在第三张幻灯片中分别输入：

> 吐蕃王朝最伟大的藏王松赞干布于公元 7 世纪中叶始建，最初的名称为颇章玛尔布赤子，即红山上的宫殿，共有房屋 1000 间。
>
> 九世纪末，随着吐蕃王朝的消亡而被毁，最终只有两间房屋——圣观音殿、法王洞保留了下来。
>
> 五世达赖喇嘛于公元 1645 年重建。时隔 42 年后，在五世达赖喇嘛圆寂多年后，摄政王第悉·桑杰嘉措主持修建了红宫，布达拉宫大约就是我们现在看到的模样。

（2）添加形状

先将默认的三个形状的文本编辑完，然后选择"SmartArt 工具"的"设计"选项卡（如图 5-57 所示），在"创建图形"组中单击"添加形状"下拉按钮，选择"在后面添加形状"命令。

案例操作 8：

在默认的三个形状后面，再添加一个形状，输入：

十三世达赖喇嘛在白宫顶部原有的西日光殿东面，加建了东日光殿，完成了布达拉宫跨越几百年的修建历程。

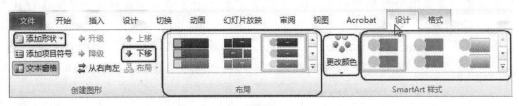

图 5-57　SmartArt "设计" 选项卡

（3）插入图片

单击 SmartArt 图形或 "文本" 窗格中的每个图片按钮，都会自动弹出 "插入图片" 对话框，用于插入图中。

案例操作 9：

利用插入图片的方法，在 SmartArt 中分别插入四个不同的图片。

3．设置 SmartArt 图形的样式

SmartArt 图形的格式主要是通过 "SmartArt 样式" 中的 "总体外观样式" 和 "更改颜色" 两个快速库来实现的。将鼠标指针停留在其中任意一个库中的缩略图上时，无须实际应用便可以看到相应 SmartArt 样式和颜色对 SmartArt 图形产生的影响。

（1）更改 SmartArt 图形的样式

SmartArt 样式是格式设置选项的集合，包括 "形状填充"、"边距"、"阴影"、"线条样式"、"渐变" 和 "三维透视"，可应用于整个 SmartArt 图形，还可以对 SmartArt 图形中的一个或多个形状应用单独的形状样式。改变 SmartArt 图形效果的一种快速简便的方法就是应用 SmartArt 样式。

第 1 步：单击幻灯片中的 SmartArt 图形，系统会在标题栏自动增加 "SmartArt 工具" 选项卡。也可双击 SmartArt 图形。

第 2 步：单击 "设计" | "SmartArt 样式" | "其他" 按钮，在弹出的 "文档的最佳匹配对象" 列表框中，单击 "三维" 区域的第一个 "嵌入" 按钮，如图 5-58 所示。

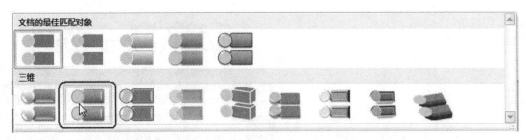

图 5-58　SmartArt "文档的最佳匹配对象" 列表框

案例操作 10：

利用上述方法，将添加到第三张幻灯片中的 SmartArt 图形 "垂直图片重点列表" 的样式更改为 "嵌入" 样式。

（2）更改 SmartArt 图形的颜色

颜色是文件中使用的颜色的集合，包括主题颜色、主题字体和主题效果。PowerPoint 提供了各种不同的颜色选项，每个选项可以用不同方式将一种或多种主题颜色，应用于 SmartArt 图形中的形状。

案例操作 11：

将添加到第三张幻灯片中的 SmartArt 图形"垂直图片重点列表"的颜色更改为"彩色.强调文字颜色 2 至 3"，步骤如下：

第 1 步：单击第三张幻灯片中的 SmartArt 图形，系统会在标题栏自动增加"SmartArt 工具"选项卡。

第 2 步：单击"SmartArt 样式"组中"颜色"下拉按钮，在弹出的"主题颜色（主色）"列表框中，单击"彩色"区域的第一个"彩色.强调文字颜色 2 至 3"按钮。如图 5-59 所示。

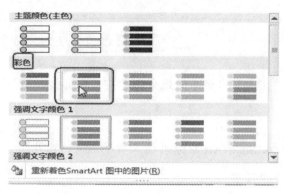

图 5-59 "主题颜色（主色）"选项卡

（3）更改 SmartArt 图形形状格式

可以通过更改 SmartArt 图形的形状样式或文本填充，通过添加效果（如阴影、反射、发光或柔化边缘），或通过添加三维效果（如棱台或旋转）来更改 SmartArt 图形的每个图形的形状和文本的外观效果。

案例操作 12：

将第三张幻灯片中的 SmartArt 图形"垂直图片重点列表"的"图片形状效果"设置为"发光"效果类的"红色，8pt 发光，强调文字颜色 2"。方法是：选择"SmartArt 工具"的"格式"选项卡，在"形状样式"组中单击"形状效果"下拉按钮，在下拉菜单中，选择"发光"级联菜单下的"红色，8pt 发光，强调文字颜色 2"按钮，如图 5-60 所示。经过 SmartArt 图形修饰后的效果如图 5-61 所示。

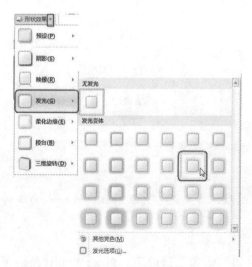

图 5-60 图片"形状效果"下拉列表

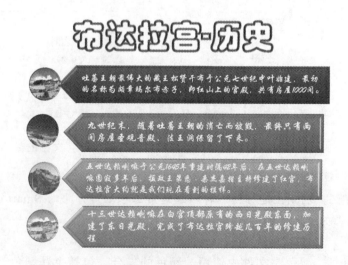

图 5-61 SmartArt 图形修饰后的效果

5.3.4　插入与设置形状

PowerPoint 2010 中内置了 8 类 170 种形状供用户直接调用，如线条、基本形状、箭头总汇等。形状工具虽然简单，但在演示文稿中特别常用，用好了也能制作出不错的作品。

1．插入形状

第 1 步：在"幻灯片导航区"选择"幻灯片"选项卡，单击要插入形状的幻灯片。

第 2 步：单击"插入"|"插图"|"形状"下拉按钮，弹出基本形状库的下拉列表框，选择相应的"图形"按钮，鼠标指针变成精确定位的"十"字形状，将鼠标移动"幻灯片编辑区"中想要绘制形状的左上角位置，按住鼠标左键向对角线方向拖动，拖到另一顶点时松开左键即可。

案例操作 13：

利用上述方法，在演示文稿"布达拉宫介绍"中的第四张幻灯片上插入两个"横卷形"形状。具体步骤为：

第 1 步：在"幻灯片导航区"选择"幻灯片"选项卡，单击要插入形状的第三张幻灯片。

第 2 步：单击"插入"|"插图"|"形状"下拉按钮，弹出基本形状库的下拉列表框。

第 3 步：在"星与旗帜"区，单击"横卷形"按钮，鼠标指针变成精确定位的"十"字形状，将鼠标移动"幻灯片编辑区"中想要绘制形状的左上角位置，按住鼠标左键向对角线方向拖动，拖到另一顶点时松开左键，就可以插入一个横卷形状，如图 5-62 所示。

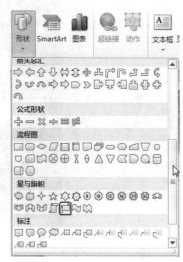

图 5-62　插入"形状图"

2．调整形状大小

一般情况下，第一次绘制出的形状不能满足用户的需求，可以采用以下三种方法来调整形状的大小。

方法一：利用鼠标调整。

选中形状后，四周会出现 8 个控制柄。将鼠标移到相应的控制柄处，待鼠标变成双向箭头时，按住左键拖拉至适当大小，释放鼠标即可。

方法二：利用功能区调整形状的大小。

选择"绘图工具"下的"格式"选项卡，在"大小"组中的"形状高度"和"形状宽度"微调按钮中直接输入值或调整数值来调整形状大小。

方法三：利用对话框设置形状大小。

选中形状后右击，在随后出现的快捷菜单中选择"大小和位置"选项，打开"大小和位置"对话框。在"大小"选项卡中，调整"尺寸和旋转"下面的"高度"和"宽度"数值至需要的数值。或者直接调整"缩放比例"下面的"高度"和"宽度"数值。

3．设置形状格式

（1）设置填充色

选中一个形状对象后，系统会显示"绘图工具"智能选项卡。

选择"绘图工具"下的"格式"选项卡，在"形状样式"组中单击"形状填充"下拉按钮，在弹出的"主题颜色"菜单中，选择相应的颜色。

（2）文本效果

选中文本对象后，系统会显示"绘图工具"智能选项卡，选择"绘图工具"下的"格式"选项卡，在"艺术字样式"组中单击"文本效果"下拉按钮，在弹出的"发光"菜单中，选择相应的效果。

案例操作 14：

利用上述设置填充色和文本效果的方法，将第四幻灯片的"横卷形"形状的填充色改为"红色，强调颜色 2，深色 25"色，并设置成文本发光效果为"橄榄色，18pt 发光，强调文字颜色 3"。设置完成后的效果如图 5-63 所示。

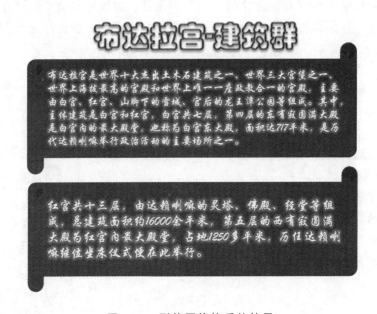

图 5-63　形状图修饰后的效果

5.3.5　在幻灯片中添加音频文件

为了增强演示文稿的效果，突出重点，可以在其中添加音频，如音乐、旁白、原声摘要等各种声音文件。在幻灯片中插入音频时，将显示一个表示音频文件的"小喇叭"图标。在进行演讲时，可以将音频剪辑设置为在显示幻灯片时自动开始播放、在单击鼠标时开始播放或跨幻灯片播放，甚至可以循环连续播放媒体直至幻灯片停止播放。

可以通过计算机上的文件、网络或"剪贴画"任务窗格添加音频剪辑。也可以自己录制音频，将其添加到演示文稿，或者使用 CD 音乐。

1．添加音频文件

第 1 步：选择"幻灯片"选项卡，单击要插入音频的幻灯片缩略图，使该幻灯片处于被选中状态。

第 2 步：选择"插入"选项卡，在"媒体"组中单击"音频"下拉按钮，在随后弹出的下拉菜单，单击"文件中的音频"命令，弹出"插入音频"的对话框，选择要插入的音频文件，单击"插入"即可，如图 5-64 所示。

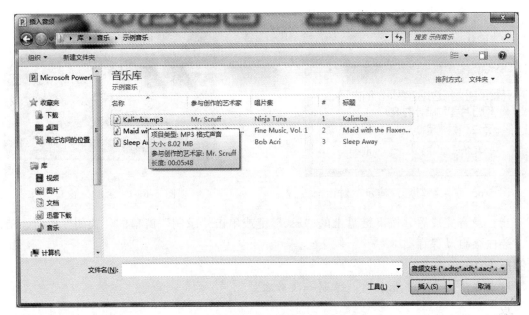

图 5-64 "插入音频"对话框

案例操作 15：

用以上的方法为"布达拉宫介绍"的第一张幻灯片添加一个音频文件。

知识扩展：

PowerPoint 2010 还支持 MP3、MID、WMA 等格式的声音文件，可以很方便地将一些自己喜欢的声音文件添加到幻灯片中。默认情况下，如果插入的声音文件小于 100 KB，PowerPoint 2010 会将其直接嵌入幻灯片中。也就是说，当把该演示文稿从一台计算机移动到另一台计算机时，不需要随带插入的声音文件。而如果声音文件大于 100 KB，PowerPoint 2010 不会将其嵌入幻灯片中，而是建立与声音文件之间的播放链接。也就是说，如果把该演示文稿从一台计算机移动到另一台计算机时，必须将插入的声音文件也同时移到另一台计算机上，否则无法正常播放。为防止可能出现的链接问题，最好在添加到演示文稿之前将这些声音文件复制到演示文稿所在的文件夹中。

2．在幻灯片中录制旁白

旁白可增强基于 Web 或自动播放的演示文稿的效果。还可以使用旁白将会议存档，以便演示者或缺席者以后观看演示文稿，听取别人在演示过程中做出的评论。向幻灯片添加旁白时，幻灯片上会出现一个声音图标。与操作任何其他声音文件一样，可以单击此图标来播放声音，或者将声音设置为自动播放。具体操作步骤为：

第 1 步：选择"幻灯片"选项卡，单击需要录制旁白的幻灯片缩略图。

第 2 步：单击"幻灯片放映"|"设置"|"录制幻灯片演示"下拉按钮，选择"从当前幻灯片开始录制"命令，在弹出的"录制幻灯片演示"的对话框中，选择"旁白和激光笔"复选框，然后单击"开始录制"按钮，如图 5-65 所示。

第 3 步：当前选择的幻灯片立即进入放映方式，并在屏幕左上角弹出"录制"窗口，如图 5-66 所示。这时就可以对着麦克风录制旁白了。

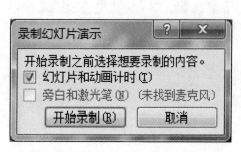

图 5-65　"录制幻灯片演示"对话框

图 5-66　"录制"窗口

第 4 步：录音完成后，按下键盘上的"Esc"键或单击"录制"窗口的"关闭"按钮，结束幻灯片放映，旁白会自动保存。

案例操作 16：

利用以上方法，为第二张幻灯片录制一段旁白。

3．设置音频文件的播放方式

（1）自动播放

将第一张幻灯片中的音频文件，设置为"自动"播放方式，使得在开始放映时就有一些声音以烘托气氛。方法是：选择"音频工具"中的"播放"选项卡，在"音频选项"组中单击"开始"按钮，在下拉菜单中选择"自动"命令。用同样方法将插入的"旁白"音频文件也设置为"自动"播放。设置完成后的效果是，在开始放映第一张幻灯片时，就有鼓掌欢呼的声音，随后就自动播放"旁白"介绍布达拉宫的有关情况。

（2）跨多张幻灯片播放声音文件

希望在幻灯片的放映过程中都有背景音乐的衬托，仅仅在一张幻灯片中加入背景音乐是不够的，这时就要进行跨多张幻灯片播放声音的设置。比如，该例从第一张幻灯片到最后一张幻灯片一直都播放。具体操作方法是：选择"音频工具"中的"播放"选项卡，在"音频选项"组的"开始"选项中单击复选框"跨幻灯片播放"和"循环播放，直到停止"。播放演示文稿，就会发现整个播放过程都伴随着美妙的音乐了。

（3）隐藏声音图标

在幻灯片"普通视图"中，如果不把声音图标拖到幻灯片之外，将会一直显示图标，播放时也会显示声音图标。由于音频图标"小喇叭"过大也不够美观，如果不想在播放时显示这个"小喇叭"图标，则可以通过设置把它隐藏起来。具体操作方法如下：

单击声音图标，选择"音频工具"中的"播放"选项卡，在"音频选项"组中单击复选框"放映时隐藏"。则在幻灯片放映过程中，声音图标就被隐藏了。

5.3.6　向幻灯片中插入视频文件

为了增强演示文稿的效果，可以向幻灯片中添加视频文件。PowerPoint 2010 支持 AVI、ASF、MPG、WMV 等格式。视频文件与图片或图形不同，视频文件始终都链接到演示文稿，而不是嵌入演示文稿中。插入链接的视频文件时，PowerPoint 会创建一个指向影片文件当前位置的链接。如果之后将该影片文件移动到其他位置，播放时 PowerPoint 将会找不到视频文件。为防止可能出现的链接问题，向演示文稿添加影片之前，最好先将影片复制到演示文稿所在的文件的文件夹中。向幻灯片中插入视频文件的操作方法和插入声音文件十分相似。

1．插入剪贴画视频

第1步：选择"幻灯片"选项卡，单击需要插入的幻灯片缩略图，使该幻灯片处于被选中状态。

第2步：单击"插入"|"媒体"|"视频"下拉按钮，在随后弹出的下拉菜单中，单击"剪贴画视频"命令，弹出"剪贴画"任务窗格，并显示一些内置的视频文件。

第3步：单击所需的视频文件，该视频即被插入幻灯片中。

案例操作 17：

用以上方法，在"布达拉宫介绍"演示文稿中插入剪贴画视频，具体操作步骤如下：

第1步：选择"幻灯片"选项卡，单击第二张幻灯片缩略图，使第二张幻灯片处于被选中状态。

第2步：单击"插入"|"媒体"|"视频"下拉按钮，在随后弹出的下拉菜单中单击"剪贴画视频"命令，弹出"剪贴画"任务窗格，并显示一些内置的视频文件。

第3步：单击所需的视频文件，该视频即被插入幻灯片中。

2．插入视频文件

插入视频文件的操作步骤如下：

第1步：选择"幻灯片"选项卡，单击第一张幻灯片缩略图，使第一张幻灯片处于被选中状态。

第2步：单击"插入"|"媒体"|"视频"下拉按钮，在随后弹出的下拉菜单中单击"文件中的视频"命令，弹出"插入视频"的对话框，选择要插入的音频文件，单击"插入"即可。

5.4　设置演示文稿的放映方式

案例四　设置"布达拉宫介绍"演示文稿的放映方式

 案例描述

为演示文稿"布达拉宫介绍"设置幻灯片的切换效果，向幻灯片中添加动画效果和高级动画效果以增强幻灯片的观赏性。使用超级链接和动作按钮实现幻灯片的跳转，以增强幻灯片之间的交互性。设置幻灯片的放映方式，方便观赏演示文稿。

 最终效果

图 5-67　效果图

任务分析

为了使演示文稿在放映时更生动，更具有表现力，演示文稿不仅要图文并茂，而且要具有动画及多种切换方式。本任务的具体操作包括：幻灯片切换的设置，添加动画，建立超级链接，制作动作按钮，设置演示文稿放映方式等知识。

教学目标

① 掌握幻灯片切换的设置方式。
② 学会使用"动画"和"高级动画"为幻灯片添加动画效果的方法。
③ 掌握使用"超级链接"、"动作按钮"制作有交互功能的幻灯片的操作方式。
④ 学会演示文稿放映方式的设置方法。
⑤ 了解演示文稿的打印和打包的方法。
⑥ 通过制作精美的演示文稿，感染学生，使学生认识美、创造美。
⑦ 扩展学生的知识，进一步激发学生的学习兴趣。

打开案例三创建的"布达拉宫介绍.pptx"演示文稿，进行动画效果设置。

5.4.1 设置幻灯片的切换效果

幻灯片的切换效果（ སློན་བཤད་འརྫ་ཚུལ། ）是指"幻灯片放映"视图中移走屏幕上已有的幻灯片，并以某种类型（如百叶窗、溶解、新闻快报等效果）动画的效果开始新幻灯片的显示，也就是一张幻灯片到另一张幻灯片的动态转换。同时可以控制每张幻灯片切换的速度，还可以添加声音。

1．设置幻灯片切换的效果

在 PowerPoint 2010 中预设了"细微型"、"华丽型"、"动态内容"三种类型，包括"切入"、"淡出"、"推进"、"擦出"等几十种切换方式。其操作方法为：先选择幻灯片，再单击"切换"选项卡，在"切换到此幻灯片"组中选择一种切换方案即可。

案例操作 1：

为演示文稿"布达拉宫介绍"的第一张幻灯片设置切换效果，要求设为从中心慢慢呈水波状展开的效果，并且伴随"鼓声"。具体操作步骤如下：

第 1 步：选择"幻灯片导航区"的"幻灯片"选项卡，单击第一张幻灯片缩略图，使其成为当前幻灯片。

第 2 步：单击"切换"|"切换到此幻灯片"|"涟漪"按钮，如图 5-68 所示。

第 3 步：单击"效果选项"下拉按钮，在弹出下拉列表中选择"居中"按钮。

第 4 步：在"计时"组中单击"声音"旁边的下拉按钮，从下拉列表中选择"鼓声"命令。

第 5 步：在"持续时间"微调按钮中输入"6"，意思是在 6 秒时间内完成切换，如图 5-69 所示。

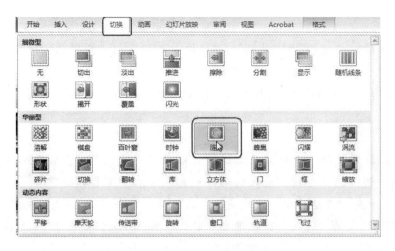

图 5-68　"切换"设置

图 5-69　"效果选项"及"计时"组

> **知识扩展：**
>
> 　　幻灯片切换方式通过两个复选框可分为"人工切换"和"自动切换"两种。如果选择"在此之后自动设置动画效果"复选框，意味着选择了自动切换，必须要在后面的数值框中输入不为零的时间间隔。通常情况下自动切换的时间间隔不好掌握，一般都采用默认的"单击鼠标时"进行人工切换。

2．取消幻灯片切换效果的方法

第 1 步：选择"幻灯片导航区"的"幻灯片"选项卡，单击要删除其幻灯片切换效果的幻灯片的缩略图。

第 2 步：单击"切换"|"切换到此幻灯片"|"其他"下拉按钮，在随后弹出的下拉列表中选择第一个"无"按钮，即可取消切换效果。

5.4.2　设置幻灯片的动画效果

幻灯片的动画效果（）是指演示文稿在放映过程中每张幻灯片上的文本、图形、图标、图表及其他对象的动画显示效果。默认情况下，幻灯片上的所有对象都是无声无息地同时出现和同时退出的。为了增强演示文稿对观众的吸引力，产生更好的感染效果，需要在额外强调、突出重点或控制信息显示时使用动画。PowerPoint 2010 可使幻灯片在放映时具有类似电视特技的动画和高级动画效果，也可以设置幻灯片上的文本、图形、图标、图表及其他对象出现或退出的顺序、方式及出现时的伴音和强调效果等。有时过分的使用动画效果会使观众的注意力集中到动画特技的欣赏上面去，从而忽略了对演讲主题信息的注意。因此，不宜过多地使用动画效果。PowerPoint 提供了"动画"和"高级动画"两种动画效果。

1．对象的"动画"设置

"动画"是系统提供的一组基本的动画设计方案，使用户能快速地设置幻灯片内对象的动画效果。可以设置"进入"、"强调"、"退出"和"其他动作路径"四种动画形式。

（1）进入动画

进入动画就是指演示文稿在放映的过程中，文本和图形对象进入屏幕时的动画显示效果。其操作方法主要用两种：

方法一：选择添加动画的对象，单击"动画"|"动画"|"其他"下拉按钮，选择相应的动画即可。

方法二：选择添加动画的对象，单击"动画"|"高级动画"|"添加动画"下拉按钮，选择"进入"，单击相应的动画即可。

案例操作 2：

利用方法一，将演示文稿"布达拉宫介绍"中第二张幻灯片的标题"布达拉宫—雪域明珠"，设置为"持续时间"为"3秒"，以"圆"的"形状"进入的动画效果。具体操作方法如下：

第 1 步：在第二张幻灯片中单击标题"布达拉宫—雪域明珠"占位符，单击"动画"|"动画"|"其他"下拉按钮，在随后弹出的下拉列表的"进入"区域单击"形状"动画效果，如图 5-70 所示，幻灯片窗格中会立即显示这种动画的预览效果。

第 2 步：在"动画"组中单击"效果选项"下拉按钮，在弹出的下拉菜中，选择"形状"中的"圆"按钮。

第 3 步：选择"计时"组，在"持续时间"微调框中输入"5"，如图 5-71 所示。

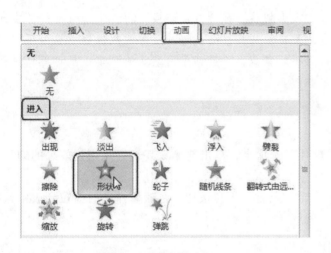

图 5-70 "进入"设置　　　　　　　　　　　图 5-71 "效果选项"及"计时"组

（2）强调动画

强调动画就是演示文稿在放映过程中为幻灯片中已显示文本或对象所设置的额外强调或突出重点的动画效果。其操作方法主要有两种：

方法一：选择添加动画的对象，单击"动画"|"动画"|"其他"下拉按钮，在"强调"区，单击相应的动画即可。

方法二：选择添加动画的对象，单击"动画"|"高级动画"|"添加动画"下拉按钮，在"强调"单击相应的动画即可。

案例操作 3：

将演示文稿"布达拉宫介绍"中第二张幻灯片中的"布达拉宫—雪域明珠"，设置为"强调"、"波浪形"、"持续时间"为"5秒"。操作方法如下：

第 1 步：选中"布达拉宫—雪域明珠"对象，单击"动画"|"动画"|"其他"下拉按钮，在随后弹出的下拉列表框的"强调"区域，单击"波浪形"按钮，如图 5-72 所示。

第 2 步：选择"计时"组，在"持续时间"微调框中输入"5"。

图 5-72 "强调"设置

（3）退出动画

退出动画就是演示文稿在放映过程中幻灯片已显示文本或对象离开屏幕时所设置的动画效果。其操作方法主要有两种：

方法一：选择添加动画的对象，单击"动画"|"动画"|"其他"下拉按钮，在"退出"区单击相应的动画即可。

方法二：选择添加动画的对象，单击"动画"|"高级动画"|"添加动画"下拉按钮，在"退出"区单击相应的动画即可。

案例操作 4：

利用操作方法一，将第二张幻灯片中的"布达拉宫—雪域明珠"对象设置成"随机线条"，其动画效果为"垂直"、"5"秒。其操作步骤为：

第 1 步：选中"布达拉宫—雪域明珠"对象，单击"动画"|"动画"|"其他"下拉按钮，在随后弹出的下拉列表框的"退出"区域，单击"随机线条"按钮，如图 5-73 所示。

图 5-73 退出设置

第 2 步：在"动画"组中单击"效果选项"下拉按钮，在弹出的菜单中，选择"垂直"命令。

第 3 步：选择"计时"组，在"持续时间"微调框中输入"5"。

（4）其他动作路径动画

动作路径动画又称为路径动画，指定对象沿预定的路径运动。PowerPoint 中的动作路径动画，不仅提供了大量可供用户简单编辑的预设路径效果，还可以由用户自定义路径进行更为个性化的编辑。操作方法同进入动画相似。

案例操作 5：

将第二张幻灯片中的剪贴画设置成"弹簧"。单击"动画"|"动画"|"其他"下拉按钮，选择随后弹出的下拉列表框中的"其他动作路径"命令，然后在"更改动作路径"对话框中选择"弹簧"按钮，如图 5-74 所示。设置了动画后的效果如图 5-75 所示。

图 5-74 "更改动作路径"对话框

图 5-75 效果图

5.4.3 在演示文稿中添加超链接

在 PowerPoint 中利用超链接（གནན་ཐིག）可以方便地在不同幻灯片之间跳转。超链接可以是从一张幻灯片到同一演示文稿中的另一张幻灯片的链接，也可以是从一张幻灯片到不同演示文稿中的另一张幻灯片、电子邮件地址、网页或文件的链接。可以对文本或对象（如图片、图形、形状）创建链接。

1．创建到同一演示文稿中幻灯片的超链接

在演示文稿中，选中要插入超级链接的对象，单击"插入"|"链接"|"超链接"按钮，在弹出的"插入超链接"对话框中选择相应的链接内容。

案例操作 6：

为"布达拉宫介绍"中第一张幻灯片的文本"雪域高原之明珠"创建一个超链接，链接到第二张幻灯片。

第 1 步：在第一张幻灯片中选中"雪域高原之明珠"作为超链接的文本对象，单击"插入"|"链接"|"超链接"按钮，如图 5-76 所示。或右击选中的文本，在弹出的快捷菜单中选择"超链接"命令，弹出"插入超链接"对话框。

第 2 步：在"链接到"区域，单击"本文档中的位置"按钮，则"插入超链接"对话框的界面发生了变化，如图 5-77 所示。在"请选择文档中的位置"列表中选择序号为"2"的第二张幻灯片作为超链接的目标幻灯片。

图 5-76 "超链接"按钮

图 5-77 "插入超链接"对话框

第 3 步：单击"确定"按钮，文本"雪域高原之明珠"的超链接就设置好了。幻灯片上的"雪域高原之明珠"这几个字的颜色发生了变化，并且加上了下划线，这就是超链接的标志。现在，播放这张幻灯片，将鼠标指针移到"雪域高原之明珠"这几个字上，指针变成"十"形状，单击鼠标左键，就会转而显示第二张幻灯片的内容了。

2．创建到其他文件的超链接

利用超链接不但可以关联到同一个演示文稿中的幻灯片，还可以跳转到其他文件。其方法同创建到统一演示文稿中幻灯片的超链接方法基本相同，只是第 2 步在"链接到"区域单击"现有文件和网页"按钮，在"地址"框中输入相应的网页地址，选择"确定"按钮即可。

3．添加动作按钮

动作按钮是一组预先设计好的、用特定形状表示的、包含各种动作意义的按钮集。可将其插入演示文稿中，定义生动形象的超链接。动作按钮包含的形状有"右箭头"和"左箭头"，以及通常被理解为用于转到下一张、上一张、第一张和最后一张幻灯片以及用于播放影片或声音的符号。

单击"插入"|"插图"|"形状"下拉按钮，弹出"最近使用的形状"下拉列表框，在"动作按钮"区域下有"动作按钮"列表，将鼠标指针移到某个动作按钮上停留片刻，就会显示出该动作按钮的功能提示。

案例操作 7：

为"布达拉宫介绍"中的第五张幻灯片设置一个动作按钮，以便返回到第一张幻灯片。其操作步骤为：

第 1 步：单击第五张幻灯片，使其成为当前幻灯片。

第 2 步：选择"插入"选项卡，在"插图"组中单击"形状"下拉按钮，弹出"最近使用的形状"下拉菜单，在"动作按钮"区域下有动作按钮列表，将鼠标指针移到某个动作按钮上停留片刻，就会显示出该动作按钮的功能提示，如图 5-78 所示。

第 3 步：单击动作按钮列表上的"上一张"按钮。

第 4 步：将鼠标指针移到当前幻灯片的适当位置，指针变成"十"字形状，按住左键拖动鼠标，幻灯片上出现了一个按钮，当动作按钮大小合适时松开鼠标左键，绘制工作按钮的操作就完成了，如图 5-79 所示。此时会弹出如图 5-80 所示的"动作设置"对话框，在"超链接到："一栏中选择相应的幻灯片，在弹出的"超链接到幻灯片"窗口中选择"1.布达拉宫介绍"，单击"确定"按钮即可，如图 5-81 所示。

图 5-78 "动作按钮"插入

图 5-79 插入动作按钮效果

图 5-80 "动作设置"对话框

图 5-81 "超链接到幻灯片"窗口

4．编辑或删除超链接

如果对已设置的超链接不满意，还可以对它们进行编辑或删除操作。方法是：用鼠标右键单击已设置了超链接的文本或对象，弹出一个快捷菜单，单击"编辑超链接"，将打开"编辑超链接"对话框，可以重新设置文本超链接的对象；单击"取消超链接"，所设置的超链接被取消了。

5.4.4 演示文稿的放映

演示文稿在放映方式下，字体和图形都会放大，动画设置和切换方式都能展示出来，更能吸引观众。演示文稿制作完成后，可以根据需要设置放映方式。

1．放映幻灯片

演示文稿建好后，只要执行放映操作，就可以向观众播放演示文稿。具体操作方法有如下几种：

方法一：按"F5"快捷键，就会播放第一张幻灯片。

方法二：单击状态栏中视图方式的幻灯片放映按钮"📺"，就会播放当前幻灯片。

方法三：单击"幻灯片放映"|"开始放映幻灯片"|"从头开始"按钮，就会从第一张幻灯片开始播放。单击"从当前幻灯片开始"按钮，就会播放当前幻灯片；单击鼠标会接着播放下一张幻灯片，如图 5-82 所示。

图 5-82 "幻灯片放映"选项卡

2．设置幻灯片放映方式

在播放演示文稿前可以根据使用者的不同需要设置不同的放映方式。单击"幻灯片放映"|"设置"|"设置幻灯片放映"按钮，如图 5-83 所示，弹出如图 5-84 所示的"设置放映方式"对话框，在其中可进行"放映类型"、"放映选项"、"放映幻灯片"和"换片方式"的设置。

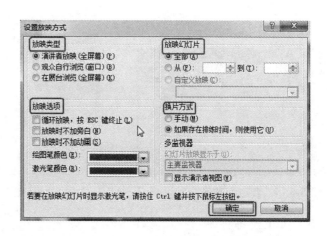

图 5-83 "设置幻灯片放映"按钮　　　图 5-84 "设置放映方式"对话框

（1）放映类型的设置

演讲者放映（全屏幕）：系统默认放映方式，也是最常用的全屏幕放映形式。该方式下，演讲者可以通过单击鼠标控制放映的进程和节奏。

观众自行浏览（窗口）：在标准 Windows 窗口中显示的放映形式，放映时的 PowerPoint 窗口具有菜单栏、Web 工具栏，类似于浏览网页的效果，便于观众编辑浏览幻灯片，适于人数少的场合。

在展台浏览（全屏幕）：以全屏幕形式显示，在展台上作现场演示用。其主要特点是不需要专人控制就可以自动运行，但超链接等控制方法都失效。

后两种放映方式即观众自行浏览和在展台浏览都不允许现场控制放映的进程，必须按事先预定的或通过"排练计时"菜单命令设置的时间和次序放映，否则可能会长时间停留在某张幻灯片上。如果想结束放映按"Esc"键。

（2）放映选项的设置

循环放映幻灯片：将制作好的演示文稿设置为"循环放映"，可以应用于展览会场的展台等场合，让演示文稿自动运行并循环播放。

还可以选择"放映室不加旁白"和"放映室不加动画"复选框。

（3）放映幻灯片设置

默认的放映类型是顺序放映全部幻灯片，也可以选择放映演示文稿中几张连续的幻灯片，在"设置放映方式"窗口的"放映幻灯中"区域输入起始和终止的幻灯片编号即可。如果选择放映演示文稿中不连续的几张幻灯片就要设置"自定义放映"。

（4）自定义放映幻灯片

自定义放映是指用户可以自己选择演示文稿放映的张数，使一个演示文稿适用于多种观众。具体操作方法如下：

第 1 步：单击"幻灯片放映"｜"开始放映幻灯片"｜"自定义幻灯片放映"下拉按钮。

第 2 步：在弹出如图 5-85 所示的"自定义放映"对话框中，单击"新建"按钮，弹出"定义自定义放映"对话框，如图 5-86 所示，然后选择需要的幻灯片，单击"添加"按钮将其添加到右侧的"在自定义放映中的幻灯片"列表框中，单击"确定"按钮。

第 3 步：在如图 5-84 所示的"设置放映方式"对话框中，选择"放映幻灯片"区域的"自定义放映"的下拉按钮，单击已经创建好的"自定义放映"。

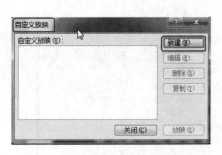

图 5-85 "自定义放映"对话框   图 5-86 "定义自定义放映"对话框

3．设置排练计时

当完成演示文稿的内容制作后，可以使用排练计时功能来排练整个演示文稿的放映时间，以确保它在预定的时间内播放完毕。进行排练时，使用幻灯片计时功能记录演示每张幻灯片所需的时间，然后在向观众演示时使用记录的时间自动播放幻灯片。选择"幻灯片放映"选项卡，在"设置"组中单击"排练计时"按钮，此时将显示"录制"工具栏，并且"幻灯片放映时间"框开始对演示文稿计时，如图 5-87 所示。

① "录制"工具栏中有五个控件：

第一个控件：下一张，移动到下一张幻灯片。

第二个控件：暂停，零时停止记录时间。

第三个控件：该幻灯片放映时间。

第四个控件：重复，重新开始记录当前幻灯片的放映时间。

第五个控件：演示文稿的总时间。

② 设置了最后一张幻灯片的时间后，单击"录制"工具栏上的"关闭"按钮将出现如图 5-88 所示的消息框，其中会显示演示文稿的总放映时间并提示"是否保留新幻灯片的排练时间"，单击"是"按钮。

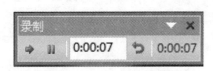

图 5-87 "录制"设置

图 5-88 "保存排练时间"对话框

此时切换到"幻灯片浏览"视图，会显示演示文稿中每张幻灯片的排练时间。

4．结束幻灯片放映

方法一：按"Esc"键，可以结束幻灯片的播放。

方法二：右击放映屏幕的任何地方，都会弹出一个控制放映的快捷菜单，单击"结束放映"命令。

5．控制放映过程按钮的使用

控制放映过程可以在幻灯片放映时右击，在弹出的快捷菜单中选择各种控制命令。还有一种更加简洁和方便的方法是使用控制放映过程小按钮。操作方法是：在幻灯片播放过程中，将鼠标移到屏幕左下角，会依次显示四个控制放映过程小按钮。它们的功能分别是：播放上一张幻灯片、绘图笔、控制菜单和播放下一张幻灯片。

6．绘图笔的设置与使用

利用绘图笔可以在幻灯片上勾画标记，常用于强调或添加注释。绘图笔的形状和颜色可以选择，笔迹可以保留也可随时擦除，适用于大屏幕投影的会议、讲课。

（1）设置绘图笔

右击幻灯片，在弹出的快捷菜单中单击"指针选项"级联菜单中的"笔"或"荧光笔"命令，鼠标指针变成一个点或一支笔，可以在幻灯片上直接书写，如图5-89所示。

（2）改变绘图笔颜色

右击幻灯片，在弹出的快捷菜单中，单击"指针选项"级联菜单中的"墨迹颜色"命令，选择一种"主体颜色"，如图5-90所示。

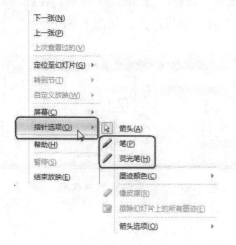

图 5-89　设置绘图笔

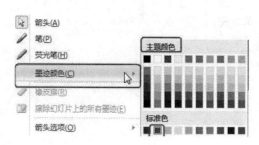

图 5-90　改变绘图笔颜色

（3）擦除墨迹

右击幻灯片，在弹出的快捷菜单中单击"指针选项"级联菜单中的"橡皮擦"或"擦除幻灯片上的所有墨迹"，如图5-91所示。

（4）取消绘图笔

右击幻灯片，在弹出的快捷菜单中单击"指针选项"级联菜单中"箭头"或"箭头选项"下的"自动"命令，鼠标指针恢复为箭头状，如图5-92所示。

图 5-91　擦除墨迹

图 5-92　取消绘图笔

提示：绘图笔的设置与使用也可以在幻灯片放映方式下，单击左下角的"绘图笔"图标。

5.4.5　演示文稿的打印

演示文稿完成后，除了在计算机上演示外，还可以进行打印输出。在打印时，应该先根据需求设置演示文稿的页面，再将演示文稿打印或输出为不同的形式，如生成大纲文稿、注释文稿等。

1．设置演示文稿页面

在打印演示文稿前，应该根据需要对打印页面和打印形式进行设置，使打印效果更符合要求。具体操作步骤是：单击"设计"|"页面设置"|"页面设置"按钮，如图 5-93 所示。在弹出的"页面设置"对话框中，对幻灯片的"大小"、"编号"和"方向"进行设置，如图 5-94 所示。

图 5-93　"页面设置"按钮

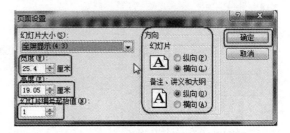
图 5-94　"页面设置"对话框

2．打印预览

页面设置完成后，在实际打印之前，可以使用打印预览功能先预览一下打印效果，以避免打印失误而造成的不必要的浪费。具体操作方法是选择"文件"菜单，单击"打印"命令，在右侧窗格就可以查看打印效果。

3．打印演示文稿

对当前的打印设置和预览效果满意后，就可以连接打印机打印演示文稿了。

第 1 步：选择"文件"菜单，单击"打印"命令，在其级联菜单中设置打印选项，如图 5-95 所示。

第 2 步：在"打印"区域，单击"份数"微调按钮或直接输入需要打印的份数。

第 3 步：在"设置"区域，单击"打印全部幻灯片"下拉按钮，可以选择打印"全部"、"当前"或"部分"幻灯片。

第 4 步：在"设置"区域，单击"整页幻灯片"下拉按钮，可以设置在一张纸上打印多张幻灯片。

第 5 步：单击"颜色"下拉按钮，可根据打印机和个人需要设置所打印的颜色。

① 颜色：使用彩色打印机，打印彩色的演示文稿。如果在黑白打印机上打印，则此选项将采用灰度打印。

② 灰度：此选项打印的图像包含介于黑色和白色之间的各种灰色色调。背景填充的打印颜色为白色，从而使文本更加清晰（有时灰度的显示效果与"纯黑白"一样）。

③ 纯黑白：此选项打印不带灰度填充色的讲义。

第 6 步：单击"打印"按钮，则打印机开始输出演示文稿。

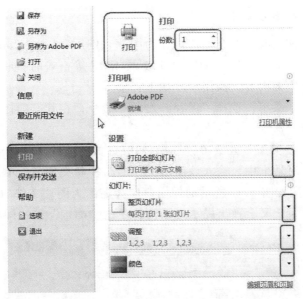

图 5-95 "打印"设置

5.4.6 演示文稿的输出

1. 将演示文稿输出为视频

使用 PowerPoint 可以很方便地将演示文稿另存为视频（.wmv）文件，并且能够确保演示文稿中的动画、旁白和多媒体内容可以顺畅播放，观看者无须在计算机上安装 PowerPoint 即可观看。即使演示文稿中包含嵌入的视频，该视频也能正常播放，而无须加以控制。这样不仅更易于分发和共享，还更易于收件人以视频方式观看。操作步骤如下：

第 1 步：单击"文件"菜单，选择"保存并发送"命令，在右侧打开的窗格"文件类型"区域，单击"创建视频"命令，如图 5-96 所示。

图 5-96 "创建视频"命令

第 2 步：在"创建视频"区域，设置"显示"选项和"放映时间"，然后单击"创建视频"命令按钮，在随后弹出的"另存为"对话框中，输入该视频文件的路径和文件名，单击"保存"按钮。

提示：如果不想使用.wmv 文件格式，可以选择第三方实用程序将文件转换为其他格式（.avi、.mov）。

2．将演示文稿输出为图形文件

有些图文并茂的演示文稿非常漂亮，可以作为图片来使用。PowerPoint 支持将演示文稿中的幻灯片输出为 GIF、JPG、PNG、TIFF、BMP、WFM 及 EMF 等格式的图形文件。这有利于在更大范围内交换或共享演示文稿中的内容，操作步骤如下：

第 1 步：单击"文件"菜单，选择"保存并发送"命令，在其右侧打开的窗格"文件类型"区域，单击"更改文件类型"命令。

第 2 步：在"更改文件类型"区域中，选择"JPEG 文件交换方式"选项，单击下面的"另存为"按钮，在"另存为"对话框中，输入该图形文件的路径和文件名，单击"保存"按钮。

第 3 步：在系统弹出的如图 5-97 所示的供用户选择输出为图片文件的幻灯片范围对话框中，单击"每张幻灯片"按钮，系统又会弹出提示对话框，单击"确定"按钮即可。

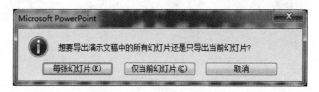

图 5-97 "导出幻灯片"提示

5.4.7 演示文稿的打包

一个演示文稿制作完毕后，希望在另一台计算机上放映，如果另一台计算机中没有安装 PowerPoint 或 PowerPoint 播放器，或者演示文稿所链接的文件及所用的字体在另一台计算机中不存在，若仅将演示文稿文件复制到另一台计算机中，则不能保证正常放映。最好的方法就是使用 PowerPoint 提供的"打包"（གཏུམ་པ།）功能进行打包，结果会将演示文稿及其包含的链接文件、播放程序等放到一个指定的文件夹中，然后再将其复制到目标计算机上，就可以放映该演示文稿了。

将演示文稿打包的具体操作步骤如下：

第 1 步：在 PowerPoint 中，打开要打包的演示文稿。单击"文件"菜单，选择"保存并发送"命令，在右侧打开的窗格"保存并发送"区域，单击"将演示文稿打包成 CD"命令，弹出"打包成 CD"对话框，如图 5-98 所示。

第 2 步：单击"复制到文件夹(F)"按钮，弹出"复制到文件夹"对话框，如图 5-99 所示。输入文件夹名称，选择文件保存位置，然后单击"确定"按钮，演示文稿就被打包到了本地磁盘驱动器上。

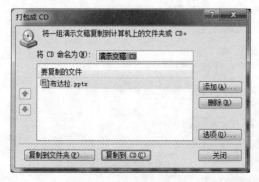

图 5-98 PPT 打包成 CD

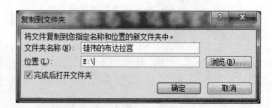

图 5-99 打包路径指定

第 3 步：双击打开打包的文件夹便可以浏览内容，一般文件夹中有演示文稿、相关的链接文件及 PowerPoint 播放器。如果将整个文件夹复制到另一台没有安装 PowerPoint 或 PowerPoint 播放器的计算机上，只要双击演示文稿，系统会自动进入 PowerPoint，并放映该演示文稿。

案例操作 8：

第 1 步：打开要打包的演示文稿"布达拉宫介绍"，按照以上的方法进行打包。

第 2 步：在"复制到文件夹"窗口中键入文件夹名称"雄伟的布达拉"，选择文件保存位置为"E:/"。

第 3 步：在"E:/"上找到"雄伟的布达拉"文件夹，浏览和播放打包的演示文稿"布达拉宫介绍"。

习 题

一、专项训练

1. PowerPoint 2010 的启动、文字输入、字符格式设置

（1）启动 PowerPoint 2010，在第一张幻灯片主标题处键入"Microsoft 系列产品"，并将文字属性设置为"中文楷体"、"36 磅"、"居中"。

（2）在第一张幻灯片副标题处输入"Microsoft Word 2003"，并将文字属性设置为"Times New Roman（正文）"，"44 磅"，"居中"。

（3）插入一张幻灯片，作为第二张幻灯片，版式设置为"标题与内容"，并在标题添加文字"语音和手写识别"，将文字属性设置为"黑体"、"44 磅"、"居中"。

（4）在第二章幻灯片中输入以下内容：

使用语音识别可通过您的语音选择菜单、工具栏、对话框和任务窗格项目。使用手写输入识别可在文档中输入文本。可使用手写输入设备（例如图形写字板或个人电脑写字板）或鼠标进行输入。可以将自然手写输入转换为输入的字符，或保留文本的手写形式。

（5）将第二张幻灯片中的文字属性设置为"宋体"、"32 磅"、"左对齐"，行距为"1.2 倍"，左缩进"0.3 厘米"。

2. 版式及段落格式设置

（1）在文件中插入一张幻灯片，作为第三张幻灯片，版式设置为"两栏内容"，标题输入文字"安全性"，并将文字属性设置为"黑体"、"44 磅"、"居中"。

（2）第一栏输入如下文字：

新增"安全性"选项卡、安全性选项（例如密码保护、文件共享选项、数字签名和宏安全性）现已被收集在"选项"对话框的"安全性"选项卡上。

（3）将第一栏的文字属性设置为"宋体"、"32 磅"、"左对齐"，行距为"1.2 倍"，左缩进"0.3 厘米"。

（4）第二栏插入"微软 office 2003 光盘包装"图片，编辑图片的高度为"5.51 厘米"，线条实线颜色为"标准色蓝色"，线型宽度为"2 磅"。

（5）将文档保存到 D 盘下，取名为"PPT 练习.pptx"。

3. 设置背景、添加超级链接、添加艺术字

（1）打开 D 盘下"PPT 练习.pptx"，继续完成下面的操作，并保存。

（2）将第一张幻灯片的背景填充效果设置为预设颜色"雨后初晴"，方向为"线性向左"。

（3）将第一张幻灯片主标题"Microsoft 系列产品"转换为艺术字，艺术字样式为第五行第三列样式，字体为华文琥珀，字号为 96。

（4）为第三张幻灯片中的图片添加超级链接，链接到微软官方网站。

（5）在第三张幻灯片右下角插入动作按钮"第一张"，设置单击该按钮时返回第一张幻灯片。

4. 动画、放映及页面设置

（1）打开 D 盘下"PPT 练习.pptx"。

（2）设置第二张幻灯片标题进入动画效果为"弹跳"，设置声音效果为"风声"。

（3）设置第二张幻灯片文本进入动画效果为"飞旋"，设置效果为"按字/词发送"。

（4）设置第三张幻灯片标题进入动画效果为"随机线条"，文本进入动画效果为"向内溶解"，图片动画效果为"缩放"。

（5）设置整个演示文稿的切换效果为"水平百叶窗"、"微风声音"，换片方式为"单击鼠标时"及"每隔 3 秒自动换片"。

（6）设置演示文稿的所有幻灯片包含"自动更新的日期和时间"（日期格式为系统默认）、"编号"，页脚为"广告"。

（7）设置幻灯片放映类型为"在展台浏览"。

（8）设置幻灯片大小为"B4"（ISO）纸张。

（9）保存到 D 盘，取名为"最终效果.pptx"。

二、综合操作题

1. 综合操作一

（1）新建文件"PPT73 素材.pptx"，完成下列操作。

（2）添加第一张幻灯片，版式为"标题幻灯片"，标题处输入"彩霞公司产品介绍"，副标题处输入"——新产品数字大屏幕彩电"。所有内容均设置为"黑体"，"32 磅"。

（3）插入第二张幻灯片，幻灯片版式设置为"标题和竖排文字"，标题处输入"数字大屏幕彩电主要功能"，正文处输入：

> 数字信号
> 高清晰度
> 液晶显示
> 超大屏幕

（4）将第二张幻灯片中的正文动画设置为"螺旋飞入"。

（5）将全部幻灯片切换效果设置为"自全黑中淡出"。

（6）设置幻灯片的放映类型为"在展台浏览（全屏幕）"，换片方式为"手动"。

（7）设置演示文稿的页面大小为"35 毫米幻灯片"。

（8）在第二张幻灯片右下角插入动作按钮"后退或前一项"。

（9）保存演示文稿。

2. 综合操作二

（1）新建文件"电子墨水.pptx"文件，按照下图输入每张幻灯片的内容，再完成下列操作。

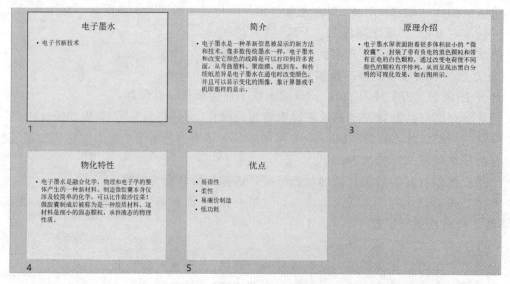

"电子墨水.pptx"的内容

（2）运用"水滴"版式修饰演示文稿，将第一张幻灯片的版式改为"标题幻灯片"。

（3）设置演示文稿的所有幻灯片包含"自动更新的日期和时间"（日期格式为系统默认）、"编号"，页脚为"电子书"。

（4）设置第二张幻灯片标题的自定义进入动画为"展开（细微型）"；文本区的自定义进入动画为"棋盘"；设置第三张幻灯片标题的自定义退出动画为"百叶窗"；文本区的自定义退出动画为"阶梯状"。

（5）设置整个演示文稿的切换效果为"分割-中央向左右展开"、"打字机声音"。

（6）将第四张幻灯片的版式改为两栏内容，并在内容区插入考生文件夹下的图片"电子墨水.jpg"，编辑图片的高度为"5.51 厘米"，线条实线颜色为"标准色蓝色"，线型宽度为"2 磅"。

（7）将第五张幻灯片的项目编号改为"1.2.3.4."、"90% 字高"。

（8）在第五张幻灯片右下角插入动作按钮"第一张"，设置单击该按钮时返回第一张幻灯片。

（9）设置幻灯片放映类型为："在展台浏览"。

（10）保存演示文稿。

3. 综合操作三

（1）新建文件"PowerPoint 2003 演示文稿制作实例.pptx"，按照下图输入每张幻灯片的内容，再完成下列操作。

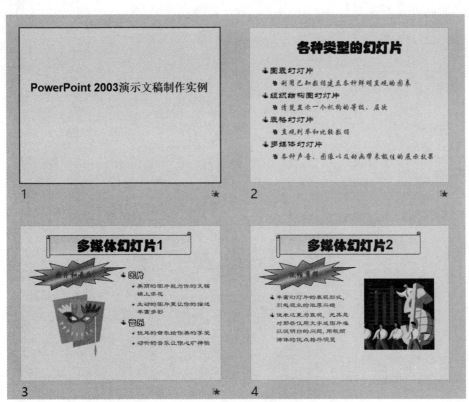

"PowerPoint 2003 演示文稿制作实例"的内容

（2）使用"平面"版式修饰演示文稿。

（3）在第一张幻灯片中插入艺术字"一步步学用 PowerPoint 2003"，艺术字为第三行第三列的样式，字体为"华文彩云"，"44 磅"。

（4）在第二张幻灯片中插入一张计算机的图片，编辑图片尺寸为高"5.69 厘米"，宽"6.2 厘米"。

（5）在第三张幻灯片右下角插入动作按钮："前进或下一项"。

（6）设置第四张幻灯片文本区的进入动画效果为"菱形-放大"，设置右侧蓝色图片进入动画效果为"垂直百叶窗"。

（7）设置幻灯片大小为"35毫米幻灯片"。

（8）设置整个演示文稿的幻灯片切换效果为"形状-圆、风铃声音"。

（8）以原文件保存。

4. 综合操作四

制作"个人简介"演示文稿，并在班级中介绍自己。

❖ 6 计算机网络及 Internet 应用

计算机网络（ཉེས་འཁོར་དྲ་ཀུ།）是由计算机技术和通信技术发展而来的，现已成为人们工作和生活中不可或缺的工具。通过计算机网络可以实现网页的浏览、信息的查询、文件的上传和下载、收发电子邮件、网络购物等功能。

本章首先介绍计算机网络和 Internet 的一些概念及相关内容，其次通过案例讲解计算机网络的相关应用，提高大家的应用水平。

6.1 计算机网络基础知识

6.1.1 计算机网络概述

计算机网络于 20 世纪 60 年代起源于美国，原本用于军事通信，后逐渐进入民用。经过 50 多年不断地发展和完善，现已广泛应用于各个领域。30 年前，我国很少有人接触过网络，现在，计算机网络以及 Internet 已成为我们社会结构的一个基本组成部分。网络被应用于各行各业，包括电子银行、电子商务、现代化的企业管理、信息服务业、电子政务、网络教学等，它们都以计算机网络系统为基础。从学校远程教育到政府日常办公乃至现在的电子社区，人们生活的很多方面都离不开网络技术，可以毫不夸张地说，网络在当今世界无处不在。

1997 年，在美国拉斯维加斯的全球计算机技术博览会上，微软公司总裁比尔·盖茨先生发表了著名的演说，他在演说中提到的"网络才是计算机"的精辟论点，充分体现出信息社会中计算机网络的重要基础地位。计算机网络技术的发展越来越成为当今世界高新技术发展的核心之一。

1．计算机网络的定义

计算机网络就是利用通信设备和线路将不同地理位置、功能独立的多个计算机系统互连起来，以功能完善的网络软件实现网络中资源共享和信息传递的系统。如图 6-1 所示。通过计算机的互连，实现计算机之间的通信，从而实现计算机系统之间的信息、软件和设备资源的共享以及协同工作等功能。其本质特征在于提供计算机之间的各类资源的高度共享，实现便捷的信息交流和思想交换。

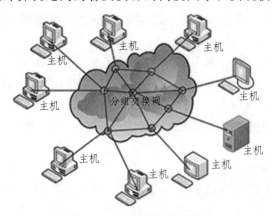

图 6-1 计算机网络结构

2．计算机网络的主要功能

计算机网络已经广泛应用于人们生产生活的方方面面，人们通过计算机网络了解全球资讯、实现远程视频会议、实时管理和监控、远程购物等。总体来说，计算机网络的主要功能可简单概括如下。

（1）数据通信（གཞི་གྲངས་འཕྲིན་གཏོང་།）

数据通信是计算机网络最基本的功能之一，该功能使分散在不同地理位置的计算机可以相互传递信息。计算机网络改变了现代通信方式，人们利用网络传送电子邮件、实时聊天、电子商务等，极大地提高了工作效率。数据通信功能是计算机网络实现其他功能的基础。

（2）资源共享（ཐོན་ཁུངས་མཉམ་སྤྱོད།）

资源共享包括软件、硬件和数据资源共享，是计算机网络最最具吸引力的功能之一。资源共享使上网用户能享受网上的资源，互通有无，大大提高了系统资源的利用率。

（3）提高系统的可靠性（རྒྱུད་ཁོངས་ཀྱི་ཚོན་ཚུད་རང་བཞིན།）

在计算机网络中的计算机可以通过网络彼此成为后备机。一旦某台计算机出现故障，故障机的任务可以由其他计算机代为处理，避免因为某台计算机故障导致系统瘫痪的现象，大大提高了可靠性。

（4）实现分布式处理（བཀྲམ་པའི་སྒྲིག་གཅོད།）

在计算机网络中，可以将某些大型的处理任务分解为多个小型任务，然后分配给网络中的多台计算机分别处理，最后再把处理结果合成，实现分布处理。

从网络应用的角度来看，计算机网络的功能还有很多。而且随着计算机网络技术的不断发展，其功能也将不断丰富，各种网络应用也将会不断出现。

在以上功能中，计算机网络最主要的功能是数据通信和资源共享。

3．计算机网络的特点

（1）可靠性（ཚོན་ཚུད་རང་བཞིན།）

在一个网络系统中，当一台计算机出现故障时，可立即由系统中的另一台计算机来代替其完成所承担的任务。同样，当网络的一条链路故障时可选择其他的通信链路进行连接。

（2）高效性（ནུས་མཐོ་རང་བཞིན།）

计算机网络系统摆脱了中心计算机控制结构数据传输的局限性，并且信息传递迅速，系统实时性强。网络系统中各相连的计算机能够相互传送数据信息，使相距很远的用户之间能够即时、快速、高效、直接地交换数据。

（3）独立性（རང་ཚུགས་རང་བཞིན།）

网络系统中各相连的计算机是相对独立的，它们之间的关系是既互相联系，又相互独立。

（4）扩充性（རྒྱ་སྐྱེད་རང་བཞིན།）

在计算机网络系统中，人们能够很方便、灵活地接入新的计算机，从而达到扩充网络系统功能的目的。

（5）廉价性（གོང་ཞི་རང་བཞིན།）

计算机网络使微机用户也能够分享到大型机的功能特性，充分体现了网络系统的"群体"优势，能节省投资和降低成本。

（6）分布性（འགྲེམས་ཅུང་རང་བཞིན།）

计算机网络能将分布在不同地理位置的计算机进行互连，可将大型、复杂的综合性问题实行分布式处理。

（7）易操作性（སྤྱོད་སླ་རང་བཞིན།）

对计算机网络用户而言，掌握网络使用技术比掌握大型机使用技术简单，实用性也很强。

6.1.2　计算机网络的形成与分类

1．计算机网络的形成

最早的计算机是大型计算机，其包括很多个终端，不同终端之间可以共享主机资源，可以相互通信，但不同计算机之间相互独立，不能实现资源共享和数据通信。为了解决这个问题，美国国防部的高级研究计划局（ARPA）于 1968 年提出了一个计算机互联计划，并于 1969 建成世界上第一个计算机网络 ARPAnet。

ARPAnet 通过租用电话线路将分布在美国不同地区的 4 所大学的主机连成一个网络。作为 Internet 的早期骨干网，ARPAnet 试验奠定了 Internet 存在和发展的基础。到了 1984 年，美国国家科学基金会（NFS）决定组建 NSFnet，NSFnet 通过 56 kb/s 的通信线路将美国 6 个超级计算机中心连接起来，实现资源共享。NSFnet 采取三级层次结构，整个网络由主干网、地区网和校园网组成。地区网一般由一批在地理位置上局限于同一地域、在管理上隶属于某一机构的用户的计算机互连而成。连接各地区网上主通信结点计算机的高速数据专线构成了 NSFnet 的主干网。这样，当一个用户的计算机与某一地区相连以后，它除了可以使用任一超级计算中心的设施，可以同网上任一用户通信,还可以获得网络提供的大量信息和数据。这一成功使得 NSFnet 于 1990 年彻底取代了 ARPAnet 而成为 Internet 的主干网。

计算机网络从出现到现在，总体来说可以分成 4 个阶段。

（1）远程终端（རྒྱང་རིང་མཐའ་སྣེ།）阶段

该阶段是计算机网络发展的萌芽阶段。早期计算机系统主要为分时系统，远程终端计算机系统在分时计算机系统的基础上，通过调制解调器（Model）和公用电话网（PSTN）向分布在不同地理位置上的许多远程终端用户提供共享资源服务。这虽然还不能算是真正的计算机网络系统，但它是计算机与通信系统结合的最初尝试。

（2）计算机网络（རྩིས་འཁོར་དྲ་རྒྱ།）阶段

在远程终端计算机系统的基础上，人们开始研究通过 PSTN 等已有的通信系统把计算机与计算机互连起来，于是以资源共享为主要目的的计算机网络便产生了，ARPAnet 是这一阶段的典型代表。网络中计算机之间具有数据交换的能力，提供了更大范围内计算机之间协同工作、分布式处理的能力。

（3）体系结构标准化（མ་ལག་སྒྲིག་གཞི་ཚད་ལྡན་ཅན།）阶段

计算机网络系统非常复杂，计算机之间相互通信涉及许多技术问题，为实现计算机网络通信，计算机网络采用分层策略解决网络技术问题。但是，不同的组织制定了不同的分层网络系统体系结构，他们的产品很难实现互联。为此，国际标准化组织 ISO 在 1984 年正式颁布了“开放系统互联基本参考模型（ISO/OSI）”国际标准，使计算机网络体系结构实现了标准化。20 世纪 80 年代是计算机局域网和网络互联技术迅速发展的时期。局域网完全从硬件上实现了 ISO 的开放系统互连通信模式协议，局域网与局域网互联、局域网与各类主机互联及局域网与广域网互联的技术也日趋成熟。

（4）因特网（ཨིན་ཐ་དྲ་རྒྱ།）阶段

进入 20 世纪 90 年代，计算机技术、通信技术及计算机网络技术得到了迅猛发展。特别是 1993 年美国宣布建立国家信息基础设施（NII）后，全世界许多国家纷纷制定和建立本国的 NII，极大地推动了计算机网络技术的发展，使计算机网络进入了一个崭新的阶段，即因特网阶段。目前，高速计算机互联网络已经形成，它已经成为人类最重要、最大的知识宝库。

2．计算机网络的分类

对计算机网络进行分类的方法有很多。如按网络的拓扑结构可以分为：星状网、总线网、环状网、树状网、网状网等。按网络的交换方式可以分为：电路交换网络、报文交换网络、分组交换网络。按网络的信道可以分为窄带网络和宽带网络。按网络的用途可分为教育、科研、商业、企业网络。按网络的传输介质可以分为：双绞线、同轴电缆、光纤、无线网络。近年来无线网络发展非常快。无线网络既包括允许用户建立远距离无线网络连接的全球语音和数据网络，也包括近距离无线连接进行优化的红外线技术及射频技术。无线网络与有线网络的用途十分类似，其最大的不同在于传输媒介的不同，利用无线技术取代网线，可以和有线网络互为备份。

目前最广泛使用的分类方法是按照网络的覆盖范围分类，可以将计算机网络分为：局域网（Local Area Network，LAN），城域网（Metropolitan Area Network，MAN），广域网（Wide Area Network，WAN）。

（1）局域网（ཁུལ་ཁོངས་དྲ་རྒྱ།）

局域网分布距离短，是最常见的计算机网络。由于局域网分布范围极小，一方面容易管理与配置，另一方面容易构成简洁规整的拓扑结构，加上速度快、延迟小的特点，在生活中得到了广泛的应用，成为了实现有限区域内信息交换与共享的有效途径。局域网的应用如教学科研单位的内部 LAN、办公自动化 OA 网、校园网等。

（2）广域网（ཁྱབ་ཆེན་དྲ་རྒྱ།）

广域网有时又称远程网，其分布距离远，网络本身不具备规则的拓扑结构。由于速度慢、延迟大、入网站点无法参与网络管理，所以，它要包含复杂的互联设备，如交换机、路由器等，由它们负责重要的管理工作，而入网站点只管收发数据。

由上可见，广域网与局域网除在分布范围上的区别外，局域网不具有像路由器那样的专用设备，不存在路由选择问题；局域网有规则的拓扑结构，广域网则没有；局域网通常采用广播传输方式，而广域网则采用点到点传输方式。

中国公用分组交换网（CHINAPAC），中国公用数字数据网（CHINADDN），国家公用信息通信网（CHINAGBN），又名金桥网，中国教育科研计算机网（CERNET）以及覆盖全球的 Internet 均是广域网。

（3）城域网（གྲོང་ཁྱབ་དྲ་རྒྱ།）

城域网（MAN，Metropolitan Area Network）的规模局限在一座城市的范围内，即 10～100km 的区域。辐射的地理范围可从几十千米至数百千米。城域网基本上是局域网的延伸，像是一个大型的局域网，通常使用与局域网相似的技术，但是在传输介质和布线结构方面涉及范围较广。例如，大型企业、机关、公司以及社会服务部门多采用城域网，实现大量用户的多媒体信息传输。

6.1.3　计算机网络的拓扑结构

拓扑（ཐོ་བྲིས།）是一种不考虑物体大小、形状等物理属性，而仅仅使用点或线描述多个物体实际位置与关系的抽象表示方法。拓扑不关心事物的细节，也不在乎相互的比例关系，而只是以图的形式来表示一定范围内多个物体之间的相互关系。

网络拓扑结构是指网络上计算机或设备和传输媒介形成的节点与线的物理构成模式，也就是网络中各个站点相互连接的形成。网络拓扑图可以反映出网络中各个实体相互间的连接情况。网络的拓扑结构主要有星形结构、环形结构、总线型结构、树形结构和网状结构 5 种。

1．星形拓扑结构（ སྐར་དབྱིབས་ཐོ་ཕུའི་སྐྲིག་གཞི། ）

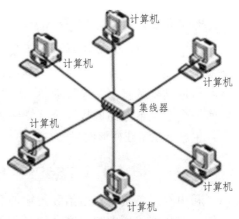

星形拓扑以中央节点为中心，其他各节点与中央节点通过点与点的方式进行连接，如图 6-2 所示。

在星形拓扑结构中，由于任何两台计算机要进行通信都必须经过中央节点，因此中央节点需要执行集中式的通信控制策略，以保证网络的正常运行，这使得中央节点的负担往往较重。其优点是网络结构简单、便于集中控制和管理、组网较为容易。其缺点是网络的共享能力较差、通信线路的利用率较低，且中央节点负担较重，一旦出现故障便会导致整个网络的瘫痪。

注：根据中央节点设备的不同，星形网络能够使用双绞线和光纤线作为传输介质，甚至可以将两种传输介质混合使用。

图 6-2 星形拓扑结构

2．环形拓扑结构（ གཏུབ་དབྱིབས་ཐོ་ཕུའི་སྐྲིག་གཞི། ）

环形结构内的各个节点通过环路接口连在一条首尾相连的闭合环形通信线路中，其结构如图 6-3 所示。

在环形网络中，一个节点发出的信息会穿越环内的所有环路接口，并最终流回至发送该信息的环路接口。而在这一过程中，环形网内的各个节点（信息发送节点除外）通过对比信息流内的目的地址来决定是否接受该信息。

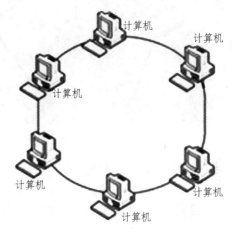

环形拓扑结构的优点是由于信息在网络内沿固定方向流动，并且两个节点间仅有唯一的通路，简化了路径选择的控制。

环形拓扑结构的缺点是由于使用串行方式传递信息，因此当网络内的节点过多时，将严重影响数据传输效率，使网络响应时间变长。此外，环形网络的扩展也较为麻烦。

注：环形网络是局域网较为常用的拓扑结构之一，适合信息处理系统和工厂自动化系统。在众多的环形网络中，由 IBM 公司于 1985 年推出的令牌环网（IBM Token Ring）是环形网络的典范。

图 6-3 环形拓扑结构

3．总线型拓扑结构（ མ་སྐུད་དབྱིབས་ཐོ་ཕུའི་སྐྲིག་གཞི། ）

使用一条中央主电缆将相互间无直接连接的多台计算机联系起来的布局方式，称为总线型拓扑，其中的中央主电缆便称为总线，其结构如图 6-4 所示。

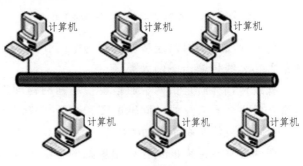

在总线型网络中，所有计算机都必须使用专用的硬件接口直接连接在总线上，任何一个节点的信息都能沿着总线向两个方向进行传输，并且能被总线上的任何一个节点所接收。由于总线型网络内的信息向四周传播，类似于广播电台，因此总线型网络也被称为广播式网络。

注意：总线型网络智能使用同轴电缆作为传输介质。并且，为了避免传输至总线两端的信号反射回总线产生不必要的干扰，总线两端

图 6-4 总线型拓扑结构

还需要分别安装一个与总线阻抗相匹配的终结器（末端阻抗匹配器，或称终止器），以最大限度地吸收传输至总线端部的能量。

4．树形拓扑结构（ སྡོང་དབྱིབས་ཕོ་ཕུའི་སྒྲིག་གཞི། ）

树形结构是一种层次结构，由最上层的根节点和多个分支组成，各节点按层次进行连接，数据交换主要在上下节点之间进行，其结构如图 6-5 所示。

树形结构的优点是连接简单、维护方便。树形结构的缺点是资源共享能力较弱，可靠性比较差，任何一个节点或链路的故障都会影响整个网络的运行，并且对根节点的依赖过大。

注意：在组建树形网络的过程中，分支与分支间不能相互连接，以避免因环路而产生的网络错误。

5．网状拓扑结构（ དྲ་དབྱིབས་ཕོ་ཕུའི་སྒྲིག་གཞི། ）

利用专门负责数据通信和传输的节点机构成的网状网络，入网的设备直接和接入端计算机运行通信。网状网络通常利用冗余的设备和线路来提高网络的可靠性，因此，接入端计算机可以根据当前的网络信息流量有选择地将数据发往不同的线路，如图 6-6 所示。

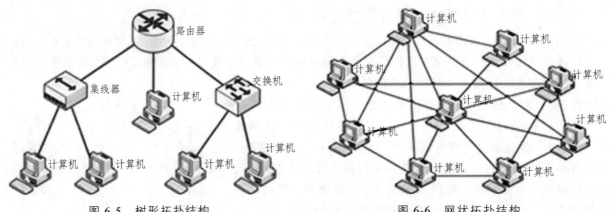

图 6-5　树形拓扑结构　　　　　　　　图 6-6　网状拓扑结构

网状拓扑结构的优点：其故障诊断方便，由于使用了冗余线路，具有很高的容错性能，数据可以通过不同的路径传递，保证通信信道的容量。缺点则是：安装和配置比较麻烦，维护冗余线路的费用较高。此结构主要用于地域范围大、入网主机多（机型多）的环境，常用于构造广域网络。

6.1.4　计算机网络的设备

与计算机系统类似，计算机网络分为网络硬件和网络软件两部分。而网络硬件设备根据其功能，分为传输介质和网络连接设备。下面主要介绍常见的网络硬件设备。

1．传输介质（ བརྒྱུད་གཏོང་བར་རྫས། ）

传输介质是指网络连接设备间的中间介质，也是信号传输的媒体。常用的传输介质分为有线传输介质和无线传输介质两大类。

有线传输介质是指两个通信设备之间的物理连接部分，它能将信号从一方传输到另一方。有线传输介质主要有双绞线、同轴电缆和光纤。双绞线和同轴电缆传输电信号，光纤传输光信号。

（1）双绞线（ རྒྱུ་གཉིས་སྒྲུད་པ། ）

把两根互相绝缘的铜导线用规则的方法扭绞起来就构成了双绞线，如图 6-7 所示。互绞可以使线间及周围的电磁干扰最小。电话系统中使用双绞线较多，差不多所有的电话都用双绞线连接到电话交换机。通常将一对或多对双绞线捆成电缆，在其外面包上硬的护套。

双绞线用于模拟传输或数字传输，其通信距离一般为几千米到十几千米。对于模拟传输，当传输距离太长时要加放大器，以将衰减了的信号放大到合适的数值。对于数字传输则要加中继器，以将失真了的数字信号进行整形。导线越粗，其通信距离就越远，但造价也越高。

双绞线主要用于点到点的连接，如星形拓扑结构的局域网中，计算机与集线器 Hub 之间常用双绞线来连接，但其长度不超过 100 m。双绞线也可用于多点连接。作为一种多点传输介质，它比同轴电缆的价格低，但性能要差一些。

（2）同轴电缆（ནེ་མཐུན་སྒྲོག་སྐུད།）

同轴电缆由内导体铜质芯线、绝缘层、网状编织的外导体屏蔽层以及保护塑料外层所组成，如图 6-8 所示。这种结构中的金属屏蔽网可防止中心导体向外辐射电磁场，也可用来防止外界电磁场干扰中心导体的信号，因而具有很好的抗干扰特性，被广泛用于较高速率的数据传输。通常按特性阻抗数值的不同，将其分为基带同轴电缆（50 Ω 同轴电缆）和宽带同轴电缆（75 Ω 同轴电缆）。

（3）光缆（འོད་སྐུད།）

光导纤维电缆，简称光缆，如图 6-9 所示，是网络传输介质中性能最好、应用前途广泛的一种。以金属导体为核心的传输介质，其所能传输的数字信号或模拟信号，都是电信号。而光纤则只能用光脉冲形成的数字信号进行通信。有光脉冲相当于逻辑值"1"，没有光脉冲相当于逻辑值"0"。由于可见光的频率极高，约为 10^8 MHz 量级，因此光纤通信系统的传输带宽远大于目前其他各种传输媒体的带宽。

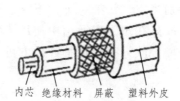

内芯　绝缘材料　屏蔽　塑料外皮

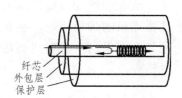

纤芯
外包层
保护层

图 6-7　双绞线　　　　　图 6-8　同轴电缆　　　　图 6-9　光纤剖面的示意图

无线传输介质指能在自由空间传输的电磁波。利用电磁波自由的传输可以实现多种无线通信。在自由空间传输的电磁波根据频谱可分为无线电波、微波、红外线、激光等，信息被加载在电磁波上进行无线传输。

（4）微波信道（རླབས་ཕྲན་འཕྲིན་ལམ།）

这是计算机网络中最早使用的无线信道。Internet 网的前身——ARPANET 中用于连接美国本土和夏威夷的信道即是微波信道。微波信息也是目前应用最多的无线信道。所用微波的频率范围为 1 ~ 20 GHz，既可传输模拟信号又可传输数字信号。微波通信是把微波信号作为载波信号，用被传输的模拟信号或数字信号来调制它，故微波通信是模拟传输。由于微波的频率很高，故可同时传输大量信息。又由于微波能穿透电离层而不反射到地面，故只能使微波沿地球表面由源向目标直接发射。微波在空间是直线传播，而地球表面是个曲面，因此其传播距离受到限制，一般只有 50 km 左右。但若采用 100 m 高的天线塔，则距离可增大到 100 km。此外，因微波被地表吸收而使其传输损耗很大。因此为实现远距离传输，则每隔几十千米便需要建立中继站。中继站把前一站送来的信号经过放大后再发送到下一站，故称为微波接力通信。大多数长途电话业务使用 4 ~ 6 GHz 的频率范围。目前各国使用的微波设备信道容量多为 960 路、1200 路、1800 路和 2700 路。我国多为 960 路。1 路的带宽通常为 4 KHz。

（5）卫星信道（འབོར་སྐར་འཕྲིན་ལམ།）

为了增加微波的传输距离，应提高微波收发器或中继站的高度。当将微波中继站放在人造卫星上时，便形成了卫星通信系统，也即利用位于 36 000 km 高的人造同步地球卫星作为中继器的一种微波通信。通信卫星则是在太空的无人值守的微波通信的中继站。卫星上的中继站接收从地面发来的信号后，加以放大整形再发回地面。一个同步卫星可以覆盖地球三分之一以上的地表，如图 6-10

所示。这样利用三个相距 120° 的同步卫星便可覆盖全球的全部通信区域，通过卫星地面站可以实现地球上任意两点间的通信。卫星通信属于广播式通信，通信距离远，且通信费用与通信距离无关。这是卫星通信的最大特点。

（6）红外线信道（དམར་ཐུབ་འོད་འཕྲིན་ལམ།）

红外线可能是最新的无线传输介质，它利用红外线来传输信号。常见于电视机等家电中的红外线遥控器，在发送端设有红外线发送器，接收端有红外线接收器。发送器和接收器可任意安装在室内或室外，但需使它们处于视线范围内，即两者彼此都可看到对方，中间不允许有障碍物。红外线通信设备相对便宜，有一定的带宽。当光束传输速率为 100 kb/s 时，通信距离可大于 16 km，1.5 Mb/s 的传输速率使通信距离降为 1.6 km。红外线通信只能传输数字信号。此外，红外线具有很强的方向性，故对于这类系统很难窃听、插入数据和进行干扰，但雨、雾和障碍物等环境干扰都会妨碍红外线的传播。

（7）激光信道（ལུ་ཟེར་འཕྲིན་ལམ།）

在空间传播的激光束可以调制成光脉冲以传输数据，和地面微波或红外线一样，可以在视野范围内安装两个彼此相对的激光发射器和接收器进行通信，如图 6-11 所示。激光通信与红外线通信一样是全数字的，不能传输模拟信号；激光也具有高度的方向性，从而难于窃听、插入数据及干扰；激光同样受环境的影响，特别当空气污染、下雨下雾、能见度很差时，可能使通信中断。通常激光束的传播距离不会很远，故只在短距离通信中使用。它与红外线通信不同之处在于，激光硬件会因发出少量射线而污染环境，故只有经过特许后方可安装，而红外线系统的安装则不必经过特许。

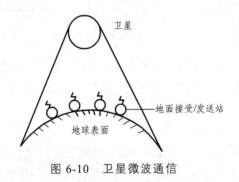

图 6-10 卫星微波通信

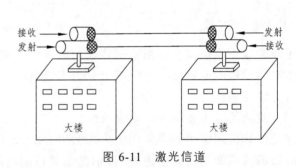

图 6-11 激光信道

2．网络连接设备（དྲ་རྒྱ་སྦྲེལ་ཆས།）

除了传输介质外，还需要各种网络连接设备才能将独立工作的计算机连接起来，构成计算机网络。在计算机网络中，常用的网络连接设备有网卡、集线器、交换机和路由器等。

（1）网卡（དྲ་ཁ།）

网卡也称为网络接口卡（Network Interface Card）或网络适配器（Network Adapter），是构成网络的基本设备，也是计算机网络中最重要的连接设备之一，如图 6-12 所示。网卡通常安装在计算机内部，用于实现计算机和有线传输介质之间的物理连接，为计算机之间相互通信提供一条物理通道，并通过这条通道进行数据的发送和接收。

（2）集线器（སྐུད་སྡུད་ཆས།）

集线器也称为 Hub，它是连接计算机的最简单的网络设备，如图 6-13 所示。集线器的主要功能是对接收的信号进行再生整形放大，以扩大网络的传输距离，同时把所有节点集中在以它为中心的节点上。集线器上常有多个端口。

图 6-12　网卡

图 6-13　集线器

（3）交换机（ཇེ་འགོར།）

交换机也称为交换式集线器（Switch Hub），与集线器外形一样，如图 6-14 所示，但其功能比集线器高级，其每个端口都可以获得同样的宽带。

（4）路由器（ལམ་འཚོལ་ཆས།）

路由器（Router）是连接各局域网、广域网的设备，它会根据信道的情况自动选择和设定路由，以最佳路径按前后顺序发送信号。路由器是互联网络的枢纽，已经广泛应用于各行各业，各种不同档次的产品已经成为实现各种骨干网内部连接、骨干网间互联和骨干网与互联网互联互通业务的主力军。

（5）调制解调器（སྣོམ་སྒྱིག་སྒྱིག་འགྲོལ་ཆས།）

调制解调器（Modem）是一个通过拨号接入互联网的硬件设备。它的作用就是当计算机发送信息时，将计算机内部使用的数字信号转换成可以用电话线传输的模拟信号（调制），通过电话线发送出去；接收信息时，把电话线上传来的模拟信号转换成数字信号（解调）传送给计算机，供其接收和处理。调制解调器分两种：一种是内置的，如图 6-15 所示，另一种是外置的，如图 6-16 所示。

图 6-14　交换机

图 6-15　内置 Modem

图 6-16　外置 Modem

6.1.5　计算机信息安全

随着计算机应用的日益深入和计算机网络的普及，人们的生产方式、生活方式乃至思想观念都发生了巨大的变化，信息已成为社会发展的重要战略资源和决策资源，信息化水平已成为衡量一个国家的现代化程度和综合国力的重要标志。然而，人们在享受信息化社会所带来的巨大利益的同时，也面临着信息安全的考验，计算机系统与信息安全问题也越来越引起人们的广泛关注和重视，成为关注的焦点。因此，如何构建信息与网络安全体系已成为信息化建设所要解决的一个迫切问题。

1．信息安全（ཆ་འཕྲིན་བདེ་འཇགས།）概述

随着计算机网络的发展，信息共享和过去相比迅速增加，信息获取更公平了。但同时，也带来了信息安全问题，因为信息的通道多了，也更加复杂了，所以控制更加困难了。同时，人们工作、生活的各个领域的信息越来越依赖计算机信息的存储方式，信息安全保护的难度也大大高于传统方

式的信息存储模式，信息安全的问题也已经深入使用计算机和网络的各个领域。

数据通信具有抽象、可塑、易变的特性，因此非常脆弱。计算机系统和网络系统是以电磁信号保存和传输信息的，其信息安全性更加脆弱。在信息的存储、处理和传输过程城中，信息的损坏、丢失、泄露、窃取、篡改、冒充等成为主要威胁，使信息丢失安全性。

1）信息安全

（1）信息安全的概念

信息的安全指信息在存储、处理和传输状态下能保证其完整、保密和可用。完整的数据信息要求不被修改、破坏和丢失。不完整的数据将丢失其真实性，会严重损害各部门各行业的利益，严重的甚至破坏其工作，因此数据信息的首要安全是其完整性。

数据保密（གཞི་གྲངས་གསང་བ།）是信息存储与传输的电子化所面临的另一个难题，尤其是在全球网络化的信息时代，数据的远程传输以及存储数据的计算机通过网络与外界连接，这些因素使得数据被泄露或窃取的途径大大增加。

信息安全的可用性指信息的合法使用者能够使用为其提供的数据。对信息安全可用性的攻击，就是阻断信息合法使用者与信息数据之间的联系，使之无法得到所需要的信息。

（2）加强信息安全意识

对任何一个企业或机构来说，信息和其他商业资产一样有价值。信息安全就是保护信息免受来自各方面的威胁，是一个企业或机构持续经营策略和管理的重要环节。信息安全管理体制的建立和健全，目的就是降低信息风险对经营的危害，并将其投资和商业利益最大化。

从对信息安全的认识来说，一方面，新闻媒体上不断披露的安全漏洞、频繁的病毒和黑客攻击、日益增多的网络犯罪让人们不断地提高安全意识；另一方面，人们也越来越深刻地意识到，信息安全不只是技术问题，更多的是商业、管理和法律问题。实现信息安全不仅仅需要采用技术措施还需要更多地借助于技术以外的其他手段，如规范安全标准和进行信息安全管理。这一观点已被越来越多的人所接受。单纯的技术不能提供全面的安全保护，仅靠安全产品并不能完全解决信息的安全问题，这已逐渐成为共识。

在社会普遍关注信息安全的情况下，第一，要加强网络安全的制度建设，规范网络管理。第二，加强信息教育、普及信息知识，提高人们对信息的识别能力，增强信息意识。第三，加强网络安全宣传教育，包括网络伦理道德教育、计算机法律法规基本知识教育、网络安全基本知识教育、网上交易安全意识教育等，通过多种渠道和形式，唤醒并提高社会的网络安全意识，为网络构建起一道坚固的安全屏障。

信息安全是全社会的一项系统工程，人人都应从我做起，自觉维护计算机网络安全，让计算机网络成为信息化社会发展的强劲动力。

2）信息系统安全（ཆ་འཕྲིན་རྒྱུད་ཁོངས་བདེ་འཇགས།）

（1）信息安全系统的概念

信息系统安全指存储信息的计算机、数据库的安全和传输信息的网络的安全。信息系统安全包括物理安全和逻辑安全两方面。物理安全指的是保护计算机系统设备及计算机相关的其他设备免受毁坏或丢失等，逻辑安全则是指保护计算机信息系统中处理信息的完整性、保密性和可用性等。存储信息的计算机、数据库如果受到破坏，信息将被丢失和损坏。信息的泄露、窃取和篡改也是通过破坏由计算机、数据库和网络所组成的信息系统的安全来进行的。

由此可见，信息安全依赖于信息系统安全而得以实现。信息安全是结果，而确保信息系统的安全是保证信息安全的手段。

（2）信息系统的不安全因素

① 设备故障。

银行、税收、商业、民航、海关、通信等行业对数据信息的依赖性极高，其数据均存储在数据服务器的大型数据库中，如果不采取可靠的措施，充当数据服务器的计算机损坏或数据库损坏，都会导致无法挽回的损失。

设备故障的可能性是客观存在的，为此，需要通过数据存储设备可靠性的技术，确保在设备出现故障的情况下，数据信息仍然保持其完整性。不间断电源、磁盘镜像、双机容错是主要的数据存储设备可靠性技术。

② 破坏和攻击。

对信息系统的攻击包括计算机病毒和黑客两种。计算机病毒破坏计算机系统或计算机中存放的各种文件。黑客攻击包括对网络和信息系统的破坏，窃取信息或篡改信息也是其主要的攻击目的。

美国国家安全局在 2000 年公布的《信息保障技术框架 IATF》中定义对信息系统的攻击分为被动攻击和主动攻击。被动攻击是指对数据的非法截取而篡改和伪造数据，阻塞服务器、中断瘫痪通信网路则被称为主动攻击。

被动攻击只是截取数据，但不对数据进行篡改。被动攻击截获机密信息的方式可能是传统的搭线监听或对无线传输的监听，也可能是利用网络的开放性，伪造合法用户来获取数据。将木马程序渗透到存储信息的数据服务器中也是窃取数据的常用方式。

主动攻击不仅窃取数据，还对数据进行破坏和篡改。主动攻击的主要破坏有：篡改数据、破坏数据或系统、拒绝服务和伪造身份连接 4 种。

篡改数据包括对数据真实性、完整性和有序性的攻击。破坏数据或系统这种主动攻击通常是通过计算机病毒程序进行的。蠕虫病毒是一种超载式病毒，它利用计算机操作系统的漏洞通过网络渗透到计算机中，再从该计算机向网络其他计算机大量发送广播报文。当一个网络中的大量计算机感染了蠕虫病毒后，蠕虫病毒发送的过量报文最终将使网络瘫痪。逻辑炸弹和特洛伊木马则是在进入计算机后，在特定时间或条件下发作，通过删除系统文件、数据文件或大量复制数据，进而使所在的计算机瘫痪。拒绝服务是指通过攻击服务器或破坏网络资源，使用户无法得到数据，最典型的拒绝服务攻击是大量发起对服务器的无用 TCP 连接。源主机与目标主机进行 TCP 通信时需要首先建立连接。目标主机在同意与源主机进行 TCP 通信时，会在内存中开辟一个 TCP 进程与之通信。当大量的攻击型 TCP 连接出现时，服务器会被无用的 TCP 进程所淹没，耗尽所有资源而瘫痪。伪造身份连接是指攻击者以虚假身份获取合法用户的权限，与存放信息的服务器建立连接，进而进行非法操作。

3）信息系统安全隐患

（1）缺乏数据存储冗余设备

为保证在数据存储设备发生故障的情况下数据库中的数据不被丢失或破坏，就需要磁盘镜像、双机容错这样的冗余存储设备。财务系统的数据安全隐患是最普遍存在的典型例子。目前，我国大量企业都使用财务电算化软件，但多数情况下是将财务电算化软件安装在一台计算机上，通过定期备份数据来保证数据安全。一旦计算机磁盘损坏，总会有未来得及备份的数据丢失，这些数据丢失的结果往往是灾难性的。

（2）缺乏必要的数据安全防范机制

为保护信息系统的安全，必须采用必要的安全机制。必要的安全机制有：访问控制机制、数据加密机制、操作系统漏洞修补机制和防火墙机制。缺乏必要的数据安全防范机制，或者数据安全防范机制不完整，必然为恶意攻击留下可乘之机，这是极其危险的。

4）信息系统安全的任务

保护信息系统的安全可靠，防范意外事故和恶意攻击，具有能够从灾难事件中恢复数据的能力是保障信息系统安全的任务。需要安装完整可靠的数据存储冗余备份设备，防止数据受到灾难性的损坏；建立严谨的访问控制机制，拒绝非法访问；充分利用数据压缩和加密手段，防范数据在传输过程中被别人分析、窃取和篡改；及时修补软件系统的缺陷，封堵自身的安全漏洞；安装防火墙，在内网与外网之间、计算机与网络之间建立起安全屏障。

2．黑客

黑客（Hacker）（གཡབས་ནག）一般指的是计算机网络的非法入侵者，他们大都是计算机迷以及热衷于设计和编制计算机程序的程序设计者和编程人员，对计算机技术和网络技术非常精通，了解系统的漏洞及其原因所在，喜欢非法闯入并以此作为一种智力挑战而沉醉其中。有些黑客仅仅是为了验证自己的能力而非法闯入，并不一定会对信息系统或网络系统产生破坏作用，但也有很多黑客非法闯入是为了窃取机密的信息、盗用系统资源或出于报复心理而恶意毁坏某个信息系统等。由于网络的高速发展，信息获取的极大变化，当前很多黑客仅是借助黑客工具，攻击有安全缺陷的计算机系统，这种黑客的攻击和破坏的意义一般都很强。为了尽可能地避免受到黑客的攻击，有必要对黑客常用的攻击手段和方法有所认识，这样才能有针对性地加以预防。

1）黑客的攻击方式

（1）密码破解

通常采用的攻击方式有字典攻击、假登录程序、密码探测程序等，用这几种方式获取系统或用户的口令文件。

字典攻击（ཚིག་མཛོད་རྐུལ་བ）：是一种被动攻击，黑客先获取系统的口令文件，然后用黑客字典中的单词一个一个地进行匹配比较，由于计算机速度的显著提高，这种匹配的速度也很快，而且由于大多数用户的口令采用的是人名、单词或数字的组合等，字典攻击成功率比较高。所以用户的密码最好包含大写字母、小写字母、数字的组合，长度在 9 位以上不使用生日、电话、纪念日等易于猜测的组合。

假登录程序（ཟོ་འགོད་བྱ་རིམ་རྫུན་མ）：也称为网络钓鱼（phishing），诈骗者通常会将自己伪装成网络银行、在线零售商和信用卡公司等可信的品牌，设计一个与系统登录画面一模一样的程序并嵌入相关的网页上，或伪装成客服邮件中的链接，以骗取他人的账号和密码。当用户在这个假的登录程序上输入账号和密码后，该程序就会记录下所输入的账号和密码，骗取用户的私人信息。受骗者往往会泄露自己的私人资料，如信用卡号、银行卡账户、身份证号等内容。所以用户访问网页输入网址时一定要仔细，打开网页要留意观察一下细节，看一看是否是假冒的网站。

密码探测（གསང་ཡིག་ཚོད་བཤེར）：在 Windows NT 系统内保存或传送的密码都经过单向散列函数（Hash）的编码处理，并存放到 SAM 数据库中。于是网上出现了一种专门用来探测 NT 密码的程序 LophtCrack，它能利用各种可能的密码反复模拟 NT 的编码过程，并将所编的密码与 SAM 数据库中的密码进行比较，如果两者相同，就得到了正确的密码。所以系统安装好后禁止光盘启动或设置 BIOS 密码很重要。

（2）IP 嗅探（Sniffing）与欺骗（Spoofing）

嗅探（སྣོག་ཞིབ）：是一种被动式的攻击，又叫作网络监听，就是通过改变网卡的操作模式让它接受流经该计算机的所有信息包，这样就可以截获其他计算机的数据报文或口令。监听只能针对同一物理网段上的主机，对于不在同一网段的数据包会被网关过滤掉。使用交换机、禁止古老的 NetBEUI 协议、不使用集线器连接网络都可以减小被监听的风险。

欺骗（མགོ་སྐོར）：是一种主动式的攻击，即将网络上的某台计算机伪装成另一台不同的主机，目的是欺骗网络中的其他计算机误将冒名顶替者当作原始的计算机而向其发送数据或允许它修改数据。常用的欺骗方式有 IP 欺骗、路由欺骗、DNS 欺骗、ARP 欺骗、网关欺骗等。

（3）系统漏洞

被黑客利用最多的系统漏洞是缓冲区溢出（Buffer Overflow），利用漏洞提升在系统上的权限，然后控制计算机。微软 IIS 级 SQL Server 的 MDAC 组件的安全漏洞曾经被红色代码病毒利用，影响互联网的运行。

（4）端口扫描

由于计算机与外界通信都必须通过某个端口才能进行，黑客可以利用一些端口扫描软件 SATAN、IP Hacker 等对被攻击的目标计算机进行端口扫描，查看该机器的哪些端口是开放的，由此可以知道与目标计算机能进行哪些通信服务。例如计算机通过 25 号端口发送邮件，而通过 110 号端口接收邮件，访问 Web 服务器一般都是通过 80 号端口等。了解了目标计算机开发的端口服务以后，黑客一般会通过这些开放的端口发送特洛伊木马程序到目标计算机上，利用木马来控制被攻击的目标。

2）防止黑客的攻击策略

数据加密：加密的目的是保护信息系统的数据、文件、口令和控制信息等，同时也可以提高网上传输数据的可靠性，这样即使黑客截获了网上传输的信息包一般也无法得到正确的信息。

身份认证：通过密码或特征信息等来确认用户身份的真实性，只对确认了的用户给予相应的访问权限。

建立完善的访问控制策略：系统应当设置入网访问权限、网络共享资源的访问权限、目录安全等级控制、网络端口和节点的安全控制、防火墙的安全控制等，只有通过各种安全控制机制的相互配合，才能最大限度地保护系统免受黑客的攻击。

审计：把系统中和安全有关的事件记录下来，保存在相应的日志文件中，例如记录网络上用户的注册信息，如注册来源、注册失败的次数等，记录用户访问的网络资源等各种相关信息。当遭到黑客攻击时，这些数据可以用来帮助调查黑客的来源，并作为证据来追踪黑客，也可以通过对这些数据的分析来了解黑客攻击的手段以找出应对的策略。

最小化系统：尽量不要安装没有必要或者极少使用的软件、关闭系统中不需要的后台服务、使用来源可靠的软件安装系统。不随便从 Internet 上下载软件，不运行来历不明的软件，不随便打开陌生人发来的邮件中的附件。

其他安全防护措施：为了预防黑客入侵，需要对实体安全进行防范，包括机房、网络服务器、线路和主机等安全检查和监护，对系统进行全天候的动态监控，要经营运行专门的反黑客软件。经常检查用户的系统注册表和系统启动文件中自启动程序项是否有异常，做好系统的数据备份工作，及时安装系统的补丁程序等。

3．计算机病毒

随着计算机应用的普及和推广，国内外软件的大量流行，计算机病毒也迅速传播、蔓延，计算机病毒的滋扰也愈加频繁和严重，对计算机系统的正常运行带来威胁，甚至造成严重的后果。为了保证计算机系统的正常运行和数据的安全性，防止病毒的破坏，计算机安全问题已日益受到广泛的关注和重视。

（1）计算机病毒的概念

计算机病毒（དུག）是人为设计的，能够利用计算机资源进行自我复制，对计算机系统构成危害的一种程序。在《中华人民共和国计算机信息系统安全保护条例》中对计算机病毒明确定义为："计算机病毒是指编制或者在计算机程序中插入的破坏计算机功能或者破坏数据，影响计算机使用并且能够自我复制的计算机指令或者代码。"

（2）计算机病毒的由来

早在 20 世纪 60 年代初，在美国贝尔实验室里，有几个程序员编写了一个名为"磁心大战"的游戏，在游戏中通过复制自身来摆脱对方的控制，这也就是计算机病毒的第一个雏形。到了 20 世纪 70 年代，美国作家雷恩在其出版的《PI 的青春》一书中构思了一种能够自我复制的计算机程序，并第一次称之为"计算机病毒"。1983 年计算机专家将病毒程序在计算机上进行了实验，第一个计算机病毒就这样诞生在实验室。20 世纪 80 年代后期，巴基斯坦的两个编软件的兄弟为了打击盗版软件的使用者，设计了一个名为"巴基斯坦智囊"的病毒程序，传染软盘引导区，破坏软件的使用，这就是最早在世界上流行的一个真正的病毒。

1988 年开始，我国相继出现了能感染硬盘盒软盘引导区的 Stone（石头）病毒，该病毒体代码中有明显的标志"Your PC new Stoned!"，Legalise Marijuana，也称为大麻病毒等。该病毒不隐藏也不加密自身代码，所以很容易被查出和清除。类似这种特性的还有小球、Azusa/hong-kong/2708、Michaelangelo，这些都是从国外感染进来的。而国内的 Blody、Torch、Disk Killer 等病毒，实际上大多数是 Stone 病毒的翻版。

20 世纪 90 年代中期前，大多数病毒是基于 DOS 系统的，后期开始在 Windows 中传染。随着 Internet 的广泛应用，Java 恶意代码病毒也出现了。随着 Office 软件的使用，又出现了近万种 Word（MACRO）病毒，并以迅猛的势头发展，已形成了病毒的另一大派系。宏病毒是一种寄生存在文档或模板宏中的计算机病毒，一旦打开带有宏病毒的文档，病毒就会被激活，驻留在 Normal 上，所有自动保存文档都会感染上这种宏病毒。凡是具有写宏能力的软件，如 Word、Excel 等 Office 软件都有可能感染宏病毒，再加上宏病毒不分操作系统，因此传播迅速。

计算机病毒层出不穷，但人们开始发现其实有众多病毒其"遗传基因"却是相同的，也就是说它们是"同族"病毒。大量具有相同"遗传基因"的"同族"病毒涌现，其实都是使用"病毒生产机"自动生成出来的"同族"新病毒。

因特网传播的病毒的出现标志着因特网病毒将利用因特网的优势，快速进行大规模的传播，从而使病毒在极短的时间内遍布全球。1999 年 2 月，Melissa（美丽杀）病毒席卷欧美大陆，这是世界上最大的一次网络蠕虫大泛滥。之后几十年，诸如爱虫、SiCam 等网络病毒相继爆发。病毒往往同时具有两个以上的传播方式和攻击手段，一经爆发即在网络上迅速传播。

（3）计算机病毒的特征

① 传染性（འགོ་བའི་རང་བཞིན།）

计算机病毒具有强再生机制和智能作用，能主动将自身或其变体通过媒体（主要是磁盘）传播到其他无毒对象上。这些对象可以是一个程序，也可以是系统中的某一部位。同时被传染的计算机程序、计算机、计算机网络成为计算机病毒的生存环境及新的传染源。

② 破坏性（བརླག་པའི་རང་བཞིན།）

当计算机病毒发作时，都具有一定的破坏性。计算机病毒的破坏性主要有两个方面：一是占用系统的时间、空间资源；二是干扰或破坏计算机系统的正常工作，修改或删除数据，严重地破坏系统，甚至使系统瘫痪。

③ 寄生性（གཞན་རྟེན་རང་བཞིན།）

计算机病毒可以将自己嵌入其他文件内部，依附于其他文件而存在，这样不容易被发现。

④ 可触发性（འཕར་ཐུབ་རང་བཞིན།）

一个编制巧妙的计算机病毒可以在文件中潜伏很长时间，传染条件满足前，病毒可能在系统没有表现症状，不影响系统的正常运行，在一定的条件下激活了它的传染机制后，才进行传染，在另外的条件下，则可能激活它的破坏机制，进行破坏。这些条件包括指定的某个日期或时间、特定的用户标志的出现、特定的文件的出现和使用、特定的安全保密等级，或文件使用达到一定次数等。

⑤ 不可预见性（ཚོར་མི་ཐུབ་པའི་རང་བཞིན།）

从对病毒的检测方面来看，病毒还有不可预见性。不同种类的病毒，它们的代码千差万别，隐藏方式隐蔽，加之有些病毒有一定的潜伏期，因此很难预见。

（4）计算机病毒的分类

计算机病毒的种类繁多，从不同的角度可以分为不同的种类。

① 按病毒产生的后果分。

按病毒产生的后果，计算机病毒可以分为良性病毒和恶性病毒。良性病毒（དུག་བཟང་།）是指只有传染机制和表现机制，不具有破坏性的病毒。如：国内最早出现的小球病毒就属于良性病毒。恶性病毒（དུག་ངན།）是指既具有传染和表现机制，又具有破坏性的病毒。当恶性病毒发作时，会造成系统中的有效数据丢失，磁盘可能会被格式化，文件分配表会出现混乱等，系统有可能无法正常启动，外设工作异常等。如黑色星期五病毒，如果微机受到这种病毒的侵袭，在 13 号并且是周五这天，所有被加载的可执行文件将被全部删除。

② 按病毒的寄生方式分。

按病毒的寄生方式，计算机病毒可以分为引导性病毒、文件型病毒和混合型病毒。引导性病毒（འཛིན་སྟོང་གི་ནད་དུག）是指寄生在磁盘引导扇区中的病毒，当计算机从带毒的磁盘引导时，该病毒就被激活。如大麻病毒和小球病毒。文件型病毒（ཡིག་ཆའི་ནད་དུག）是指寄生在.COM 或.EXE 等可执行文件中的病毒。病毒寄生在可执行程序体内，当系统运行染有病毒的可执行文件时，病毒被激活。病毒程序会首先被执行，并将自身驻留在内存，然后设置触发条件，进行传染。如 CIE 病毒主要感染 Windows95/98 下的可执行文件，病毒会破坏计算机硬盘和改写计算机基本输入输出系统（BIOS），导致系统主板的破坏。混合型病毒（འཛིས་པའི་ནད་དུག）是指既寄生与可执行文件，又寄生于引导扇区中的病毒，如 One-half 病毒。

③ 按病毒传播途径分。

按病毒传播途径，计算机病毒可分为传统单机病毒和现代网络病毒。在 Internet 普及以前，病毒攻击的主要对象是单机环境下的计算机系统，一般通过软盘、光盘等可移动存储介质来传播，病毒程序大都寄生在文件内，这种传统的单机病毒现在仍然存在并威胁着计算机系统的安全。

随着网络的出现和 Internet 的迅速普及，计算机病毒也呈现出新的特点，在网络环境下病毒主要通过计算机网络来传播，病毒程序一般利用了操作系统中存在的漏洞，通过电子邮件附件和恶意网页浏览等方式来传播。

④ 按计算机病毒的破坏方式分。

按计算机病毒的破坏方式，计算机病毒分为破坏操作系统、破坏文件、占用系统资源、消耗网络、发布公告，传输垃圾信息和开启后门的病毒。

破坏操作系统：这类病毒直接破坏计算机的操作系统的磁盘引导区、文件分配表、注册表等，强行使计算机无法启动，导致计算机系统的瘫痪。

破坏文件：病毒发起攻击后会改写磁盘文件甚至删除文件，造成数据永久性的丢失。如，宏病毒附加在 Word 文档中的自动宏或命令宏中，受到感染的 Word 文档一旦被打开，宏病毒就开始执行，在其他文档文件中复制自己，删除文件。或用垃圾增加所攻击的文件的长度，使所有感染病毒的文件长度无限地增长，最后耗尽磁盘空间。

病毒占用系统资源：使计算机运行异常缓慢，或使系统因资源耗尽而停止运行。如振荡波病毒，如果攻击成功，则会占用大量资源，使 CPU 占用率达到 100%。邮件炸弹（E-mail Bomb）使得攻击目标主机收到超量的电子邮件，使得主机无法承受导致邮件系统崩溃。病毒使用你的 Email 账号，向你 Email 地址本中的用户狂风发送邮件，邮件中一般包含伪装为图片、Word、PDF 的病毒，诱使你的联系人中病毒，形成更大范围的攻击。

消耗网络：如果网络内的计算机感染了蠕虫病毒，蠕虫病毒会使该计算机向网络发送大量的广播包，从而占用大量的网络带宽，使网络拥塞。另外，受到蠕虫病毒广播的计算机需要阅读报文，因而也消耗了计算机的处理型功能，导致速度缓慢。

发布公告，传输垃圾信息：早期 Windows2000 和 Windows XP 等都内置消息传输功能，用于传输系统管理员所发送信息。Win32QLExp 这样的病毒会利用这个服务，使网络中的各个计算机频繁弹出一个名为"信息服务"的窗口，广播各种各样的信息。大多数普通用户并不需要这个 Message 服务，可将默认设置修改为不启动。

开启后门的病毒：感染口令蠕虫病毒的计算机会扫描网络中其他 Windows 计算机，进行共享会话，猜测别人计算机的管理员口令。如果猜测成功，就将蠕虫病毒传送到那台计算机上，开启 VNC 后门，对该计算机进行远程控制。被传染的计算机上的蠕虫病毒又会开启扫描程序，扫描、感染其他计算机。

（5）计算机病毒的预防

计算机病毒防治工作的基本任务是：在计算机的使用过程中，利用各种行政和技术手段，防止计算机病毒的侵入、存留、蔓延。对计算机用户来说，如同对待生物学的病毒一样，应提倡"预防为主，防治结合"的方针，应在思想上予以足够的重视，牢固树立计算机安全意识。安装软件的补丁程序、安装计算机杀毒软件、操作系统安全设置最小化原则、严格控制 USB 接口启动，网卡启动，光驱启动、软件来源可靠、数据备份、创建系统映像和修复光盘的方式来提高计算机病毒的预防工作。

6.2 Internet 应用

6.2.1 Internet 概述

Internet 是一组全球信息资源的总汇。有一种粗略的说法，认为 Internet 是由许多小的网络（子网）互联而成的一个逻辑网，每个子网中连接着若干台计算机（主机），Internet 以相互交流信息资源为目的，基于一些共同的协议，并通过许多路由器和公共互联网组成。它是一个信息资源和资源共享的集合。

Internet 提供的服务功能很多，常见的服务有万维网（WWW）、电子邮件（E-mail）、文件传输（FTP）、远程登录（Telnet）和网络新闻（USENET）等。

1．万维网（འཛམ་གླིང་ཀུན་ཁྱབ་དྲ་རྒྱ）

万维网（WWW，World Wide Web），简称 Web，也称 3W 或 W3。它是一个由"超文本"链接方式组成的信息系统，是全球网络资源。它是近年来 Internet 取得的最为激动人心的成果，是 Internet 上最方便、最受用户欢迎的信息服务类型。Web 为人们提供了查找和共享信息的方法，同时也是人们进行动态多媒体交互的最佳手段。最主要的两项功能是读超文本（Hypertext）文件和访问 Internet 资源。

2．电子邮件（གློག་ཕྲལ་སྦྲག་ཡིག）

电子邮件（E-mail）服务是一种通过 Internet 与其他用户进行联系的方便、快捷、价廉的现代化通信手段，也是目前用户使用最为频繁的服务功能。通常的 Web 浏览器都有收发电子邮件的功能。

3．文件传输（ཡིག་ཆ་བརྒྱུད་གཏོང）

在 Internet 上，文件传输（FTP）服务提供了任意两台计算机之间相互传输文件的功能。连接在

Internet 上的许多计算机上都保存有若干个有价值的资料，只要他们都支持 FTP 协议，如果需要这些资料，就可以随时相互传送文件。

4．远程登录（རྒྱང་རིང་ཐོ་འགོད།）

远程登录就是用户通过 Internet，使用远程登录（Telnet）命令，使自己的计算机暂时成为远程计算机的一个仿真终端。远程登录允许任意类型计算机之间进行通信。使用远程登录（Telnet）命令登录远程主机时，用户必须先申请账号，输入自己的用户名和口令，主机验证无误后，便登录成功。用户的计算机作为远程主机的一个终端，可对远程主机进行操作。

5．网络新闻（དྲ་རྒྱའི་གསར་འགྱུར།）

网络新闻（USENET）是 Internet 的公共布告栏。网络新闻的内容非常丰富，几乎覆盖当今生活的全部内容，用户通过 Internet 可参与新闻组进行交流和讨论。值得提醒的是，用户在参与交流和讨论时一定要注意遵守网络礼仪和相关法律法规。

6．网络检索工具（དྲ་རྒྱ་བཤེར་འཚོལ་ལག་ཆ།）

信息鼠（Gopher）是菜单式的信息查询系统，提供面向文本的信息查询服务。Gopher 服务器为用户提供树形结构的菜单索引，引导用户查询信息，使用方便。用户通过检索（Archie）服务器，得到所需文件或软件存放的服务器地址。

6.2.2 Internet 的地址管理

在 Internet 中，要访问一个站点或发送电子邮件，必须有明确的地址。Internet 的网络地址有 IP 地址、域名系统、E-mail 地址和 URL 地址等几类。

1．IP 地址（IPགནས།）

为保证不同网络之间实现计算机的相互通信，Internet 的每个网络和每个主机都必须有相应的地址标识，这个地址标示称为 IP 地址。IP 是 TCP/IP 协议组中网络层的协议，是 TCP/IP 协议组的核心协议。IP 协议的版本有 IPv4 和 IPv6。IPv4 的地址数为 32 为二进制，也就是说最多有 2^{32} 台计算机可以连到 Internet 上。由于互联网的蓬勃发展，IP 地址的需求量越来越大，为了扩大地址空间，现已试用 IPv6 重新定义地址空间。IPv6 采用 128 位地址长度，几乎可以不受限制地提供地址。据保守方法估算，IPv6 可以分配的地址达到地球上每平方米 1000 多个。

目前我们仍使用的是 IPv4，IP 地址由网络号和主机号两部分组成，它提供统一的地址格式由 32 位组成，但由于二进制使用起来不方便，所以采用“点分十进制”方式表示。IP 地址是唯一标识出主机所在的网络和主机在网络中位置的编号，按照网络规模的大小，IP 地址分为 A ~ E 类，其分类和应用见表 6-1。常用的 IP 地址分为 A 类、B 类和 C 类。

表 6-1　IP 地址分类及应用

分类	第一字节数字范围	应用
A	0 ~ 127	大型网络
B	128 ~ 191	中心网络
C	192 ~ 223	小型网络
D	224 ~ 239	备用
E	240 ~ 255	实验用

2．域名系统（ཁོངས་མིང་རྒྱུད་ཁོངས།）

通过 TCP/IP 协议进行数据通信的主机或网络设备都要拥有一个 IP 地址，但 IP 地址不变记忆。为了便于使用，常常赋予某些主机（特别是提供服务的服务器）能够体现其特征和含义的名称，即主机的域名。

（1）域的层次结构

域名系统（Domain Name System，DNS）提供一种分布式的层次结构，位于顶层的域名称为顶级域名。顶级域名有两种划分方法：按地理区域划分（见表 6-2）和按组织结构划分（见表 6-3）。

表 6-2　部分国家的域名

国家或地区代码	国家或地区名	国家或地区代码	国家或地区名
.cn	中国	.kr	韩国
.us	美国	.jp	日本
.de	德国	.sg	新加坡
.fr	法国	.ca	加拿大
.uk	英国	.au	澳大利亚

表 6-3　通用顶级域名

域名代码	服务类型	域名代码	服务类型
.com	商业机构	.edu	教育机构
.int	国际机构	.net	网络服务机构
.org	非盈利组织	.mil	军事机构
.gov	政府机构		

（2）域名解析

网络数据传送时需要 IP 地址进行路由选择，域名无法被识别，因此必须有一种翻译机制，能将用户要访问的服务器的域名翻译成对应的 IP 地址。为此因特网提供了域名系统（DNS），DNS 的主要任务是为客户提供域名解析服务。

域名服务系统将整个因特网的域名分成许多可以独立管理的子域，每个子域由自己的域名服务器负责管理。这就意味着域名服务器维护其管辖子域的所有主机域名与 IP 地址的映射信息，并且负责向整个因特网用户提供包含在该子域中的域名解析服务。基于这种思想，因特网 DNS 有许多分布在全世界不同地理区域、由不同管理机构负责管理的域名服务器。全球共有十几台根域名服务器，其中大部分位于北美洲，这些根域名服务器的 IP 地址向所有因特网用户公开，是实现整个域名解析服务的基础。

（3）域名的授权机制

顶级域名由因特网名字与编号分配机构直接管理和控制，该组织负责注册和审批新的顶级域名级，委托并授权其下一级管理机构控制管理顶级以下的域名。该组织还负责根和顶级域名服务器的日常维护工作。中国互联网信息中心（China Internet Network Information Center，CNNIC）作为中国的国家顶级域名 cn 的注册管理机构，负责 cn 域名根服务器和顶级服务器的日常维护和运行，以及管理并审批 cn 域名下的使用权。

6.2.3　浏览器的使用

Internet 提供的服务功能很多，包括信息检索、电子邮件（E-mail）、文件传输（FTP）等服务。其中网络浏览的过程就是用浏览器查询网页信息的过程。目前最常用的浏览器是微软公司开发的 IE（Internet Explorer）浏览器，即互联网浏览器。它是 Windows 系统自带的浏览器。下面介绍浏览器使用方法。

1．启动 IE 浏览器

在 Windows 7 中，启动 IE 浏览器的方法有多种，可以选择"开始"→"所有程序"→"Internet Explorer"命令，也可以双击桌面上的 IE 浏览器快捷方式图标，或单击任务栏快速启动工具栏中的"IE 浏览器"图标。

2．浏览器界面的组成

IE 浏览器工作界面，如图 6-17 所示。可以看到它与常用的应用程序相似，有标题栏、菜单栏、工具栏、工作区及状态栏等。

图 6-17　"IE 浏览器"界面

3．IE 浏览器常用操作

（1）浏览网页

在 Internet 中，每一个网站或网页都有一个网址，要访问该网站或网页，需要在 IE 浏览器窗口的地址栏中输入网址。例如，输入"www.163.com"，如图 6-18 所示，单击"转到"按钮或者按"ENTER"键，当网页下载后，即可访问网易主页。

图 6-18　网易主页

当在 IE 浏览器窗口内打开多个网页时，可以利用工具栏中的按钮进行页面的切换。进入 IE 浏览界面后，工具栏中显示了常见的网页切换按钮，如图 6-19 所示。

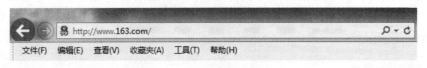

图 6-19

后退：单击"后退"按钮可以转到当前网页打开的前一页。

前进：单击"前进"按钮可以转到后一页。

刷新：单击"刷新"按钮将重新打开当前的网页。

停止：单击"停止"按钮，将中止当前操作。

（2）保存网页

如果想在不接入 Internet 的情况下也能浏览网页，不妨将网页保存到计算机硬盘中。IE 浏览器允许以 HTML 文档、文本文件等多种格式保存网页，具体操作步骤如下：

① 打开需要保存的网页，选择"文件"→"另存为"命令，如图 6-20 所示。

② 弹出"保存网页"对话框，在"文件名"下拉列表框中输入制定的一个文件名，如"网易首页"，在"保存类型"下拉列表框中选择"网页，全部（*.htm，*.html）"，如图 6-21 所示。

③ 单击"保存"按钮，即可将网页以指定的名称、类型保存在本地计算机上，以后用户可以随时用相关程序（如 IE 或 Word）打开网页进行浏览。

图 6-20 "保存网页"命令

图 6-21 "保存网页"对话框

（3）保存网页中的图片

对于网页上的一些图片，如果用户喜欢，可以将其单独保存到计算机中。保存图片的步骤如下：

① 在需要保存的图片上右击，在弹出的快捷菜单中选择"图片另存为"命令，如图 6-22 所示。

② 弹出"保存图片"对话框，选择图片的保存路径，填写图片的保存名称，单击"保存"按钮，即可将图片保存到指定的路径，如图 6-23 所示。

图 6-22 "保存图片"命令

图 6-23 "保存图片"对话框

（4）将网页添加到收藏夹

利用 IE 浏览器的"收藏夹"功能可以将许多感兴趣的网页收藏起来，以便以后可以随时查阅和浏览该网页。将网页保存到收藏夹的操作步骤如下：

① 打开要收藏的网页，选择"收藏夹"→"添加到收藏夹"命令，如图 6-24 所示。

② 弹出"添加收藏"对话框，在"名称"文本框中输入名称，单击"添加"按钮，如图 6-25 所示。

③ 网页被收藏后，单击"收藏夹"菜单项，在弹出的下拉菜单中即可看到已经收藏的网页名称，单击即可打开并浏览。

图 6-24 "添加到收藏夹"命令

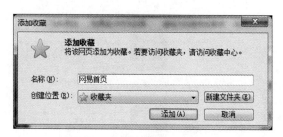

图 6-25 "添加收藏"对话框

6.2.4 搜索引擎的使用

Internet 上的内容浩海如烟，如果仅凭眼睛在其中查找自己需要的内容，犹如大海捞针。但是，借助于各个网站提供的搜索工具或搜索引擎，就可以起到事半功倍的效果。搜索引擎指自动从 Internet 上搜集信息，经过一定整理后提供给用户进行查询的系统。常见的搜索引擎有百度、Google、雅虎、搜狗、爱问等。下面以"百度"搜索引擎为例，介绍利用搜索引擎查找信息的方法。

1．打开搜索引擎

启动 IE 浏览器，在地址栏中输入"www.baidu.com"并按"Enter"键，即可打开百度搜索引擎页面，如图 6-26 所示。

图 6-26 "百度"搜索引擎

2．选择搜索类型

在"搜索"文本框上方选择要搜索内容的类型，如新闻、网页、贴吧、知道、MP3、图片等。

3．输入搜索内容

在搜索的文本框中输入搜索的关键字，内容较多时可以利用通配符进行关键字隔开。使用加号"＋"或空格把几个条件连接起来，可以搜索到同时包含几个关键词的信息。使用减号"－"可以避免在查询的某个信息中包含另一个信息。使用引号可以确保几个关键词不被拆分。

下面我们搜索关于西藏大学的新闻，首先在搜索内容的类型中选择"新闻"，在搜索文本框中输入关键字"西藏大学"，单击"百度一下"按钮，即可打开关于"西藏大学"的搜索结果窗口，如图 6-27 所示。在搜索的结果中单击相应的内容进行浏览。

图 6-27　搜索结果

6.2.5　收发电子邮件

随着计算机的普及，全世界越来越多的人通过网络进行实时交流，电子邮件作为一种最具代表性的网络交流方式早已取代了传统的纸质信件。本节将具体探讨电子邮件的一些特点和使用方法。

1．电子邮件的简介

电子邮件（E-mail）（གློག་རྡུལ་སྦྲག་ཡིག་གམ་གློག་ཡིག）英文全称为 Electronic Mail，是一种用电子手段提供信息交换的通信方式，是 Internet 应用最广的服务。类似于普通生活中邮件的传递方式，电子邮件采用存储转发的方式进行传递，根据电子邮件地址由网上地址多个主机合作实现存储转发，从发信源节点出发，经过路径上若干网络节点的存储和转发，最终使电子邮件传送到目的邮箱。

电子邮件通过网络传送，具有方便、快速、不受地域或时间限制、费用低廉、相对安全等优点，深受广大用户欢迎。

与生活中邮递信件需要写明收件人的地址类似，要使用电子邮件服务，首先要拥有一个电子邮箱，每个电子邮箱应有一个唯一可识别的电子邮件地址。电子邮箱通常由用户提供申请，然后由提供电子邮件服务的机构为用户建立。当用户需要使用电子邮件服务时，根据自己设置的用户名和邮箱密码登录进入邮箱后，即可收发电子邮件。电子邮件不仅可以传输文字，还可传输文本、图片、音乐、动画等多媒体文件。

电子邮件地址的通用格式为"用户名@主机域名"。

用户名代表收件人在邮件服务器上的账号。用户名由用户自行设置，用户可根据自己的喜好和习惯设置各种适合自己并区别于其他人的用户名。通常用户名要求包括 6～18 个字符，包括字母、数字和下划线等。用户名通常以字母开头，以字母或数字结尾，并且不区分大小写。

主机域名是指提供电子邮件服务的主机的域名，代表邮件服务器。

例如"admin@126.com"就是一个电子邮件地址，它表示在"126.com"邮件主机上有一个名为"admin"的电子邮件账户。

2．申请免费电子邮箱

在网络上有很多提供免费电子邮箱的网站，如新浪、搜狐、腾讯、网易等。下面以申请免费网易邮箱"admin@126.com"为例，介绍申请电子邮箱和收发邮件的方法。

在 IE 浏览器的地址栏输入网址：http://126.com，打开 126 邮箱主页，单击"注册"超链接，如图 6-28 所示。

图 6-28　126 邮箱主页

打开"注册免费邮箱"窗口，单击"注册字母邮箱"按钮，如图 6-29 所示。

图 6-29　"注册"页面

　　根据要求，在"邮件地址"文本框中输入用户名，在"密码"文本框中输入所需要的密码等信息，如图 6-30 所示。

图 6-30　注册过程

　　单击"立即注册"按钮，即可激活邮箱，并进入电子邮箱，如图 6-31 所示。按照以上的方法，用户可以向大多数电子邮件服务提供商申请邮箱。

图 6-31　注册过程

3．使用浏览器收发电子邮件

　　成功申请免费电子邮箱后，一般可以立即使用。利用申请的电子邮箱收发电子邮件的操作方式如下。

　　打开 126 邮箱的主页，在文本框中分别输入邮箱的账号和密码，单击"登录"按钮，如图 6-32 所示。如果用户名和密码正确，则登录成功进入邮箱，如图 6-33 所示。

图 6-32　"登录"界面

图 6-33　邮箱界面

　　单击左侧列表中的"收信"按钮，将在右侧窗格看到收件箱中的邮件，如图 6-34 所示。单击相应的邮件名称，即可进入邮件正文页面查看邮件，并可在该窗口中进行删除、回复、转发等操作，如图 6-35 所示。

图 6-34　查看邮件

图 6-35　查看邮件内容

单击左侧列表中的"写信"按钮，在右侧显示的邮件编写窗格中设置必要的收件/发件信息，如对方的 E-mail 地址、主题、邮件正文等，如图 6-36 所示。

邮件编写完成后，单击"发送"按钮，发送成功即会出现发送成功界面，如图 6-37 所示。

图 6-36 "写信"界面

图 6-37 "发送成功"界面

6.2.6 使用上传与下载工具

在学习和工作中，有时我们需要下载一些软件或歌曲，同时也需要将一些视频或图片批量上传到网站上，而使用 Windows 自带工具速度较慢，且关闭计算机时，未完成的任务也随之关闭了。因此，学会使用上传、下载工具可以为我们带来很多便利。

1. 使用下载工具

现在网上流行的下载方式主要有 WEB. BT、P2SP 三种下载方式。三种下载模式都有其自己的代表软件：

WEB：影音传送带、网际快车、网络蚂蚁、迅雷等。这一类下载软件直接从服务器上下载电影、音乐、软件等文件。

BT：常见的有 Bittorrent 等，是基于点对点原理（P2P 技术）的下载工具。文件并不存在于中心服务器上，即下载文件的各台计算机从别人的计算机上下载文件。在这种模式中，用户的计算机既是客户端又是服务器，故对网络带宽的要求较高。另外，这种下载对计算机的硬盘也有一定的损伤。

P2SP：电驴、酷狗等。这一类下载软件的原理跟第二类相似，同样这种下载模式对硬盘有损伤且消耗大量网络带宽。

下面我们以迅雷为例来学习常用下载工具的使用方法。

2．安装迅雷

打开迅雷官方网站，下载迅雷安装软件，下载完成后，双击"迅雷安装程序"图标，进入安装程序，根据安装向导安装迅雷。安装成功后，显示如图 6-38 所示页面，单击"立即体验"按钮，完成安装过程，并自动运行迅雷软件，如图 6-39 所示。

图 6-38　迅雷安装过程

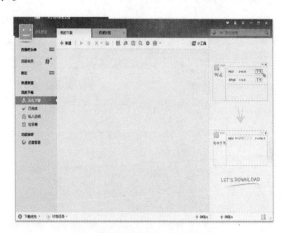

图 6-39　迅雷运行界面

3．使用迅雷下载文件

以下载 QQ 软件为例，首先运行迅雷软件，打开腾讯网站（www.qq.com）或百度输入"QQ 下载"，进入下载页面后在"下载"按钮上单击鼠标右键，在出现的快捷菜单中单击"使用迅雷下载"，如图 6-40 所示。此时将直接打开如图 6-41 所示的"新建任务"对话框，在对话框中选择下载内容保存的路径及相关选择，并单击"立即下载"按钮开始下载。

图 6-40　迅雷下载过程

图 6-41　"新建任务"对话框

下载完成后，软件将自动显示到迅雷主界面左侧的"已下载"分类中，单击"已下载"，就可以看到下载的软件，并可以安装。

4．使用上传工具

通常使用 FTP 工具将一些文件上传到网站服务器上并管理这些文件。小巧而强大的 FTP 工具因界面友好、速度稳定，备受用户青睐。其中 Flash FXP、Leap FTP 与 Cute FTP 堪称 FTP 三剑客。它们各自具有以下特点：

Flash FXP：传输速度比较快，但有时对于一些教育网 FTP 站点却无法连接。

Leap FTP：传输速度稳定，能够连接绝大多数 FTP 站点（包括一些教育网站点）。

Cute FTP：虽然比较庞大，但其自带了许多免费的 FTP 站点，资源丰富。

下面以 Flash FXP 为例介绍上传工具的使用方法。

下载 Flash FXP 软件并安装，安装成功后启动程序，打开 Flash FXP 窗口，如图 6-42 所示。

单击菜单栏上的"站点"→"站点管理器"命令，打开"站点管理器"窗口，单击窗口左下角的"新建站点"按钮，打开"新建站点"对话框，在该站点名称文本框中输入站点域名"222.19.69.252"，单击"确定"按钮，如图 6-43 所示。

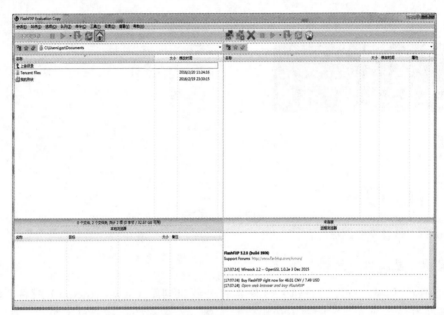

图 6-42 "Flash FXP"窗口

图 6-43 "站点管理器"窗口

单击"常规"选项卡，在如图 6-44 所示的窗口中依次输入服务器的 IP 地址、用户名称和密码。单击"选项"选项卡，勾选"使用被动模式"，然后单击"连接"按钮。

连接成功后，选定准备上传的文件，单击鼠标右键，弹出如图 6-45 所示的快捷菜单，单击"传送"命令，即可进行文件的上传。

要连上 FTP 服务器，必须要有该 FTP 服务器授权的账号，也就是说用户拥有了一个用户标示和一个口令后才能登陆 FTP 服务器，享受 FTP 服务器提供的服务。

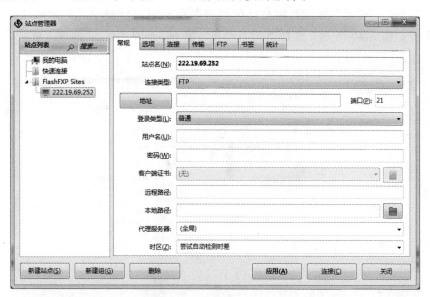

图 6-44 "Flash FXP"窗口

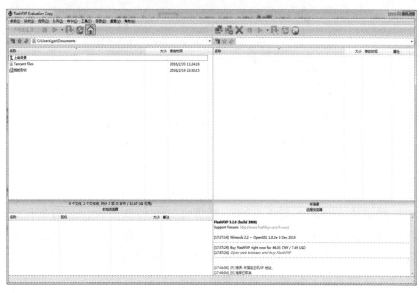

图 6-45 上传界面

6.2.7 使用网络购物

计算机的普及加之互联网功能的完善，使越来越多的人开始喜欢在网上购物，坐在家里，单击鼠标就可购买商品，极大地丰富和方便了人们的生活。网上购物究竟是如何进行的呢？

网上购物（ད་ཚོང་།），即通过互联网检索商品信息，并通过电子订购单发出购物请求，然后填上私人支票账号或信用卡的号码，厂商通过邮购的方式发货，或通过快递公司送货上门的购物方式。网上购物的付款方式有款到发货（直接银行转账、在线汇款）、担保交易（支付宝、百付宝、财付通）、货到付款等。

下面以淘宝网购买衣服为例，介绍网上购物的一般操作步骤。

在包括淘宝网在内的网上商城中购物前，必须先进行注册，才能进行下一步操作。首先启动浏览器，输入"http：//www.taobao.com"打开淘宝网首页，如图 6-46 所示。单击"免费注册"按钮，打开注册页面，按照淘宝网相关要求填写信息，进行注册。

注册成功后，单击"登录"按钮，用自己的用户名和密码进行登录，开始选择自己喜欢的商品，单击该商品显示了如图 6-47 所示。选择适合自己的"颜色"、"大小"、"数量"后，单击"立即购买"按钮。

图 6-46 "淘宝"首页

图 6-47 商品购买界面

接下来用户根据提示依次填写收货人信息、送货方式和付款方式，最后确认订单即可。

网络购物给我们带来便捷的同时，安全问题也不容忽视。除了需要用户提高警惕，仔细辨别商品真伪、卖家信誉外，还需要用户在购物时选择大型的购物网站、可靠的支付方式，同时尽量避免在网吧等公用计算机上进行支付，以减少不必要的损失。

习 题

一、选择题

1. 以太网的拓扑结构是（　　）。

    A．星型   B．总线型   C．环型   D．分布型

2. 路由选择是 OSI 模型中（　　）层的主要功能。

    A．物理   B．数据链路   C．网络   D．传输

3. 按通信距离划分，计算机网络可以分为局域网和广域网。下列网络中属于局域网的是（　　）。

　　A．Internet　　　　　　B．CERNET　　　　C．Novell　　　　D．CHINANET

4. 计算机网络最突出的优点是（　　　）。

　　A．精度高　　　　　　　B．运算速度快　　　C．存储容量大　　D．共享资源

5. 实现计算机网络需要硬件和软件。其中负责管理整个网络各种资源、协调各种操作的软件叫作（　　　）。

　　A．网络应用软件　　　B．通信协议软件　　　C．OSI　　　　　D．网络操作系统

6. 在计算机网络中，"带宽"用（　　　）表示。

　　A．频率（即 Hz）　　　　　　　　　　　　B．每秒传输多少字节

　　C．每秒传输多少二进制位（bps）　　　　D．每秒传输多少字符

7. 各种网络传输介质（　　　）。

　　A．具有相同的传输速率和相同的传输距离

　　B．具有不同的传输速率和不同的传输距离

　　C．具有相同的传输速率和不同的传输距离

　　D．具有不同的传输速率和相同的传输距离

8. 网络协议是（　　　）。

　　A．网络用户使用网络资源时必须遵守的规定

　　B．网络计算机之间进行通信的规则

　　C．网络操作系统

　　D．用于编写通信软件的程序设计语言

9. 在因特网（Internet）中，电子公告板的缩写是（　　　）。

　　A．FTP　　　　　　　　B．WWW　　　　　　C．BBS　　　　　D．E-mail

10. Internet 上许多不同的复杂网络和许多不同类型的计算机赖以互相通信的基础是（　　　）。

　　A．ATM　　　　　　　　B．TCP/IP　　　　　C．Novell　　　　D．X.25

11. 浏览 Web 的软件称为（　　　）。

　　A．HTML 解释器　　　B．Web 浏览器　　　C．Explorer　　　D．Netscape Navigator

12. IP 地址是（　　　）。

　　A．接入 Internet 的计算机地址编号

　　B．Internet 中网络资源的地理位置

　　C．Internet 中的子网地址

　　D．接入 Internet 的局域网编号

13. Web 中的信息资源的基本构成是（　　　）。

　　A．文本信息　　　　　B．Web 页　　　　　C．Web 站点　　　D．超级链接

14. 关于 TCP/IP 协议，下列说法不正确的是（　　　）。

　　A．Internet 采用的协议

　　B．TCP 协议用于保证信息传输的正确性，而 IP 协议用于转发数据包

　　C．所谓 TCP/IP 协议就是由这两种协议组成

　　D．使 Internet 上软硬件系统差别很大的计算机之间可以通信

15. 下列说法正确的是（　　　）。

　　A．若想使用电子邮件，必须具有 ISP 提供的电子邮件账号

　　B．电子邮件只能传送文本文件

　　C．若想使用电子邮件，你的计算机必须有自己的 IP 地址

　　D．在发送电子邮件时，必须与收件人使用的计算机建立实时连接

16. Modem 的功能是实现（　　　）。

    A. 模拟信号与数字信号的转换　　　　　　B. 数字信号的编码

    C. 模拟信号的放大　　　　　　　　　　　D. 数字信号的整形

17. 计算机感染病毒的可能途径是（　　　）。

    A. 从键盘上输入数据

    B. 通过网络或随意运行外来的或未经消病毒软件严格审查的软盘上的软件

    C. 所使用的软盘表面不清洁

    D. 通过电源系统

18. 组建以太网时，通常都是用双绞线把若干台计算机连到一个"中心"的设备上，这个设备叫作（　　　）。

    A. 网络适配器　　　　B. 服务器　　　　C. 集线器　　　　D. 总线

19. 如果要在浏览器中访问中国互联网主页，则正确的 URL 地址是（　　　）。

    A. web：//www.bta.net.cn　　　　　　　　B. http：//www.bta.net.cn

    C. page.//www.bta.net.cn　　　　　　　　D. http：\www.bta.net.cn

20. 计算机病毒可以使整个计算机瘫痪，危害极大。计算机病毒是（　　　）。

    A. 一条命令　　　　B. 一段特殊的程序　　　　C. 一种生物病毒　　　D. 一种芯片

21. 目前使用的防病毒软件的主要作用是（　　　）。

    A. 检查计算机是否感染病毒，消除已被感染的任何病毒

    B. 杜绝病毒对计算机的侵害

    C. 查出计算机对已感染的任何病毒，清除其中一部分病毒

    D. 检查计算机是否被已知病毒感染，并清除该病毒

22. 下列不属于病毒的来源的是（　　　）。

    A. 从计算机从业人员或业余爱好者的恶作剧而来

    B. 公司或用户为保护自己的软件免被复制而采取的不正当的惩罚措施

    C. 设计程序时，由于未估计到的原因而对它失去了控制所产生的破坏性程序

    D. 人体自身的病毒

23. 当系统已感染上病毒时，应及时采取清除病毒的措施，此时（　　　）。

    A. 直接执行硬盘上某一可消除该病毒的软件，彻底清除病毒

    B. 直接执行（没有感染病毒的）软盘上某一可消除该病毒的软件，彻底清除病毒

    C. 应重新启动机器，然后用某一可消除该病毒的软件，彻底清除病毒

    D. 用没有感染病毒的引导盘重新引导机器，然后用一可消除该病毒的软件，彻底清除病毒

24. 下列叙述中正确的是（　　　）。

    A. 计算机病毒只能传染给可执行文件

    B. 计算机软件是指存储在软盘中的程序

    C. 计算机每次启动的过程之所以相同，是因为 RAM 中的所有信息在关机后不会丢失

    D. 硬盘虽然装在主机箱内，但它属于外存

25. 病毒程序的加载过程分三个步骤：（　　　），窃取控制权，恢复系统功能。

    A. 加载内存　　　　B. 替代系统功能　　　　C. 破坏引导程序　　　　D. 自我复制

26. 预防计算机病毒的最好方法是（　　　）。

    A. 对磁盘定期格式化　　　　　　　　　　B. 少使用软盘

    C. 少上网以免受感染　　　　　　　　　　D. 用机前先杀病毒

27. 计算机病毒是指（　　　）。

    A. 编制有错误的计算机程序　　　　　　　B. 设计不完善的计算机程序

  C．计算机的程序已被破坏   D．以危害系统为目的的特殊计算机程序

28．下列四项中合法电子邮件地址是（ ）。

  A．wang-em.hxing.com.cn   B．em.hxing.com.cn-wang

  C．em.hxing.com.cn@wang   D．wang@em.hxing.com.cn

29．在局域网中，各个节点计算机之间的通信线路是通过（ ）接入计算机的。

  A．串行输入口   B．第一并行输入口

  C．第二并行输入口   D．网络适配器（网卡）

30．下列各项中，（ ）不能作为 Internet 的 IP 地址。

  A．202.96.12.14   B．202.196.72.140   C．112.256.23.8   D．201.124.38.79

31．无线移动网络最突出的优点是（ ）。

  A．资源共享和快速传输信息   B．提供随时随地的网络服务

  C．文献检索和网上聊天   D．共享文件和收发邮件

32．通常所说的"宏病毒"感染的文件类型是（ ）。

  A．COM   B．DOC   C．EXE   D．TXT

33．以下上网方式中采用无线网络传输技术的是（ ）。

  A．ADSL   B．WiFi   C．拨号接入   D．以上都是

34．下列关于域名的说法正确的是（ ）。

  A．域名就是 IP 地址

  B．域名的使用对象仅限于服务器

  C．域名完全由用户自行定义

  D．域名系统按地理域或机构域分层、采用层次结构

35．通常网络用户使用的电子邮箱建在（ ）。

  A．用户的计算机上   B．发件人的计算机上

  C．ISP 的邮件服务器上   D．收件人的计算机上

36．防火墙用于将 Internet 和内部网络隔离，因此它是（ ）。

  A．防止 Internet 火灾的硬件设施   B．抗电磁干扰的硬件设施

  C．保护网线不受破坏的软件和硬件设施 D．网络安全和信息安全的软件和硬件设施

二、综合操作题

  1．打开一个搜索引擎，如百度，搜索关于"计算机的发展"相关内容，并将内容以文本文件的格式保存到本地机上。

  2．利用自己的邮箱，给同学发一封信，并把上一题中保存的"计算机的发展"文件作为附件一同发送。

❖ 7 常用工具软件

7.1 安装与卸载软件

7.1.1 获取安装程序

在使用软件之前，首先需要获取软件的安装程序。获取软件的渠道主要有 3 种：一是通过实体商店购买软件的安装光盘；二是通过软件开发商的官方网站下载；三是到第三方的软件网站中下载。

1．从实体商店购买光盘

很多商业性软件都是通过全国各地的软件零售商销售的。在这些软件零售商的商店中，用户可购买各类软件的零售光盘或授权许可序列号。

2．从软件开发商网站下载

一些软件开发商为推广其所销售的软件，会将软件的测试版或正式版放在互联网中，供用户随时下载。对于测试版软件，网上下载的版本通常会限制一些功能，等用户注册之后才可以完整地使用所有的功能。对于一些开源或免费的软件，用户则可以直接下载并使用所有的功能。

3．在第三方的软件网站下载

用户还可以通过其他渠道获得软件。在互联网中，有很多第三方软件网站，提供各种免费软件或共享软件的下载。

7.1.2 软件的类型

一般在安装软件的过程中，有一些软件需要用户输入软件的注册码或者序列号等。这时需要输入相应的号码才能激活软件，否则，该软件无法安装或安装后无法使用。

有一种软件称为绿色软件（མཉེན་ཆས་ལྗང་ཁུ），就是指完全可以独立运行，不需要安装，不会依赖文件或者其他的程序，不会向注册表内注册任何内容。绿色软件的特征如下：

① 不需要安装，复制后即可运行。

② 不对注册表进行任何操作。

③ 不对系统敏感区进行操作，一般包括系统启动区根目录、安装目录、程序目录、账户专用目录等。

④ 不向非自身所在目录进行任何写操作。

⑤ 因为程序运行本身不对本身所在目录外的任何文件产生任何影响，所以根本不存在安装和卸载问题。

⑥ 只要把程序所在目录和对应的快捷方式（如果有设置的快捷方式）删除，程序就被完全删除了，并且不留任何垃圾。

而非绿色软件需要安装，或者需要系统的部分文件的支持，需要向注册表中注册软件信息。这类软件会给系统带来一些垃圾，导致系统变慢。

7.1.3 软件的安装方法

在获取软件后，即可安装软件（མཉེན་ཆས་སྒྲིག་འཇུག）。在 Windows 操作系统中，工具软件的安装通常都是通过图形化的安装向导进行的，用户只需要在安装向导的过程中设置一些相关的选项。大多数软件的安装都会包括确认用户协议、选择安装路径、选择软件组件、安装软件文件以及完成安装 5 个步骤。依次按照安装步骤进行安装即可。

7.1.4 软件的卸载与删除

如果用户不再需要使用某个软件，则可将该软件从 Windows 操作系统中卸载。卸载软件（མཉེན་ཆས་འདོར་བ）主要有三种方法：一种是使用软件本身自带的卸载程序，一种则是使用 Windows 操作系统的添加或删除程序卸载软件，还有一种是借助工具软件进行卸载。

1．使用软件自带的卸载程序

大多数软件都会自带一个软件卸载程序。用户可以从"开始"→"所有程序"→"软件名称"的目录下，执行相关的卸载命令。或者在该软件的安装目录下，查找卸载程序文件，并双击该文件。软件卸载程序会直接将软件安装目录中所有的程序文件删除。

2．使用添加删除程序

在桌面"开始"菜单的"控制面板"窗口中，单击"程序和功能"图标，在弹出的"程序和功能"窗口中，右击需要删除的程序，执行"卸载"命令。

3．安装目录中寻找卸载软件

某些软件在安装的时候并没有在"开始"菜单中添加项目或即使添加了项目也没有卸载程序，此类软件需要用户在软件的安装目录中找到类似 Uninstall.exe 的卸载程序，双击运行此程序即可卸载软件。

4．借助工具软件进行卸载

安装的软件还可以通过卸载软件进行卸载，如 Windows 清理助手、完美卸载、360 强力卸载等。

7.2 杀毒安全防护软件

不管给计算机安装的是什么系统，安装完新系统后首先要做的第一件事就是安装杀毒防护软件，保护刚装的系统文件不被恶意代码劫持破坏。目前网络上就有很多免费的大型杀毒安全防护软件，如百度杀毒、360 杀毒、360 安全卫士、QQ 卫士、卡巴斯基、金山、瑞星等。

7.2.1 360 杀毒软件

360 杀毒（དུག་འཇོམས）是 360 安全中心出品的一款免费的云安全杀毒软件。它创新性地整合了五大领先查杀引擎，包括国际知名的 BitDefender 病毒查杀引擎、小红伞病毒查杀引擎、360 云查杀引擎、360 主动防御引擎以及 360 第二代 QVM 人工智能引擎，为人们带来安全、专业、有效、新颖的查杀防护体验。利用 360 杀毒来保护计算机的操作比较简单，其界面的功能操作以图标方式显示，只要单击功能图标，就可打开相应的操作界面，如图 7-1 所示。

图 7-1　360 杀毒主界面

1．检查更新（གསར་སྒྱུར་ཞིབ་བཤེར།）

安装的杀毒软件如果没有安装病毒库更新包（或者病毒库更新包比较早期），应该点击"检查更新"，将 360 杀毒的病毒库升级到最新版本。通常情况可以把 360 杀毒软件设置为"自动升级"，病毒库一旦有升级将会自动升级病毒库。

2．扫描（བཤར་འབེབས།）

360 扫描包括"全盘扫描"、"快速扫描"、"自定义扫描"、"宏病毒扫描"。"全盘扫描"是扫描硬盘内的所有文件，"快速扫描"只是扫描系统关键区域和一些执行程序。"自定义扫描"只针对用户指定区域的目录和文件进行扫描。"宏病毒扫描"是专门查杀 Office 文件中的宏病毒。

3．弹窗拦截（སྐྱེན་འཕྲུལ་བཀག་འགོག）

"弹窗拦截"主要拦截各类广告弹窗。此功能又包括"一般拦截"和"强力拦截"两种拦截方式。前者拦截类型包括：右下角广告弹窗、屏幕中间广告弹窗、网页弹窗。后者拦截类型包括：右下角弹窗、屏幕中间弹窗和网页弹窗。用户可以通过"手动添加"开启想要拦截的广告和弹窗。

4．功能大全（ཉིད་ལས་ཀུན་འཛོམས།）

"功能大全"主要是显示 360 杀毒软件所具有的系统安全、系统优化、系统急救等功能。包括前面涉及的窗口，新增加了多种功能。

7.2.2 360 安全卫士

360 安全卫士是一款由奇虎公司推出的功能强、效果好、深受用户欢迎的免费上网安全软件。360 安全卫士具有计算机全面体检、木马查杀、恶意软件清理、漏洞补丁修复、垃圾和痕迹清理等多种功能，可全面、智能地拦截各类木马，保护用户账号、隐私等重要信息。

用户可以在网上下载 360 安全卫士，可在线安装，也可离线安装。在安装时会出现安装向导，根据提示进行安装。单击任务栏的"360 安全卫士"图标或双击桌面上的图标，可以打开360 安全卫士主界面。利用 360 安全卫士来保护计算机的操作比较简单，其界面的功能操作以图标方式显示，放在一个工具栏上。只要单击功能图标，就可打开相应的操作界面，如图 7-2所示。

图 7-2 "360 安全卫士"主界面

1. 电脑体检（ སློག་ཀློད་དཔྱད་སྙོང་། ）

单击"立即体检"，软件会自动对系统进行检测，包括故障检测、垃圾检测、安全检测、速度提升等内容并显示检测结果。可以一项一项修复。如果想快速修复，直接选择"一键修复"，如图 7-3所示。

2. 查杀修复（ དུག་འཛོམས་ཉམས་གསོ། ）

单击主界面的"查杀修复"，打开相应窗口，可以根据用户需要选择"快速扫描"、"全盘扫描"或"自定义扫描"，能够对木马和危险项进行查找并处理。扫描后，查看"常规修复"和"漏洞修复"。"常规修复"可以查看扫描得到的可选的修复项目，主要用来修复浏览器主页、开始菜单、桌面图标、系统设置等异常问题，按需要进行修复。"漏洞修复"主要用来修复操作系统在逻辑设计上的缺陷或者在编写时产生的错误，以避免黑客利用漏洞攻击或控制电脑，窃取计算机中的重要资料和信息，甚至破坏系统。

图 7-3 体检修复

3. 电脑清理（ སྒྲོག་ཀློད་གཙང་བཟོ། ）

单击工具栏上的"电脑清理"，打开相应窗口，可以清理系统中的垃圾文件，释放磁盘空间，清理系统和浏览器中的插件，提高运行速度，也可以清理使用电脑和上网产生的痕迹及其注册表中的多余项目。

4. 优化加速（ ཞིགས་སྐྱུར་འགྲོས་རྩོན། ）

单击主界面的"优化加速"，打开相应窗口。"优化加速"用来控制计算机启动时的程序运行以及系统运行时的程序，以提高计算机的启动速度和实时速度。

5. 软件管家（ མཉེན་ཆས་གཉེར་པ། ）

单击主界面的"软件管家"，打开相应的窗口，显示多种软件。可以在其提供的软件库中下载安装常用的应用软件。也能够自动检测计算机中已安装的软件版本并提醒用户升级，还能对已安装的软件进行智能卸载。说明一下，这里虽然有很多软件可以下载，但有些软件里植入了广告，最好还是到相应软件的官方网站上下载。

6. 手机助手（ ཁ་པར་ལག་རོགས། ）

单击主界面的"手机助手"，打开相应的窗口，可以通过设置和手机进行连接。可以对手机上的软件、文件、照片等进行管理。也可以把手机的通讯录、短信息和照片等导出到计算机中进行存放。

7.3 文件压缩软件

用户使用计算机所做的事情大多都是对文件进行处理。每个文件都会占用一定的磁盘空间，我们希望一些文件，尤其是暂时不用但又比较重要不能删除的文件，尽可能少的占用磁盘空间。但是，许多文件的存储格式是比较松散的，这样就浪费了一些宝贵的计算机存储资源。这时，我们可以借助压缩工具解决这个问题，通过对原来的文件进行压缩处理，使之用更少的磁盘空间保存起来，当需要使用时再进行解压缩操作，这样就大大节省了磁盘空间。常用的压缩软件有 WinRAR、7-Zip、

2345 好压、WinZip、酷压、360 压缩。

7.3.1 压缩文件

WinRAR 是目前最流行的一款文件压缩和解压缩软件，其界面友好，使用方便，能够创建自释放文件，修复损坏的压缩文件，支持多种压缩格式，如 ZIP、CAB、ISO 等。

在图 7-4 所示为待压缩的一个文件夹，包含 15 个 PPT 文件。选中文件夹，点击鼠标右键，选择"添加到压缩文件"或添加到"西藏大学电子教案.zip"，最终会压缩成图 7-5 所示的压缩包。双击打开压缩包如图 7-6 所示。点击"添加"按钮，在对话框中找到需要添加的文件，可开始压缩并在指定位置生成压缩文件。

西藏大学电子教案

📄Ch01.ppt	📄Ch02.ppt	📄Ch03.ppt	📄Ch04.ppt
📄Ch05.ppt	📄Ch06.ppt	📄Ch07.ppt	📄Ch08.ppt
📄Ch09.ppt	📄Ch10.ppt	📄Ch11.ppt	📄Ch12.ppt
📄Ch13.ppt	📄Ch14.ppt	📄Ch15.ppt	

图 7-4 待压缩文件和文件夹

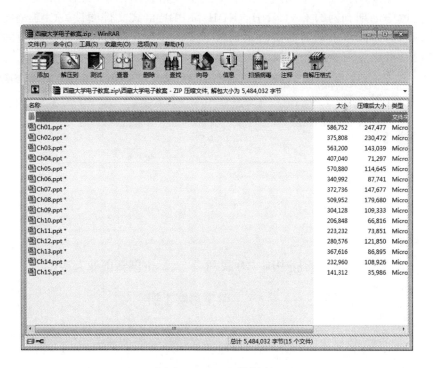

西藏大学电子教案.zip

图 7-5 压缩包

图 7-6 360 压缩软件

7.3.2 解压文件

直接双击待解压的压缩文件，可打开 WinRAR 主界面，同时该压缩文件会自动解压，显示在窗口的列表中。可以将其解压到一个指定文件夹：单击工具栏上的"解压到"按钮，打开"解压路径和选项"对话框，确定解压路径及文件名，单击"确定"按钮即可。

也可以右击要解压的文件，在弹出的快捷菜单中有"解压文件"、"解压到当前文件夹"和"解压到……"三个相关命令可供选择。它们只是操作方法不同，均可实现解压。

7.4 电子书阅读软件

电子书阅读器（e-book device，e-book reader）是一种浏览电子图书的工具。

7.4.1 PDF电子书阅读软件Adobe Reader

PDF 全称 Portable Document Formate，译为"便携文档格式"（འཁྱེར་བདེ་ཡིག་ཆའི་རྣམ་གཞག），是一种电子文件格式，与操作系统平台无关。PDF 已经成为在 Internet 上进行电子文档发行和数字化信息传播的理想文档格式，越来越多的电子图书、产品说明、公司文告、网络资料、电子邮件开始使用 PDF 格式文件。

Adobe Reader 是美国 Adobe 公司开发的一款优秀的 PDF 文档阅读软件，除了可以完成电子书的阅读外，还增加了管理 PDF 文档等功能。安装 Adobe Reader 软件后，在桌面上双击软件图标启动软件，可以得到其主界面，不过窗口内容不能为空，可以通过"文件"菜单中的"打开"来打开一个 PDF 文件，或者找到一个 PDF 类型的文件，直接双击该文件，在打开 Adobe Reader 窗口的同时，文件也会在其窗口显示出来。

7.4.2 CAJ全文浏览器

CAJ 全文浏览器是中国期刊网的专用全文格式阅读器。CAJ 全文浏览器也是一个电子图书阅读器，支持中国期刊网的 CAJ、NH、KDH 和 PDF 格式文件阅读。CAJ 全文浏览器可配合网上原文的阅读，也可以阅读下载后的中国期刊网全文，并且它的打印效果与原版的效果一致。CAJ 阅读器是期刊网读者必不可少的阅读器，如图 7-7 所示。

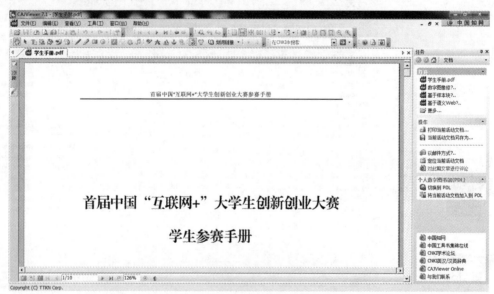

图 7-7 电子书阅读软件——CAJViewer

CAJ 全文浏览器主要具有以下功能：

页面设置：可通过放大、缩小、指定比例、适应窗口宽度、设置默认字体、设置背景颜色等功能改变文章原版显示的效果。

浏览页面：可通过首页、末页、上下页、指定页面、鼠标拖动等功能实现页面跳转。

查找文字：对于非扫描文章，提供全文字符串查询功能。

切换显示语言：本软件除了提供简体中文，还提供了繁体中文、英文显示方式，方便海外用户使用。

　　文本、图像摘录：通过鼠标选取、复制、全选等功能可以实现非扫描文章的文本及图像摘录，摘录结果可以粘贴到文本编辑器中进行任意编辑，方便读者摘录和保存。

　　打印及保存：可将查询到的文章以.caj、.kdh、.nh、.pdf等文件格式保存，并可将其按照原版显示效果打印。

习　题

一、选择题

1. 下列关于盗版软件和正版软件的说法中，正确的是（　　　）。

    A. 正版软件需要购买，盗版一般是免费

    B. 盗版软件得不到技术支持

    C. 盗版软件的价格一般低于同种软件的正版，但功能反而强

    D. 政府支持盗版，因为它便宜，符合广大人民的利益

2. 关于获取一些常用工具软件的途径不合法的是（　　　）。

    A. 免费赠送　　　　B. 盗版光盘　　　　C. 购买　　　　　D. 共享软件

3. 下列类型的软件中，功能没有任何限制且又不需要付费的是（　　　）。

    A. 共享软件　　　　B. 正版软件　　　　C. 免费软件　　　　D. 试用软件

4. 常用的安装软件的方法有：自带安装程序的安装软件、无须安装只要解开压缩包的（　　　）、最为繁杂的汉化安装。

    A. 安装文件　　　　B. 数据文件　　　　C. 绿色软件　　　　D. 安装程序

5. 在常见的软件版本号中，Professional表示（　　　）。

    A. 测试版　　　　　B. 专业版　　　　　C. 家庭版　　　　　D. 免费版

6. 计算机软件版本号中，Beta表示（　　　）。

    A. 正式　　　　　　B. 内部版　　　　　C. 高级版　　　　　D. 测试版

7. 卸载软件的方法中，最好的是（　　　）。

    A. 直接删除　　　　B. 不予理睬　　　　C. 删除快捷方式　　　D. 利用软件的卸载程序

二、综合操作题

1. 访问5个著名的软件下载站点，试着分别下载5个软件。

2. 安装一个杀毒软件，记录安装步骤，并进行升级，全盘扫描。

习题参考答案

第1章　计算机基础知识

一、填空

1. 数值积分计算机（或 ENIAC）　　1946　　美国　　电子管
2. 数据处理指令、传送指令、程序控制指令、状态管理指令　　指令系统
3. 源程序　　编译程序
4. 硬件系统　　应用软件　　系统软件　　控制和管理系统资源
5. 内存储器/内存　　外存储器/外存
6. 只读内存/ROM　　随机内存/RAM　　地址总线的宽度　　只读存储器/ROM　　只读存储器/ROM
7. 二　　结构简单运算方便
8. 机器语言　　一　　汇编语言　　四
9. 比特/二进制位/Bit　　存储程序与自动控制
10. 中央处理单元/CPU/中央处理器　　运算器　　控制器
11. 外存
12. 处理器管理　　存储器管理　　设备管理　　文件管理　　作业管理
13. 数据写入　　强烈震荡
14. ASCII　　双/两个
15. 一　　二
16. 主文件名　　扩展名　　根　　子
17. ASCII　　8
18.《信息交换用 藏文编码字符集 基本集》　动态叠加　基本多文种平面/BMP　0F00——0FFF
19. 缓冲
20. 智能化　　巨型化　　微型化　　网络化　　多媒体化
21. 7　　128
22. 1001001　　0111　　49　　42　　52　　2A
23. 1001010　　100000

二、选择题

1. A	2. D	3. B	4. B	5. A	6. B	7. D	8. C	9. D
10. A	11. C	12. C	13. B	14. B	15. D	16. A	17. D	18. C
19. A	20. C	21. A	22. A	23. C	24. C	25. C	26. B	27. B
28. B	29. C	30. C	31. C	32. B	33. B	34. A	35. B	36. A
37. C	38. C	39. D	40. B	41. C	42. C	43. A	44. D	

第 6 章　计算机网络及 Internet 应用

一、选择题

1. B	2. C	3. C	4. D	5. D	6. C	7. B	8. B	9. C
10. B	11. B	12. A	13. B	14. C	15. A	16. A	17. B	18. C
19. B	20. B	21. D	22. D	23. D	24. D	25. A	26. D	27. D
28. D	29. D	30. C	31. B	32. B	33. B	34. D	35. C	36. D

第 7 章　常用工具软件介绍

一、选择题

1. B	2. B	3. A	4. C	5. B	6. D	7. D

参考文献

[1] 林涛. 计算机应用基础案例教程（Windows 7 + office 2010）[M]. 北京：人民邮电出版社，2014.

[2] 闫钟山，周文莉，刘伟. 计算机应用基础[M]. 2 版. 北京：北京交通大学出版社，2015.

[3] 李任翀，闭英权，勾智楠. 计算机应用基础案例教程[M]. 北京：航空工业出版社，2014.

[4] 王林林，徐利谋，雷英. 计算机应用基础案例教程[M]. 北京：北京理工大学出版社，2014.

[5] 刘若慧. 大学计算机应用基础案例教程[M]. 北京：电子工业出版社，2014.

[6] 谭宁. 计算机文化基础案例教程[M]. 3 版. 北京：高等教育出版社，2014.

[7] 顾振山，桑娟. 大学计算机基础案例教程（Windows 7 + Office 2010）[M]. 北京：电子工业出版社，2004.

[8] 于双元. 全国计算机等级考试二级教程：MS Office 高级应用（2015 年版）[M]. 北京：高等教育出版社，2015.

[9] 杨继萍，倪宝童. 计算机应用标准教程（2013—2015 版）[M]. 北京：清华大学出版社，2013.

[10] 奚李峰，李继芳. 计算机导论[M]. 北京：清华大学出版社，2011.

[11] 范二朋. 全国计算机等级考试真题汇编与专用题库二级 MS Office 高级应用[M]. 北京：人民邮电出版社，2015.

[12] 五省区藏族教育写作领导小组办公室等. 汉藏英对照自然科学名词术语丛书（第 4 卷）·计算机[M]. 成都：四川民族出版社，2010.

[13] 中华人民共和国国家质量监督检验检疫总局，中国国家标准化管理委员会. GB/T 32391—2015 中华人民共和国国家标准：信息技术藏文词汇[S]. 北京：中国标准出版社，2015.

附录：部分计算机术语的汉藏双语对照

ANSI 编码和扩展 ASCII 编码　ANSIསྐྱིག་ཨང་ དང་རྒྱ་སྐྱེད་ASCIIསྐྱིག་ཨང་།

BIG5 码　BIG5སྐྱིག་ཨང་།

IP 地址　IPགནས།

Unicode 编码　Unicodeསྐྱིག་ཨང་།

Web 版式视图　Webཡི་མཐོང་རིས།

安装软件　མཉེན་ཆས་སྐྱིག་འཇུག

保存　ཉར་ཚགས།

备注视图　མཆན་འགྲེལ་མཐོང་རིས།

边框和底纹　མཐའ་སྐོར་དང་གཞི་རིས།

编辑　རྩོམ་སྒྲིག

编辑键区　རྩོམ་སྒྲིག་མཐེབ་ཁུལ།

编辑栏　རྩོམ་སྒྲིག་སྟེ།

编码　ཨང་སྒྲིག

便携文档格式　འཁྱེར་བདེ་ཡིག་ཆའི་རྣམ་གཞག

标题栏　ཁ་བྱང་སྟེ།

标准 ASCII 编码　ཚད་ལྡན་གྱི་ASCIIསྐྱིག་ཨང་།

表格键　རེའུ་མིག་བརྗོ་མཐེབ།

病毒　དུག

不可预见性　ཚོར་མི་ཐུབ་པའི་རང་བཞིན།

不可执行文件　ལག་བསྟར་མི་ཐུབ་པའི་ཡིག་ཆ།

菜单栏　འདེམས་བྱང་སྟེ།

藏文编码　བོད་ཡིག་གི་སྐྱིག་ཨང་།

操作系统　བཀོལ་སྤྱོད་རྒྱུད་ཁོངས།

草稿　མ་ཟིན།

插入单元格、行或列　རེའུ་ཚན་དུ་མིག་འཐེད་དགའ་ སྒར་འཇུག་པ།

插入键　བར་འཇུག་མཐེབ།

"插入"选项卡　བར་འཇུག་བདམ་ཚན་བྱང་བུ།

查杀修复　དུག་འཛོམས་ཞིམས་གསོ།

查找　འཚོལ་བ།

拆分单元格　རེའུ་ཚན་དུ་མིག་ཕྱལ་བ།

超链接　གཞན་སྦྲེལ།

撤销　ཕྱིར་འཐེབ།

城域网　གྲོང་ཁྱབ་དྲ་རྒྱ།

程序　བྱ་རིམ།

程序设计语言　བྱ་རིམ་ཧྲུས་འགོད་སྐད་བརྡ།

传染性　འགོ་བའི་རང་བཞིན།

窗口　སྒེའུ་ཁུང་།

窗口大小的调整　སྒེའུ་ཁུང་ཆེ་ཆུང་ལེགས་སྒྲིག

窗口工作区　སྒེའུ་ཁུང་ལས་ཁུལ།

窗口最大化　སྒེའུ་ཁུང་ཆེ་ཤོས་སུ་སྒྱུར་བ།

存储器　གསོག་ཆས།

存档属性　ཡིག་ཉར་གཏོགས་གཤིས།

打包　གཏུམ་པ།

打开窗口　སྒེའུ་ཁུང་ཁ་འབྱེད།

打印　པར་བ།

打印屏幕键　འཆར་ངོས་པར་མཐེབ།

打印预览　པར་བའི་སྔོན་ལྟ།

大纲视图　རྩ་གནད་མཐོང་རིས།

大规模和超大规模集成电路计算机　འདུས་གྲུབ་ ཆེན་པོ་དང་ཤིན་ཏུ་ཆེ་བའི་གློག་ལམ་གྱི་རྩིས་འཁོར།

大写锁定键　ཆེ་བྲིས་སྒོག་མཐེབ།

大中型计算机　ཆེ་འབྲིང་རྩིས་འཁོར།

单板机　པར་གཅིག་རྩིས་འཁོར།

单片机　སྦྲེལ་གཅིག་རྩིས་འཁོར།

单元格　རེའུ་ཚན་དུ་མིག

单元格地址　རེའུ་ཚན་དུ་མིག་གི་གནས།

单元格区域　རེའུ་ཚན་དུ་མིག་གི་ཁུལ།

弹窗拦截　སྒེའུ་འཕུལ་བཀག་འགོག

导航窗格　ཁྲིགས་ཁྲིད་ཁ་མིག

地址栏　ས་གནས་སྟེ།

电脑　གློག་ཀླད།

电脑清理　གློག་ཀླད་གཙང་བཟོ།

电脑体检　གློག་ཀླད་དངོས་སྦྱོང་།

电源选项　གློག་ཁུངས་བདམ་ཚན།

电子表格制作软件　གློག་རྡུལ་རེའུ་མིག་བཟོ་བྱེད་ མཉེན་ཆས།

电子计算机　གློག་རྡུལ་རྩིས་འཁོར།
电子邮件　གློག་རྡུལ་སྦྲག་ཡིག
独立性　རང་ཚུགས་རང་བཞིན།
段间距的设置　དུམ་ཚན་གྱི་བར་ཐག་སྒྲིག་འགོད།
段落　དུམ་ཚན།
段落的对齐方式　དུམ་ཚན་གྱི་སྙོམ་ཐབས།
段落缩进方式　དུམ་ཚན་གྱི་སྐུམ་ཐབས།
对话框　གླེང་སྒྲོམ།
多核　ཉིང་མང་།
多媒体技术　སྨྱན་མང་གཟུགས་ཀྱི་ལག་རྩལ།
二进制　གཉིས་གོང་འཕྲིལ་ལུགས།
分布式处理　བཀྲམ་པའི་སྒྲིག་གཅོད།
分布性　འགྲེམས་ཏུང་རང་བཞིན།
分节符　ཚན་འབྱེད་རྟགས།
分类汇总　རིགས་དགར་ཕྱོགས་བསྡོམས།
分散对齐　གཏོར་སྙོམ།
分页符　ལྡེབ་ངོས་འབྱེད་རྟགས།
浮动工具栏　འཕྱོ་བའི་ལག་ཆའི་སྡེ།
高级筛选　མཐོ་རིམ་འཚག་འདེམས།
高效性　ནུས་མཐོ་རང་བཞིན།
格式刷　རྣམ་གཞག་ཤད།
个人计算机　སྒེར་གྱི་རྩིས་འཁོར།
个性化　རང་གཤིས་སུ་སྒྱུར་བ།
根目录　རྩ་བའི་དཀར་ཆག
更改计划设置　འཆར་གཞི་སྒྱུར་འགོད།
工具栏　ལག་ཆའི་སྡེ།
工作簿　ལས་དེབ།
工作表　ལས་ལྡེབ།
工作站　ལས་ཚུགས།
公式　སྤྱི་འགྲོས།
功能大全　བྱེད་ལས་ཀུན་འཛོམས།
功能键　བྱེད་ལས་མཐེབ།
功能键区　བྱེད་ལས་མཐེབ་ཁུལ།
功能区　ལས་བྱེད་ཁུལ།
固态硬盘　སྲ་རྣམ་སྲུད་སྡེར།
关机　ཁ་རྒྱག
光存储器　འོད་སྡེར།
光缆　འོད་སྐུད།
光子计算机　འོད་རྡུལ་རྩིས་འཁོར།
广域网　ཁྱབ་ཆེན་དྲ་རྒྱ།
滚动锁定键　འགྲིལ་མ་སྒྲོག་མཐེབ།
滚动条　འགྲིལ་མ།
还原窗口　སྒེའུ་ཁུང་སོར་སློག
函数　རྟེན་འབྱུང་གྲངས།
合并单元格　སྡེ་ཚན་དྲ་མིག་སྒྲིལ་བ།
黑客　མཁས་ནག
红外线信道　དམར་ཕྱིའི་འོད་འཕྲིན་ལམ།
环绕方式　སྐོར་ཚུལ།
环形拓扑结构　གདུབ་དབྱིབས་ཐོ་ཕུའི་སྒྲིག་གཞི།
缓存　བར་གསོག
“幻灯片/大纲”窗格　སྒྲོན་བརྙན/རྩ་གནད་ཀྱི་དྲ་མིག
幻灯片的动画效果　སྒྲོན་བརྙན་འགུལ་ཚུལ།
幻灯片的切换效果　སྒྲོན་བརྙན་བརྗེ་ཚུལ།
幻灯片放映视图　སྒྲོན་བརྙན་འགྲེམས་སྟོན་མཐོང་རིས།
幻灯片浏览视图　སྒྲོན་བརྙན་མིག་བཤར་མཐོང་རིས།
回车键　འབེབས་མཐེབ།
回收站　སྙིགས་སྣོད།
混合计算机　བསྲེས་མའི་རྩིས་འཁོར།
混合型病毒　འདྲེས་པའི་ནད་དུག
混合引用　བསྲེས་པའི་འདྲེན་སྤྱོད།
激光打印机　ལྷ་ཟེར་པར་འཁོར།
激光信道　ལྷ་ཟེར་འཕྲིན་ལམ།
集线器　སྐུད་སྡུད་ཆས།
计算机　རྩིས་འཁོར།
计算机软件系统　རྩིས་འཁོར་གྱི་མཉེན་ཆས་རྒྱུད་ཁོངས།
计算机网络　རྩིས་འཁོར་དྲ་རྒྱ།
寄生性　གཞན་བརྟེན་རང་བཞིན།
加载项　ཁ་སྣོན་ཚན་པ།
假登录程序　ཛོ་འགོད་བྱ་རིམ་རྫུན་མ།
检查更新　གསར་སྒྱུར་ཞིབ་བཤེར།
剪切　གཏུབ་པ།
剪贴板　སྦྱར་པང་།
剪贴画　དྲས་སྦྱར་རི་མོ།
交换机　རྗེ་འཁོར།
交换码　བརྗེ་བྱེད་སྒྲིག་ཨང་།
脚注　ཞབས་མཆན།
结尾键　མཇུག་ཏུ་སློག་མཐེབ།
晶体管计算机　བདར་གཟུགས་སྦུག་གི་རྩིས་འཁོར།
居中对齐　དཀྱིལ་སྙོམ།
局域网　ཁྱབ་ཆུང་དྲ་རྒྱ།
巨型计算机　རབ་ཆེན་རྩིས་འཁོར།
绝对引用　བསྙོས་མེད་འདྲེན་སྤྱོད།
开始　འགོ་འཛིན།
“开始”菜单按钮　“འགོ་འཛིན”འདེམས་བྱང་མཐེབ་གནོན།

“开始”选项卡　འགོ་འཛིན་བདམ་ཚན་བྱང་བུ།
可触发性　འཕར་ཐུབ་རང་བཞིན།
可靠性　རྟོན་ཏུང་རང་བཞིན།
可选（切换）键　འདེམས་མཐེབ།
可执行文件　ལག་བསྟར་ཐུབ་པའི་ཡིག་ཆ།
控制键　འཛིན་མཐེབ།
控制面板　ཚོད་འཛིན་པང་།
控制器　ཚོད་འཛིན་ཆས།
快捷方式　མྱུར་ཐབས།
快捷工具栏　མྱུར་ཐབས་ལག་ཆའི་སྡེ།
快速访问工具栏　མྱུར་སྤྱོད་ལག་ཆའི་སྡེ།
快速启动区　འགོ་མྱུར་སློང་ཁུལ།
扩充性　རྒྱ་སྐྱེད་རང་བཞིན།
扩展名　རྒྱ་སྐྱེད་མིང་།
廉价性　གོང་ཁེ་རང་བཞིན།
两端对齐　སྣེ་གཉིས་སྙོམ་པ།
量子计算机　ཚད་རྡུལ་རྩིས་འཁོར།
浏览　མིག་བཤར།
路径　རྒྱུ་ལམ།
路由器　ལམ་འཚོལ་ཆས།
绿色软件　མཉེན་ཆས་ལྗང་ཁུ།
密码探测　གསང་ཨང་ཚོད་བཤེར།
命令　བཀའ།
模拟计算机　ལད་ཟློས་རྩིས་འཁོར།
目录　དཀར་ཆག
纳米计算机　ནྭ་སྨི་རྩིས་འཁོར།
内部码　ནང་གི་སྒྲིག་ཨང་།
内存储器　ནང་གསོག
喷墨打印机　སྣག་གཏོར་པར་འཁོར།
批注　ཞུས་མཆན།
拼写和语法检查　ཡིག་ནོར་དང་བརྡ་སྤྲོད་ཞིབ་བཤེར།
屏幕保护程序　བརྙན་ཡོལ་སྲུང་བྱེད་བྱ་རིམ།
屏幕分辨率　བརྙན་ཡོལ་ཤན་འབྱེད་ཕྱོད།
破坏性　བརླག་པའི་རང་བཞིན།
普通视图　སྤྱིར་བཏང་མཐོང་རིས།
欺骗　མགོ་སྐོར།
启动　འགོ་སློང་།
切换窗口　སྒེའུ་ཁུང་བརྗེ་བ།
切换用户　སྤྱོད་མཁན་བརྗེ་བ།
确定　གཏན་འཁེལ།
任务按钮区　ལས་འགན་མཐེབ་གནོན་ཁུལ།
任务栏　འགན་སྡེ།
任务栏设置　ལས་འགན་སྒྲིག་འགོད།
容量　ཤོང་ཚད།
软件　མཉེན་ཆས།
软件管家　མཉེན་ཆས་གཉེར་པ།
扫描　བཤར་འབེབས།
杀毒　དུག་འཛོམས།
删除键　སུབ་མཐེབ།
删除文件（夹）　ཡིག་ཆ（ཁུག）སུབ་པ།
上档键转换键　རྗེ་མཐེབ།
设置行距　ཕྲེང་ཐག་སྒྲིག་འགོད།
审阅　ལྟ་བཤེར།
“审阅”选项卡　ལྟ་བཤེར་བདམ་ཚན་བྱང་བུ།
生物计算机　སྐྱེ་དངོས་རྩིས་འཁོར།
时钟频率　ཆུ་ཚོད་ཟློས་ཕྱོད།
视图切换按钮　མཐོང་རིས་བརྗེ་བྱེད་མཐེབ་གནོན།
“视图”选项卡　མཐོང་རིས་བདམ་ཚན་བྱང་བུ།
手机助手　ཁ་པར་ལག་རོགས།
首行缩进　ཕྲེང་མགོ་སྐུམ་པ།
首字下沉　མགོ་ཡིག་ཐུར་དགྱོང་།
输出设备　ཕྱིར་འདོན་སྒྲིག་ཆས།
输入设备　ནང་འཇུག་སྒྲིག་ཆས།
属性　གཏོགས་གཤིས།
鼠标、键盘　ཙིག་འདྲ། མཐེབ་གཞོང་།
树形拓扑结构　སྡོང་དབྱིབས་ཐོ་ཕུའི་སྒྲིག་གཞི།
数据　གཞི་གྲངས།
数据保密　གཞི་གྲངས་གསང་བ།
数据库管理系统　གྲངས་མཛོད་དོ་དམ་རྒྱུད་ཁོངས།
数据排序　གཞི་གྲངས་རིམ་སྒྲིག
数据清单　གཞི་གྲངས་ཞིབ་ཐོ།
数据筛选　གཞི་གྲངས་འཚག་འདེམས།
数据通信　གཞི་གྲངས་འཕྲིན་གཏོང་།
数据透视表　གཞི་གྲངས་བརྟོལ་མཐོང་རེའུ་མིག
数据有效性　གཞི་གྲངས་ཀྱི་ནུས་ལྡན་རང་བཞིན།
数字计算机　ཨང་ཀིའི་རྩིས་འཁོར།
数字键区　གྲངས་ཀའི་མཐེབ་ཁུལ།
双绞线　རྒྱ་གཉིས་སྐུད་པ།
水印　ཆུ་རྗེས།
睡眠　སྙོལ་བ།
搜索栏　བཤེར་འཚོལ་སྡེ།
随机存储器　སྐབས་བསྟུན་གསོག་ཆས།
缩放滑块　སྐྱེད་སྐྱུང་འདེད་རྡོག
锁定　སྒྲིག་པ།

硬件　སྲ་ཆས།

优化加速　ལེགས་སྒྱུར་འགྲོས་སྐྱེན།

右对齐　གཡས་སྒྲིག

右缩进　གཡས་སྐུམ།

"邮件"选项卡　སྦྲག་ཡིག་བདམ་ཚན་བྱང་བུ།

语言栏　སྐད་བརྗོད་སྟེ།

域名系统　ཁོངས་མིང་རྒྱུད་ཁོངས།

原位键　མགོ་རུ་སྒྲོག་མཐེབ།

远程登录　རྒྱང་རིང་ཐོ་འགོད།

远程终端　རྒྱང་རིང་མཐའ་སྙེ།

阅读版式视图　ཀློག་པའི་མཐོང་རིས།

运行　འཁོར་སྐྱོད།

运算符　རྩི་རྟགས།

运算器　རྩིས་རྒྱག་ཆས།

暂停键　སྐབས་འཇོག་མཐེབ།

粘贴　སྦྱར་བ།

针式打印机　ཁབ་ཅན་པར་འབོར།

只读存储器　ཀློག་ཚལ་གསོག་ཆས།

只读属性　ཀློག་ཚལ་གཏོགས་གནིས།

指令程序　བཀའ་བརྡའི་བྱ་རིས།

中小规模集成电路计算机　འབྲིང་ཆུང་རྒྱང་འབྱིང་ ཀློག་ལམ་གྱི་རྩིས་འབོར།

中央处理器　ལྟེ་ཞིང་སྒྲིག་གཅོད་ཆས།

重复　བསྐྱར་ཟློས།

重新启动　འགོ་བསྐྱར་སྐྱོད།

主板　མ་པང་།

主键盘区　མཐེབ་གཙོ་བོའི་ཁུལ།

主频　ཀྲོས་ཕྱུད་གཙོ་བོ།

主文档　ཡིག་ཆ་གཙོ་བོ།

主文件名　ཡིག་ཆའི་མིང་གཙོ་བོ།

注销　འདོར་བ།

状态栏　རྣམ་པའི་སྟེ།

桌面　ཅོག་ངོས།

桌面背景　ཅོག་ངོས་རྒྱབ་ལྗོངས།

桌面图标　ཅོག་ངོས་རི་རྟགས།

桌面型计算机　སྒྲེགས་འཛུག་ཚིས་འབོར།

桌面主题　ཅོག་ངོས་མཚོན་བྱེད་གཙོ་བོ།

资源共享　ཐོན་ཁུངས་མཉམ་སྐྱོད།

资源管理器　ཐོན་ཁུངས་དོ་དམ་ཆས།

子目录　བུ་དཀར་ཆག

自动筛选　རང་འགུལ་འཚག་འདེམས།

字　ཡིག

字典攻击　ཚིག་མཛོད་རྐོལ་བ།

字节　ཡིག་ཚིགས།

字数统计　ཡིག་གྲངས་སྡོམ་རྩིས།

字体　ཡིག་གཟུགས།

字长　ཡི་གེའི་རིང་ཚད།

总线型拓扑结构　མ་སྐུད་དབྱིབས་ཐོ་ཕུའི་སྒྲིག་གཞི།

组　ཚོ།

组织　སྒྲིག་གཞི།

最小化窗口　སྐྱེ་ཁུང་ཆུང་ཁོས་སུ་སྒྱུར་བ།

左对齐　གཡོན་སྒྲིག

左缩进　གཡོན་སྐུམ།